2025 GUIDE

Craftsman Loader Operator

로더 운전기능사

- 출제 비율
- 출제 기준[필기/실기]
- 필기응시절차
- CBT 응시요령 안내
- 실기공개문제
- 안전표지

출제 비율[예상]

※ 출제기준 변경 후 처음 시행되는 시험이므로 출제문항 수는 변경될 수 있습니다.

과 목	항 목	예상 출제문항수
장비구조 및 점검 [24 문항]	엔진 구조	5
	전기장치	4
	동력전달(차체)장치	3
	유압장치	9*
	로더 점검	3
조종 및 작업 [16 문항]	로더 일반	3
	로더 조종 및 기능	5
	로더 작업방법	8*
로더 안전 · 환경 관리 [10 문항]	산업안전보건	6
	작업 · 장비 안전관리	4
건설기계관리법규 및 도로교통법 [10 문항]	건설기계관리법	7*
	도로교통법	3
		총 60문항

본 문제집으로 공부하는
수험생만의 **특혜!!**

도서 구매 인증시

1. CBT 셀프테스팅 제공
   (시험장과 동일한 모의고사)
   ※ 인증한 날로부터 1년간 CBT 이용 가능

2. 실기 시험장 특별 안내

※ 오른쪽 서명란에 이름을 기입하여
골든벨 카페로 사진 찍어 도서 인증해주세요.
(자세한 방법은 카페 참조)

NAVER 카페 [도서출판 골든벨]
도서인증 게시판

출제 기준[필기]

▶ 적용기간 : 2025. 1. 1. ~ 2028. 12. 31.
▶ 직무내용 : 로더를 조종하여 토사, 자갈 등 재료 운반, 상차 및 덤프 작업 등을 수행하는 직무이다.
▶ 검정방법 : 전과목 혼합, 객관식 60문항(60분)
▶ 합격기준 : 100점 만점 60점 이상 합격
▶ 필기과목명 : 로더 조종, 점검 및 안전관리

주요항목	세부항목	세세항목
1. 장비구조 및 점검	1. 엔진구조	1. 엔진본체 구조와 기능 2. 윤활장치 구조와 기능 3. 연료장치 구조와 기능 4. 흡·배기장치 구조와 기능 5. 냉각장치 구조와 기능
	2. 전기장치	1. 기초 전기 · 전자 2. 시동 및 예열장치 구조와 기능 2. 축전지 및 충전장치 구조와 기능 3. 등화 및 계기장치 구조와 기능 4. 냉 · 난방장치 구조와 기능
	3. 동력전달(차체)장치	1. 동력전달장치의 구조와 기능 2. 변속장치의 구조와 기능 3. 조향장치 구조와 기능 4. 주행장치 구조와 기능 5. 제동장치 구조와 기능 6. 기타 장치
	4. 유압장치	1. 유압펌프 구조와 기능 2. 유압 밸브 구조와 기능 3. 유압 실린더 및 모터 구조와 기능 4. 유압 기호 5. 유압유 및 기타 부속장치 등
	5. 로더 점검	1. 일일점검(작업전 · 중 · 후 점검) 2. 예방점검(정기점검)
2. 조종 및 작업	1. 로더 일반	1. 로더의 종류 및 구조 2. 로더의 종류별 특성
	2. 로더 조종 및 기능	1. 작업장치 조종 및 기능 2. 주행장치 조종 및 기능
	3. 로더 작업방법	1. 적하작업 2. 운반작업 3. 평탄작업 4. 선택장치작업 5. 기타 작업
3. 로더 안전 · 환경 관리	1. 산업안전보건	1. 안전보호구 및 안전장치 확인 2. 위험요소 파악 3. 안전표시 및 수칙 확인 4. 환경오염방비
	2. 작업 · 장비 안전관리	1. 작업 안전관리 및 교육 2. 기계 · 기기 및 공구에 관한 안전사항 3. 작업 안전 및 기타 안전사항
4. 건설기계 관리법규	1. 건설기계 등록 및 검사	1. 건설기계 등록 2. 건설기계 검사
	2. 면허 · 사업 · 벌칙	1. 건설기계 조종사의 면허 및 사업 2. 건설기계관리법의 벌칙

출제 기준[실기]

▶ 적용기간 : 2025. 01. 01. ~ 2025. 12. 31.

▶ 검정방법 : 작업형(10분 정도)

▶ 합격기준 : 실기 100점 만점 60점 이상 합격

▶ 수행 준거 :

1. 로더의 안전하고 원활한 작업을 위해 건설기계 예방점검지침에 따라 각부 오일, 벨트, 냉각수, 타이어·무한궤도 등을 점검하고, 로더 외관을 확인할 수 있다.
2. 장비의 원활한 작동 여부를 확인하기 위하여 계기판을 점검하고 엔진 시동 후 각 작업장치의 정상적인 동작 여부를 확인할 수 있다.
3. 현장작업을 하기 위하여 현장 이동여건을 파악하고 현장 내 이동, 단거리 주행을 할 수 있다.
4. 장비 조종을 통하여 주변상황을 파악하고 작업내용을 숙지하여 작업 대상들을 운반수단(덤프트럭, 트럭 등)에 적재할 수 있다.
5. 작업현장 내에서 작업 대상물을 버킷에 담아 단거리 이동시켜 정리할 수 있다.
6. 장비를 조종하여 지반을 평탄화시키고 돌출부를 제거할 수 있다.
7. 작업 현장에서 안전사고를 방지하기 위하여 안전교육과 장비의 이상 유무 점검을 통해 지속적인 안전을 확보하고 환경을 보존하며 긴급 상황에 대처할 수 있다.
8. 현장의 작업을 완료한 후 차기 작업에 지장이 없도록 장비의 이상 유무를 점검할 수 있다.

실기과목명	주요 항목	세부 항목
로더 조종 실무	1. 로더 운전 전 점검	1. 장비의 주변상황 파악하기 2. 작오일 · 벨트 · 냉각수 점검하기 3. 타이어 · 무한궤도 점검하기 4. 전기장치 점검하기 5. 작업장치 점검하기
	2. 로더 시운전	1. 엔진 시동 전 · 후 계기판 점검하기 2. 엔진 예열하기 3. 작업장치 각부 예열하기 4. 주변 여건 확인하기
	3. 로더 이동	1. 현장 이동여건 파악하기 2. 현장 이동하기 3. 단거리 주행하기
	4. 로더 상차	1. 주변 상황 파악하기 2. 작업대상물 상차하기 3. 적재물 다듬기
	5. 로더 소운반	1. 작업현장 확인하기 2. 작업대상물 파악하기 3. 작업대상물 소운반하기 4. 작업대상물 정리하기
	6. 로더 평탄작업	1. 작업 준비하기 2. 메우기 작업하기 3. 돌출부 제거하기
	7. 로더 안전 · 환경 관리	1. 안전교육받기 2. 안전사항 준수하기 3. 작업 중 점검하기 4. 환경 보존하기 5. 긴급 상황 조치하기
	8. 로더 작업 후 점검	1. 필터 · 오일 교환주기 확인하기 2. 오일 · 냉각수 유출 점검하기 3. 각부 체결상태 확인하기 4. 각부 연결부위 그리스 주입하기 5. 작업일보 작성하기

필기응시절차

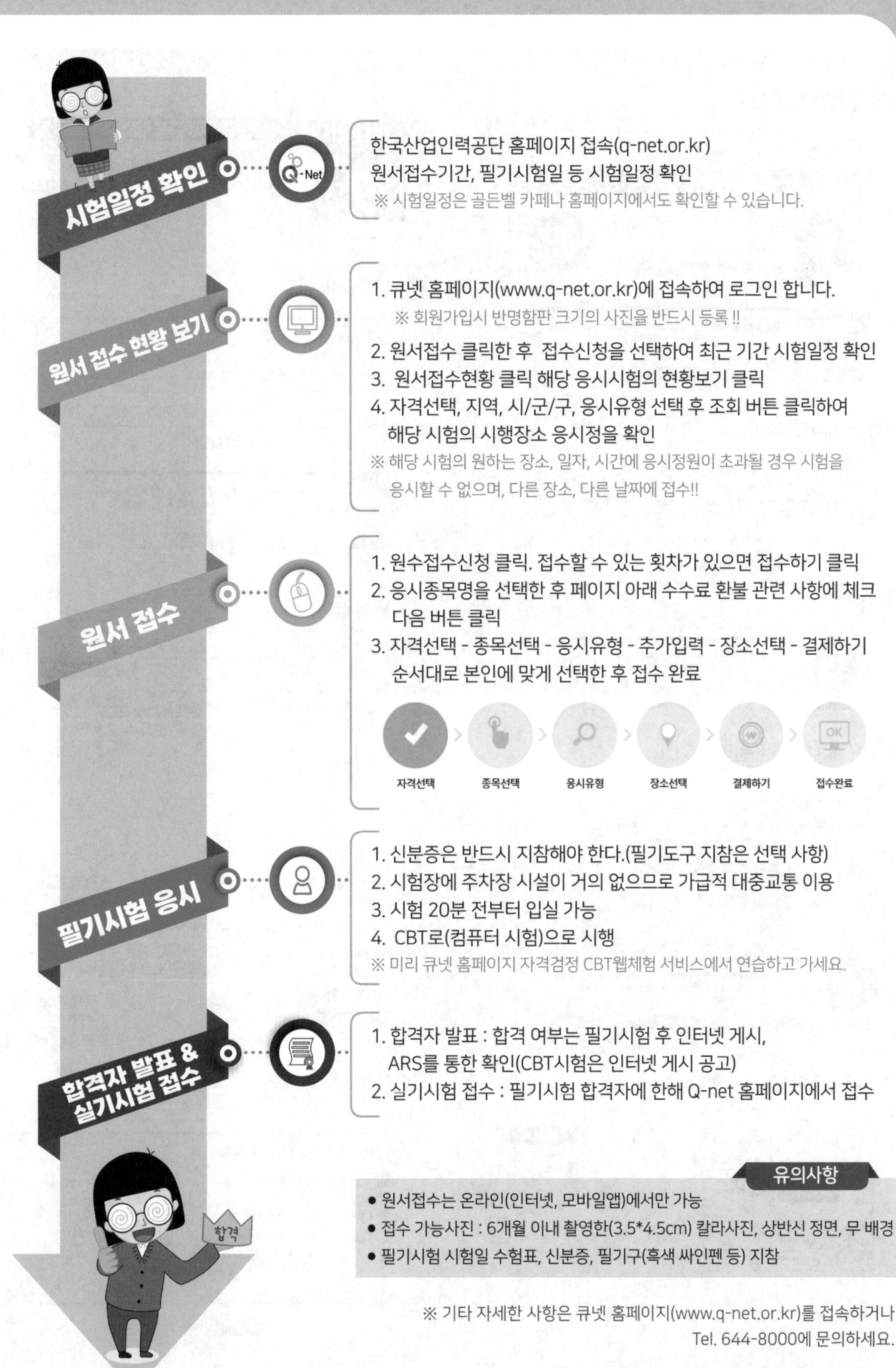

시험일정 확인

한국산업인력공단 홈페이지 접속(q-net.or.kr)
원서접수기간, 필기시험일 등 시험일정 확인
※ 시험일정은 골든벨 카페나 홈페이지에서도 확인할 수 있습니다.

원서 접수 현황 보기

1. 큐넷 홈페이지(www.q-net.or.kr)에 접속하여 로그인 합니다.
   ※ 회원가입시 반명함판 크기의 사진을 반드시 등록 !!
2. 원서접수 클릭한 후 접수신청을 선택하여 최근 기간 시험일정 확인
3. 원서접수현황 클릭 해당 응시시험의 현황보기 클릭
4. 자격선택, 지역, 시/군/구, 응시유형 선택 후 조회 버튼 클릭하여
   해당 시험의 시행장소 응시정을 확인

※ 해당 시험의 원하는 장소, 일자, 시간에 응시정원이 초과될 경우 시험을 응시할 수 없으며, 다른 장소, 다른 날짜에 접수!!

원서 접수

1. 원수접수신청 클릭. 접수할 수 있는 횟차가 있으면 접수하기 클릭
2. 응시종목명을 선택한 후 페이지 아래 수수료 환불 관련 사항에 체크 다음 버튼 클릭
3. 자격선택 - 종목선택 - 응시유형 - 추가입력 - 장소선택 - 결제하기 순서대로 본인에 맞게 선택한 후 접수 완료

자격선택 > 종목선택 > 응시유형 > 장소선택 > 결제하기 > 접수완료

필기시험 응시

1. 신분증은 반드시 지참해야 한다.(필기도구 지참은 선택 사항)
2. 시험장에 주차장 시설이 거의 없으므로 가급적 대중교통 이용
3. 시험 20분 전부터 입실 가능
4. CBT로(컴퓨터 시험)으로 시행

※ 미리 큐넷 홈페이지 자격검정 CBT웹체험 서비스에서 연습하고 가세요.

합격자 발표 & 실기시험 접수

1. 합격자 발표 : 합격 여부는 필기시험 후 인터넷 게시, ARS를 통한 확인(CBT시험은 인터넷 게시 공고)
2. 실기시험 접수 : 필기시험 합격자에 한해 Q-net 홈페이지에서 접수

유의사항

- 원서접수는 온라인(인터넷, 모바일앱)에서만 가능
- 접수 가능사진 : 6개월 이내 촬영한(3.5*4.5cm) 칼라사진, 상반신 정면, 무 배경
- 필기시험 시험일 수험표, 신분증, 필기구(흑색 싸인펜 등) 지참

※ 기타 자세한 사항은 큐넷 홈페이지(www.q-net.or.kr)를 접속하거나 Tel. 644-8000에 문의하세요.

CBT 응시요령 안내

자격검정 CBT웹체험 서비스 안내
https://www.q-net.or.kr/cbt/index.html

❶ 수험자 정보 확인

❷ 유의사항 확인

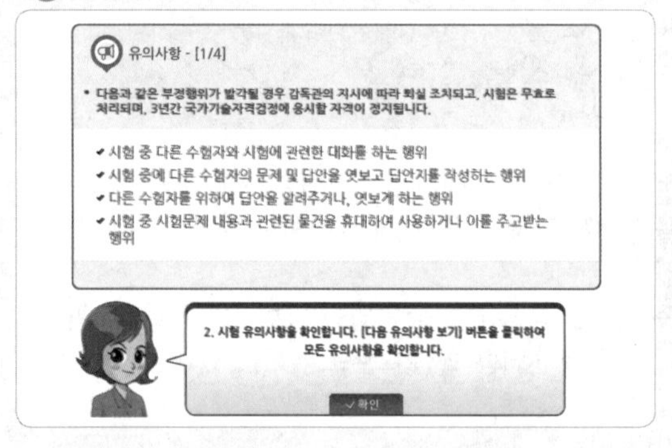

❸ 문제풀이 메뉴 설명

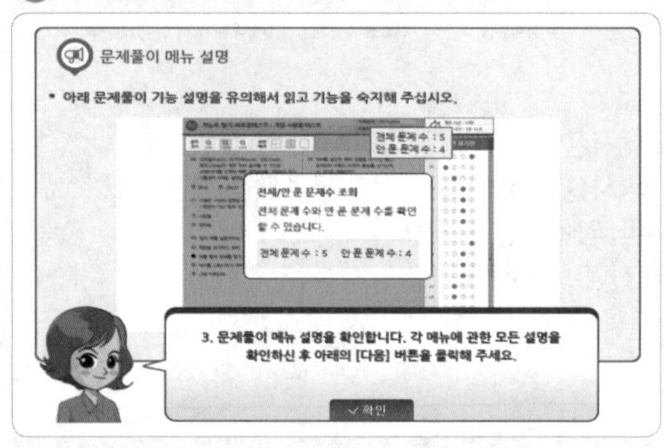

❹ 문제풀이 연습

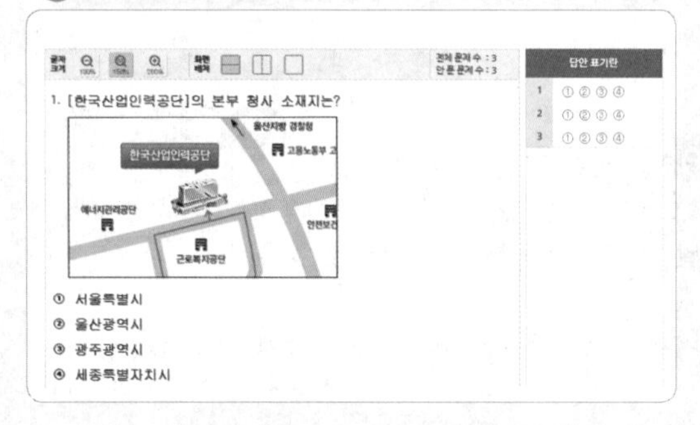

골든벨 CBT셀프 테스팅 바로가기

도서 구매 인증 시 시험장과 동일한 모의고사 1회를 CBT 셀프 테스트할 수 있습니다.

❺ 시험 준비 완료

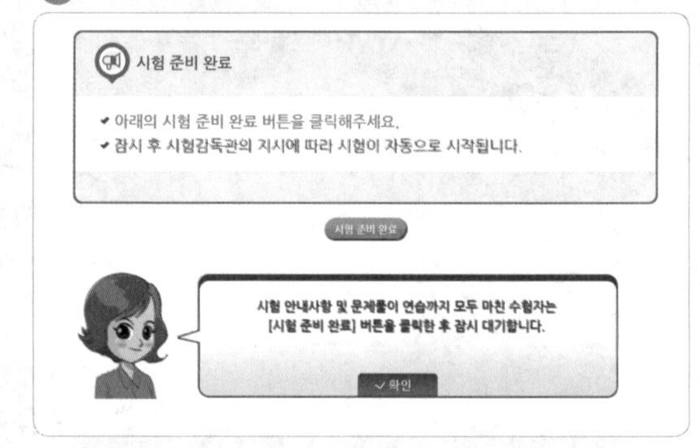

❻ 문제 풀이

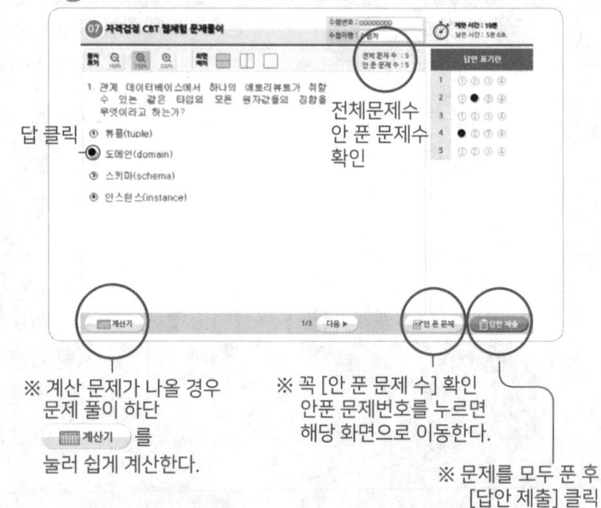

※ 계산 문제가 나올 경우 문제 풀이 하단 계산기 를 눌러 쉽게 계산한다.

※ 꼭 [안 푼 문제 수] 확인 안푼 문제번호를 누르면 해당 화면으로 이동한다.

※ 문제를 모두 푼 후 [답안 제출] 클릭 이상없으면 [예] 버튼 클릭

❼ 답안제출 및 확인

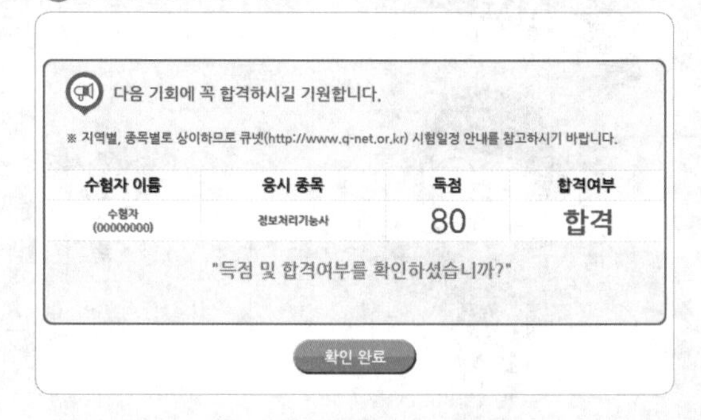

국가기술자격 실기시험문제

자격종목	로더운전기능사	과제명	굴착 및 적재작업

※ 시험시간: 3분

1. 요구사항

※ 주어진 로더를 운전하여 작업순서에 따라 도면과 같이 시험장에 준비된 흙더미를 버킷에 담아 적재장소로 이동 후 덤프작업하고 출발 전 장비 위치에 정차하시오.

1) 시험감독위원의 출발신호에 따라 버킷을 지면에서 약 30~50cm 수평 상태로 들어 올린 후 출발선(도착선)을 통과하여 작업구역(성토)으로 전진 주행합니다.
2) 두 앞바퀴가 작업구역(성토)에 진입한 기점으로 버킷이 지면과 수평이 되게 한 후 전진하여 성토장의 흙을 버킷에 담습니다.
   ※ 작업구역(성토)에서 작업 시 타이어가 공회전하거나 지면에서 들리지 않도록 주의하여 작업합니다.
3) 붐과 버킷을 조작하여 버킷에 흙을 평적 이상 채운 후 버킷을 오므리고 지면에서 약 60~90cm 정도 유지하면서 후진 주행합니다.
4) 버킷 내의 흙이 떨어지지 않도록 주의 · 유지하면서 작업구역(덤프)으로 진입합니다.
   ※ 작업구역(덤프) 진입 후 버킷이 상승된 상태에서 조향핸들 및 브레이크 급조작을 유의하여 작업합니다.
5) 작업구역(덤프)에 진입 완료 후 나이론(나일론) 줄과 지지대를 주의하여 버킷을 펴서 적재장소 안에 흙을 정확히 안전하게 덤프작업을 합니다.
6) 덤프작업 후 나이론(나일론) 줄과 지지대를 주의하며 버킷을 지면에서 약 30~50cm 수평 상태로 내리고 후진 주행으로 작업구역(덤프)에서 벗어납니다.
7) 작업구역(덤프)을 벗어난 후 장비 전체가 출발선(도착선)을 벗어나 출발 전 위치에 버킷을 지면과 수평이 되도록 내리고 장비를 주차합니다.

2. 수험자 유의사항

※ 다음 유의사항을 고려하여 요구사항을 수행하시오.
※ 항목별 배점은 "조종 및 성토작업 50점, 조종 및 덤프작업 50점"입니다.

1) 휴대폰 및 시계류(손목시계, 스톱워치 등)는 시험시작 전 시험위원에게 제출합니다.
2) 수험자가 작업 준비된 상태에서 시험감독위원의 호각신호에 의해 시작되고, 다시 후진하여 출발 전 장비위치에 로더를 주차하여야 합니다.(단, 시험시간은 앞바퀴기준으로 출발선 및 도착선을 통과하는 시점으로 합니다.)
3) 시험위원의 지시에 따라 시험 장소에 출입 및 장비운전을 하여야 합니다.
4) 음주상태 측정은 시험 시작 전에 실시하며, 음주상태이거나 음주 측정을 거부하는 경우 실기시험에 응시할 수 없습니다. ㅈ(도로교통법에서 정한 혈중 알코올 농도 0.03% 이상 적용)
5) 장비조작 및 운전 중 이상 소음이 발생되거나 위험사항이 발생되면 즉시 운전을 중지하고, 시험위원에게 알려야 합니다.
6) 규정된 작업복장의 착용여부는 채점사항에 포함됩니다.(수험자 지참공구 목록 참고)
8) 다음 사항에 대해서는 채점 대상에서 제외하니 특히 유의하시기 바랍니다.
   가) 기권 : (1) 수험자 본인이 기권 의사를 표시하는 경우
   나) 실격
      (1) 운전 조작이 극히 미숙하여 안전사고 발생 및 장비 손상이 우려되는 경우
      (2) 시험시간을 초과하는 경우
      (3) 요구사항 및 도면대로 코스를 운전 및 작업을 하지 않은 경우
      (4) 출발신호 후 1분 내에 장비의 앞바퀴가 출발선(도착선)을 통과하지 못하는 경우
      (5) 코스 내 라인을 터치하는 경우(단, 시험 시작과 종료를 위한 출발선(도착선) 터치 및 굴토 작업을 위한 굴토선 터치는 제외)
      (6) 수험자의 조작 미숙으로 기관이 1회 정지된 경우(단, 수동변속기형인 경우는 2회 기관정지)
      (7) 버킷을 지면에서 들어올리지 않고 출발하여 버킷이 출발선에 닿는 경우
      (8) 굴토 시 버킷에 흙을 담은 정도가 1/2 이하의 경우
      (9) 버킷 높이를 1.2m 이상인 상태로 주행하는 경우(단, 작업구역(덤프, 성토) 내 앞바퀴 두 개가 위치한 상태에서는 1.2m 이상 버킷을 상승한 작업이동을 허용)
      (10) 작업구역(덤프)을 포함하여 코스 내에서 버킷이 바닥에 닿는 경우(단, 작업구역(성토) 내 앞 바퀴 두 개가 위치한 상태에서는 굴토를 위한 바닥 터치는 허용)
      (11) 덤프작업 후 로더가 작업구역(덤프) 벗어난 다음 버킷에 흙이 남은 정도가 1/5 이상인 경우(단, 우천으로 인하여 토사가 물에 젖은 경우 제외)
      (12) 로더가 나이론(나일론) 줄 또는 지지대를 건드리는 경우
      (13) 작업 종료 후 버킷이 도착선에 닿거나 위에 내려놓았을 경우

굴착 및 적재작업

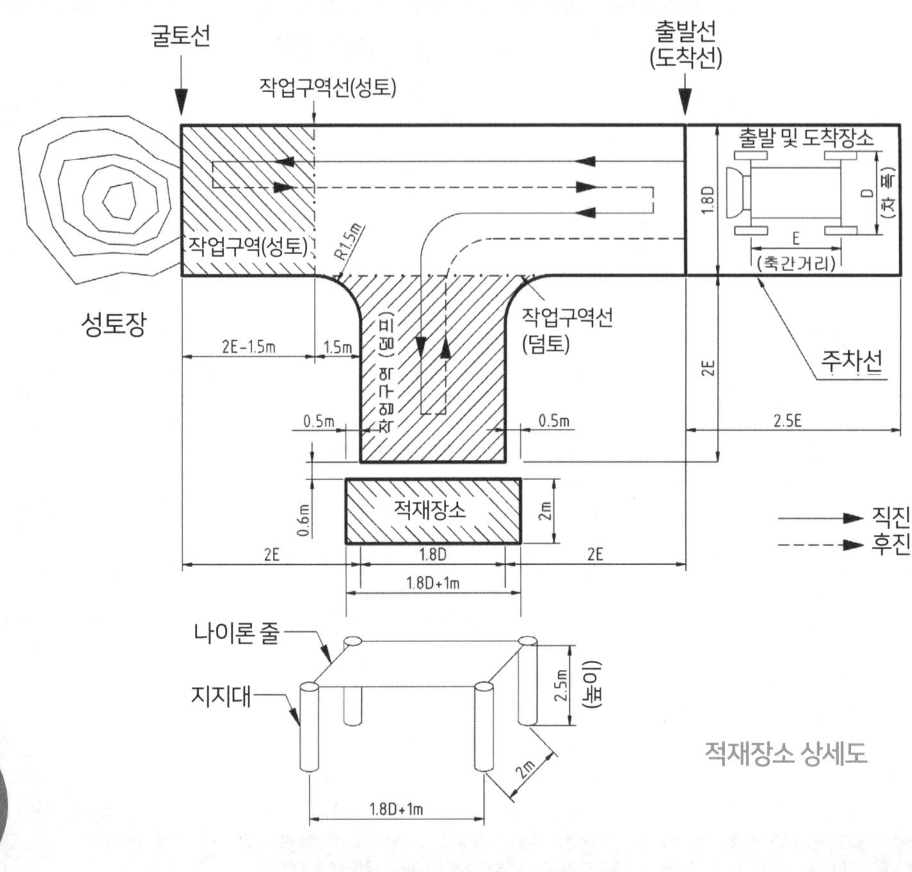

안전표지

금지표지

출입금지	보행금지	차량통행금지	사용금지	탑승금지	금연	화기금지	물체이동금지

경고표지

인화성물질경고	산화성물질경고	폭발성물질경고	급성독성물질경고	부식성물질경고	방사성물질경고	고압전기경고	매달린물체경고
	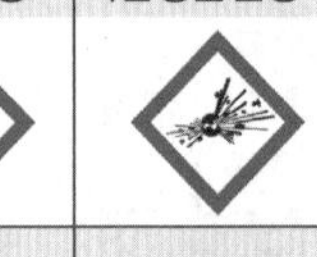						
낙하물경고	고온경고	저온경고	몸균형상실경고	레이저광선경고	위험장소경고	발암성 · 변이원성 · 생식독성 · 전신독성 · 호흡기과민성물질경고 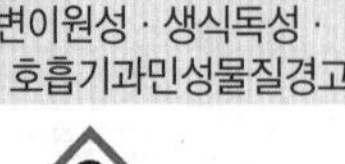	

지시표지

보안경착용	방독마스크착용	방진마스크착용	보안면착용	안전모착용	귀마개착용	안전화착용	안전장갑착용	안전복착용

안내표지

녹십자표지	응급구호표지	들것	세안장치	비상용기구	비상구	좌측비상구	우측비상구

Craftsman Loader Operator PASS

로 더

운전기능사

CBT모의고사 체험 교실

새로운 출제 기준에 맞춰서...!

로더는 건설, 토목, 물류 등 다양한 분야에서 활용되며, 이 장비를 안전하고 정확하게 운전하는 것은 작업자의 생명과 작업 현장의 생산성을 좌우하는 중요한 요소입니다.

2025년, 산업인력공단에서는 로더의 구조 및 작업방법, 안전·환경관리 과목이 확대 개편되어 요점정리는 물론 출제예상문제를 전면 재구성하였다.

이 책은 이렇게 편성했어요!

1. 2025년 변경된 한국산업인력공단의 출제기준을 정확히 반영하여 대폭 개정하였다.

2. 그동안 시행된 기출문제를 분석하고, 변경 출제기준에 따라 중요시되는 장비의 점검 및 작업, 안전·환경관리와 관련된 이론과 출제예상문제를 보다 확장성 있게 수록하였다.

3. 과목별 출제예상문제에서는 각 문제마다 상세한 해설을 달아 초심자도 알 수 있도록 난이도에 따라 편성하였다.

4. CBT모의고사는 자주 출제되었던 문제를 복원하여 새롭게 출제될 문제를 유추하여 단기간에 합격을 노렸다.

본 수험서의 '도서구매 인증'을 받게 되면 시험장과 동일한 「CBT 모의시험」을 체험할 수 있다.

끝으로 수험생 여러분들의 앞날에 합격의 영광과 발전이 있기를 기원하며, 이 책의 부족한 점은 여러분들의 조언으로 계속 보완해 나갈 것을 약속드린다.

2025. 1.

지은이

차 례
contents

PASS 로더
합격

장비구조 및 점검

PART 1

엔진 구조

CHAPTER 1

엔진 본체 구조와 기능

01 엔진 기초 사항

1 열기관(기관, 엔진)

열기관이란 열원의 연소에 의해 발생된 열에너지를 기계적인 에너지로 바꾸는 장치로 열원의 연소를 실린더 내에서 행하는 내연기관과 실린더 밖에서 행하는 외연기관으로 분류된다. 우리가 알고 있는 모든 기관(엔진)은 내연기관이다.

2 내연 기관의 분류

(1) 작동 방식(기계학적 사이클)에 따른 분류

① 2행정 사이클 기관 : 크랭크축 1 회전 즉, 피스톤의 2 행정으로 1 사이클을 완료

② 4행정 사이클 기관 : 크랭크축 2 회전 즉, 피스톤의 4 행정으로 1 사이클을 완료

(2) 점화방식에 따른 분류

① 전기 점화 엔진 : 가솔린 기관, LPG 기관, CNG 기관으로 압축된 혼합가스에 점화 플러그에서 고압의 전기불꽃을 방전시켜 점화 연소시키는 형식의 엔진이다.

② 압축 착화 엔진 : 건설기계에 사용하는 디젤 기관으로 공기만을 실린더 내로 흡입하고 고온 고압으로 압축한 후 고압의 연료(경유)를 미세한 안개 모양으로 분사시켜 자기착화 시킨다.

(3) 실린더 안지름(D)과 행정(L)의 비에 따른 분류

① 단행정 기관(오버 스퀘어 기관) : L/D < 1 인 형식으로 실린더 안지름(D)이 피스톤 행정(L)보다 큰 엔진

② 정방행정 기관(스퀘어 기관) : L/D = 1 인 형식으로 실린더 안지름과 피스톤 행정의 크기가 똑같은 엔진

③ 장행정 기관(언더 스퀘어 기관) : L/D > 1 인 형식으로 실린더 안지

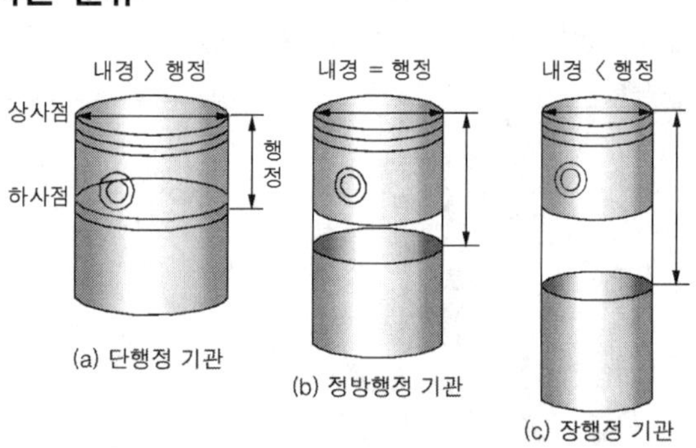

그림 실린더 안지름과 행정의 비

름보다 피스톤 행정의 길이가 큰 엔진으로 그 특징은 저속에서 큰 회전력을 얻을 수 있고 측압을 감소시킬 수 있다.

02 건설기계 엔진의 작동 원리

1 4행정 사이클 엔진의 작동 원리

(1) 흡입 행정

피스톤이 내려가면서 대기와의 압력차에 의해 신선한 공기가 실린더로 유입되는 행정으로 흡기 밸브는 열려 있고 배기 밸브는 닫혀 있다.

(2) 압축 행정

피스톤이 올라가면서 공기를 압축시키는 행정으로 흡·배기 밸브 모두 닫혀 있다.

① **압축 압력** : 가솔린 8 ~ 11kgf/cm², 디젤 30 ~ 35kgf/cm²

② **압축 목적** : 디젤 경우에는 연료의 착화성(연료에 불이 쉽게 붙을 수 있도록)을 좋게 하기 위함이며 압축 시 연소실 압축 공기의 온도는 400~700℃ 정도이다. (일반적으로 디젤 엔진은 500~550℃ 이상이 필요하다.)

③ **압축비** : 피스톤이 상사점에 있을 때의 간극 체적(공간체적)과 피스톤이 하사점에 있을 때 실린더 체적(연소실(공간)체적 + 행정체적)과의 비를 말한다.

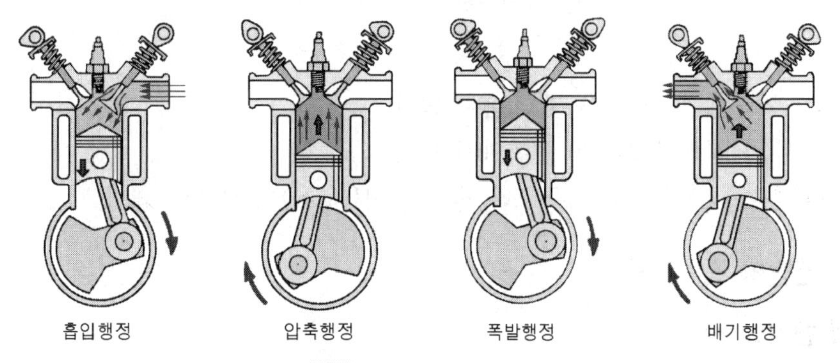

그림 4행정 사이클 기관의 작동

(3) 동력 행정(폭발 행정)

연소 압력으로 피스톤을 밀어내려 동력을 발생하는 행정으로 흡·배기 밸브 모두 닫혀 있다.

① **연소(폭발) 압력** : 가솔린 35 ~ 45kgf/cm², 디젤 55~ 65kgf/cm²

② **최대 압력 발생 시기** : 동력 행정에서 피스톤이 상사점을 지난 후 10~15° 부근

(4) 배기 행정

피스톤이 올라가면서 연소된 가스를 밖으로 내보내는 행정으로 흡기 밸브는 닫혀 있고 배기 밸브는 열려 있다.

(5) 밸브(통로의 문)의 작동

밸브는 피스톤이 상사점에 이르기 전에 미리 열리고 하사점을 지난 후에 늦게 닫아 많은 공기를 흡입할 수 있도록 한다. 밸브는 흡입과 배기 행정에서만 각각 1회 작동한다.

- **행정**(stroke) : 상사점과 하사점 사이의 거리 즉, 피스톤이 움직인 거리
- **밸브 오버랩**(valve over lap) : 흡·배기 효율을 향상시키기 위해 흡·배기 밸브가 동시에 열려 있는 상태로 밸브가 미리 열리고 늦게 닫힘으로 발생된다.
- **블로 다운** : 배기 행정 초기에 피스톤은 하향하나 배기 밸브가 열려 배기가스가 자체의 압력에 의해서 배출되는 현상
- **행정의 순서** : 기관의 행정 순서는 흡입, 압축, 폭발(동력), 배기 행정 순으로 이루어진다.

2 4 행정 사이클 엔진의 장·단점

(1) 장점

① 각 행정이 완전히 구분되어 작동이 확실하고 효율이 좋으며, 안정성이 있다.
② 회전 속도의 범위가 넓다.
③ 체적 효율이 높고 연료 소비율도 적다.
④ 냉각 효과가 양호하여 열적 부하가 적다.
⑤ 기동이 쉽고 블로바이(압축 및 연소가스가 실린더와 피스톤 사이로 크랭크실로 새는 현상) 적으며 실화가 일어나지 않는다.

(2) 단점

① 밸브 기구에 의한 충격 및 소음이 많다.
② 기통수가 적으면 회전이 원활하지 않다.
③ 탄화수소(HC)의 배출은 적으나 질소산화물(NOx)의 배출이 많다.

3 디젤 엔진의 장·단점

(1) 디젤 엔진의 장점

① 제동 열효율이 높다.
② 신뢰성이 크다.
③ 엔진 회전의 전부분에 걸쳐 회전력이 크다.
④ 연료 소비율이 적다.
⑤ 연료의 인화점이 높아 화재의 위험이 적다.
⑥ 배기가스의 유해성분이 적다.

(2) 디젤 엔진의 단점

① 마력 당 중량이 무겁다.
② 제작비가 비싸다.
③ 진동과 소음이 크다.
④ 기동 전동기의 출력이 커야 한다.
⑤ 평균 유효압력이 낮고 엔진의 회전속도가 낮다.

4 디젤 기관과 가솔린 기관의 비교

비교 사항	디젤 기관	가솔린 기관
연료	경유	가솔린
연소	자기착화	전기 점화
압축비	15~20 : 1	7~11 : 1
압축압력	30~35kg/cm²	8~11kg/cm²
열효율	32~38%	28~32%

5 디젤 기관의 연소과정

① 착화 지연기간(연소 준비기간) : 연료 분사 후 연소될 때까지 기간
② 폭발 연소기간(화염 전파기간 : 착화지연기간 동안에 형성된 혼합기가 착화되는 기간
③ 제어 연소기간(직접 연소기간) : 화염에 의해서 분사와 동시에 연소되는 기간
④ 후 연소기간(후기 연소기간) : 분사가 종료된 후 미연소 가스가 연소하는 기간

6 내연기관의 구비조건

① 소형, 경량이고 열효율이 높을 것
② 단위 중량 당 출력이 클 것
③ 저속에서 회전력이 클 것
④ 저속에서 고속으로 가속도가 클 것
⑤ 연소비율이 적을 것
⑥ 가혹한 운전조건에 잘 견딜 것
⑦ 진동 및 소음이 적고, 점검과 정비가 쉬울 것
⑧ 유해 배기가스 배출이 없을 것

03 엔진 본체 구조와 기능

1 실린더 헤드

① 실린더 블록 위에 개스킷을 사이에 두고 설치되어 있다.
② 피스톤, 실린더와 함께 연소실을 형성한다.
③ 폭발 시 열에너지를 기계적 에너지로 변환한다.

2 디젤 기관의 연소실

디젤 기관의 연소(폭발)는 공기만을 흡입하여 고압으로 압축하면 연소실의 온도가 500~550 ℃이상으로 연소실의 온도를 높인 다음 연료를 안개화하여 압축열 속을 관통시키면 자연적으로 연료에 불이 발생되어 연소시키는 압축착화 방식이다.

(1) 연소실의 구비 조건

① 연소 시간이 짧을 것 ② 평균 유효 압력이 높을 것
③ 열효율이 높을 것 ④ 기동이 잘 될 것
⑤ 디젤 노크가 적고, 연소 상태가 좋을 것

(2) 연소실의 종류

① 단실식 : 직접 분사실식
② 복실식(부실식) : 예연소실식, 공기실식, 와류실식

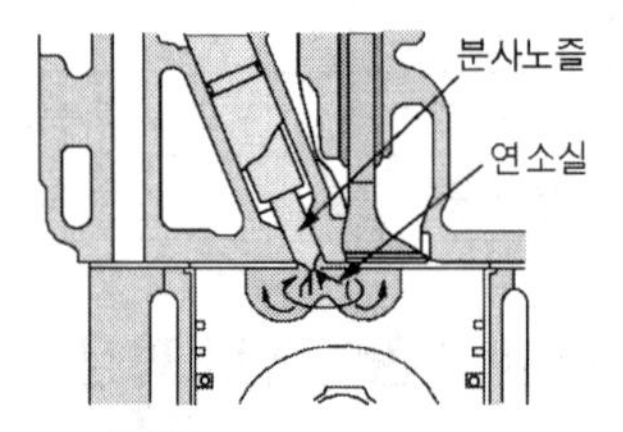

그림 직접 분사실식

(3) 직접 분사실식

① 구조가 간단하다.
② 기동이 쉽다.
③ 열효율이 좋고 연료 소비가 적다.
④ 분사 압력이 높다(150~300kg/cm²).
⑤ 디젤 노크가 일어나기 쉽다.
⑥ 2 사이클 디젤 기관이 모두 이 형식을 사용한다.

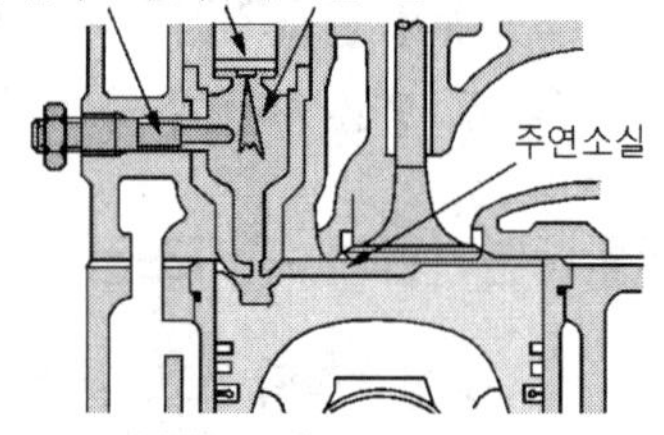

그림 예연소실식

(4) 예연소실식

① 완전 연소시킨다.
② 분사 압력이 낮아도 된다(100~120kg/cm²).
③ 디젤 노크가 잘 일어나지 않는다.
④ 연료 소비가 많다.

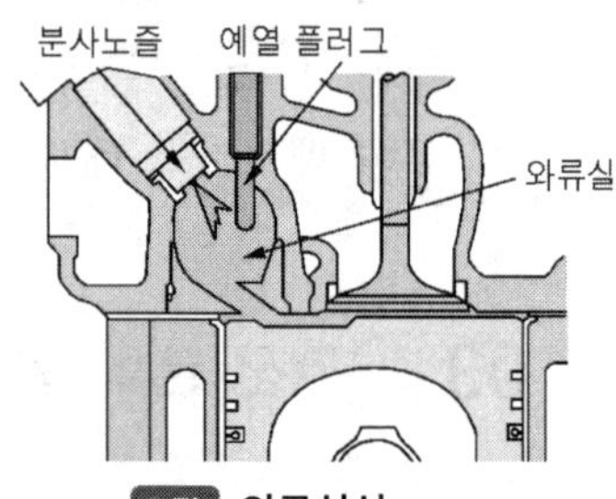

그림 와류실식

(5) 와류실식

① 실린더 헤드에 주 연소실 체적의 30~50% 정도의 와류실이 설치되어 있다.
② 연료의 분사개시 압력은 100~140kg/cm² 이다.

- **직접 분사실식** : 기동이 쉽게 이루어지도록 히트 레인지를 흡기다기관에 설치하여 흡입되는 공기를 예열한다.
- 복실식 연소실은 기동이 쉽게 이루어지도록 흡입 공기를 예열하는 예열 플러그가 필요하다.

(6) 공기실식

① 실린더 헤드에 주 연소실 체적의 6.5~ 20% 정도의 공기실이 설치되어 있다.
② 연료의 분사개시 압력은 100~140kg/cm² 이다.

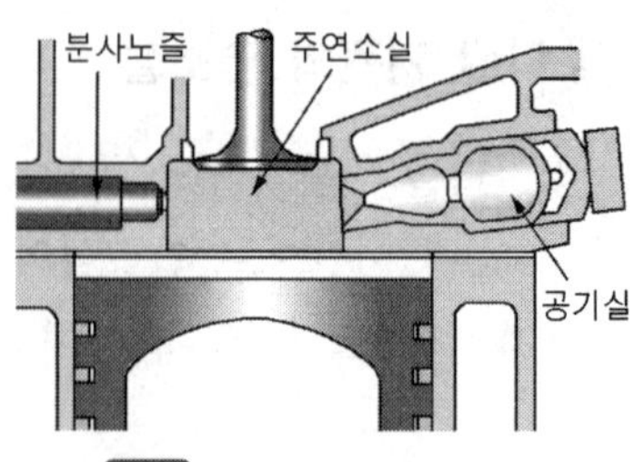

그림 직접 분사실식

3 실린더 헤드 개스킷

실린더 헤드 개스킷은 실린더 블록과 헤드사이에 설치된 패킹으로 압축가스의 기밀 유지, 오일 및 냉각수가 누출되는 것을 방지하는 역할을 한다.

4 실린더 헤드의 탈·부착

① 헤드 볼트를 풀 때에는 변형을 방지하기 위하여 대각선의 방향으로 바깥쪽에서 중앙을 향하여 풀고 조일 때에는 토크 렌치(볼트나 너트의 조임력을 나타내는 공구)를 사용하여 규정대로 2~3회 나누어 중앙에서 바깥쪽을 향하여 조여야 한다.

② 헤드 볼트를 푼 다음 헤드가 잘 떨어지지 않을 경우에는 정이나 드라이버 등을 이용하여 떼어내면 절대로 안 되며, 연질의 해머로 가볍게 두들겨 고착을 풀거나 압축압력을 이용하거나 자중을 이용하여 떼어 낸다.

5 실린더 블록

(1) 실린더 블록

① 엔진의 기초 구조물이다.

② 상부에는 피스톤이 상하 왕복 운동하는 실린더 부분으로 되어 있다.

③ 실린더 주위에는 연소열을 냉각시키기 위해 물 재킷이 설치되어 있다.

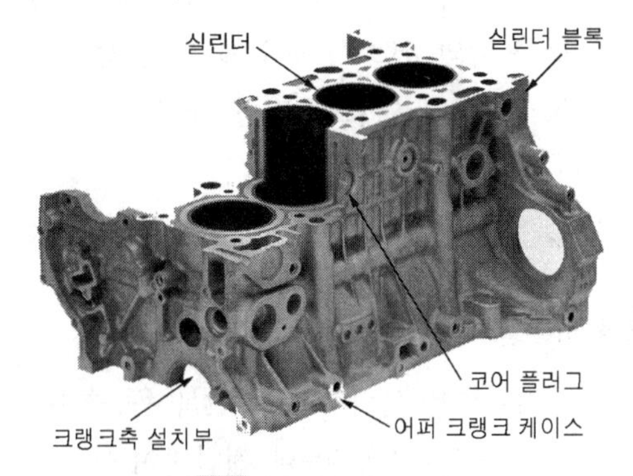

그림 실린더 블록

(2) 실린더

① 피스톤의 상하 운동을 안내하고 열에너지를 기계적 에너지로 바꾼다.

② 실린더 벽은 정밀 다듬질되어 있으며, 0.1mm 정도 크롬 도금된 것도 있다.

③ 주위에는 물 재킷이 있다.

1) 실린더의 종류

① **일체식** : 실린더 블록과 동일한 재질로 제작, 실린더 벽이 마멸되면 보링을 하여야 한다. 실린더의 강성 및 강도가 크고 냉각수 누출 우려가 적으며 부품수가 적고 무게가 가볍다.

② **삽입(라이너 또는 슬리브)식** : 실린더 블록과 실린더를 별도로 제작한 후 실린더 블록에 삽입하는 형식으로 습식과 건식이 있다.

2) 실린더 마멸의 원인

① 실린더와 피스톤 링과의 접촉에 의한 마멸

② 피스톤 링의 호흡 작용과 링과의 마찰에 의한 마멸

③ 흡입 공기 또는 혼합기의 먼지 등 이물질

④ 농후한 혼합기 및 연소 생성물에 의한 마멸

⑤ 윤활 불량 및 하중 변동에 의한 마멸

1. 건식 라이너

① 냉각수와 직접 접촉되지 않는다.

② 두께 : 2~4mm, 주로 가솔린 기관에 사용

③ 프레스를 이용하여 내경 100mm 당 2~3 톤의 힘으로 압입

2. 습식 라이너

① 냉각수와 직접 접촉된다. 따라서 냉각수가 크랭크실로 샐 염려가 있다.

② 두께 : 5~8mm, 주로 디젤 기관에 사용한다.

③ 조립은 실링(냉각수 누출 방지와 변형 방지)에 진한 비눗물을 바르고 손으로 가볍게 눌러 끼운다.

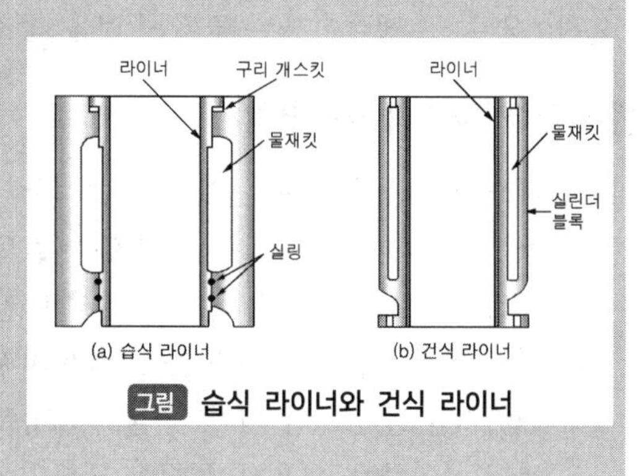

그림 습식 라이너와 건식 라이너

3) 실린더 마멸의 영향

① 블로바이로 압축압력 저하 및 오일 희석

② 오일의 연소실 침입에 의한 불완전 연소

③ 오일 및 연료 소비량 증가

④ 피스톤 슬랩 발생

⑤ 열효율 감소 및 정상운전 불가

6 피스톤

피스톤은 실린더 내를 왕복 운동하며, 폭발 압력을 커넥팅 로드 및 크랭크축에 전달하여 동력을 발생한다. 구조는 피스톤 헤드, 링 지대(링 홈과 랜드), 스커트부, 보스부 등으로 되어 있으며 제1번 랜드에는 헤드부의 높은 열이 스커트부로 전달되는 것을 방지하는 히트 댐을 두는 형식도 있다.

그림 피스톤 및 커넥팅 로드 어셈블리

(1) 피스톤이 갖추어야 할 조건

① 고온과 폭발 압력에 충분히 견딜 것.

② 무게가 가벼울 것.

③ 열팽창이 적고 열전도율이 좋을 것.

④ 가스 누출을 방지하여 기밀을 유지할 것.

(2) 엔진의 동력전달

연소 폭발력이 동력으로 바뀌어 전달되는 과정은 다음과 같다.

피스톤 → 커넥팅 로드 → 크랭크축 → 플라이 휠 → 클러치 순으로 동력이 전달된다.

7 피스톤 링

(1) 피스톤 링의 3 대 작용

① 기밀 유지　　② 오일 제어 작용　③ 열전도 작용

(2) 압축 링과 오일 링

① 압축 링 : 압축 링은 기밀을 유지함과 동시에 오일을 제어한다.

② 오일 링 : 실린더 벽에 뿌려진 과잉의 오일을 긁어내린다.

8 피스톤 핀

피스톤 핀은 피스톤과 커넥팅 로드를 연결하고, 피스톤에서 받은 압력을 크랭크축에 전달한다.

9 커넥팅 로드

피스톤에서 받은 압력을 크랭크축에 전달한다.

10 크랭크 축

피스톤의 직선 운동을 회전 운동으로 바꾸어 외부로 출력하고 그 구조는 메인 저널, 크랭크 핀 저널, 크랭크 암, 평형추(밸런스 웨이트), 오일 홈, 오일 슬링거, 플랜지부로 구성되어 있다.

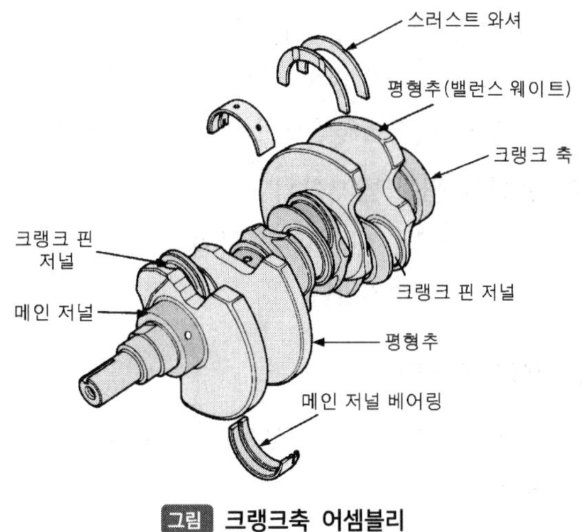

그림 크랭크축 어셈블리

(1) 구비 조건

① 강성이 충분하고 내마멸성이 클 것

② 정적 및 동적 평형이 잡혀 있을 것

(2) 크랭크축의 구조

① **크랭크 핀 저널** : 커넥팅 로드 대단부 연결되는 부분

② **크랭크 암** : 크랭크 핀과 메인 저어널을 연결하는 부분

③ **메인 저널** : 축을 지지하는 저어널 베어링이 들어가는 부분

④ **평형추** : 크랭크 축 평형을 유지시키기 위하여 암에 부착되는 추

⑤ 오일통로, 오일펌프 및 슬링거, 플랜저, 스프로킷, 비틀림 진동댐퍼(대형) 등

(3) 폭발 순서 고려사항

1) 폭발순서를 결정할 때 고려사항

① 연소가 같은 간격으로 일어나게 한다.
② 인접한 실린더에 연이어 점화되지 않도록 한다.
③ 혼합기가 각 실린더에 균일하게 분배되게 하여야 한다.
④ 크랭크축에 비틀림 진동이 일어나지 않게 하여야 한다.

2) 다기통 엔진의 점화순서를 실린더 배열 순서로 하지 않는 이유

① 엔진 발생동력을 평등하게 하기 위해
② 크랭크축에 무리가 가지 않도록 하기 위해
③ 엔진의 원활한 회전을 위해

11 플라이휠 및 비틀림 진동 방지기

(1) 플라이휠

① 엔진 회전력의 맥동을 방지하여 회전속도를 고르게 한다.
② 엔진 기동을 위해 링 기어가 설치되어 있다.
③ 클러치가 부착된다.(엔진의 동력을 동력전달장치로 전달한다.)
④ 실린더 수가 많고 회전 속도가 빠르면 플라이 휠 무게는 가볍게 한다. 즉 플라이휠의 무게는 회전속도와 실린더 수에 관계가 있다.

(2) 엔진의 진동 방지장치

플라이 휠, 진동 댐퍼, 사일런트 축(카운터 샤프트), 밸런스 샤프트 등을 설치하여 엔진의 진동을 방지한다.

12 엔진 베어링

엔진 베어링은 회전부분에 사용되는 것으로 엔진에서는 보통 평면(플레인) 베어링이 사용된다.

(1) 베어링의 구비조건

① 하중 부담 능력이 있어야 한다.
② 고속 회전에 견딜 것
③ 내피로성이 커야 한다.
④ 매입성이 좋아야 한다.
⑤ 추종 유동성이 있어야 한다.
⑥ 정비가 용이할 것
⑦ 내부식성 및 내마멸성이 커야 한다.
⑧ 마찰계수가 적어야 한다.

(2) 베어링 크러시

① 베어링의 바깥 둘레와 하우징의 안 둘레와의 차이

② 베어링 크러시를 두는 이유

㉮ 조립 시 밀착 양호

㉯ 열전도율 양호

(3) 베어링 스프레드

① 베어링을 캡에 끼우지 않았을 때 베어링의 외경과 하우징의 내경과의 차이

② 베어링 스프레드를 두는 이유

㉮ 작은 힘으로 눌러 끼워 베어링이 제자리에 밀착되도록 한다.

㉯ 조립시 캡에서 이탈 방지

㉰ 크러시로 인한 찌그러짐 방지

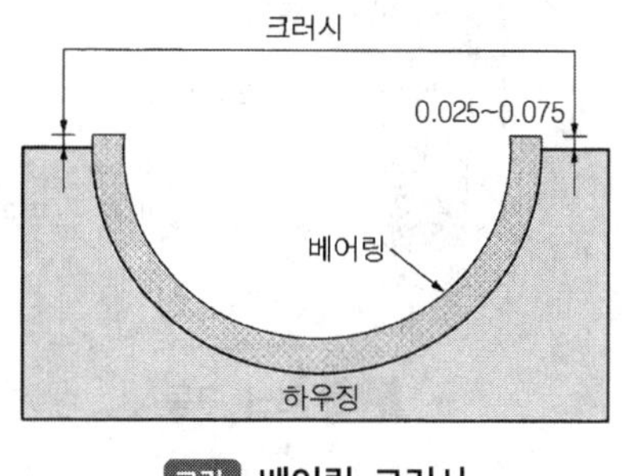

그림 베어링 크러시

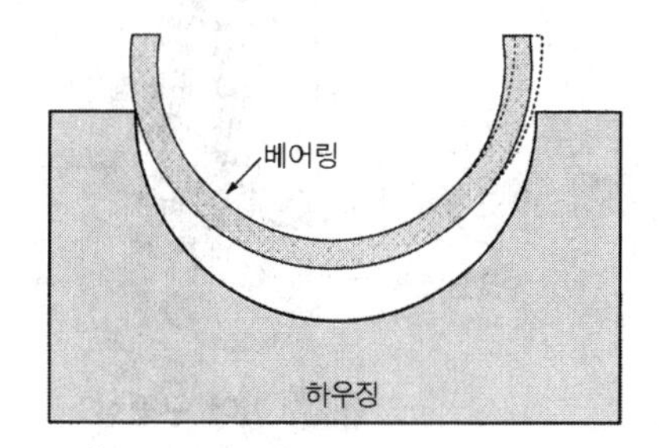

그림 베어링 스프레드

13 밸브 기구

(1) 밸브 기구의 종류

① L헤드형 밸브 기구 : 캠축, 밸브 리프터(태핏) 및 밸브로 구성되어 있다.

② I헤드형 밸브 기구 : 캠축, 밸브 리프터, 밸브, 푸시로드, 로커 암으로 구성되어 있으며, 현재 가장 많이 사용되는 밸브 기구이다.

③ F헤드형 밸브 기구 : L 헤드형과 I 헤드형 밸브 기구를 조합한 형식이다.

④ OHC(over head cam shaft) 밸브 기구 : 캠축이 실린더 헤드 위에 설치된 형식으로 캠축이 1 개인 것을 SOHC 라하고, 캠축이 헤드 위에 2개가 설치된 것을 DOHC 라 한다.

(2) 캠축의 구동방식

1) 기어 구동식 : 타이밍 기어(헬리컬 기어)의 물림에 의해 구동된다.

① 타이밍 기어 : 크랭크축 기어와 캠축 기어는 피스톤의 상하 운동에 맞추어 밸브개폐시기와 점화시기를 바르게 유지하므로 타이밍 기어라 하며 타이밍 기어의 백래시가 커지면 밸브 개폐시기가 틀려진다.

2) 체인 구동식 : 사일런트 또는 롤러 체인으로 구동된다.

① 소음이 적고 전달 효율이 높다.

② 캠축 위치를 자유로이 선정할 수 있다.

③ 텐셔너 : 체인의 장력이 조정된다.
④ 댐퍼 : 체인의 진동을 방지한다.

3) **벨트 구동식** : 타이밍 벨트로 코크 벨트(고무제의 투스 벨트)가 사용되며 소음이 없고 구동이 확실하다. 또한 작업 시에는 기름이 묻어서는 안 되며 손으로 작업을 하여야 한다.

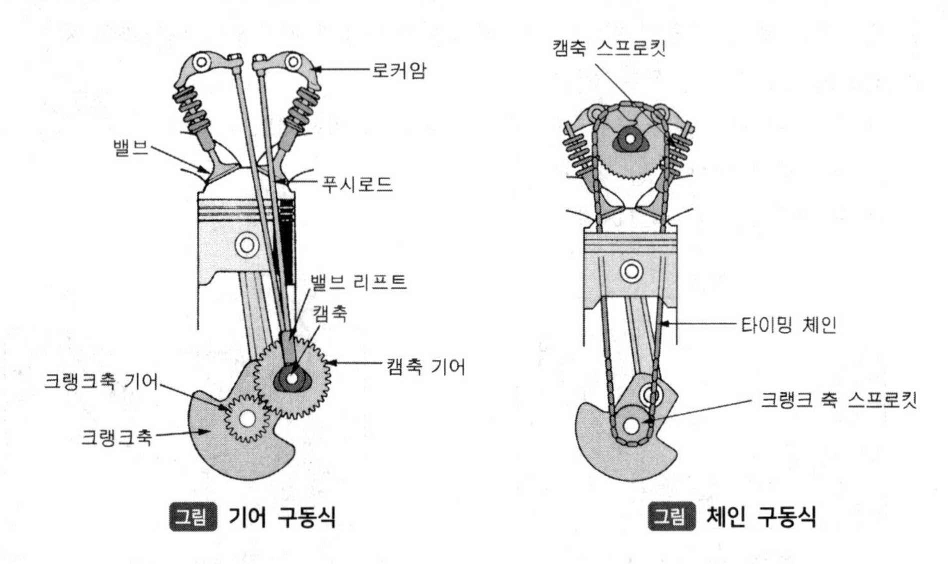

그림 기어 구동식 **그림** 체인 구동식

(3) 밸브 리프터

캠의 회전 운동을 상·하 직선 운동으로 바꾸어 밸브 또는 푸시로드에 전달

① **기계식 리프터** : 원통형과 플린지형 및 롤러형이 있으며 열팽창을 고려해서 밸브 간극을 둔다.

② **유압식 리프터** : 밸브 간극은 항상 0 이다.

③ **유압식 리프터의 특징**

㉮ 엔진의 윤활장치의 유압을 이용한다.
㉯ 밸브 기구의 작동이 정숙하다.
㉰ 밸브 간극 점검 및 조정이 필요 없다.
㉱ 밸브기구에서 발생되는 진동이나 충격을 오일이 흡수하므로 내구성이 좋다.
㉲ 밸브 개폐시기가 정확하여 엔진의 성능이 향상된다.
㉳ 오일펌프나 회로의 막힘이 있으면 작동이 불량하거나 작동이 안 된다.
㉴ 구조가 복잡하다.

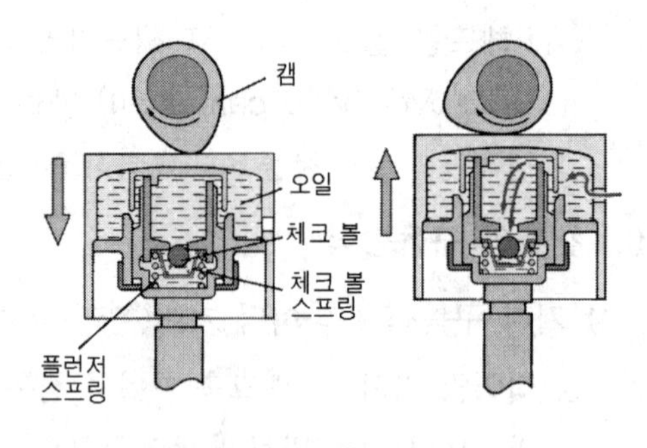

그림 유압식 밸브 리프터

(4) 푸시로드 : 밸브 리프터의 상하 운동을 로커암에 전달한다.

(5) 로커암 : 밸브를 직접 개폐시킨다.

(6) 밸브 간극 : 밸브의 열 팽창 때문에 둔다.

1 밸브 간극이 클 때의 영향
① 밸브의 열림이 적어 흡·배기 효율이 저하된다.
② 소음이 발생된다.
③ 출력이 저하되며, 스탬 엔드부의 찌그러짐이 발생된다.

2. 밸브 간극이 작을 때의 영향
① 밸브가 완전히 닫히지 않아 기밀 유지가 불량하다.
② 역화 및 후화 등 이상 연소가 발생된다.
③ 출력이 저하된다.
④ 실화가 일어날 수 있다.

14 밸브

(1) 밸브의 기능

① 혼합기를 실린더에 유입하거나 연소 가스를 대기 중에 배출한다.
② 압축 행정 및 동력 행정에서 가스의 누출을 방지하는 역할을 한다.
③ 열릴 때는 밸브 기구에 의해서, 닫힐 때는 스프링의 장력에 의해서 닫힌다.

1) 밸브의 구비 조건

① 큰 하중에 견디고 변형을 일으키지 않을 것
② 가스 흐름에 대해 저항이 적을 것
③ 중량이 가볍고 내구성이 있을 것
④ 고온, 고압에 충분히 견딜 수 있는 강도가 있을 것
⑤ 열전도성이 좋을 것
⑥ 부식이 잘 되지 않으며 경량일 것

2) 밸브의 구조

① **밸브의 헤드** : 흡입 밸브 지름이 배기 밸브 지름보다 크다.
② **밸브의 마진** : 밸브의 재사용 여부를 결정하며 0.8mm 이하 시에는 모든 조건이 양호해도 교환하여야 한다.
③ **밸브 면** : 밸브 시트에 밀착하여 기밀 유지하며 헤드부의 열을 시트에 전달(75%)
④ **밸브 시트와의 접촉 폭** : 1.4~2.0mm 정도 이며 접촉 폭이 넓으면 냉각은 양호하나 기밀 유지는 불량하고 폭이 좁으면 기밀유지는 양호하나 냉각이 불량하다.
⑤ **밸브 면 각도** : 60°, 45°, 30°(45°, 30°를 많이 사용)

⑥ 밸브 헤드의 지름을 크게 하면 흡입 효율은 증대되나 냉각이 곤란하다.

⑦ **간섭각** : 열팽창을 고려하여 밸브면 각도를 시트 면의 각도보다 1/4 ~ 1° 크게 한 것이다.

⑧ **특수용 밸브(나트륨 냉각 방식 밸브)** : 고급 엔진, 항공기 및 배기 밸브에만 사용되며, 스템 내부를 중공으로 하고 중공 체적의 40~60% 금속 나트륨 봉입

⑨ 밸브 스템 엔드는 평면으로 다듬질되어야 한다.

⑩ 밸브 시트와 밸브의 접촉각이 45°일 때 사용되는 밸브시트의 커터 각은 15°, 45°, 75°의 것이 필요하다.

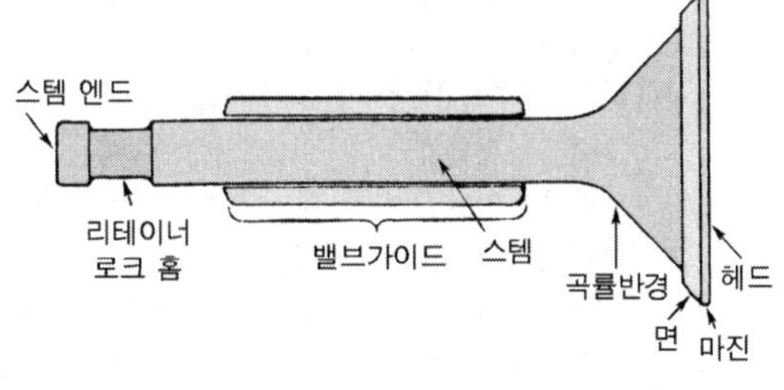

그림 **밸브 구조**

(2) 밸브 스프링

밸브가 닫혀 있는 동안 기밀을 유지하고 밸브의 리턴과 밸브의 작동을 확실히 한다.

1) 밸브 스프링의 구비 조건

① 규정의 장력을 가질 것

② 관성력을 이겨내고 밸브가 캠의 형상에 따라 움직이게 할 수 있을 것

③ 내구성이 있어 최고 회전속도에도 견딜 것

④ 서징현상을 일으키지 않을 것

2) 서징 현상

밸브 스프링의 고유 진동이 캠의 주기적인 운동과 같거나 그 정수 배가되어 캠에 의한 작동과 관계없이 진동을 일으키는 현상이다.

3) 서징 현상의 방지책

① 부등피치 스프링 사용

② 2중 스프링 사용

③ 원뿔형 스프링 사용

chapter 01

출제 예상 문제

01 열에너지를 기계적 에너지로 변환시켜 주는 장치는?

① 펌프　　② 모터
③ 엔진　　④ 밸브

해설
펌프는 기계적 에너지를 유체 에너지로, 모터는 유체 에너지를 기계적 에너지로 전환해 주는 기계이며 열에너지를 기계적 에너지로 전환하여 주는 것은 엔진이다.

02 4행정 기관에서 1사이클을 완료할 때 크랭크축은 몇 회전 하는가?

① 1회전　　② 2회전
③ 3회전　　④ 4회전

해설
4행정 사이클 기관은 크랭크축 2회전에 1사이클을 완성하는 기관이다.

03 4행정으로 1사이클을 완성하는 기관에서 각 행정의 순서는?

① 압축 – 흡입 – 폭발 – 배기
② 흡입 – 압축 – 폭발 – 배기
③ 흡입 – 압축 – 배기 – 폭발
④ 흡입 – 폭발 – 압축 – 배기

해설
4행정 사이클 기관은 혼합기 또는 공기를 흡입 → 압축 → 폭발(동력) → 배기의 순으로 행정이 이루어진다.

04 디젤기관의 점화(착화) 방법으로 옳은 것은?

① 전기 점화　　② 자기 착화
③ 마그넷 점화　　④ 전기 착화

해설
디젤 기관은 공기만을 흡입 가압하여 공기의 온도를 높인 후 연료를 미세한 안개 모양으로 분사시켜 압축열로 연소가 일어나는 압축 착화 엔진 또는 자기 착화 엔진이다.

05 공기만을 실린더 내로 흡입하여 고압축비로 압축한 다음 압축열에 의해 연료를 분사하는 작동 원리의 디젤 기관은?

① 압축 착화 기관
② 전기 점화 기관
③ 외연 기관
④ 제트 기관

해설
점화 방식에 따른 분류
① 전기 점화 엔진 : 압축된 혼합가스에 점화 플러그에서 고압의 전기 불꽃을 방전시켜 점화 연소시키는 형식의 엔진으로 가솔린 엔진, LPG 엔진, CNG 엔진의 점화방식
② 압축 착화 엔진 : 공기만을 실린더 내로 흡입하고 고온고압으로 압축한 후 고압의 연료(경유)를 미세한 안개 모양으로 분사시켜 자기착화 시키는 형식의 엔진으로 디젤 엔진의 점화방식

06 고속 디젤 기관의 장점으로 틀린 것은?

① 열효율이 가솔린 기관보다 높다.
② 인화점이 높은 경유를 사용하므로 취급이 용이하다.
③ 가솔린 기관보다 최고 회전수가 빠르다.
④ 연료 소비량이 가솔린 기관보다 적다.

해설
디젤 엔진의 장점
① 가솔린 엔진보다 제동 열효율이 높다.
② 연료가 분사 노즐에 의해 공급되어 신뢰성이 크다.
③ 저속에서부터 고속까지 전부분에 걸쳐 회전력이 크다.
④ 가솔린 엔진보다 연료 소비율이 적다.
⑤ 연료의 인화점이 높아 안전하고, 화재의 위험이 적다.
⑥ 연료 분사 시간이 짧아 배기가스의 유해 성분이 적다.

01.③　02.②　03.②　04.②　05.①　06.③

07 디젤 기관의 특성으로 가장 거리가 먼 것은?

① 연료 소비율이 적고 열효율이 높다.
② 예열 플러그가 필요 없다.
③ 연료의 인화점이 높아서 화재의 위험성이 적다.
④ 전기 점화장치가 없어 고장율이 적다.

해설
디젤 기관은 압축열에 의한 자연 발화 엔진으로 한냉시에는 압축 온도의 상승이 낮아 시동이 어려우며 이를 보완하기 위해 예열장치를 설치하여 사용한다.

08 다음 중 가솔린 엔진에 비해 디젤 엔진의 장점으로 볼 수 없는 것은?

① 열효율이 높다.
② 압축압력, 폭발압력이 크기 때문에 마력 당 중량이 크다.
③ 유해 배기가스 배출량이 적다.
④ 흡기행정 시 펌핑 손실을 줄일 수 있다.

해설
디젤 엔진의 단점
① 가솔린 엔진보다 마력당 중량이 무겁다.
② 평균 유효압력이 낮고 엔진의 회전 속도가 낮다.
③ 압축 및 폭발 압력이 높아 운전 중 진동과 소음이 크다.
④ 기동 전동기의 출력이 커야 한다.
⑤ 연료 분사장치를 설치하여야 하기 때문에 제작비가 비싸다.

09 4행정 사이클 디젤 엔진의 흡입 행정에 관한 설명 중 맞지 않는 것은?

① 흡입 밸브를 통하여 혼합기를 흡입한다.
② 실린더 내에 부압(負壓)이 발생한다.
③ 흡입 밸브는 상사점 전에 열린다.
④ 흡입 계통에는 벤투리, 초크 밸브가 없다.

해설
디젤 엔진은 흡입 행정에서 공기만을 흡입하여 압축 착화시키는 기관이며, 벤투리, 초크 밸브는 가솔린 엔진의 기화기 구조에 해당되는 것으로 유속의 변화와 흡입 공기량을 제어하는 부품이다.

10 디젤 기관과 관계없는 설명은?

① 경유를 연료로 사용한다.
② 점화장치 내에 배전기가 있다.
③ 압축 착화한다.
④ 압축비가 가솔린 기관보다 높다.

해설
점화 장치는 전기 점화 장치 엔진인 가솔린 엔진, LPG 엔진, CNG 엔진에 설치되어 있다.

11 4행정 디젤 엔진에서 흡입 행정 시 실린더 내에 흡입되는 것은?

① 혼합기 ② 연료
③ 공기 ④ 스파크

해설
디젤 엔진은 압축 착화 엔진으로 흡입 시 공기만을 흡입하여 압축할 때 압축열을 발생시키며 이곳에 연료를 안개화하여 관통시키면 연료는 이 열에 의해 자연적으로 불이 발생되어 연소시키는 엔진이다.

12 디젤 기관이 가솔린 기관보다 압축비가 높은 이유는?

① 연료의 무화를 정확하게 하기 위하여
② 기관의 과열과 진동을 적게 하기 위하여
③ 공기의 압축열로 착화시키기 위하여
④ 연료의 분사를 높게 하기 위하여

해설
디젤 기관의 압축비를 가솔린 기관보다 높게 하는 것은 디젤 기관이 자기 착화 기관으로 압축열로 연료의 착화를 쉽게 하기 위함이다.

13 4행정 사이클 디젤 기관이 작동 중 흡입 밸브와 배기 밸브가 동시에 닫혀있는 행정은?

① 흡입 행정 ② 소기 행정
③ 동력 행정 ④ 배기 행정

해설
4행정 사이클 디젤 엔진 및 가솔린 엔진의 흡입 밸브와 배기 밸브가 동시에 닫혀 있는 행정은 압축과 동력(폭발) 행정이다.

정답 07.② 08.② 09.① 10.② 11.③ 12.③ 13.③

14 4행정 사이클 디젤 기관 동력 행정의 연료 분사 진각에 대한 설명 중 맞지 않는 것은?

① 기관 회전속도에 따라 진각 된다.
② 진각에는 연료의 점화 늦음을 고려한다.
③ 진각에는 연료 자체의 압축율을 고려한다.
④ 진각에는 연료 통로의 유동 저항을 고려한다.

해설

연료 분사시기의 진각은 엔진의 회전속도 및 부하 변동에 따라 연료의 분사시기가 진각되는 것으로 연료의 착화(점화) 지연, 연료 자체의 압축율을 고려하여 결정한다.

15 왕복형 엔진에서 상사점과 하사점까지의 거리는?

① 사이클 ② 과급
③ 행정 ④ 소기

해설

용어의 정의
① **사이클** : 어떤 주기적인 변화 중 1주기
② **과급** : 기계 피스톤식 내연 기관에서 대기에서 공기를 직접 흡입하지 않고 미리 압축한 공기를 흡입하는 것
③ **행정** : 피스톤이 움직인 거리. 즉, 상사점에서 하사점까지의 거리
④ **소기** : 연소된 가스의 배출을 새로운 공기가 도와주는 것

16 4행정 기관에서 흡·배기 밸브가 모두 열려 있는 시점은?

① 흡입행정 말 ② 압축행정 초
③ 폭발행정 초 ④ 배기행정 말

해설

흡·배기 밸브가 모두 열려있는 시점은 밸브 오버랩을 말하는 것으로 공기의 와류를 유효하게 이용하기 위하여 밸브를 미리 열고 늦게 닫아 생기는 현상으로 흡입효율을 높이기 위한 것이다. 배기 행정이 끝날 무렵부터 흡입 행정이 시작될 때 두 밸브는 동시에 열리게 된다.

17 기관의 밸브 오버랩을 두는 이유로 가장 적합한 것은?

① 밸브 개폐를 쉽게 하기 위해
② 압축압력을 높이기 위해
③ 흡입 효율 증대를 위해
④ 연료 소모를 줄이기 위해

해설

밸브 오버랩이란 흡입 밸브와 배기 밸브가 동시에 열려 있는 상태를 말하는 것으로 흡·배기 밸브를 미리 열어주고 늦게 닫아주므로 발생이 된다. 이것은 충분히 밸브를 열어주어 흡·배기 효율을 높이는데 그 목적이 있다.

18 기관의 총 배기량에 대한 내용으로 옳은 것은?

① 1번 연소실 체적과 실린더 체적의 합이다.
② 각 실린더 행정 체적의 합이다.
③ 행정체적과 실린더 체적의 합이다.
④ 실린더 행정 체적과 연소실 체적의 곱이다.

해설

배기량이란 실린더로 유입할 수 있는 공기량 또는 실린더에서 내보낼 수 있는 공기량으로 피스톤이 움직여 발생된 체적을 말한다. 따라서 총 배기량이란 각 실린더 행정 체적의 합이다.

19 압력의 단위가 아닌 것은?

① kgf/cm^2 ② dyne
③ Psi ④ ber

해설

dyne(다인)은 가속도, 표면 장력 등에 사용하는 단위이다.

20 1kW는 몇 PS인가?

① 0.75 ② 1.36
③ 75 ④ 735

해설

1PS는 0.735kW 이므로

$$1\text{kW} = \frac{1}{0.735} = 1.3605\text{PS}$$

정답 14.④ 15.③ 16.④ 17.③ 18.② 19.② 20.②

21 **엔진의 회전수를 나타낼 때 rpm이란?**

① 시간당 엔진 회전수
② 분당 엔진 회전수
③ 초당 엔진 회전수
④ 10분간 엔진 회전수

해설
rpm(revolutions per minute)이란 분당 축의 회전수 또는 회전속도를 나타내는 것으로 엔진에서는 엔진의 분당 회전수를 말한다.

22 **2행정 사이클 기관에만 해당되는 과정(행정)은?**

① 흡입 ② 압축
③ 동력 ④ 소기

해설
2행정 사이클 기관에는 흡입, 압축, 동력, 배기뿐만 아니라 소기 행정이 있으며 이 소기 행정은 연소된 가스의 배출을 새로운 공기가 도와주는 행정으로 2행정 기관만이 가진 행정이다.

23 **실린더 내경이 행정보다 작은 기관을 무엇이라 하는가?**

① 스퀘어 기관
② 단행정 기관
③ 장행정 기관
④ 정방행정 기관

해설
실린더 행정 내경비에 따른 엔진의 분류로 실린더 내경이 행정보다 큰 단행정 기관(오버 스퀘어 기관)과 실린더 내경이 행정보다 적은 기관인 장행정 기관(언더 스퀘어 기관), 행정과 내경이 같은 정방행정 기관(스퀘어 기관)이 있다.

24 **다음 중 내연기관의 구비조건으로 틀린 것은?**

① 단위 중량당 출력이 적을 것
② 열효율이 높을 것
③ 저속에서 회전력이 클 것
④ 점검 및 정비가 쉬울 것

해설
내연기관의 구비조건
① 소형, 경량이고 열효율이 높을 것
② 단위 중량 당 출력이 클 것
③ 저속에서 회전력이 클 것
④ 저속에서 고속으로 가속도가 클 것
⑤ 연소비율이 적을 것
⑥ 가혹한 운전조건에 잘 견딜 것
⑦ 진동 및 소음이 적고, 점검과 정비가 쉬울 것
⑧ 유해 배기가스 배출이 없을 것

25 **기관의 실린더 수가 많을 때의 장점이 아닌 것은?**

① 기관의 진동이 적다.
② 저속 회전이 용이하고 큰 동력을 얻을 수 있다.
③ 연료 소비가 적고 큰 동력을 얻을 수 있다.
④ 가속이 원활하고 신속하다.

해설
기관의 실린더 수가 많을 때의 장점
① 엔진의 출력이 높다.
② 엔진의 작동이 부드럽다.
③ 엔진의 진동이 적다
④ 가속이 원활하고 신속하다.
⑤ 저속 회전이 용이하다.

26 **기관의 연소실 형상과 관련이 적은 것은?**

① 기관 출력
② 열효율
③ 엔진 속도
④ 운전 정숙도

해설
연소실 형상과 관계되는 것
① 화염전파 시간
② 항노크성
③ 체적 효율
④ 기관 출력
⑤ 열효율
⑥ 운전 정숙성

정답 21.② 22.④ 23.③ 24.① 25.③ 26.③

27 **디젤 기관 연소 과정에서 연소 4단계와 거리가 먼 것은?**

① 전기 연소기간(전 연소기간)
② 화염 전파기간(폭발 연소기간)
③ 직접 연소기간(제어 연소기간)
④ 후기 연소기간(후 연소기간)

해설
디젤 기관의 연소 과정은 착화 지연기간, 화염 전파기간, 직접 연소기간, 후기 연소기간의 연소 4단계로 되어 있다.

28 **다음 중 연소실과 연소의 구비조건이 아닌 것은?**

① 분사된 연료를 가능한 한 긴 시간동안 완전 연소시킬 것
② 평균 유효압력이 높을 것
③ 고속 회전에서의 연소 상태가 좋을 것
④ 노크 발생이 적을 것

해설
연소실의 구비 조건
① 압축 행정 끝에서 강한 와류를 일으키게 할 것.
② 진동이나 소음이 적을 것.
③ 평균 유효 압력이 높으며, 연료 소비량이 적을 것.
④ 기동이 쉬우며, 노킹이 발생되지 않을 것.
⑤ 고속 회전에서도 연소 상태가 양호할 것.
⑥ 분사된 연료를 가능한 짧은 시간에 완전 연소시킬 것.

29 **보기에 나타낸 것은 기관에서 어느 구성 품을 형태에 따라 구분한 것인가?**

[보기]
직접분사식, 예연소실식, 와류실식, 공기실식

① 연료 분사장치
② 연소실
③ 점화장치
④ 동력 전달장치

해설
보기의 내용은 디젤 기관 연소실의 종류를 나타낸 것이다.

30 **디젤 기관에서 부실식과 비교할 경우 직접 분사식 연소실의 장점이 아닌 것은?**

① 냉간 시동이 용이하다.
② 연소실 구조가 간단하다.
③ 연료 소비율이 낮다.
④ 저질 연료의 사용이 가능하다.

해설
직접 분사실식의 장점
① 연료 소비량이 170 ~ 200g/ps – h로 다른 형식보다 적다.
② 연소실 체적이 작기 때문에 냉각 손실이 적다.
③ 연소실이 간단하고 열효율이 높다.
④ 실린더 헤드의 구조가 간단하여 열변형이 적다.
⑤ 시동이 쉽게 이루어지기 때문에 예열 플러그가 필요 없다.

31 **디젤 기관에서 직접 분사실식의 장점이 아닌 것은?**

① 연료 소비량이 적다.
② 냉각손실이 적다.
③ 연료 계통의 연료 누출 염려가 적다.
④ 구조가 간단하여 열효율이 높다.

해설
직접 분사실식의 연소실에서 장점은 열효율이 좋고 시동이 쉬우며 연료소비가 적으나 디젤 노크 발생이 쉽고 연료 계통의 부품 수명이 짧으며 연료를 고급 연료 사용하여야 하고 고압의 연료로 인한 누출이 쉬운 결점을 가지고 있다.

32 **디젤 기관의 연소실 중 연료 소비율이 낮으며 연소 압력이 가장 높은 연소실의 형식은?**

① 예연소실식
② 와류실식
③ 직접 분사실식
④ 공기실식

해설
직접 분사실식의 특징
① 구조가 간단하다.
② 기동이 쉽다.
③ 열효율이 좋고 연료 소비가 적다.
④ 분사 압력이 높다(150~300kg/cm²).
⑤ 디젤 노크가 일어나기 쉽다.
⑥ 2사이클 디젤 기관이 모두 이 형식을 사용한다.

27.① 28.① 29.② 30.④ 31.③ 32.③

33 **기관의 실린더 블록(Cylinder Block)과 헤드(Head) 사이에 끼워져 기밀을 유지하는 것은?**

① 오일 링(Oil Ring)
② 헤드 개스킷(Head Gasket)
③ 피스톤 링(Piston Ring)
④ 물 재킷(Water Jacket)

해설
실린더 헤드 개스킷은 실린더 블록과 헤드 사이에 설치된 패킹으로 압축가스의 기밀 유지, 오일 및 냉각수가 누출되는 것을 방지하는 역할을 한다.

34 **실린더 헤드 개스킷에 대한 구비조건으로 틀린 것은?**

① 기밀유지가 좋을 것
② 내열성과 내압성이 있을 것
③ 복원성이 적을 것
④ 강도가 적당할 것

해설
실린더 헤드 개스킷의 구비 조건
① 고온에 잘 견딜 수 있는 내열성이어야 한다.
② 기밀 유지가 좋을 것
③ 고압에 잘 견디는 내압성이어야 한다.
④ 복원성이 있을 것
⑤ 내마멸성이 우수할 것.
⑥ 강도가 적당할 것

35 **실린더 헤드 개스킷이 손상되었을 때 일어나는 현상으로 가장 적절한 것은?**

① 엔진 오일의 압력이 높아진다.
② 피스톤 링의 작동이 느려진다.
③ 압축압력과 폭발압력이 낮아진다.
④ 피스톤이 가벼워진다.

해설
실린더 헤드의 개스킷이 손상되면 기밀 유지가 불량하여 압축가스가 누출되어 압축압력과 폭발압력이 낮아진다.

36 **실린더 헤드의 볼트를 풀었음에도 실린더 헤드가 분리되지 않을 때 탈거 방법으로 틀린 것은?**

① 압축압력을 이용하는 방법
② 자중을 이용하는 방법
③ 플라스틱 해머를 이용하여 충격을 가하는 방법
④ 드라이버와 해머를 이용하여 블록과 헤드 틈새에 충격을 가하는 방법

해설
실린더 헤드의 볼트를 풀었음에도 실린더 헤드가 분리되지 않을 때 탈거 방법으로는 압축압력을 이용하는 방법, 자중을 이용하는 방법, 연질의 고무 해머나 플라스틱 해머를 이용하는 방법이 있으며 드라이버와 해머를 이용하여 블록과 헤드 틈새에 충격을 가하는 방법은 헤드나 블록의 변형 등을 유발하므로 사용하지 않는다.

37 **실린더 헤드 등 면적이 넓은 부분에서 볼트를 조이는 방법으로 가장 적합한 것은?**

① 규정 토크로 한 번에 조인다.
② 중심에서 외측을 향하여 대각선으로 조인다.
③ 외측에서 중심을 향하여 대각선으로 조인다.
④ 조이기 쉬운 곳부터 조인다.

해설
실린더 헤드 볼트를 조일 때는 토크렌치를 사용하여 2~3회로 나누어 중앙에서 밖으로 향하여 대각선 방향으로 조인다. 또한 풀 때에는 밖에서부터 대각선의 방향으로 중앙을 향하여 푼다.

38 **실린더 라이너(cylinder liner)에 대한 설명으로 틀린 것은?**

① 종류는 습식과 건식이 있다.
② 일명 슬리브(Sleeve)라고도 한다.
③ 냉각 효과는 습식보다 건식이 더 좋다.
④ 습식은 냉각수가 실린더 안으로 들어갈 염려가 있다.

해설
기관의 냉각 효과는 냉각수가 실린더 라이너에 직접 접촉하는 습식이 더 좋다.

33.② 34.③ 35.③ 36.④ 37.② 38.③

39 실린더 헤드의 변형 원인으로 틀린 것은?

① 기관의 과열
② 실린더 헤드 볼트 조임 불량
③ 실린더 헤드 커버 개스킷 불량
④ 제작시 열처리 불량

해설

실린더 헤드 변형의 원인
① 제작시 열처리 조작이 불충분 할 때
② 헤드 가스킷이 불량할 때
③ 실린더 헤드 볼트의 불균일한 조임
④ 기관이 과열 되었을 때
⑤ 냉각수가 동결 되었을 때

40 냉각수가 라이너의 바깥 둘레에 직접 접촉하고 정비 시 라이너 교환이 쉬우며 냉각효과가 좋으나 크랭크 케이스에 냉각수가 들어갈 수 있는 단점을 가진 것은?

① 진공식 라이너 ② 건식 라이너
③ 유압 라이너 ④ 습식 라이너

해설

건식 라이너와 습식 라이너의 특징
1. 건식 라이너의 특징
① 냉각수와 직접 접촉되지 않는다.
② 두께 : 2 ~ 4mm로 가솔린 기관에 사용
③ 프레스를 이용하여 내경 100mm 당 2 ~ 3 톤의 힘으로 압입
2. 습식 라이너의 특징
① 냉각수와 직접 접촉된다.
② 두께 : 5~8mm로 디젤 기관에 사용
③ 조립은 실링에 진한 비눗물을 바르고 손으로 가볍게 눌러 끼운다.
④ 단점으로는 냉각수가 크랭크 케이스로 샐 염려가 있다.

41 건설기계 기관에 사용되는 습식 라이너의 단점은?

① 냉각 효과가 좋다.
② 냉각수가 크랭크실로 누출될 우려가 있다.
③ 직접 냉각수와 접촉하므로 냉각 성능이 우수하다.
④ 라이너의 압입 압력이 높다.

42 기관에서 실린더 마모가 가장 큰 부분은?

① 실린더 아래 부분
② 실린더 윗부분
③ 실린더 중간 부분
④ 실린더 연소실 부분

해설

실린더의 마모가 가장 심한 부분은 실린더 윗부분인 상사점 부근의 축에 직각 방향에서 가장 크다. 그 이유는 피스톤 링의 호흡작용과 윤활 불량 때문이다.

43 실린더 벽이 마멸되었을 때 발생되는 현상은?

① 기관의 회전수가 증가한다.
② 오일 소모량이 증가한다.
③ 열효율이 증가한다.
④ 폭발압력이 증가한다.

해설

실린더 마멸의 영향
① 블로바이로 압축압력 저하 및 오일 희석
② 오일의 연소실 침입에 의한 불완전 연소
③ 오일 및 연료 소비량 증가
④ 피스톤 슬랩 발생
⑤ 열효율 감소 및 정상운전 불가

44 실린더에 마모가 생겼을 때 나타나는 현상이 아닌 것은?

① 압축 효율 저하
② 크랭크 실내의 윤활유 오염 및 소모
③ 출력 저하
④ 조속기의 작동 불량

45 실린더의 압축압력이 감소하는 주요 원인으로 틀린 것은?

① 실린더 벽의 마멸
② 피스톤 링의 탄력 부족
③ 헤드 개스킷 파손에 의한 누설
④ 연소실 내부의 카본 누적

해설

연소실 내부에 카본이 누적되면 연소실 표면적이 작아지게 되어 압축압력이 높아지게 된다.

39.③ 40.④ 41.② 42.② 43.② 44.④ 45.④

46 내연 기관의 동력 전달순서로 맞는 것은?

① 피스톤-커넥팅 로드-플라이휠-크랭크축
② 피스톤-커넥팅 로드-크랭크축-플라이휠
③ 피스톤-크랭크축-커넥팅 로드-플라이휠
④ 피스톤-크랭크축-플라이휠- 커넥팅 로드

해설
내연기관의 동력 전달순서는 피스톤 → 커넥팅 로드 → 크랭크축 → 플라이휠 → 클러치로 동력이 전달된다.

47 엔진의 피스톤 링에 대한 설명 중 틀린 것은?

① 압축 링과 오일 링이 있다.
② 기밀 유지의 역할을 한다.
③ 연료 분사를 좋게 한다.
④ 열전도 작용을 한다.

해설
피스톤 링에는 압축 링과 오일 링이 있으며 링의 기능은 기밀 유지 작용, 열전도 작용(냉각 작용), 오일 제어 작용을 한다.

48 피스톤과 실린더 사이의 간극이 너무 클 때 일어나는 현상은?

① 엔진의 출력 증대
② 압축압력 증가
③ 실린더 소결
④ 엔진 오일의 소비 증가

해설
피스톤 간극이 클 때의 영향
① 블로바이 현상이 발생된다.
② 압축 압력이 저하된다.
③ 엔진의 출력이 저하된다.
④ 오일이 희석되거나 카본에 오염된다.
⑤ 연료 소비량 및 오일의 소비가 증대된다.
⑥ 피스톤 슬랩 현상이 발생된다.

49 피스톤 링의 구비조건으로 틀린 것은?

① 열팽창률이 적을 것
② 고온에서도 탄성을 유지 할 것
③ 링 이음부의 압력을 크게 할 것
④ 피스톤 링이나 실린더 마모가 적을 것

해설
피스톤 링의 구비 조건
① 피스톤 링이나 실린더 마모가 적을 것
② 고온 고압하에서 작용하기 때문에 내열성일 것
③ 열팽창률이 적을 것
④ 실린더 면에 일정한 면압을 가할 것
⑤ 고온에서도 탄성을 유지할 것

50 디젤기관의 피스톤 링이 마멸되었을 때 발생되는 현상은?

① 엔진 오일의 소모가 증대된다.
② 폭발 압력의 증가 원인이 된다.
③ 피스톤의 평균 속도가 상승한다.
④ 압축비가 높아진다.

해설
피스톤 링이 마멸되면 실린더와 피스톤 사이의 틈새가 넓어져 가스가 새고 열전도성이 떨어지며 오일이 연소실로 올라와 연소되어 오일 소모량이 증가하게 된다.

51 디젤기관에서 압축압력이 저하되는 가장 큰 원인은?

① 냉각수 부족
② 엔진오일 과다
③ 기어오일의 열화
④ 피스톤 링의 마모

해설
피스톤 링이 마멸되면 실린더와 피스톤 사이의 틈새가 넓어져 압축가스가 누출되어 압축압력이 저하되고 열전도가 나빠지며 엔진 오일이 연소실로 침입하게 된다.

정답 46.② 47.③ 48.④ 49.③ 50.① 51.④

52 **기관의 피스톤이 고착되는 원인으로 틀린 것은?**

① 냉각수 량이 부족할 때
② 기관 오일이 부족하였을 때
③ 기관이 과열되었을 때
④ 압축압력이 정상일 때

해설
피스톤이 고착되는 원인에는 피스톤 간극이 적거나 기관 오일이 부족할 때, 엔진 과열 되었을 때, 냉각수 부족 등이 그 원인에 속한다.

53 **기관에서 크랭크축의 역할은?**

① 원활한 직선운동을 하는 장치이다.
② 기관의 진동을 줄이는 장치이다.
③ 직선운동을 회전운동으로 변환시키는 장치이다.
④ 상하운동을 좌우운동으로 변환시키는 장치이다.

해설
크랭크축의 기능
① 피스톤의 왕복 운동을 회전 운동으로 변환시키는 역할을 한다.
② 엔진의 출력으로 외부에 전달하는 역할을 한다.
③ 흡입, 압축, 배기 행정은 작용력이 크랭크축에서 피스톤에 전달된다.

54 **크랭크축은 플라이휠을 통하여 동력을 전달해 주는 역할을 하는데 회전 균형을 위해 크랭크 암에 설치되어 있는 것은?**

① 저널
② 크랭크 핀
③ 크랭크 베어링
④ 밸런스 웨이트

해설
밸런스 웨이트는 평형추라고도 하며, 크랭크축에 설치된 것으로 대형 기관에서는 분해가 가능하도록 되어 있으며 크랭크축의 회전평형을 잡아주어 크랭크축의 회전이 바르게 되도록 하는 역할을 한다.

55 **크랭크축의 비틀림 진동에 대한 설명 중 틀린 것은?**

① 각 실린더의 회전력 변동이 클수록 커진다.
② 크랭크축이 길수록 커진다.
③ 강성이 클수록 커진다.
④ 회전부분의 질량이 클수록 커진다.

해설
크랭크축의 비틀림 진동은 크랭크축의 회전수와 축의 길이, 회전부분의 질량에는 정비례하고 축의 강성에는 반비례하여 발생된다.

56 **기관에서 발생하는 진동의 억제 대책이 아닌 것은?**

① 플라이 휠 ② 캠 샤프트
③ 밸런스 샤프트 ④ 댐퍼 풀리

해설
진동의 억제 대책
① **플라이 휠** : 엔진의 맥동적인 회전을 균일한 회전으로 유지시켜 진동을 방지한다.
② **밸런스 샤프트** : 상하의 진동이나 좌우의 진동을 방지하는 역할을 한다.
③ **댐퍼 풀리** : 크랭크 축 풀리와 일체로 설치되어 비틀림 진동을 완화시킨다.

57 **공회전 상태의 기관에서 크랭크축의 회전과 관계없이 작동되는 기구는?**

① 발전기 ② 캠 샤프트
③ 플라이 휠 ④ 스타트 모터

해설
스타트 모터는 시동 전동기를 말하는 것으로 기관을 시동하기 하기 위해 배터리 전류를 공급하면 크랭크축을 회전시키는 역할을 한다. 그러나 시동이 된 후에는 전원이 차단되기 때문에 작동하지 않는다.

58 **기관의 크랭크축 베어링의 구비조건으로 틀린 것은?**

① 마찰계수가 클 것
② 내피로성이 클 것
③ 매입성이 있을 것
④ 추종 유동성이 있을 것

52.④ 53.③ 54.④ 55.③ 56.② 57.④ 58.①

해설

베어링의 구비 조건
① 하중 부담 능력이 있어야 한다.
② 고속 회전에 견딜 것
③ 내피로성이 커야 한다.
④ 매입성이 좋아야 한다.
⑤ 추종 유동성이 있어야 한다.
⑥ 정비가 용이할 것
⑦ 내부식성 및 내마멸성이 커야 한다.
⑧ 마찰계수가 적어야 한다.

59 크랭크축 베어링의 바깥둘레와 하우징 둘레와의 차이인 크러시를 두는 이유는?

① 안쪽으로 찌그러지는 것을 방지한다.
② 조립할 때 캡에 베어링이 끼워져 있도록 한다.
③ 조립할 때 베어링이 제자리에 밀착되도록 한다.
④ 볼트로 압착시켜 베어링 면의 열전도율을 높여준다.

해설

베어링 크러시를 두는 이유는 조립 시 볼트로 압착시켜 밀착되도록 함으로써 베어링 면의 열전도율을 높여 준다.

60 기관에서 캠축을 구동시키는 체인 장력을 자동 조정하는 장치는?

① 댐퍼(Damper)
② 텐셔너(Tensioner)
③ 서포트(Support)
④ 부시(Bush)

해설

체인이나 벨트 등의 늘어짐을 자동으로 조절하여 주는 장치를 텐셔너라 하고 진동을 흡수 완화하는 것을 댐퍼라 한다.

61 유압식 밸브 리프터의 장점이 아닌 것은?

① 밸브 간극은 자동으로 조절된다.
② 밸브 개폐시기가 정확하다.
③ 밸브 구조가 간단하다.
④ 밸브기구의 내구성이 좋다.

해설

유압식 밸브 리프터의 장점
① 밸브 기구의 작동이 정숙하다.
② 밸브 간극 점검 및 조정이 필요 없다.
③ 밸브기구의 내구성이 좋다.
④ 밸브 개폐시기가 정확하다.

62 엔진의 밸브 장치 중 밸브 가이드 내부를 상하 왕복운동 하며 밸브 헤드가 받는 열을 가이드를 통해 방출하고, 밸브의 개폐를 돕는 부품의 명칭은?

① 밸브 시트　② 밸브 스템
③ 밸브 페이스　④ 밸브 스템 엔드

해설

밸브 관련 부품의 기능
① **밸브 시트** : 밸브 페이스와 접촉되어 연소실의 기밀 작용을 한다.
② **밸브 스템** : 밸브 가이드에 끼워져 밸브의 상하 운동을 유지
③ **밸브 페이스** : 밸브 시트에 밀착되어 연소실의 기밀 작용을 한다.
④ **밸브 스템 엔드** : 캠이나 로커암과 충격적으로 접촉되는 부분으로 밸브 간극이 설정된다.

63 엔진의 밸브가 닫혀있는 동안 밸브 시트와 밸브 페이스를 밀착시켜 기밀이 유지되도록 하는 것은?

① 밸브 리테이너
② 밸브 가이드
③ 밸브 스템
④ 밸브 스프링

해설

밸브 관련 부품의 기능
① **밸브 리테이너** : 스프링의 받침대로 밸브 스프링과 밸브를 고정
② **밸브 가이드** : 밸브가 작동할 때 밸브 스템을 안내하는 역할을 한다.
③ **밸브 스템** : 밸브 가이드에 끼워져 밸브의 상하 운동을 유지
④ **밸브 스프링** : 밸브의 개폐에서 밸브가 열릴 때 캠의 형상대로 움직이게 하고 밸브가 닫혀 있는 동안 기밀을 유지한다.

59.④　60.②　61.③　62.②　63.④

64 **기관에서 폭발행정 말기에 배기가스가 실린더 내의 압력에 의해 배기 밸브를 통해 배출되는 현상은?**

① 블로 바이(blow by)
② 블로 백(blow back)
③ 블로 다운(blow down)
④ 블로 업(blow up)

해설

용어의 정의
① **블로바이**(blow by) : 압축 및 폭발 행정에서 가스가 피스톤과 실린더 사이로 누출되는 현상
② **블로백**(blow back) : 압축 및 폭발 행정에서 가스가 밸브와 밸브 시트 사이로 누출되는 현상
③ **블로다운**(blow down) : 폭발 행정 말기에 배기가스가 실린더 내의 압력으로 배기 밸브를 통해 배출되는 현상

65 **기관의 밸브 간극이 너무 클 때 발생하는 현상에 관한 설명으로 올바른 것은?**

① 정상온도에서 밸브가 확실하게 닫히지 않는다.
② 밸브 스프링의 장력이 약해진다.
③ 푸시로드가 변형된다.
④ 정상온도에서 밸브가 완전히 개방되지 않는다.

해설

밸브 간극이 클 때의 영향
① 밸브의 열림이 적어 흡·배기 효율이 저하된다.
② 소음이 발생된다.
③ 출력이 저하되며, 스탬 엔드부의 찌그러짐이 발생된다.

66 **밸브 간극이 작을 때 일어나는 현상으로 가장 적당한 것은?**

① 기관이 과열된다.
② 밸브 시트의 마모가 심하다.
③ 밸브가 적게 열리고 닫히기는 꼭 닫힌다.
④ 실화가 일어날 수 있다.

해설

밸브 간극이 작을 때의 영향
① 밸브가 완전히 닫히지 않아 기밀 유지가 불량하다.
② 역화 및 후화 등 이상 연소가 발생된다.
③ 출력이 저하된다.
④ 실화가 일어날 수 있다.

정답 64.③ 65.④ 66.④

CHAPTER 2

윤활장치 구조와 기능

1 윤활장치

기관 내부의 각 운동 부분에 윤활유를 공급하여 마찰 손실과 부품의 마모를 감소시키고 기계 효율을 향상시킨다.

2 윤활의 기능

① 마찰의 감소 및 마모를 방지 작용(감마 작용)
② 밀봉 작용(기밀 작용)
③ 냉각 작용
④ 세척 작용(청정 작용)
⑤ 방청 작용 및 윤활 작용
⑥ 충격 완화 및 소음 방지

3 윤활 방식

① **압송식** : 오일펌프에 의해 규정 압력으로 압송
② **비산식** : 커넥팅 로드 대단부에 설치된 주걱으로 오일을 비산
③ **비산 압송식** : 압송식과 비산식의 조합하여 기관의 주요부는 압송, 실린더 벽은 비산

4 여과 방식

① **전류식** : 오일펌프에서 송출된 오일이 모두 여과기를 거쳐 윤활부에 공급
② **분류식** : 오일펌프에서 송출된 오일의 일부는 여과하여 오일 팬으로, 일부는 그대로 윤활부에 공급
③ **션트식(조합식)** : 분류식과 같으나 일부를 여과하여 오일 팬과 윤활부로, 일부의 오일은 그대로 윤활부에 공급

5 윤활장치의 구성

① **오일 팬** : 오일의 저장과 냉각을 할 수 있는 용기로 섬프와 칸막이 판이 설치되어 있다.
② **오일펌프** : 캠축 또는 크랭크축에 의해 구동되어 오일을 압송하며, 종류는 기어식, 로터

리식, 베인식, 플런저식 등이 있다.

③ **유압 조절 밸브** : 오일펌프에서 공급되는 오일을 일정한 압력으로 조정하는 밸브로 릴리프(안전) 밸브라고도 한다.

1. 유압이 높아지는 원인	2. 유압이 낮아지는 원인
① 유압 조절 밸브의 고착 ② 유압 조절 밸브 스프링 장력 과대 ③ 오일 점도가 높을 때 ④ 오일 회로의 막힘 ⑤ 각 저널 및 작동부의 윤활 간극이 작을 때	① 오일량의 부족 및 오일의 희석 ② 유압 조절 밸브의 접촉 불량 및 스프링 장력이 약하다. ③ 저널 및 각 작동부의 베어링 마멸 및 윤활 간극이 크다. ④ 오일펌프 설치 볼트의 이완 ⑤ 오일펌프의 마멸 ⑥ 오일회로의 파손 및 누유

④ **오일 스프레이너** : 오일 속에 포함된 비교적 큰 불순물을 제거(고정식, 부동식)

⑤ **오일 여과기** : 금속 분말, 먼지 등 미세한 불순물 제거하며 종류로는 여과지식, 적층금속판식, 원심식이 있다.

⑥ **유량계(오일 레벨 게이지)** : 오일 팬 내의 오일 양과 질을 점검하기 위한 막대이다.

⑦ **유압계** : 윤활 회로에 흐르는 유압을 표시하는 계기이며 그 종류는 다음과 같다.(수온계와 동일)

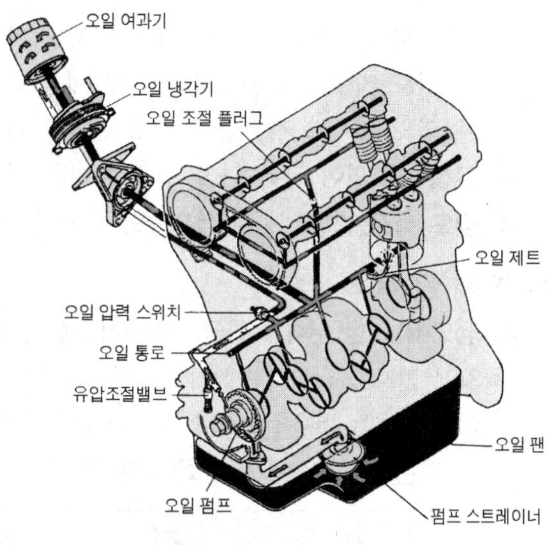

그림 윤활장치의 구성

㉮ 업력 팽창식(부르동 튜브식) : 부르동 튜브와 섹터기어 이용

㉯ 평형 코일식(밸런싱 코일식) : 2개의 코일과 가변저항 이용

㉰ 바이메탈 서모스태프식 : 바이메탈과 가변 저항을 이용

㉱ 점등식 : 유압이 정상이면 소등되고 유압이 낮으면 점등된다.

• **오일 여과기의 구비 조건**
① 여과 성능이 좋고 압력 손실이 적어야 한다.
② 수명이 길고 소형이며 가벼워야 하고 취급이 용이해야 한다.
③ 오일의 산화가 없어야 한다.

⑧ **오일 쿨러** : 오일 온도를 40 ~ 80℃ 정도로 유지하기 위한 장치로 엔진의 실린더 블록 측면이나 라디에이터 아래 탱크 밑에 설치되어 있다.

6 윤활유

(1) 윤활유가 갖추어야 할 조건

① 점도지수가 크고 점도가 적당하여야 한다.
② 청정력이 커야 한다.
③ 열과 산에 대하여 안정성이 있어야 한다.
④ 카본 생성이 적어야 한다.
⑤ 기포 발생에 대한 저항력이 있어야 한다.
⑥ 응고점이 낮아야 한다.
⑦ 비중이 적당하여야 한다.
⑧ 인화점 및 발화점이 높아야 한다.
⑩ 강인한 유막을 형성 할 수 있어야 한다.

(2) 점도 및 점도 지수

① **점도** : 오일의 끈적끈적한 정도를 나타내는 것으로 유체의 이동 저항이다.

㉮ 점도가 높으면 : 끈적끈적하여 유동성이 저하된다.

㉯ 점도가 낮으면 : 오일이 묽어 유동성이 좋다.

② **점도 지수** : 온도에 따른 점도 변화를 나타내는 수치

㉮ 점도 지수가 크면 : 온도 변화에 따라 점도의 변화가 작다.

㉯ 점도 지수가 작으면 : 온도 변화에 따라 점도의 변화가 크다.

③ **유성** : 오일이 금속 마찰 면에 유막을 형성하는 성질

④ **점도 측정 방법** : 세이볼트 초, 앵귤러 점도, 레드우드 점도

(3) 윤활유의 종류

① **점도에 의한 분류** : 미국자동차기술협회에서 윤활유의 점도에 따라서 구분한 것으로 SAE 번호가 클수록 점도가 높다.

㉮ W기호는 겨울철용 윤활유로서 18℃ (0°F)에서 점도가 측정되었음을 나타내며, W가 없는 것은 100℃(210°F)에서 측정한 것임을 표시한다.

계절	겨울	봄, 가을	여름
SAE 번호	10~20	30	30~50

㉯ 근래에는 사용 온도 범위가 넓은 5W~20, 10W~20, 10W~30, 20W~40 등으로 표시한 것을 사용한다.

② **윤활유의 용도와 기관의 운전 조건에 의한 분류** : 미국석유협회(API)에서 제정한 엔진 오일로 가솔린 엔진용과 디젤 엔진용으로 구분되어 있다.

구분	가솔린 기관	디젤 기관
좋은 조건의 운전	ML	DG
중간 조건의 운전	MM	DM
가혹한 조건의 운전	NS	DS

③ SAE 신 분류와 구 분류의 비교

SAE 신 분류는 미국자동차협회, 석유협회, 재료시험협회 등과 협력하여 새로 제정한 오일로 가솔린 엔진용은 S(Service), 디젤 엔진용은 C(Commercial)로 하여 다시 A, B, C, D …… 알파벳순으로 그 등급을 정하고 있다.

SAE 신 분류와 API 구 분류의 관계는 다음과 같다.

가솔린 기관의 경우				디젤 기관의 경우			
구 분류	ML	MM	MS	구 분류	DG	DM	DS
신 분류	SA	SB	SC, SD	신 분류	CA	CB, CC	CD

7 윤활유의 색

① 검은색 : 심한 오염 ② 우유색 : 냉각수 침입

(1) 엔진 오일 교환 시 주의사항

① 엔진에 알맞은 오일을 선택할 것
② 오일 보충 시 동일 등급의 오일을 사용한다.
③ 재생 오일을 사용하지 않는다.
④ 오일 교환 시기에 맞추어 교환한다.
⑤ 오일 주입 시 불순물 유입에 유의 한다.
⑥ 오일량을 점검하면서 주입한다.
⑦ 점도가 서로 다른 오일을 혼합 사용해서는 안 된다.

(2) 엔진 오일의 양 점검

지면이 평탄한 곳에서 자동차를 주차시키고 엔진을 정지시킨 다음 5~10 분이 경과한 후 점검하며, 유량계를 빼내어 "F"(MAX) 마크에 가까이 있으면 정상이다.

(3) 엔진 오일의 소비가 증대 되는 원인

엔진 오일의 소비 증대 원인은 연소와 누설이며 그 원인은 다음과 같다.

1) 오일이 연소되는 원인

① 오일 량 과대
② 오일의 열화로 점도가 낮을 때
③ 피스톤과 실린더의 간극이 클 때
④ 피스톤 링의 장력 부족
⑤ 밸브 스템과 가이드 간극의 과대
⑥ 밸브 가이드 오일 실의 파손

2) 오일이 누유되는 원인

① 크랭크축 오일실의 마멸 및 소손
② 오일펌프 개스킷의 마멸 또는 소손
③ 로커암 카버 개스킷 소손
④ 오일 팬의 균열 및 개스킷 불량과 소손
⑤ 오일 팬 고정 볼트의 이완
⑥ 오일 여과기 오일 실의 소손

chapter 02

출제 예상 문제

01 엔진의 윤활장치 목적에 해당되지 않는 것은?

① 냉각 작용 ② 방청 작용
③ 윤활 작용 ④ 연소 작용

해설

윤활의 기능
① 마찰의 감소 및 마모를 방지 작용(감마 작용)
② 밀봉 작용(기밀 작용)
③ 냉각 작용
④ 세척 작용(청정 작용)
⑤ 방청 작용 및 윤활 작용
⑥ 충격 완화 및 소음 방지

02 기관에서 윤활유의 사용 목적으로 틀린 것은?

① 발화성을 좋게 한다.
② 마찰을 적게 한다.
③ 소음 완화 작용을 한다.
④ 실린더 내의 밀봉 작용을 한다.

03 다음 중 윤활유의 기능으로 모두 옳은 것은?

① 마찰감소, 스러스트작용, 밀봉작용, 냉각작용
② 마멸방지, 수분흡수, 밀봉작용, 마찰증대
③ 마찰감소, 마멸방지, 밀봉작용, 냉각작용
④ 마찰증대, 냉각작용, 스러스트작용, 응력분산

해설

윤활유의 작용은 마찰 감소 및 마멸 방지(감마 작용)와 밀봉, 냉각, 세척, 방청, 응력 분산 작용이 있다.

04 실린더와 피스톤 사이에 유막을 형성하여 압축 및 연소가스가 누설되지 않도록 기밀을 유지하는 작용으로 맞은 것은?

① 밀봉 작용 ② 감마 작용
③ 냉각 작용 ④ 방청 작용

해설

윤활유의 작용
① **감마 작용** : 강인한 유막을 형성하여 마찰 및 마멸을 방지하는 작용.
② **밀봉 작용** : 고온 고압의 가스가 누출되는 것을 방지하는 작용.
③ **냉각 작용** : 마찰열을 흡수하여 방열하고 소결을 방지하는 작용.
④ **세척 작용** : 먼지와 연소 생성물의 카본, 금속 분말 등을 흡수하는 작용.
⑤ **응력 분산 작용** : 국부적인 압력을 오일 전체에 분산시켜 평균화시키는 작용.
⑥ **방청 작용** : 수분 및 부식성 가스가 침투하는 것을 방지하는 작용.

05 윤활유의 구비조건으로 틀린 것은?

① 청정성이 양호할 것
② 적당한 점도를 가질 것
③ 인하점 및 발화점이 높을 것
④ 응고점이 높고 유막이 적당할 것

해설

윤활유가 갖추어야 할 조건
① 점도가 적당할 것.
② 청정성이 양호할 것.
③ 열과 산에 대하여 안정성이 있을 것.
④ 기포의 발생에 대한 저항력이 있을 것.
⑤ 카본 생성이 적을 것.
⑥ 응고점이 낮을 것.
⑦ 비중이 적당할 것.
⑧ 인화점 및 발화점이 높을 것.

정답 01.④ 02.① 03.③ 04.① 05.④

06 윤활유가 갖추어야 할 성질로 틀린 것은?

① 점도가 적당 할 것
② 응고점이 낮을 것
③ 인화점이 낮을 것
④ 발화점이 높을 것

해설
인화점은 공기에 가연성 물질을 만들어 내어 인화할 수 있게 하는 가장 낮은 온도로 윤활유는 인화점이 높아야 한다.

07 엔진 윤활방식 중 오일펌프로 급유하는 방식은?

① 비산식 ② 압송식
③ 분사식 ④ 비산분무식

해설
윤활 방식
① **압송식** : 오일펌프에 의해 규정 압력으로 윤활부에 압송하는 방식
② **비산식** : 커넥팅 로드 대단부에 설치된 주걱으로 오일을 실린더 벽에 비산하는 방식
③ **비산 압송식** : 압송식과 비산식의 조합하여 기관의 주요부는 압송식으로, 실린더 벽은 비산식으로 윤활하는 방식

08 4행정 사이클 기관의 윤활방식 중 피스톤과 피스톤 핀 까지 윤활유를 압송하여 윤활 하는 방식은?

① 전 압력식 ② 전 압송식
③ 전 비산식 ④ 압송 비산식

해설
윤활방식에는 비산식, 압송식, 비산 압송식이 있으며 각 부품에 오일을 압송하여 윤활하는 방식이 전 압송식이다.

09 다음 중 일반적으로 기관에 많이 사용되는 윤활 방법은?

① 수 급유식
② 적하 급유식
③ 비산 압송 급유식
④ 분무 급유식

해설
일반적으로 기관에 사용되는 오일 급유 방식에는 비산식, 압송식, 비산 압송식이 있으며 장비의 기관에 사용되는 급유 방식은 비산 압송 급유식이 사용된다.

10 엔진 오일 여과방식으로 틀린 것은?

① 전류식 ② 전압식
③ 분류식 ④ 조합식

해설
엔진 오일 여과 방식
① **전류식** : 오일펌프에서 송출된 오일이 모두 여과기를 거쳐 윤활부에 공급하는 방식
② **분류식** : 오일펌프에서 송출된 오일의 일부는 여과하여 오일 팬으로, 일부는 그대로 윤활부에 공급하는 방식
③ **션트식(조합식)** : 분류식과 같으나 일부를 여과하여 오일 팬과 윤활부로, 일부의 오일은 그대로 윤활부에 공급하는 방식

11 디젤 기관의 윤활장치에서 오일 여과기의 역할은?

① 오일의 역 순환 방지작용
② 오일에 필요한 방청 작용
③ 오일에 포함된 불순물 제거 작용
④ 오일 계통에 압력 증대 작용

해설
오일 여과기는 오일 속에 포함되어 있는 금속 분말, 먼지 등 미세한 불순물 제거하며 종류로는 여과지식, 적층금속판식, 원심식이 있다.

12 오일펌프 여과기(oil pump filter)와 관련된 설명으로 관련이 없는 것은?

① 오일을 펌프로 유도한다.
② 부동식이 많이 사용된다.
③ 오일의 압력을 조절한다.
④ 오일을 여과한다.

해설
오일펌프 여과기는 오일펌프 스트레이너를 말하는 것으로 오일 팬의 오일을 펌프로 유도하고 1차 여과 작용을 하며 고정식과 부동식이 있다.

정답 06.③ 07.② 08.② 09.③ 10.② 11.③ 12.③

13 **기관에 작동 중인 엔진 오일에 가장 많이 포함되는 이물질은?**

① 유입 먼지 ② 금속 분말
③ 산화물 ④ 카본(Carbon)

해설
기관 작동 중인 엔진 오일에 가장 많이 포함되는 이물질은 연소 생성물인 카본이다.

14 **윤활장치에서 바이패스 밸브의 작동 주기로 옳은 것은?**

① 오일이 오염되었을 때 작동
② 오일 필터가 막혔을 때 작동
③ 오일이 과냉 되었을 때 작동
④ 엔진 기동 시 작동

해설
바이패스 밸브는 오일 필터가 막혔을 때 작동하는 밸브로 오일 필터가 막하면 오일은 필터를 거치지 않고 직접 윤활부로 오일을 공급하는 밸브이다.

15 **디젤 엔진에서 오일을 가압하여 윤활부에 공급하는 역할을 하는 것은?**

① 냉각수 펌프
② 진공 펌프
③ 공기 압축 펌프
④ 오일펌프

해설
오일펌프의 기능은 오일 팬 내의 오일을 흡입 가압하여 각 윤활부에 공급하는 역할을 한다.

16 **윤활장치에 사용되고 있는 오일펌프로 적합하지 않은 것은?**

① 기어 펌프
② 로터리 펌프
③ 베인 펌프
④ 나사 펌프

해설
오일펌프로는 기어, 로터리, 베인, 플런저 펌프가 있으며 엔진 윤활장치에 사용되고 있는 펌프는 주로 기어, 베인, 로터리 펌프가 사용된다.

17 **4행정 사이클 기관에 주로 사용되고 있는 오일펌프는?**

① 원심식과 플런저식
② 기어식과 플런저식
③ 로터리식과 기어식
④ 로터리식과 나사식

해설
4행정 사이클 기관에 사용되는 오일펌프에는 기어식, 로터리식, 베인식, 플런저식이 있으나 주로 기어식과 로터리식이 사용되며 플런저식은 고압용으로 적합하다.

18 **오일펌프로 사용되고 있는 로터리 펌프(Rotary Pump)에 대한 설명으로 틀린 것은?**

① 기어 펌프와 같은 장점이 있다.
② 바깥 로터의 잇수는 안 로터 잇수보다 1개가 적다.
③ 소형화 할 수 있어 현재 가장 많이 사용되고 있다.
④ 일명 트로코이드 펌프(Trochoid Pump)라고도 한다.

해설
로터리 펌프는 기어 펌프와 같은 장점이 있으며 트로코이드 펌프라고도 부른다. 바깥 로터의 잇수가 1개 더 많아 안 로터회전 시 체적의 변화가 발생되어 펌핑 작용을 할 수 있다.

19 **오일펌프의 압력 조절 밸브(릴리프 밸브)에서 조정 스프링 장력을 크게 하면?**

① 유압이 낮아진다.
② 유압이 높아진다.
③ 유량이 많아진다.
④ 채터링 현상이 생긴다.

해설
유압 조절 밸브 스프링의 장력을 크게 하면 유압은 스프링 장력의 세기만큼 유압은 높아지게 된다.

정답 13.④ 14.② 15.④ 16.④ 17.③ 18.② 19.②

20 **오일 량은 정상이나 오일 압력계의 압력이 규정치 보다 높을 경우 조치사항으로 맞는 것은?**

① 오일을 보충한다.
② 오일을 배출한다.
③ 유압 조절 밸브를 조인다.
④ 유압 조절 밸브를 풀어준다.

해설
오일 량은 정상이나 오일 압력계의 압력이 규정 값보다 높을 때에는 유압 조절 밸브를 풀어 유압을 낮추어 규정의 압력으로 조정한다.

21 **오일 압력이 높은 것과 관계없는 것은?**

① 릴리프 스프링(조정 스프링)이 강할 때
② 추운 겨울철에 가동할 때
③ 오일의 점도가 높을 때
④ 오일의 점도가 낮을 때

해설
오일의 점도가 낮으면 오일의 압력 또한 낮아진다.

22 **기관 오일 압력이 상승하는 원인은?**

① 오일펌프가 마모되었을 때
② 오일 점도가 높을 때
③ 윤활유가 너무 적을 때
④ 유압 조절 밸브 스프링이 약할 때

해설
유압이 높아지는 원인
① 유압 조절 밸브의 고착
② 유압 조절 밸브 스프링 장력 과대
③ 오일 점도가 높을 때
④ 오일 회로의 막힘
⑤ 각 저널 및 작동부의 윤활 간극이 작을 때

23 **기관 윤활장치의 유압이 낮아지는 이유가 아닌 것은?**

① 오일 점도가 높을 때
② 베어링 윤활간극이 클 때
③ 오일팬의 오일이 부족할 때
④ 유압 조절 스프링 장력이 약할 때

해설
유압이 낮아지는 원인
① 오일량의 부족 및 오일의 희석
② 유압 조절 밸브의 접촉 불량 및 스프링 장력이 약하다.
③ 저널 및 각 작동부의 베어링 마멸 및 윤활 간극이 크다.
④ 오일펌프 설치 볼트의 이완
⑤ 오일펌프의 마멸
⑥ 오일회로의 파손 및 누유

24 **엔진 오일 교환 후 압력이 높아 졌다면 그 원인으로 가장 적절한 것은 ?**

① 엔진 오일 교환 시 냉각수가 혼입 되었다.
② 오일의 점도가 낮은 것으로 교환 하였다.
③ 오일 회로 내 누설이 발생하였다.
④ 오일의 점도가 높은 것으로 교환 하였다.

해설
기존에 사용하던 엔진 오일보다 점도가 높은 것으로 교환하면 유압이 높아진다.

25 **오일펌프에서 펌프 량이 적거나 유압이 낮은 원인이 아닌 것은?**

① 오일 탱크에 오일이 너무 많을 때
② 펌프 흡입라인(여과망) 막힘이 있을 때
③ 기어와 펌프 내벽 사이 간격이 클 때
④ 기어 옆 부분과 펌프 내벽 사이 간격이 클 때

해설
오일 탱크에 오일이 너무 많으면 유압도 높아지고 펌프 량도 많아진다.

정답 20.④ 21.④ 22.② 23.① 24.④ 25.①

26 **기관의 오일 레벨게이지에 대한 설명으로 틀린 것은?**

① 윤활유 레벨을 점검할 때 사용한다.
② 윤활유 육안검사 시 에도 활용된다.
③ 기관의 오일 팬에 있는 오일을 점검하는 것이다.
④ 반드시 기관 작동 중에 점검해야 한다.

해설
오일 레벨 게이지는 유면계로서 오일 팬의 오일량을 점검할 때 사용하는 게이지로 기관 운전 전 기관이 정지된 상태에서 평탄한 장소에서 오일 량과 오일의 질인 점도, 오일의 색, 오염정도 등을 점검하는 것이다.

27 **엔진 오일량 점검에서 오일 게이지에 상한선(Full)과 하한선(Low)표시가 되어 있을 때 가장 적합한 것은?**

① Low 표시에 있어야 한다.
② Low와 Full 표지 사이에서 Low에 가까이 있으면 좋다.
③ Low와 Full 표지 사이에서 Full에 가까이 있으면 좋다.
④ Full 표시 이상이어야 한다.

해설
오일량 점검에서 오일의 레벨은 Low와 Full 표지 사이에서 Full에 가까이 있어야 정상적인 레벨이다.

28 **건설기계장비 작업 시 계기판에서 오일 경고등이 점등되었을 때 우선 조치 사항으로 적합한 것은?**

① 엔진을 분해한다.
② 즉시 시동을 끄고 오일 계통을 점검한다.
③ 엔진오일을 교환하고 운전한다.
④ 냉각수를 보충하고 운전한다.

해설
오일 경고등의 점등은 윤활장치의 오일이 순환되지 않을 때 점등이 되므로 즉시 엔진을 정지 시키고 이상 부위를 점검 하여야 한다.

29 **윤활유의 점도가 너무 높은 것을 사용했을 때의 설명으로 맞는 것은?**

① 좁은 공간에 잘 침투하므로 충분한 주유가 된다.
② 엔진 시동을 할 때 필요 이상의 동력이 소모된다.
③ 점차 묽어지기 때문에 경제적이다.
④ 겨울철에 사용하기 좋다.

해설
오일의 점도가 높은 것을 사용하면 끈적끈적하여 유동성이 저하되므로 엔진을 시동할 때 시동 저항이 커져 필요 이상의 동력이 소모된다.

30 **겨울철에 사용하는 엔진 오일의 점도는 어떤 것이 좋은가?**

① 계절에 관계없이 점도는 동일해야 한다.
② 겨울철 오일 점도가 높아야 한다.
③ 겨울철 오일 점도가 낮아야 한다.
④ 오일은 점도와는 아무런 관계가 없다.

해설
겨울철에는 주변의 낮아 점도가 약간 높아지는 경향이 있으므로 사용하는 오일의 점도는 여름철에 사용하는 오일의 점도보다 낮아야 한다.

31 **기관의 윤활유 사용방법에 대한 설명으로 옳은 것은?**

① 계절과 윤활유 SAE 번호는 관계가 없다.
② 겨울은 여름보다 SAE 번호가 큰 윤활유를 사용한다.
③ 계절과 관계없이 사용하는 윤활유의 SAE 번호는 일정하다.
④ 여름용은 겨울용보다 SAE 번호가 큰 윤활유를 사용한다.

해설
오일의 점도는 미국 자동차 기술협회에서 점도에 따라 분류 제정한 SAE번호로 표시하며 번호가 클수록 점도가 높기 때문에 여름에는 40번, 봄, 가을에는 30번, 겨울에는 10번 정도의 오일을 사용한다.

26.④ 27.③ 28.② 29.② 30.③ 31.④

32 디젤 기관을 분해 정비하여 조립한 후 시동하였을 때 가장 먼저 주의하여 점검할 사항은?

① 발전기가 정상적으로 가동하는지 확인해야 한다.
② 윤활계통이 정상적으로 순환하는지 확인해야 한다.
③ 냉각계통이 정상적으로 순환하는지 확인해야 한다.
④ 동력전달계통이 정상적으로 작동하는지 확인해야 한다.

해설
기관 분해 정비 후 시동을 하였을 때에는 엔진 베어링이 크랭크축 저널에 눌러 붙는 스틱 현상의 위험이 있으므로 가장 먼저 윤활계통의 작동 상태를 확인하여야 한다.

33 점도 지수가 큰 오일의 온도 변화에 따른 점도 변화는?

① 크다.
② 적다.
③ 불변이다.
④ 온도와는 무관하다.

해설
점도 지수는 온도 변화에 따른 점도의 변화 정도를 표시하는 것으로 점도 지수가 큰 오일은 온도 변화에 따른 점도 변화가 적다.

34 윤활유의 첨가제가 아닌 것은?

① 점도지수 향상제
② 청정 분산제
③ 기포 방지제
④ 에틸렌글리콜

해설
엔진 오일 첨가제

① 점도 지수 향상제	② 산화 방지제
③ 부식 방지제	④ 청정 분산제
⑤ 유동점 강화제	⑥ 기포 방지제
⑦ 유성 향상제	⑧ 형광 염료

35 윤활유에 첨가하는 첨가제의 사용 목적으로 틀린 것은?

① 유성을 향상시킨다.
② 산화를 방지한다.
③ 점도지수를 향상시킨다.
④ 응고점을 높게 한다.

해설
응고점은 오일이 빙결되는 온도로 높게 하면 쉽게 얼기 때문에 유동점 강하제를 넣어 저온에서도 오일의 이동성을 향상시키고 빙결을 방지한다.

36 건설기계 기관에 설치되는 오일 냉각기의 주 기능으로 맞는 것은?

① 오일 온도를 30℃이하로 유지하기 위한 기능을 한다.
② 오일 온도를 정상 온도로 일정하게 유지한다.
③ 수분, 슬러지(Sludge) 등을 제거 한다.
④ 오일의 압을 일정하게 유지한다.

해설
오일 냉각기는 오일의 온도를 40~60℃ 정도로 일정하게 유지하기 위해 오일을 냉각시키는 것이다.

37 엔진에서 오일의 온도가 상승하는 원인이 아닌 것은?

① 과부하 상태에서 연속작업
② 오일 냉각기의 불량
③ 오일의 점도가 부적당할 때
④ 유량의 과대

해설
엔진 오일의 온도 상승 원인으로는 점도가 너무 높거나 오일 냉각기의 불량과 과부하 상태의 작업 등에 의해 발생된다.

32.② 33.② 34.④ 35.④ 36.② 37.④

38 **기관에 사용되는 윤활유의 소비가 증대될 수 있는 두 가지 원인은?**

① 연소와 누설
② 비산과 압력
③ 희석과 혼합
④ 비산과 희석

해설

윤활유는 밀폐된 공간에 있어 실린더 헤드의 연소실에 유입되어 연소되거나 누설(오일이 외부로 새는 것)되어 오일의 소비가 증대된다.

39 **기관의 크랭크 케이스를 환기하는 목적으로 가장 옳은 것은?**

① 크랭크 케이스의 청소를 쉽게 하기 위하여
② 출력의 손실을 막기 위하여
③ 오일의 증발을 막기 위하여
④ 오일의 슬러지 형성을 막기 위하여

해설

크랭크 케이스를 환기하는 목적은 블로바이 가스와 축의 회전에 의해 발생되는 오존 가스 등에 의해 케이스 내부의 압력이 증가하는 것을 방지하고 가스를 배출하여 슬러지가 발생되는 것을 방지한다.

40 **엔진 오일이 공급되는 곳이 아닌 것은?**

① 피스톤
② 크랭크 축
③ 습식 공기 청정기
④ 차동 기어 장치

해설

차동 기어 장치는 선회할 때 좌우 바퀴에 편차를 두어 원활한 회전을 위한 것으로 기어 오일을 급유한다.

정답 38.① 39.④ 40.④

CHAPTER 3

연료장치 구조와 기능

01 디젤 연료 장치의 구조와 기능

1 개요

디젤 기관은 실린더 내에 공기만을 흡입하여 압축시킨 다음 연료를 분사시켜 압축열(500℃ 정도)에 의해서 연소하는 자기 착화 기관이다.

(1) 연료 분사에 필요한 조건: 무화, 관통력, 분포

(2) 디젤 연료의 구비조건

① 고형 미립이나 유해성분이 적을 것
② 발열량이 클 것
③ 적당한 점도가 있을 것
④ 불순물이 섞이지 않을 것
⑤ 인화점이 높고 발화점이 낮을 것
⑥ 내폭성이 클 것
⑦ 내한성이 클 것
⑧ 연소 후 카본 생성이 적을 것
⑨ 온도 변화에 따른 점도의 변화가 적을 것

(3) 디젤 연료의 착화성과 엔티 노크성

1) 착화성의 표시

① 연소실 내에 분사된 연료가 착화될 때 까지를 시간으로 표시
② 세탄가, 디젤지수, 임계 압축비 등으로 나타낸다.

2) 세탄가

① 디젤 연료의 내폭성을 나타내는 수치
② 세탄 : 착화지연이 짧은 연료, 즉 불이 잘 붙는 물질
③ α 메틸 나프타린 : 착화성이 나쁜 연료
④ 디젤 연료의 세탄가 : 45~70
⑤ 세탄가 $= \frac{\text{세탄}}{\text{세탄} + \alpha\text{메틸나프타린}} \times 100$

3) 연소 촉진제

아질산아밀, 아초산에틸, 아초산아밀, 초산에틸, 초산아밀, 질산에틸, 과산화테드탈린

(4) 디젤 노크

착화 지연 기간 동안 분사된 연료가 급격히 연소되는 것으로 화염전파에 의한 노크와 기계적인 노크가 있다.

1) 디젤 노크 방지법

① 세탄가 높은 연료를 사용한다.
② 착화 지연 기간을 짧게 할 것.
③ 분사시기가 상사점 부근에 오도록 할 것.
④ 압축온도 및 압력을 높게 한다.
⑤ 흡입 공기에 와류를 준다.
⑥ 엔진, 흡기, 냉각수 온도를 높인다.
⑦ 분사개시에 분사량을 적게 하여 급격한 압력 상승을 억제 한다.
⑧ 노크가 잘 일어나지 않는 구조의 연소실을 만든다.

2) 착화 지연 기간을 짧게 하는 방법

① 압축비를 높인다.
② 흡기 온도를 높인다.
③ 실린더 벽의 온도를 높인다.
④ 착화성이 좋은 연료(세탄가가 높은 연료)를 사용한다.
⑤ 와류가 일어나게 한다.

(5) 2행정 사이클 디젤 기관의 소기 방식의 종류

① **단류 소기식** : 단류 소기식은 공기를 실린더 내의 세로 방향으로 흐르게 하는 소기 방식으로 밸브인 헤드형과 피스톤 제어형이 있다.
② **횡단 소기식** : 횡단 소기식은 실린더 아래쪽에 대칭으로 소기 구멍과 배기 구멍이 설치된 형식으로 소기 시에 배기 구멍으로 배기가스가 들어와 다른 형식에 비하여 흡입 효율이 낮고 과급도 충분하지 않다.
③ **루프 소기식** : 루프 소기식은 실린더 아래쪽에 소기 및 배기 구멍이 설치된 형식으로 횡단 소기식과 비슷하나 다른 점은 소기 구멍의 방향이 위쪽으로 향해져 있으며 소기 시 배기 구멍을 스치는 방향으로 밀려들어감으로 흡입 효율이 횡단 소기식 보다 높다.

2 디젤 연료 장치

디젤 엔진은 공기만을 흡입, 높은 압축비로 가압하여 발생한 압축열 속에 연료를 고압으로 분사시켜 연소시키는 장치로 연료 탱크, 공급 펌프, 연료 여과기, 분사 펌프, 분사 노즐 등으로 구성되어 있으며 분사 방법에 따라 무기 분사식과 유기 분사식으로 구분하나 건설기계에는 무기 분사식이 사용되고 있다.

(1) 연료의 공급순서

연료 탱크 → 연료 여과기 → 공급 펌프 → 연료 여과기 → 분사 펌프 → 분사 노즐

(2) 공급 펌프

연료 탱크의 연료를 분사 펌프에 압송하는 역할을 하며, 송출 압력은 2~3kg/cm^{2}이다.

(3) 플라이밍 펌프(수동 펌프)

① 엔진이 정지되어 있을 때 수동으로 작동시켜 연료를 공급한다.

② 연료장치 내에 공기빼기 작업을 할 때 사용한다.

③ 공기 빼기 작업 시 수동으로 연료를 펌핑하여 공급 펌프 → 연료 여과기 → 분사 펌프의 순서로 작업한다.

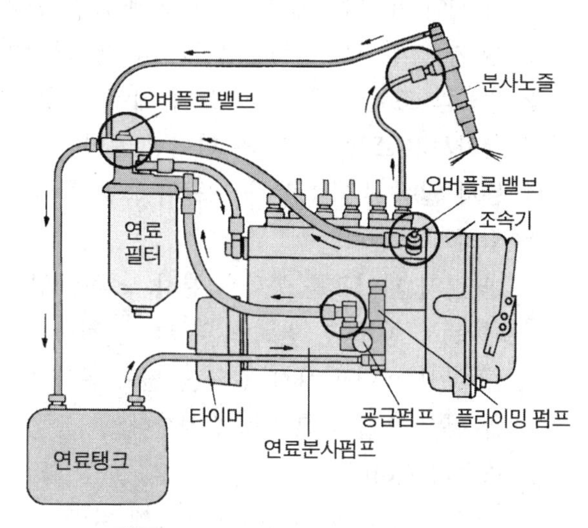

그림 독립식 연료 분사 펌프의 구성

(4) 연료 여과기

경유 속에 포함된 먼지나 수분을 제거 분리(1,500~3,000km 마다 교환)

(5) 오버플로 밸브

여과기 내의 압력이 규정의 압력 이상으로 되면 열려 연료를 탱크로 되돌려 보낸다.(1.5kg/cm²로 유지시킨다) 오버플로 밸브의 기능은 다음과 같다.

① 회로 내의 공기를 배출한다.

② 연료 여과기를 보호한다.

③ 연료 탱크 내의 기포 발생을 방지한다.

④ 공급 펌프의 소음 발생을 방지한다.

⑤ 연료 송유압이 높아지는 것을 방지한다.

(6) 분사 펌프

자동차에 사용되는 분사 펌프에는 독립식, 분배식, 공동식의 형식이 있으며 독립형식의 분사 펌프가 사용되며 그 구조와 기능은 다음과 같다.

1) 연료 분사 펌프의 형식

① **독립식** : 각 실린더마다 펌프 엘리먼트가 설치되어 있다.

② **분배식** : 한 개의 분사 펌프를 설치하고 플런저에 의해서 각 실린더에 분배하는 형식

③ **공동식** : 한 개의 분사 펌프를 설치하고 어큐뮬레이터에 고압의 연료를 저장하여 분배라는 형식

2) 독립형 분사 펌프의 구조 및 기능

① 연료 제어 기구

㉮ 제어 래크 : 조속기나 액설러레이터 페달에 의해 직선 운동을 제어 피니언에 전달한다.

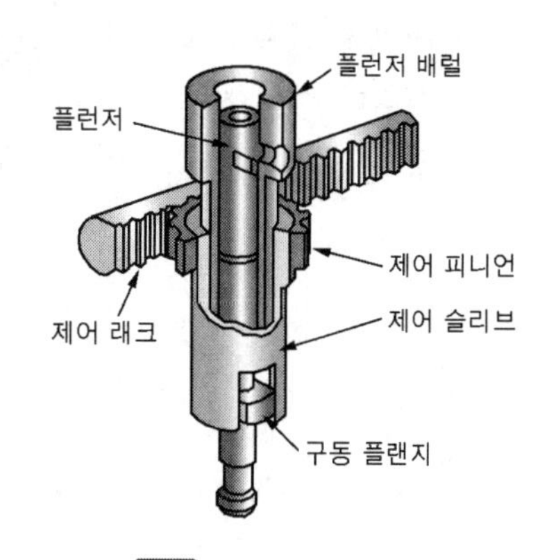

그림 연료 제어 기구

㉯ 제어 피니언 : 제어 피니언과 제어 슬리브의 상대 위치를 변화시켜 분사량을 조절한다.

㉰ 제어 슬리브 : 플런저의 유효 행정을 변화시켜 연료 분사량을 조절한다.

② **분사량 조절** : 제어 슬리브와 제어 피니언의 위치 변경

③ **분사시기 조정** : 펌프와 타이밍 기어 커플링

④ **분사 압력 조정** : 분사 노즐의 노즐 홀더

⑤ **딜리버리 밸브**

㉮ 분사 파이프를 통하여 분사 노즐에 연료를 공급한다.

㉯ 분사 종료 후 연료가 역류하는 것을 방지 한다.

㉰ 분사 파이프 내에 잔압을 연료 분사 압력의 70~80% 정도로 유지한다.

㉱ 분사 노즐의 후적을 방지한다.

⑥ **조속기(거버너)**

㉮ 엔진의 회전수나 부하 변동에 따라 자동적으로 연료 분사량을 조절한다.

㉯ 최고 회전속도를 제어하고 저속 운전을 안정시키는 역할을 한다.

㉰ 헌팅(hunting) : 외력에 의해 회전수나 회전속도가 파상적으로 변동되는 현상

㉱ 앵글라이히 장치 : 공기와 연료의 비율을 알맞게 유지시키는 역할을 한다.

⑦ **타이머(분사시기 조정기)**

㉮ 엔진의 회전속도에 따라 연료 분사시기를 자동적으로 조절한다.

㉯ 엔진의 부하 변동에 따라 연료의 분사시기를 조절한다.

(7) 분배형 분사 펌프의 특징

① 플런저의 편마멸이 적다.

② 펌프의 윤활을 위한 특별한 윤활유가 필요하다.

③ 소형이고 가벼우며 구성 부품수가 적다.

④ 플런저의 작동 횟수가 실린더 수에 비례한다.

⑤ 최고 회전속도 및 실린더 수에 제한을 받는다.

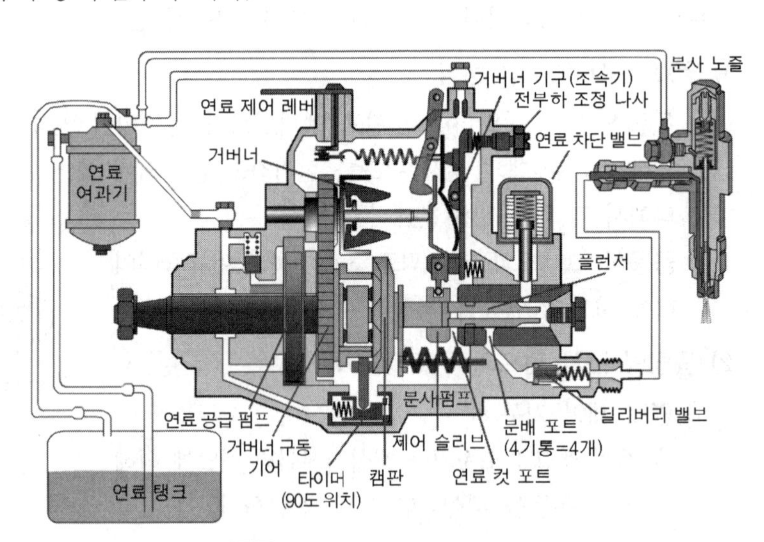

그림 **분배형 분사 펌프의 구조**

(8) 분사 노즐

1) 연료의 분무가 갖추어야 할 조건

① 무화가 좋아야 한다.

② 관통도(관통력)가 커야 한다.

③ 분포도(분산도)가 좋아야 한다.

2) 분사 노즐의 구비 조건

① 연료의 입자가 미세한 안개 모양으로 분사할 것

② 분무를 연소실 구석구석까지 뿌려지게 할 것

③ 연료의 분사 끝에서 완전히 차단하여 후적이 일어나지 않을 것

④ 고온, 고압의 가혹한 조건에서 장시간 사용할 수 있을 것

3) 분사 노즐의 종류

① 개방형 노즐

② 폐지형 노즐: 구멍형 노즐, 핀틀형, 스로틀 형

4) 분사 노즐의 냉각

① 노즐 보디를 250~300℃ 정도로 유지하여야 한다.

② 노즐을 250~300℃ 정도로 유지시키는 이유

㉮ 연료 분사량의 변화를 방지한다.

㉯ 카본 발생을 억제 한다.

㉰ 불완전 연소에 의한 출력저하를 방지 한다.

③ 노즐의 냉각은 엔진의 냉각수에 의해 이루어진다.

5) 디젤 엔진의 진동 원인

① 연료 계통에 공기 유입
② 분사량 불균일
③ 분사시기 불량
④ 분사압력 불균일
⑤ 분사노즐의 박힘
⑥ 각 실린더간의 중량차

02 커먼레일 연료 장치의 구조와 기능

1 개요

커먼 레일(CRDI ; Common Rail Direct Injection Engine)은 운전 상태에 알맞은 연료를 ECU(전자 컨트롤 유닛)에 의해 제어하여 연료를 연소실에 직접 분사하는 방식이다. 이에 따라 엔진 효율이 높아지고, 공해 물질이 적게 배출되며, 엔진과 관계없이 제어 및 경량화가 가능하게 되었다.

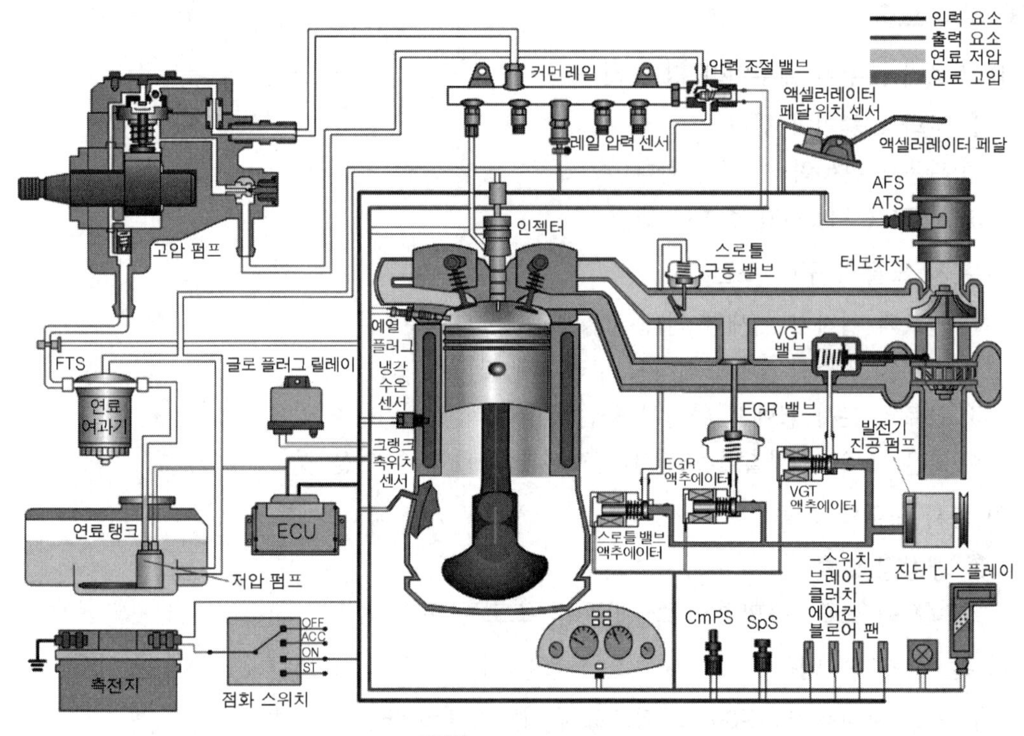

그림 CRDI의 구성

2 커먼 레일 시스템의 특징

커먼 레일 시스템의 주된 목적은 획기적으로 배기가스를 저감하고 연비를 향상시키는 것에 있으며 그 특징은 다음과 같다.

① 연소와 분사과정의 설계가 자유롭고 밀집된 설계 및 경량화를 이룰 수 있다.
② 엔진의 운전 조건에 따라서 연료 압력과 분사시기를 조정할 수 있다.
③ 엔진의 회전속도가 낮을 때도 고압 분사가 가능하여 완전 연소를 추구할 수 있다.
④ 배기가스와 소음을 더욱 저감할 수 있다.
⑤ 연료 분사 곡선은 유압제어 노즐 니들에 의해 조절되므로 분사 종료 시까지 신속하게 조절할 수 있다.
⑥ 엔진 회전수에 관계없이 분사 압력, 분사량, 분사율, 분사시기를 독립적으로 제어한다.
⑦ 중량 및 구동 토크가 저감된다.
⑧ 기존 엔진에 적용이 용이하다.(인젝터 및 고압 공급펌프 등 큰 변경 없이 교체가능)
⑨ 불순물 등에 의한 노즐 시트에서 누유 발생 가능성이 높다.
⑩ 엔진 성능 및 운전 성능을 향상 시킬 수 있으며 모듈화 장치가 가능하다.

3 커먼 레일 시스템의 연소 과정

① 파일럿 분사 : 착화 분사를 말하는 것으로 주 분사가 이루어지기 전에 연료를 분사하여 연소가 원활하게 되도록 한다.

② **주 분사** : 파일럿 분사의 실행 여부를 고려하여 연료 분사량을 조절한다.

③ **사후 분사** : 유해 배출가스 발생을 감소시키기 위하여 사용한다.

4 커먼레일 디젤의 기관의 연료 장치

커먼레일 디젤 기관의 연료 공급은 연료 탱크 → 연료 여과기 → 저압 연료 펌프 → 연료 여과기→ 고압 연료 펌프 → 커먼레일 → 인젝터 순으로 이루어지며 저압 계통(고압 연료 펌프 전 까지)과 고압 계통(고압 연료 펌프 다음)으로 구성된다. 또한 연료의 분사량은 기관의 부하에 따라 고압라인에 연료 압력에 따라 조절되도록 되어 있다.

(1) 저압 연료 펌프

연료 펌프 릴레이로부터 전원을 공급받아 탱크의 연료를 흡입 가압하여 고압 연료펌프로 연료를 공급한다.

(2) 연료 여과기

연료 속에 포함된 수분, 먼지 등의 불순물을 여과하며 한냉 시 냉각된 기관을 시동할 때 연료를 가열하여 주는 연료 가열 장치가 설치되어 있다.

(3) 고압 연료 펌프

① 저압의 연료를 고압(약 1350bar)으로 압축하여 커먼레일에 공급한다. 고압 펌프의 출구에는 압력 제어 밸브가 장착되어 연료의 압력을 제어한다.

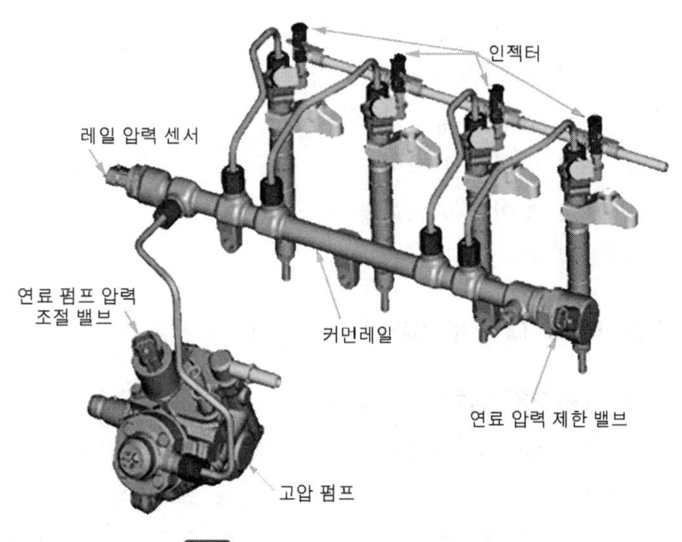

그림 고압 연료 공급 장치의 구성

② 구동 방식은 기존의 분사 펌프 구동 방식과 동일하다.

③ **압력 제어 밸브** : 고압 펌프에 부착되어 연료 압력이 과도하게 상승되는 것을 방지한다.

(4) 커먼레일

① 고압 공급 펌프로부터 공급되는 고압의 연료를 저장한다.

② 인젝터로 매회 분사되는 양 만큼의 연료를 공급한다.

③ 역류 방지를 위한 체크 밸브 및 고압 센서가 부착되어 있다.

④ 레일 내의 압력은 전자석 압력 제한 밸브에 의해 조정 된다.

⑤ 연료 압력은 항상 압력 센서에 의해 엔진에서 요구하는 조건에 따라 조절하게 된다.

⑥ **압력 제한 밸브** : 커먼레일에 설치되어 있는 압력 제한 밸브는 커먼레일 내의 연료 압력이 규정값 이상으로 상승하면 연료의 일부를 연료 탱크로 복귀시켜 커먼레일 내의 연료 압력을 일정하게 유지한다.

(5) 인젝터

① 커먼레일로부터 공급된 연료를 ECU의 전류 제어 신호에 따라 노즐을 통해 분사한다.

② 각 기통에 개별적으로 솔레노이드가 장착된 인젝터가 노즐과 함께 장착된다.

③ 분사 개시는 ECU의 펄스 신호로 솔레노이드에 전달되어 시작된다.

④ 연료 분사량은 **레일 내의 압력, 솔레노이드 밸브 개폐 시간, 노즐의 유체 이동**에 의해 결정된다.

(6) 연료 압력이 낮은 원인

① 연료 탱크 내 유량 부족

② 연료 펌프의 누설

③ 연료 압력 레귤레이터 내 밸브 불량

④ 연료 펌프 체크 밸브 불량

⑤ 연료 압력 조절기 불량

⑥ 연료 여과기의 막힘

⑦ 연료 라인의 베이퍼록 발생

⑧ 연료 회로의 누설

5 커먼레일 디젤의 기관의 입·출력

(1) ECU(전자의 입력 요소 제어 유닛)의 입력 요소

① **공기 유량 센서(AFS)**: 공기 유량 센서는 실린더로 유입되는 공기량을 검출하여 ECU로 입력하며 또한 EGR 피드백 제어, 스모그(매연) 제한 부스터 압력 제어, 연료 분사량, 분사시기 등의 보정 신호로 사용되며 형식에는 열막식이 사용된다.

② **흡기 온도 센서(ATS)**: 흡기 온도 센서는 흡입되는 공기의 온도를 검출하여 ECU로 입력하며 부특성 서미스터를 사용한다. 이 센서의 신호는 흡입되는 공기의 온도에 따라 연료 분사량, 분사시기, 시동 시 연료 분사량 등의 보정 신호로 사용한다.

③ **연료 온도 센서(FTS)**: 연료 센서는 부특성 서미스터 센서로 냉각 수온 센서와 같으며 연료 온도가 높아지면 ECU는 연료 분사량을 감량하여 엔진 보호한다. 커먼 레일 엔진에 모두 부착된 것이 아니고 일부 없는 형식도 있다.

④ **냉각수 온도 센서(WTS)**: 냉각수의 온도를 감지하는 센서로 제1 센서는 냉각수 온도에

따라 연료량 증감의 보정 신호로 냉간 시에 원활한 시동을 위해 연료량을 증감해 시동성을 높이는 역할과 예열 장치의 작동 신호를 주고 제2 센서는 열간 시 냉각 팬의 제어 신호로 사용된다.

⑤ **크랭크 포지션 센서(CPS)**: 크랭크 포지션 센서는 실린더 블록이나 변속기 하우징에 장착되어 크랭크축 회전 시 교류 전압이 유도되는 마그네틱 인덕티브 방식으로 회전 시에 나오는 교류 전압을 ECU는 엔진의 회전수로 계산한다. 또한 이 센서는 TDC 센서와 밀접한 관계가 있으며 1번 실린더 위치를 알기 위한 센서로 사용된다.

⑥ **가속 페달 포지션 센서(APS)**: 운전자의 의지를 ECU로 전달하며 2개의 센서가 부착된다. 제1 센서는 연료 분사량과 연료 분사시기가 결정되며, 제2 센서는 제1센서의 작동 상태를 감지하는 기능을 가지며 급출발 등의 오작동을 방지하는 역할을 한다.

⑦ **연료 압력 센서(RPS)**: 반도체 피에조 소자로 연료의 압력을 검출하여 ECU로 입력하면 ECU는 연료 분사량 및 분사시기를 보정한다. 고장이 발생되면 림프 홈 모드(페일 세이프)로 진입되어 연료 압력을 400bar로 고정시킨다.

⑧ **캠축 포지션 센서(CPS)**: 캠축 포지션 센서는 홀 센서 방식으로 캠축에 설치되어 캠축 1회전(크랭크축 2회전)당 1개의 펄스 신호를 발생시켜 ECU로 입력시킨다. 이 센서는 상사점 센서라고도 부른다.

⑨ **부스터 압력 센서(BPS)**: 부스터 압력 센서는 인터클러 아웃렛 파이프 상단에 설치되어 있으며, 터보차저에서 과급된 흡입 공기의 압력을 측정하는 역할을 한다,

(2) ECU(전자의 입력 요소제어 유닛)의 출력 요소

① **인젝터** : 고압의 연료 펌프로부터 공급된 연료는 커먼레일을 통하여 인젝터에 공급되며 ECU의 제어 신호에 의해 연소실에 연료를 직접 분사하는 것으로 점검 사항은 인젝터의 작동음, 솔레노이드 코일의 저항, 분사량 등이다.

② **연료 압력 제어 밸브** : 커먼레일 내의 연료 압력을 조정하는 밸브로 냉각수 온도, 축전지 전압 및 흡입 공기 온도에 따라 보정한다.

③ **EGR(배기가스 재순환) 장치** : 배기가스 일부를 흡기다기관으로 유입시키는 장치로 작동 중 기관의 연소 온도를 낮추어 기관에서 배출되는 가스 중 질소산화물(NOx) 배출을 억제하는 밸브이다.

④ **보조 히터 장치** : 한냉 시 기관의 시동을 쉽게 하기 위하여 온도를 높여주는 장치로 종류에는 가열 플러그 방식 히터, 열선을 이용하는 정특성의 히터, 직접 경유를 연소시켜 냉각수를 가열하는 연소방식의 히터 등이 있다.

⑤ **자기 진단 기능** : 기관의 ECU는 여러 부분의 입출력 신호를 보내게 되는데 비정상적인 신호가 보내질 때부터 특정 시간 이상 지나면 ECU는 비정상이 발생한 것으로 판단하여 고장 코드를 기억한 후 신호를 자기 진단 출력 단자와 계기판의 경보장치 등에 보낸다.

chapter 03

출제 예상 문제

01 디젤 기관에 사용되는 연료의 구비조건으로 옳은 것은?

① 점도가 높고 약간의 수분이 섞여 있을 것
② 황의 함유량이 클 것
③ 착화점이 높을 것
④ 발열량이 클 것

해설
디젤 연료의 구비조건
① 고형 미립이나 유해성분이 적을 것
② 발열량이 클 것
③ 적당한 점도가 있을 것
④ 불순물이 섞이지 않을 것
⑤ 인화점이 높고 발화점이 낮을 것
⑥ 내폭성이 클 것
⑦ 내한성이 클 것
⑧ 연소 후 카본 생성이 적을 것
⑨ 온도 변화에 따른 점도의 변화가 적을 것

02 디젤 기관 연료 계통에 응축수가 생기면 시동이 어렵게 되는데 이 응축수는 주로 어느 계절에 가장 많이 생기는가?

① 봄 ② 여름
③ 가을 ④ 겨울

해설
응축수란 연료 탱크에서 연료가 출렁이며 발생된 증발 가스가 온도가 낮아지면 증발되지 못하고 물이 생성되는 것으로 겨울철에 많이 발생된다.

03 디젤 기관의 노킹 발생 원인과 가장 거리가 먼 것은?

① 착화기간 중 분사량이 많다.
② 노즐의 분무 상태가 불량하다.
③ 고 세탄가의 연료를 사용하였다.
④ 기관이 과냉되어 있다.

해설
착화 지연 기간 동안 분사된 연료가 급격히 연소되는 것으로 고 세탄가(착화성이 좋은 연료)를 사용하면 연료의 연소 준비기간(압축 열을 흡수하는 기간)이 짧아 디젤 노크가 발생되지 않는다.

04 착화 지연기간이 길어져 실린더 내에 연소 및 압력 상승이 급격하게 일어나는 현상은?

① 디젤 노크 ② 조기 점화
③ 가솔린 노크 ④ 정상 연소

해설
디젤 노크는 착화지연 기간 중 분사된 다량의 연료가 화염 전파기간 중 일시에 연소되어 실린더 내의 압력이 급격히 상승하여 피스톤이 실린더 벽을 타격하는 현상이다.

05 디젤 기관 연소 과정에서 착화 늦음 원인과 가장 거리가 먼 것은?

① 연료의 미립도
② 연료의 압력
③ 연료의 착화성
④ 공기의 와류상태

해설
연료의 착화 늦음 원인에는 연료의 미립도, 연료의 착화성, 공기의 와류와 공기의 온도, 실린더 벽의 온도, 엔진의 온도 등에 따라 달라진다.

06 노킹이 발생하였을 때 기관에 미치는 영향은?

① 압축비가 커진다.
② 제동마력이 커진다.
③ 기관이 과열될 수 있다.
④ 기관의 출력이 향상된다.

해설
디젤 노크가 발생되면 연소 상태가 나빠 엔진의 출력이 저하되고 엔진이 과열된다.

01.④ 02.④ 03.③ 04.① 05.② 06.③

07 디젤 기관의 노킹 방지책으로 틀린 것은?

① 연료의 착화점이 낮은 것을 사용한다.
② 흡기 압력을 높게 한다.
③ 실린더 벽의 온도를 낮게 한다.
④ 흡기 온도를 높인다.

해설

디젤 노크 방지책
① 연료의 착화 온도를 낮게 한다.
② 압축비, 흡기 온도, 실린더 벽의 온도, 압력 등을 높게 한다.
③ 기관의 회전 속도를 빠르게 한다.
④ 세탄가가 높은 연료를 사용한다.
⑤ 착화지연 기간 중에 연료분사 량을 적게 한다.
⑥ 연료 분사시기를 정확히 유지한다.

08 디젤 기관에서 연료 장치의 구성 부품이 아닌 것은?

① 분사 펌프 ② 연료 필터
③ 기화기 ④ 연료 탱크

해설

기화기는 가솔린 기관의 기계식 연료 장치의 부품으로 액체를 기체화시키는 부품으로 카브레터라고 부른다.

09 디젤 엔진의 연료 탱크에서 분사 노즐까지 연료의 순환 순서로 맞는 것은?

① 연료 탱크 → 연료 공급 펌프 → 분사 펌프 → 연료 필터 → 분사노즐
② 연료 탱크 → 연료 필터 → 분사 펌프 → 연료 공급 펌프 → 분사 노즐
③ 연료 탱크 → 연료 공급 펌프 → 연료 필터 → 분사 펌프 → 분사 노즐
④ 연료 탱크 → 분사 펌프 → 연료 필터 → 연료공급 펌프 → 분사 노즐

해설

기계식 디젤 기관의 연료 공급 순서는 연료 탱크 → 연료 펌프 스트레이너 → 연료 공급 펌프 → 연료 필터 → 분사 펌프 → 분사 노즐 순으로 연료가 공급된다.

10 연료 탱크의 연료를 분사 펌프 저압부까지 공급하는 것은?

① 연료 공급 펌프
② 연료 분사 펌프
③ 인젝션 펌프
④ 로터리 펌프

해설

연료 공급 펌프는 연료 탱크의 연료를 흡입 가압하여 고압 펌프로 연료를 공급하는 역할을 한다.

11 기계식 디젤 기관의 고압 연료 공급 장치에 사용되고 있는 연료 공급 펌프의 형식은?

① 기어 펌프 ② 로터리 펌프
③ 플런저 펌프 ④ 피스톤 펌프

해설

기계식 독립식 연료 공급 장치에 사용되는 저압의 연료 공급 펌프(공급 펌프)는 플런저 형식의 펌프가 사용된다.

12 다음 중 기관의 시동이 꺼지는 원인에 해당되는 것은?

① 연료 공급 펌프의 고장
② 발전기 고장
③ 물 펌프의 고장
④ 기동 모터 고장

해설

연료의 공급 펌프가 고장이 발생되면 연료가 공급되지 않아 시동이 꺼지게 된다.

13 디젤 기관의 연료 장치에서 프라이밍 펌프의 사용 시기는?

① 출력을 증가 시키고자 할 때
② 연료 계통의 공기를 배출할 때
③ 연료의 양을 가감할 때
④ 연료의 분사 압력을 측정할 때

해설

프라이밍 펌프는 수동용 펌프로 회로 내 공기빼기 작업을 할 때나 엔진이 정지된 상태에서 연료를 공급하고자 할 때 사용하는 펌프이다.

정답 07.③ 08.③ 09.③ 10.① 11.③ 12.① 13.②

14 **디젤 엔진에서 연료 계통의 공기빼기 순서로 맞는 것은?**

① 공기 펌프 → 분사 노즐 → 분사 펌프
② 공기 여과기 → 분사 펌프 → 공급 펌프
③ 공급 펌프 → 연료 여과기 → 분사 펌프
④ 분사 펌프 → 연료 여과기 → 공급 펌프

해설
연료 라인에 공기가 유입되면 연료의 공급이 불량하게 되어 시동이 꺼지고 시동이 되어도 엔진 부조화 현상이 발생된다. 따라서 회로 내에 유입된 공기를 제거해야 한다. 공기빼기 순서는 연료 공급과 마찬가지로 공급 펌프 → 연료 여과기 → 분사 펌프 순으로 빼준다.

15 **디젤 기관에서 시동이 잘 안 되는 원인으로 가장 적합한 것은?**

① 냉각수의 온도가 높은 것을 사용할 때
② 보조 탱크의 냉각수량이 부족할 때
③ 낮은 점도의 기관 오일을 사용할 때
④ 연료 계통에 공기가 들어있을 때

해설
디젤 엔진의 연료 계통에 공기가 유입되어 있으면 연료의 흐름이 나빠져 시동이 잘 안 되는 원인이 된다.

16 **디젤 기관 연료 여과기의 기능으로 옳은 것은?**

① 연료 분사량을 증가시켜 준다.
② 연료 파이프 내의 압력을 높여준다.
③ 엔진 오일의 먼지나 이물질을 걸러준다.
④ 연료 속의 이물질이나 수분을 분리 제거 한다.

해설
연료 여과기는 연료 속의 불순물(수분, 먼지, 등의 이물질)을 분리 제거 한다.

17 **디젤 기관 연료 장치에서 연료 필터의 공기를 배출하기 위해 설치되어 있는 것으로 가장 적합한 것은?**

① 벤트 플러그 ② 오버 플로 밸브
③ 코어 플러그 ④ 글로우 플러그

해설
디젤 기관의 연료 여과기에는 오버 플로 밸브가 설치되어 있으며, 오버 플로 밸브는 공기 배출 및 회로 내의 압력이 1.5kg/cm² 이상이 되면 열려 회로를 보호하는 역할도 하게 된다.

18 **디젤 기관 연료 여과기에 설치된 오버 플로 밸브(Over flow Valve)의 기능이 아닌 것은?**

① 여과기 각 부분 보호
② 연료 공급 펌프 소음 발생 억제
③ 운전 중 공기 배출 작용
④ 인젝터의 연료 분사시기 제어

해설
오버 플로 밸브의 기능
① 회로 내 공기 배출
② 연료 여과기 보호
③ 연료 탱크 내 기포 발생 방지
④ 연료 공급 펌프의 소음 발생 방지
⑤ 연료 송유압이 높아지는 것 방지

19 **디젤 기관의 연료 여과기에 장착되어 있는 오버 플로 밸브의 역할이 아닌 것은?**

① 연료 계통의 공기를 배출한다.
② 분사 펌프의 압송 압력을 높인다.
③ 연료 압력의 지나친 상승을 방지한다.
④ 연료 공급 펌프의 소음 발생을 방지한다.

20 **기관에서 연료를 압축하여 분사순서에 맞게 노즐로 압송시키는 장치는?**

① 연료 분사 펌프
② 연료 공급 펌프
③ 프라이밍 펌프
④ 유압 펌프

해설
연료 분사 펌프는 인젝션 펌프로 저압의 연료를 고압으로 하여 분사순서에 맞추어 분사 노즐로 공급하는 펌프이다.

정답 14.③ 15.④ 16.④ 17.② 18.④ 19.② 20.①

21 기관의 속도에 따라 자동적으로 분사시기를 조정하여 운전을 안정되게 하는 것은?

① 타이머 ② 노즐
③ 과급기 ④ 디콤프

해설
각 부품의 주요 기능
① **타이머** : 엔진의 부하와 회전속도에 따라 자동적으로 분사시기를 조정한다.
② **노즐** : 고압의 연료를 연소실에 분사한다.
③ **과급기** : 흡입 공기에 압력을 가하여 흡입 효율을 증대시키는 장치
④ **디콤프** : 한냉 시 엔진의 밸브를 열어 크랭크축의 회전을 원활하게 하여 시동을 보조하는 장치

22 역류와 후적을 방지하고 고압 파이프 내의 잔압을 유지하는 것은?

① 조속기
② 니들 밸브
③ 분사 펌프
④ 딜리버리 밸브

해설
딜리버리 밸브의 기능은 회로 내의 잔압을 유지하여 작동을 신속히 하고 베이퍼 록을 방지하며, 연료의 역류를 방지하고 후적을 방지하는 역할을 한다.

23 디젤 엔진에서 고압의 연료를 연소실에 분사하는 것은?

① 프라이밍 펌프
② 인젝션 펌프
③ 분사 노즐
④ 조속기

해설
분사 노즐은 고압의 연료를 미세한 안개 모양으로 연소실에 분사시키는 역할을 한다.

24 디젤 기관의 노즐(nozzle)의 연료 분사 3대 요건이 아닌 것은?

① 무화 ② 관통력
③ 착화 ④ 분포

해설
연료 분무가 갖추어야 할 조건
① 무화가 좋을 것.
② 관통도가 알맞을 것.
③ 분포가 알맞을 것.
④ 분산도가 알맞을 것.
⑤ 분사율이 알맞을 것.

25 디젤 엔진의 연소실에는 연료가 어떤 상태로 공급되는가?

① 기화기와 같은 기구를 사용하여 연료를 공급한다.
② 노즐로 연료를 안개와 같이 분사한다.
③ 가솔린 엔진과 동일한 연료 공급펌프로 공급한다.
④ 액체 상태로 공급한다.

해설
연료 탱크 내의 저압 연료를 고압 펌프인 분사 펌프로 고압으로 한 다음 분사 노즐을 통하여 안개 모양으로 연소실에 분사한다.

26 분사 노즐 시험기로 점검 할 수 있는 것은?

① 분사개시 압력과 분사 속도를 점검 할 수 있다.
② 분포 상태와 플런저의 성능을 점검 할 수 있다.
③ 분사개시 압력과 후적을 점검 할 수 있다.
④ 분포 상태와 분사량을 점검 할 수 있다.

해설
분사 노즐 시험기로 시험하는 것은 분사 개시 압력과 후적의 상태와 분산도(분포도) 등을 시험할 수 있다.

27 연료 분사 노즐 테스터기로 노즐을 시험할 때 검사하지 않는 것은?

① 연료 분포 상태
② 연료 분사시간
③ 연료 후적 유무
④ 연료 분사개시 압력

정답 21.① 22.④ 23.③ 24.③ 25.② 26.③ 27.②

28 디젤 기관의 출력을 저하시키는 직접적인 원인이 아닌 것은?

① 실린더 내 압력이 낮을 때
② 연료 분사량이 적을 때
③ 노킹이 일어날 때
④ 점화 플러그 간극이 틀릴 때

해설
점화 플러그는 가솔린 기관의 점화장치로 디젤 기관의 출력과는 관계가 없다.

29 디젤 기관의 출력저하 원인으로 틀린 것은?

① 분사시기 늦음
② 배기계통 막힘
③ 흡기계통 막힘
④ 압력계 작동 이상

해설
디젤 기관의 출력저하 원인으로는 실린더의 마모, 흡기, 배기계통의 막힘, 연료 분사시기의 늦음, 연료 분사 상태 불량 등에 기인한다.

30 연료 계통의 고장으로 기관이 부조를 하다가 시동이 꺼졌다. 그 원인이 될 수 없는 것은?

① 연료 파이프 연결 불량
② 탱크 내의 오물이 연료 장치에 유입
③ 연료 필터의 막힘
④ 프라이밍 펌프 불량

해설
프라이밍 펌프는 수동용 펌프로서 기관 정지 시 연료의 공급과 회로 내의 공기빼기 작업 시에 사용한다.

31 디젤 기관에서 주행 중 시동이 꺼지는 경우로 틀린 것은?

① 연료 필터가 막혔을 때
② 분사 파이프 내에 기포가 있을 때
③ 연료 파이프에 누설이 있을 때
④ 프라이밍 펌프가 작동하지 않을 때

32 디젤 기관을 예방정비 시 고압 파이프 연결부에서 연료가 샐(누유)때 조임 공구로 가장 적합한 것은 ?

① 복스 렌치
② 오픈 렌치
③ 파이프 렌치
④ 옵셋 렌치

해설
연료 라인은 파이프로 연결이 되어 있어 오픈 렌치만이 입이 열려 있으므로 작업이 가능하다.

33 다음 중 커먼 레일 연료 분사장치의 고압 연료 펌프에 부착된 것은?

① 압력 제어 밸브
② 커먼 레일 압력 센서
③ 압력 제한 밸브
④ 유량 제한기

해설
커먼레일 디젤 엔진은 전자제어 디젤 엔진으로 압력 제어 밸브는 고압 연료펌프에 부착되어 안전 밸브와 같은 역할을 하며 과도한 압력이 발생할 경우 비상 통로를 개방하여 커먼레일의 압력을 제어한다.

34 커먼레일 디젤 기관에서 부하에 따른 주된 연료 분사량 조절 방법으로 옳은 것은 ?

① 저압 펌프 압력 조절
② 인젝터 작동 전압 조절
③ 인젝터 작동 전류 조절
④ 고압 라인의 연료 압력 조절

해설
전자제어 디젤 기관에서 부하에 따른 연료 분사량의 조절은 고압 펌프와 커먼레일에 설치된 연료 압력 제어 밸브와 연료 압력 제한 밸브를 통하여 고압 연료 라인의 연료 압력을 자동으로 조절한다.

정답 28.④ 29.④ 30.④ 31.④ 32.② 33.① 34.④

35 **다음 중 커먼레일 디젤 기관의 공기 유량 센서(AFS)에 대한 설명 중 맞지 않는 것은?**

① EGR 피드백 제어 기능을 주로 한다.
② 열막 방식을 사용한다.
③ 연료량 제어 기능을 주로 한다.
④ 스모그 제한 부스터 압력 제어용으로 사용한다.

해설
커먼레일 엔진의 공기 유량 센서는 흡입되는 공기량을 감지하는 센서로 열막 방식이 사용되며 EGR 피드백 제어와 스모그 제한 부스터 압력 제어에 사용된다.

36 **커먼레일 디젤기관의 공기 유량센서(AFS)로 많이 사용되는 방식은?**

① 칼만와류 방식
② 열막 방식
③ 베인 방식
④ 피토관 방식

해설
공기 유량 센서는 흡입되어 실린더로 유입되는 공기량을 감지하는 센서로 종류는 칼만와류, 열막(핫 필름), 열선(핫 와이어), 베인(메저링 플레이트) 방식이 있으며, 커먼레일 기관(전자제어 디젤 기관)은 열막 방식을 사용한다.

37 **커먼레일 디젤기관의 흡기 온도 센서(ATS)에 대한 설명으로 틀린 것은?**

① 주로 냉각팬 제어 신호로 사용된다.
② 연료량 제어 보정 신호로 사용된다.
③ 분사시기 제어 보정 신호로 사용된다.
④ 부특성 서미스터이다.

해설
냉각 팬 제어 신호는 엔진 냉각수 온도 센서의 신호를 이용한다.

38 **커먼 레일 디젤 기관의 센서에 대한 설명이 아닌 것은?**

① 연료 온도 센서는 연료 온도에 따른 연료량 보정 신호를 한다.
② 수온 센서는 기관의 온도에 따른 연료량을 증감하는 보정 신호로 사용된다.
③ 수온 센서는 기관의 온도에 따른 냉각팬 제어 신호로 사용된다.
④ 크랭크 포지션 센서는 밸브 개폐시기를 감지한다.

해설
커먼레일의 크랭크 포지션 센서는 엔진 회전수 감지 및 분사 순서와 분사시기를 결정하는 신호로 사용된다.

39 **전자제어 디젤엔진의 회전을 감지하여 분사 순서와 분사시기를 결정하는 센서는?**

① 가속 페달 센서
② 냉각수 온도 센서
③ 엔진 오일 온도 센서
④ 크랭크축 센서

해설
각 센서의 기능
① **가속 페달 센서** : 가속 페달(액셀러레이터) 포지션 센서 1, 2로 되어 있으며 포지션 센서 1(주 센서) 즉, 포지션 센서 1에 의해 연료량과 분사시기가 결정되며, 센서 2는 센서 1을 검사하는 센서로 차의 급출발을 방지하기 위한 센서이다.
② **냉각수 온도 센서** : 엔진의 냉각수 온도를 감지해 냉각수 온도의 변화를 전압으로 변화시켜 ECU로 입력시켜 주면 ECU는 이 신호에 따라 연료량을 증감하는 보정 신호로 사용된다.
③ **엔진 오일 온도 센서** : CVVT(Continuous Variable Valve Timing) 시스템에서 엔진 오일의 온도를 실시간으로 측정하는 역할을 한다.
④ **크랭크 포지션 센서** : 실린더 블록에 설치되어 크랭크축과 일체로 되어 있는 센서 휠의 돌기가 회전을 할 때 즉, 크랭크축이 회전 때 교류(AC) 전압이 유도되는 마그네트 인덕티브 방식이다. 이 교류 전압을 가지고 엔진 회전수를 계산한다. 센서 휠에는 총 60개의 돌기가 있고 그 중 2개의 돌기가 없으며, 돌기가 없는 위치의 신호와 TDC 센서의 신호를 이용해 1번 실린더를 찾도록 되어있다.

정답 35.③ 36.② 37.① 38.④ 39.④

40 **커먼 레일 디젤 기관의 연료장치 시스템에서 출력 요소는?**

① 공기 유량 센서
② 인젝터
③ 엔진 ECU
④ 브레이크 스위치

해설
커먼레일 엔진의 출력 요소는 액추에이터로 인젝터 및 자기진단 코드, 각 작동기의 작동체인 액추에이터이다.

41 **인젝터의 점검 항목이 아닌 것은?**

① 저항　　② 작동 온도
③ 분사량　　④ 작동음

해설
인젝터는 디젤 기관에서 전자제어 디젤 기관의 연료 분사 노즐을 말하는 것으로 상부에 솔레노이드가 부착되어 있어 전기가 통전되는 시간 동안 연료가 분사되기 때문에 작동음이 발생된다. 따라서 점검 사항으로는 솔레노이드 코일의 저항과 작동음, 연료의 분사량과 분사 압력 등을 점검 하여야 한다.

42 **디젤 기관에서 인젝터 간 연료 분사량이 일정하지 않을 때 나타나는 현상은?**

① 연료 분사 량에 관계없이 기관은 순조로운 회전을 한다.
② 연료 소비에는 관계가 있으나 기관 회전에는 영향을 미치지 않는다.
③ 연소 폭발음의 차이가 있으며 기관은 부조를 하게 된다.
④ 출력은 향상되나 기관은 부조를 하게 된다.

해설
인젝터간 연료 분사량의 차이가 있으면 연소 폭발음과 폭발력의 차이가 있어 엔진의 회전이 고르지 못하게 된다.

43 **건설기계 장비로 현장에서 작업 중 각종 계기는 정상인데 엔진 부조가 발생한다면 우선 점검해 볼 계통은?**

① 연료 계통　　② 충전 계통
③ 윤활 계통　　④ 냉각 계통

해설
디젤 엔진의 부조화 현상은 연료의 공급이 불완전할 때 주로 나타난다.

44 **커먼레일 방식 디젤 기관에서 크랭킹은 되는데 기관이 시동되지 않는다. 점검부위로 틀린 것은?**

① 인젝터
② 레일 압력
③ 연료 탱크 유량
④ 분사펌프 딜리버리 밸브

해설
분사 펌프의 딜리버리 밸브는 독립식 분사 펌프에 설치된 부품으로 회로 내의 잔압을 유지하여 베이퍼록의 방지와 신속한 작동을 한다. 따라서 커먼레일 엔진에는 분사 펌프 딜리버리 밸브가 없다.

45 **기관의 운전 상태를 감시하고 고장진단 할 수 있는 기능은?**

① 윤활 기능
② 제동 기능
③ 조향 기능
④ 자기진단 기능

해설
전자제어 기능이 탑재된 장비에는 장비의 각 장치별 작동 상태 및 고장 등을 진단할 수 있는 기능을 가진 자기진단 기능을 가지고 있다.

정답 40.② 41.② 42.③ 43.① 44.④ 45.④

CHAPTER 4

흡·배기 장치 구조와 기능

1 흡기 장치

(1) 공기 청정기(에어 클리너)

공기 청정기는 흡입 공기 속에 포함된 먼지, 수분 등의 불순물을 여과하고 소음을 완화시키는 장치이다.

(2) 흡기 장치의 요구조건

① 균일한 분배성을 가질 것

② 전 회전 영역에 걸쳐 흡입 효율이 좋아야 한다.

③ 흡입부에 와류를 일으키도록 하여야 한다.

④ 연소 속도를 빠르게 하여야 한다.

(3) 공기 청정기의 기능

① 흡입공기 속의 불순물 여과

② 흡입 시 소음 방지

(4) 공기 청정기의 종류

① **건식 공기 청정기** : 여과지 형식의 엘리먼트를 사용하며 압축 공기를 이용하여 안쪽에서 밖으로 불어내어 청소 사용한다. 현재 가장 많이 사용

② **습식 공기 청정기** : 엔진 오일과 여과망을 사용하는 형식으로 일정 시간 사용 후 엔진 오일 교환과 엘리먼트를 세척 사용

③ **원심 분리식 공기 청정기** : 공기의 선회 운동을 이용하여 큰 불순물을 불리 여과한다. 주 청정기로의 사용은 곤란하며 주로 장비의 프리 클리너에 사용

④ **비스커스 우수식** : 비스커스란 흐름에 저항하는 성질이 있는 유체이다. 이 유체를 이용하여 이동하는 공기 속의 불순물을 여과한다.

2 배기 장치

① **소음기** : 배기가스를 그대로 대기 중에 방출시키면 급격한 팽창으로 굉장한 소음이 발생된다. 이것을 방지하기 위한 장치이다.

② 배압이 기관에 미치는 영향

㉮ 출력 저하

㉯ 기관 과열(냉각수 온도 상승)

㉰ 흡입 효율 저하

㉱ 피스톤 운동 방해

③ 배기관에서 검은 연기가 배출되는 원인

㉮ 압축 압력이 낮거나 압축 온도가 낮을 때

㉯ 분사 노즐의 분사 불량 및 무화, 관통력이 나쁠 때

㉰ 분사시기 불량(연료 분사시기가 빠를 때)

㉱ 공기 청정기의 막힘

㉲ 연료 공급량이 많을 때

㉳ 불완전 연소

3 감압 장치(디컴프, 디컴프레이션)

① 흡기 또는 배기 밸브를 열어 실린더 내의 압력을 감소시킴으로써 크랭킹을 원활하게 한다.

② 감압 레버를 이용하여 밸브를 강제로 열어 압축되지 않도록 한다.

③ 한냉간 시 시동 보조를 위해 사용한다.

④ 고장 또는 엔진 조정 등을 위해 수동 조작이 가능하도록 하고 엔진을 정지시킨다.

4 과급 장치

흡입 공기의 체적 효율을 높이기 위하여 설치한 장치로 일종의 공기 펌프이다.

(1) 과급기의 특징

① 엔진 출력이 35~45% 증가 된다.

② 평균 유효압력이 높아진다.

③ 착화지연 기간이 짧다.

④ 엔진의 회전력이 증대된다.

⑤ 고지대에서도 출력의 변화가 적다.

⑥ 세탄가가 낮은 연료의 사용이 가능하다.

⑦ 연료 소비율이 향상된다.

⑧ 엔진의 중량이 10~15% 정도 증가한다.

(2) 과급기의 종류

① **터보 차저** : 배기가스를 이용하여 과급기 구동

② **슈퍼 차저** : 기관의 동력을 이용하여 과급기 구동

(3) 과급기 부착 엔진의 취급

① 시동 전, 후 5분 이상 저속 회전시킨다.
② 시동 즉시 가속을 금지한다.
③ 장시간 공회전을 하지 말아야 한다.
④ 공기 흡입 라인에 먼지가 새어들지 않게 할 것
⑤ 에어 클리너를 항상 청결히 하여야 한다.

(4) 과급기의 급유

엔진의 윤활 장치의 오일에 의해 급유된다.

(5) 과급기의 디퓨저(diffuser)

유체의 속도 에너지를 압력 에너지로 바꾸어 주는 장치이다.

(6) 인터 쿨러

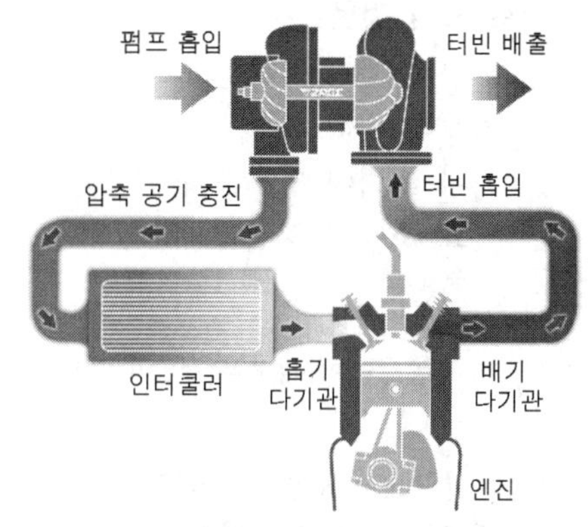

그림 터보 차저의 원리

과급된 공기는 온도 상승과 함께 공기 밀도의 감소로 노크를 유발하거나 충전 효율 저하시키므로 과급된 공기를 냉각시켜 주어야 한다. 온도를 낮추고 공기 밀도를 높여 실린더로 공급되는 혼합기의 흡입 효율을 더욱 높이고 출력 향상을 도모하는 장치이다. 종류는 다음과 같이 공랭식과 수냉식이 있다.

1) 공랭식 인터 쿨러의 특징

① 주행 중에 받는 공기로 과급 공기를 냉각한다.
② 구조는 간단하나 냉각 효율이 떨어진다.
③ 냉각 효과는 주행속도와 비례한다.

2) 수냉식 인터 쿨러의 특징

① 엔진의 냉각용 라디에이터 또는 전용 라디에이터에 냉각수를 순환시켜 과급된 공기를 냉각한다.
② 흡입 공기의 온도가 200℃ 이상인 경우에 80~90℃의 냉각수로 냉각시킨다.
③ 주행 중 받는 공기를 이용하여 공랭식을 겸하고 있다.
④ 구조가 복잡하나 저속에서도 냉각효과가 좋다.

출제 예상 문제

01 기관 공기 청정기의 통기 저항을 설명한 것으로 틀린 것은?

① 저항이 적어야 한다.
② 저항이 커야 한다.
③ 기관 출력에 영향을 준다.
④ 연료 소비에 영향을 준다.

해설
공기 청정기는 흡입되는 공기 속의 불순물을 여과 분리시키는 에어 클리너로 공기의 저항이 적어야 한다.

02 디젤 기관에서 사용되는 공기 청정기에 관한 설명으로 틀린 것은?

① 공기 청정기는 실린더의 마멸과 관계없다.
② 공기 청정기가 막히면 배기색은 흑색이 된다.
③ 공기 청정기가 막히면 출력이 감소한다.
④ 공기 청정기가 막히면 연소가 나빠진다.

해설
공기 청정기는 에어 클리너로 실린더로 흡입되는 공기 중의 불순물을 여과하는 장치로 흡입 공기 속에 포함된 먼지, 수분 등의 불순물에 의해 실린더의 마멸에 영향을 준다.

03 건식 공기 여과기 세척 방법으로 가장 적합한 것은?

① 압축 공기로 안에서 밖으로 불어낸다.
② 압축 공기로 밖에서 안으로 불어낸다.
③ 압축 오일로 안에서 밖으로 불어낸다.
④ 압축 오일로 밖에서 안으로 불어낸다.

해설
건식 공기 청정기의 엘리먼트는 압축 공기를 사용하여 안쪽에서 밖으로 불어 청소한다.

04 건식 공기 청정기의 장점이 아닌 것은?

① 설치 또는 분해 조립이 간단하다.
② 작은 입자의 먼지나 오물을 여과할 수 있다.
③ 구조가 간단하고 여과망을 세척하여 사용할 수 있다.
④ 기관 회전속도의 변동에도 안정된 공기 청정 효율을 얻을 수 있다.

해설
건식 공기 청정기는 물이나 엔진 오일로 세척할 수 없다. 건식 공기 청정기의 엘리먼트는 여과지 방식으로 종이로 되어 있기 때문에 압축 공기를 이용하여 청소를 하여 사용한다.

05 습식 공기 청정기에 대한 설명이 아닌 것은?

① 청정 효율은 공기량이 증가할수록 높아지며 회전속도가 빠르면 효율이 좋아진다.
② 흡입 공기는 오일로 적셔진 여과망을 통과시켜 여과시킨다.
③ 공기 청정기 케이스 밑에는 일정한 양의 오일이 들어 있다.
④ 공기 청정기는 일정기간 사용 후 무조건 신품으로 교환해야 한다.

해설
습식 공기 청정기는 일정기간 사용한 후 엔진 오일의 교환과 여과망을 세척해 주어야 한다.

01.② 02.① 03.① 04.③ 05.④

06 **흡입 공기를 선회시켜 엘리먼트 이전에서 이물질이 제거되게 하는 에어 클리너의 방식은?**

① 습식
② 건식
③ 원심 분리식
④ 비스커스 우수식

해설

공기 청정기의 종류

① **건식** : 여과지 형식의 엘리먼트를 사용하며 압축 공기를 이용하여 안쪽에서 밖으로 불어내어 청소 사용한다. 현재 가장 많이 사용
② **습식** : 엔진 오일과 여과망을 사용하는 형식으로 일정 시간 사용 후 엔진 오일 교환과 엘리먼트를 세척 사용
③ **원심 분리식** : 공기의 선회 운동(원심력)을 이용하여 큰 불순물을 불리 여과한다. 주 청정기로의 사용은 곤란하며 주로 장비의 프리 클리너에 사용
④ **비스커스 우수식** : 비스커스란 흐름에 저항하는 성질이 있는 유체이다. 이 유체를 이용하여 이동하는 공기 속의 불순물을 여과한다.

07 **여과기 종류 중 원심력을 이용하여 이물질을 분리시키는 형식은?**

① 건식 여과기 ② 오일 여과기
③ 습식 여과기 ④ 원심식 여과기

해설

원심식 여과기는 공기의 선회 운동(원심력)을 이용하여 큰 불순물을 불리 여과한다.

08 **기관에서 배기상태가 불량하여 배압이 높을 때 발생하는 현상과 관련이 없는 것은?**

① 기관이 과열된다.
② 냉각수 온도가 내려간다.
③ 기관의 출력이 감소된다.
④ 피스톤의 운동을 방해한다.

해설

배압이 기관에 미치는 영향

① 엔진의 출력이 저하된다.
② 기관이 과열(냉각수 온도 상승)된다.
③ 흡입 효율이 저하된다.
④ 피스톤의 운동을 방해한다.

09 **디젤 기관 운전 중 흑색 배기가스를 배출하는 원인으로 틀린 것은?**

① 공기 청정기 막힘
② 압축 불량
③ 노즐 불량
④ 오일 팬 내 유량 과다

해설

배기관에서 검은 연기가 배출되는 원인

① 압축 압력이 낮거나 압축 온도가 낮을 때
② 분사 노즐의 분사 불량 및 무화, 관통력이 나쁠 때
③ 분사시기 불량(연료 분사시기가 빠를 때)
④ 공기 청정기의 막힘
⑤ 연료 공급량이 많을 때
⑥ 불완전 연소

10 **디젤 기관의 시동을 용이하게 하기 위한 방법이 아닌 것은?**

① 압축비를 높인다.
② 흡기 온도를 상승시킨다.
③ 겨울철에 예열 장치를 사용한다.
④ 시동 시 회전속도를 낮춘다.

해설

디젤 기관의 시동 시 엔진의 회전 속도가 낮으면 착화에 필요한 압축열의 온도 상승이 낮아 시동이 어렵게 된다.

11 **디젤엔진의 시동을 위한 직접적인 장치가 아닌 것은?**

① 예열 플러그
② 터보 차저
③ 기동 전동기
④ 감압 밸브

해설

터보 차저는 흡입 효율을 증대시키기 위한 공기 펌프로 엔진의 출력을 높이고 연료 소비율을 향상시킨다.

정답 06.③ 07.④ 08.② 09.④ 10.④ 11.②

12 디젤 기관에서 시동이 걸리지 않을 때 점검해야 할 곳으로 거리가 먼 것은?

① 시동 전동기의 이상 유무
② 예열 플러그의 작동
③ 배터리 접지 케이블의 단자 조임 여부
④ 발전기의 발전 전류 적정 여부

해설
발전기의 발전 전류는 충전 상태를 확인하는 것으로 엔진이 시동된 후 운전 중에 충전 등이나 충전 전류계를 이용하여 점검하는 사항이다.

13 디젤 기관의 감압 장치 설명으로 맞는 것은?

① 크랭킹을 원활히 해준다.
② 냉각팬을 원활히 회전시킨다.
③ 흡·배기 효율을 높인다.
④ 엔진 압축압력을 높인다.

해설
감압 장치란 한냉 시 엔진의 시동을 보조하는 장치로 엔진 시동 시(엔진 크랭킹 시) 밸브를 살짝 열어 압축이 되지 않도록 감압하여 엔진의 크랭킹을 원활하게 한 다음 밸브를 갑자기 닫으면 급격한 압력 상승으로 압축 온도가 상승되어 시동을 쉽게 하여주는 장치이다.

14 디젤 기관을 정지 시키는 방법으로 가장 적합한 것은?

① 연료 공급을 차단한다.
② 초크 밸브를 닫는다.
③ 기어를 넣어 기관을 정지한다.
④ 축전지를 분리 한다.

해설
엔진을 정지시키는 방법
① **연료 차단** : 연료 공급 솔레노이드의 전원을 OFF시킨다.
② 감압 레버를 이용하여 밸브를 강제로 열어 압축이 되지 않도록 한다.

15 다음 디젤 기관에서 과급기를 사용하는 이유로 맞지 않는 것은?

① 체적 효율 증대
② 냉각 효율 증대
③ 출력 증대
④ 회전력 증대

해설
과급기의 특징
① 엔진 출력이 35~45% 증가 된다.
② 평균 유효 압력이 높아진다.
③ 착화지연 기간이 짧다.
④ 엔진의 회전력이 증대된다.
⑤ 고지대에서도 출력의 변화가 적다.
⑥ 세탄가가 낮은 연료의 사용이 가능하다.
⑦ 연료 소비율이 향상된다.
⑧ 엔진의 중량이 10~15% 정도 증가한다.

16 다음 중 터보 차저를 구동하는 것으로 가장 적합한 것은?

① 엔진의 열
② 엔진의 배기가스
③ 엔진의 흡입가스
④ 엔진의 여유 동력

해설
터보 차저는 엔진의 흡입 효율을 높이기 위한 공기 펌프로 엔진의 배기가스에 의해 구동되며 배기가스 터빈식이라고도 부른다. 슈퍼 차저는 구동 벨트 또는 기어에 의해 엔진의 동력을 이용하여 구동된다.

17 디젤 기관에 과급기를 설치하였을 때 장점이 아닌 것은?

① 동일 배기량에서 출력이 감소하고 연료 소비율이 증가한다.
② 냉각수 손실이 적으며 높은 지대에서도 기관의 출력 변화가 적다.
③ 연소 상태가 좋아지므로 압축 온도 상승에 따라 착화 지연기간이 짧아진다.
④ 연소 상태가 양호하기 때문에 비교적 질이 낮은 연료를 사용할 수 있다.

해설
과급기는 흡입 공기에 압력을 가하는 펌프로 흡입 효율을 높여 출력을 증가시키고 연료 소비율을 감소시킨다.

12.④ 13.① 14.① 15.② 16.② 17.①

18 **기관에서 터보 차저에 대한 설명으로 틀린 것은?**

① 흡기관과 배기관 사이에 설치된다.
② 과급기라고도 한다.
③ 배기가스 배출을 위한 일종의 블로워(blower)이다.
④ 기관의 출력을 증가시킨다.

해설
터보 차저는 실린더로 흡입되는 공기를 강제로 가압하여 많은 양의 공기를 보내주는 공기 펌프로 흡기관과 배기관 사이에 설치되어 배기가스에 의해 구동이 되며 흡기의 효율을 높여 출력을 증대시키는 장치로 과급기라고도 한다.

19 **배기 터빈 과급기에서 터빈축의 베어링에 급유로 맞는 것은?**

① 그리스로 윤활
② 기관 오일로 급유
③ 오일리스 베어링 사용
④ 기어 오일을 급유

해설
배기 터빈 과급기는 터보 차저로 엔진의 배기가스에 의해 구동되며, 기관의 오일 펌프에서 보내주는 오일로 터빈축의 베어링에 직접 급유된다.

20 **보기에서 머플러(소음기)와 관련된 설명이 모두 올바르게 조합된 것은?**

[보기]
a. 카본이 많이 끼면 엔진이 과열되는 원인이 될 수 있다.
b. 머플러가 손상이 되어 구멍이 나면 배기음이 커진다.
c. 카본이 쌓이면 엔진 출력이 떨어진다.
d. 배기가스의 압력을 높여서 열효율을 증가시킨다.

① a, b, d ② b, c, d
③ a, c, d ④ a, b, c

해설
배기가스의 압력(배압)을 높이면 흡입 효율이 낮아져 출력과 열효율이 낮아진다.

21 **기관의 과급기에서 공기의 속도 에너지를 압력 에너지로 변환시키는 것은?**

① 터빈(turbine)
② 디퓨저(diffuser)
③ 압축기
④ 배기관

해설
디퓨저는 공기 통로의 면적이 크기 때문에 공기의 속도 에너지를 압력 에너지로 변환시켜 실린더에 공기를 공급하므로 체적 효율이 향상된다.

22 **디젤 기관의 배출 물로 규제 대상은?**

① 탄화수소
② 매연
③ 일산화탄소
④ 공기과잉율(λ)

해설
디젤 기관의 매연 규제 기준은 2009년도 1월 1일 이후 제작되는 자동차는 15%이다.

23 **기관을 점검하는 요소 중 디젤 기관과 관계 없는 것은?**

① 예열 ② 점화
③ 연료 ④ 연소

해설
점화란 전기점화 방식의 가솔린 기관에서 혼합기에 불을 발생시키는 것을 말하며 디젤 기관은 착화 또는 발화, 연소라 표현한다.

24 **기관 시동 전에 점검할 사항으로 틀린 것은?**

① 엔진 오일량
② 엔진 주변 오일 누유 확인
③ 엔진 오일의 압력
④ 냉각수 량

해설
엔진 오일의 압력은 시동 후 즉, 엔진의 공회전 상태에서 점검한다.

정답 18.③ 19.② 20.④ 21.② 22.② 23.② 24.③

25 **기관을 시동하여 공전 상태에서 점검하는 사항으로 틀린 것은?**

① 배기가스 색 점검
② 냉각수 누수 점검
③ 팬벨트 장력 점검
④ 이상 소음 발생 유무 점검

해설
팬벨트의 장력 점검은 기관의 시동 전 즉, 기관이 정지된 상태에서 점검하여야 한다.

26 **기관을 시동하여 공전 시에 점검할 사항이 아닌 것은?**

① 기관의 팬벨트 장력을 점검
② 오일 누출 여부를 점검
③ 냉각수의 누출 여부를 점검
④ 배기가스의 색깔을 점검

해설
기관의 팬 벨트 점검은 엔진이 정지된 상태에서 점검하며 10kg의 하중 작용 시 그 처짐량이 13~20mm 정도이면 정상이다.

27 **일상 점검 내용에 속하지 않는 것은?**

① 기관 윤활유 량
② 브레이크 오일 량
③ 라디에이터 냉각수 량
④ 연료 분사 량

해설
연료 분사량은 기계식 연료 장치의 경우 연료 분사 펌프를 탈거한 상태에서, 전자제어 연료 분사 장치의 경우는 인젝터를 탈거한 상태에서 점검하는 사항으로 정비사가 정비하여야 하는 사항이다.

28 **작업 중 운전자가 확인해야 할 것으로 틀린 것은?**

① 온도 계기
② 전류 계기
③ 오일 압력 계기
④ 실린더 압력 계기

해설
실린더의 압력 계기는 계기판에 설치되어 있지 않으며, 엔진의 해체 정비를 결정하기 위해 실린더의 압축 압력 시험을 정비사가 실시하여 판정한다.

정답 25.③ 26.① 27.④ 28.④

CHAPTER 5

냉각 장치 구조와 기능

1 개 요

냉각 장치는 연소열에 의한 부품의 변형 및 과열을 방지하기 위해 75 ~ 95℃(정상 온도)를 유지시키는 장치이며, 기관의 작동 온도는 실린더 헤드 냉각수 통로(워터 재킷)의 냉각수 온도로 표시된다.

(1) 엔진 과열의 원인

① 수온 조절기가 닫힌 채로 고장이 났다.
② 수온 조절기의 열림 온도가 너무 높다.
③ 라디에이터의 코어 막힘이 과도하다.
④ 라디에이터 코어의 오손 및 파손되었다.
⑤ 구동 벨트의 장력이 약하다.
⑥ 구동 벨트가 이완 및 절손 되었다.
⑦ 물 재킷 내의 스케일(물 때)이나 녹이 심하다.
⑧ 물 펌프의 작동 불량이다.
⑨ 라디에이터 호스의 파손 및 누유

(2) 엔진이 과열 되었을 때 미치는 영향

① 열팽창으로 인하여 부품이 변형된다.
② 오일의 점도 변화에 의하여 유막이 파괴된다.
③ 오일이 연소되어 오일 소비량이 증대된다.
④ 조기 점화가 발생되어 엔진의 출력이 저하된다.
⑤ 부품의 마찰 부분이 소결(stick) 된다.
⑥ 연소 상태가 불량하여 노킹이 발생된다.

(3) 엔진 과냉의 원인(워밍업 시간이 길어진다)

① 수온 조절기가 열린 채로 고장이 났다.
② 수온 조절기의 열림 온도가 너무 낮다.

(4) 엔진이 과냉 되었을 때 미치는 영향

① 블로바이 현상이 발생된다.
② 압축압력이 저하된다.
③ 엔진의 출력이 저하된다.
④ 연료 소비량이 증대된다.
⑤ 오일이 희석된다.
⑥ 베어링부가 마멸된다.

> • **냉각수 순환 경로**
> – **냉각수 온도가 정상일 때 :** 라디에이터 → 물 펌프 → 실린더 블록의 냉각수 통로 → 실린더 헤드의 냉각수 통로 → 수온 조절기 → 라디에이터
> – **냉각수의 온도가 정상 온도에 이르지 않았을 때 :** 실린더 블록의 냉각수 통로 → 실린더 헤드의 냉각수 통로 → 바이패스 통로 → 물 펌프 → 실린더 블록의 냉각수 통로

2 냉각 방식

(1) 공랭식

① **자연 통풍식** : 냉각 팬이 없기 때문에 주행 중에 받는 공기로 냉각한다.
② **강제 통풍식** : 냉각 팬을 회전시켜 냉각하며, 자동차 및 건설기계에 사용된다.

(2) 수냉식

① **자연 순환식** : 물 펌프 없이 냉각수의 대류를 이용하는 형식으로 고성능 엔진에는 부적합하다.
② **강제 순환식** : 물 펌프의 작동으로 냉각수를 순환시켜 냉각시키는 형식으로 자동차 및 건설기계 등에 사용된다.
③ **압력 순환식** : 강제 순환식에서 라디에이터 캡을 압력식 캡으로 냉각장치의 회로를 밀폐시켜 냉각수가 비등하지 않도록 하는 방식으로 그 특징은 다음과 같다.
　㉮ 냉각수의 비등점을 높여 비등에 의한 손실을 감소시킬 수 있다.
　㉯ 라디에이터의 크기를 작게 할 수 있다.
　㉰ 냉각수 보충 횟수를 줄일 수 있다.
　㉱ 엔진의 열효율을 향상 시킬 수 있다.
④ **밀봉 압력식** : 압력 순환식의 라디에이터 캡을 밀봉하고 냉각수가 외부로 누수되지 않도록 하는 방식으로 냉각수가 가열되어 팽창하면 보조 탱크로 보내고 수축이 되면 보조 탱크의 냉각수가 라디에이터로 유입된다.

3 수냉식 냉각 장치의 구성

(1) 라디에이터(방열기)

가열된 냉각수를 냉각시키는 것으로 엔진에 유·출입되는 온도차는 5 ~ 10℃ 정도이다.

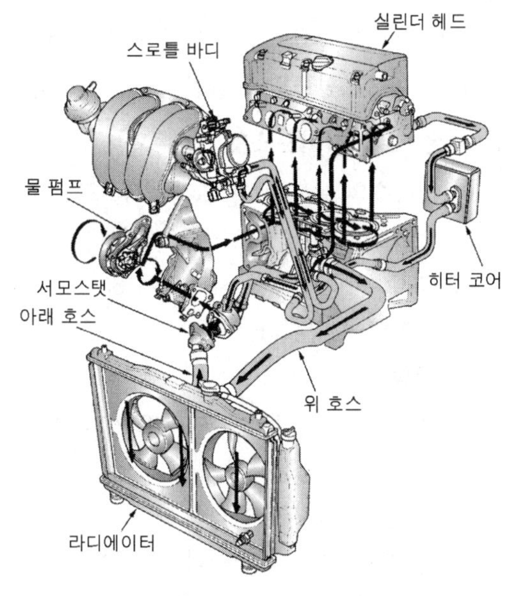

그림 냉각 장치의 구성

1) 라디에이터의 구비 조건

① 단위 면적당 방열량이 클 것
② 공기의 흐름 저항이 작을 것
③ 소형 경향이고 견고할 것
④ 냉각수의 흐름 저항이 작을 것

2) 압력식 라디에이터 캡

라디에이터 캡은 냉각수의 비점을 높이기 위하여 압력식 캡이 사용되며 내부에는 압력(공기) 밸브와 진공(부압) 밸브가 설치되어 있다.

① 0.2 ~ 0.9kg/cm² 정도 압력을 상승시킨다.
② 냉각수의 비점을 110 ~ 120℃ 로 상승시킨다.
③ 압력 밸브는 냉각장치 내의 압력이 규정 이상일 때 열려 규정 압력 이상으로 상승되는 것을 방지한다.
③ 압력 스프링이 파손되거나 장력이 약해지면 비등점이 낮아져 오버히트의 원인이 된다.
④ 진공 밸브는 냉각수 온도가 저하되면 열려 대기압이나 냉각수를 라디에이터로 도입하여 코어의 파손을 방지한다.

3) 라디에이터의 막힘률 계산식

$$\text{막힘률(\%)} = \frac{\text{신품주수량} - \text{사용품주수량}}{\text{신품 주수량}} \times 100$$

4) 라디에이터 코어의 종류

리본 셀룰러형, 플레이트형, 코루게이트형

5) 라디에이터 코어의 막힘률 : 20% 이상일 경우에는 교환한다.

6) 라디에이터의 냉각핀의 청소 : 압축 공기를 이용하여 밖에서 엔진 쪽으로 불어 낸다.

7) 라디에이터 튜브 청소 : 플러시 건을 사용하여 냉각수를 아래 탱크에서 위 탱크로 순환시켜 청소하고 세척제로는 탄산나트륨, 중탄산소다를 사용한다.

(3) 물 펌프

냉각수를 강제로 순환시킨다. 주로 원심식이 사용되며 엔진 회전수의 1.2~1.6배로 회전한다. 또한 펌프의 효율은 냉각수 압력에 비례하고 온도에는 반비례 한다.

(4) 수온 조절기(서모스탯, 정온기)

① 냉각수의 온도에 따라 자동적으로 개폐되어 냉각수의 온도를 조절한다.

② 65℃ 에서 열리기 시작하여 85℃ 에서 완전히 개방된다.

③ 종류

㉮ 펠릿형 : 냉각수의 온도에 의해서 왁스가 팽창하여 밸브가 열리며, 가장 많이 사용한다.

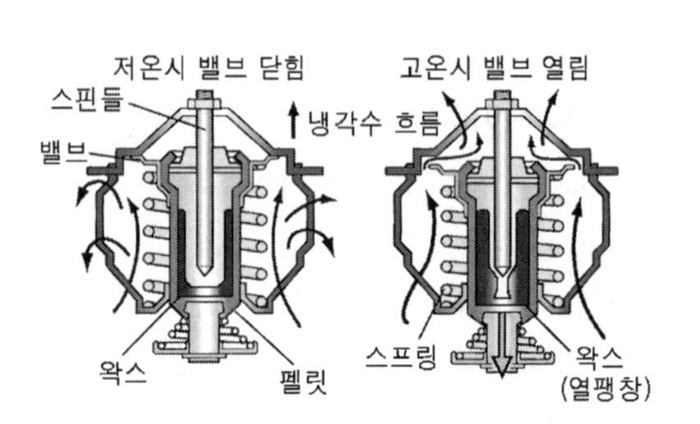

그림 펠릿형 수온 조절기의 구조

㉯ 벨로즈형 : 에틸이나 알코올이 냉각수의 온도에 의해서 팽창하여 밸브가 열린다.

㉰ 바이메탈형 : 코일 모양의 바이메탈이 수온에 의해 비틀림을 일으켜 열린다.

(5) 물 재킷

실린더 주위 및 실린더 헤드의 연소실 주위에 냉각수가 순환할 수 있는 통로이다.

(6) 냉각 팬과 팬 벨트

① **전동 팬** : 물 펌프 또는 모터에 의해서 회전하여 강제적으로 공기를 순환시켜 라디에이터 및 실린더 블록을 냉각시키는 역할을 하며 종류는 다음과 같다.

㉮ **전동 팬** : 라디에이터 아래 탱크에 설치된 수온 센서가 냉각수 온도를 감지하여 85±3℃가 되면 전동기가 회전을 시작하고 78℃ 이하가 되면 정지 하도록 되어 있으며 그 특징은 다음과 같다.

㉠ 라디에이터의 설치가 자유롭다.

㉡ 히터의 난방이 빠르다.

㉢ 일정한 풍량을 확보할 수 있다.

㉣ 가격이 비싸고 소비전력이 35~130W로 크다.

㉤ 소음이 크다.

㉯ 팬 클러치 : 고속 주행 시 물 펌프 축과 냉각 팬 사이에 클러치를 설치하여 냉각팬이 필요이상으로 회전하는 것을 제한하는 방식으로 그 특징은 다음과 같다.

㉠ 엔진의 소비 마력을 감소시킬 수 있다.

㉡ 팬벨트의 내구성을 향상 시킨다.

㉢ 냉각 팬에서 발생되는 소음을 방지 한다.

② **팬벨트** : 보통 이음이 없는 V 벨트 또는 평 벨트를 사용한다.

③ **팬 벨트의 긴장도** : 10kg 의 힘으로 눌렀을 때 13 ~ 20mm 정도이며 팬벨트의 장력이 크면(팽팽하면) 발전기와 물 펌프 베어링 손상 및 벨트의 수명이 단축되고, 장력이 너무 작으면(헐거우면) 엔진이 과열되고, 발전기 출력이 저하되어 충전 부족과 소음이 발생된다. 벨트의 조정은 발전기 브래킷의 고정 볼트를 풀어서 조정한다.

(7) 시라우드

많은 공기와 접촉되도록 하기 위해서 설치된 공기 통로이다.

4 공랭식 냉각장치

실린더 벽의 바깥 둘레에 냉각핀을 설치하여 공기의 접촉 면적을 크게 하여 냉각시키며 장·단점은 다음과 같다.

① 냉각수를 보충하는 일이 없다.
② 냉각수의 누출 염려가 없다.
③ 구조가 간단하고 취급이 편리하다.
④ 한랭시 냉각수의 동결에 의한 기관의 파손이 없다.
⑤ 기후나 주행상태에 따라 기관이 과열되기 쉽다.
⑥ 냉각이 균일하게 이루어지지 않아 기관이 과열된다.

5 냉각수와 부동액

① **냉각수** : 연수(증류수, 수돗물, 빗물)를 사용한다.
② **부동액** : 겨울철에 냉각수가 동결되는 것을 방지하기 위하여 냉각수에 혼합하여 사용하며, 부동액의 종류는 메탄올, 알코올, 에틸렌글리콜, 글리세린 등이 있다.
③ 부동액의 구비 조건
㉮ 침전물이 발생되지 않아야 한다.
㉯ 냉각수와 혼합이 잘 되어야 한다.
㉰ 내부식성이 크고 팽창계수가 작아야 한다.
㉱ 비등점이 높고 응고점이 낮아야 한다.
㉲ 휘발성이 없고 유동성이 좋아야 한다.

- **동파 방지기(코어 플러그)** : 수냉식 엔진의 실린더 헤드 및 실린더 블록에 설치된 플러그로 냉각수가 빙결되었을 때 체적의 증가에 의해서 코어 플러그가 빠지게 된다.
① 메탄올 : 반영구형으로 냉각수 보충시 혼합액을 보충하여야 한다.
㉮ 비등점 : 82℃ ㉯ 빙점 : -30℃
② 에틸렌 글리콜 : 영구형으로 냉각수 보충시 물만 보충하여야 한다.
㉮ 비등점 : 197.2℃ ㉯ 빙점 : -50℃
③ 부동액 혼합 시는 그 지방의 평균 최저 온도보다 5 ~ 10℃ 낮게 설정
(20℃에서의 혼합 비율은 부동액 35%, 물 65% 혼합)
④ 부동액의 세기는 비중으로 표시하며 비중계로 측정한다.

chapter 05

출제 예상 문제

01 엔진 과열 시 일어나는 현상이 아닌 것은?

① 각 작동 부분이 열팽창으로 고착될 수 있다.
② 윤활유 점도 저하로 유막이 파괴될 수 있다.
③ 금속이 빨리 산화되고 변형되기 쉽다.
④ 연료 소비율이 줄고 효율이 향상된다.

해설
엔진이 과열 되었을 때 미치는 영향
① 열팽창으로 인하여 금속이 빨리 산화되고 변형된다.
② 오일의 점도 변화에 의하여 유막이 파괴된다.
③ 오일이 연소되어 오일 소비량이 증대된다.
④ 조기 점화가 발생되어 엔진의 출력이 저하된다.
⑤ 부품의 마찰 부분이 소결(stick) 된다.
⑥ 연소 상태가 불량하여 노킹이 발생된다.

02 다음 중 엔진의 과열 원인으로 적절하지 않은 것은?

① 배기 계통의 막힘이 많이 발생함
② 연료 혼합비가 너무 농후하게 분사 됨
③ 점화시기가 지나치게 늦게 조정 됨
④ 수온 조절기가 열려 있는 채로 고장

해설
수온 조절기가 열린 채로 고장이 나면 엔진의 워밍업 시간이 길어진다.

03 엔진 과열 시 제일 먼저 점검할 사항으로 옳은 것은?

① 연료 분사량 ② 수온 조절기
③ 냉각수 양 ④ 물 재킷

해설
엔진 과열 시 운전자가 가장 먼저 점검하여야 할 사항은 냉각수 양이다.

04 작업 중 엔진 온도가 급상승 하였을 때 가장 먼저 점검하여야 할 것은?

① 윤활유 점도지수
② 크랭크축 베어링 상태
③ 부동액 점도
④ 냉각수의 양

해설
작업 중 엔진의 온도가 급상승 하였을 때 운전자가 가장 먼저 점검하여야 할 것은 냉각수 양이다.

05 건설기계 운전 작업 중 온도 게이지가 "H" 위치에 근접되어 있다. 운전자가 취해야 할 조치로 가장 알맞은 것은?

① 작업을 계속해도 무방하다.
② 잠시 작업을 중단하고 휴식을 취한 후 다시 작업 한다.
③ 윤활유를 즉시 보충하고 계속 작업한다.
④ 작업을 중단하고 냉각수 계통을 점검한다.

해설
온도 게이지가 "H" 위치에 근접되어 있다면 엔진이 과열되는 것으로 작업을 중단하고 냉각수 계통을 점검하여 이상이 있는 부분을 수리한 후 작업을 계속한다.

06 다음 중 수냉식 기관의 정상 운전 중 냉각수 온도로 옳은 것은?

① 75~95℃ ② 55~60℃
③ 40~60℃ ④ 20~30℃

해설
엔진의 정상 작동 온도 범위는 일반적으로 70~95℃ 범위에 있다.

정답 01.④ 02.④ 03.③ 04.④ 05.④ 06.①

07 건설기계 장비 운전 시 계기판에서 냉각수량 경고등이 점등 되었다. 그 원인으로 가장 거리가 먼 것은?

① 냉각수량이 부족할 때
② 냉각 계통의 물 호스가 파손되었을 때
③ 라디에이터 캡이 열린 채 운행하였을 때
④ 냉각수 통로에 스케일(물 때)이 없을 때

해설
스케일은 물때나 녹을 말하는 것으로 물때나 녹은 열전도성을 나쁘게 하게 되어 엔진이 과열되나 스케일이 없으면 정상작동 상태가 되어 냉각수량 경고등은 점등되지 않는다.

08 디젤 엔진의 과냉 시 발생할 수 있는 사항으로 틀린 것은?

① 압축 압력이 저하된다.
② 블로바이 현상이 발생된다.
③ 연료 소비량이 증대된다.
④ 엔진의 회전 저항이 감소한다.

해설
엔진이 과냉 되었을 때 미치는 영향
① 블로바이 현상이 발생된다.
② 압축 압력이 저하된다.
③ 엔진의 출력이 저하된다.
④ 연료 소비량이 증대된다.
⑤ 오일이 희석된다.
⑥ 베어링부가 마멸된다.

09 기관 온도계가 표시하는 온도는 무엇인가?

① 연소실 내의 온도
② 작동유 온도
③ 기관 오일 온도
④ 냉각수 온도

해설
기관의 온도계가 표시하는 것은 실린더 헤드 워터 재킷(물 통로) 내의 냉각수 온도로 기관의 온도를 표시한다.

10 공랭식 기관의 냉각장치에서 볼 수 있는 것은?

① 물 펌프 ② 코어 플러그
③ 수온 조절기 ④ 냉각 핀

해설
각 부품의 기능
① **물 펌프** : 수냉식 엔진에서 냉각수를 강제로 순환시킨다.
② **코어 플러그** : 수냉식 엔진에서 동파 방지기로 한냉시 냉각수 동결에 의한 동파를 방지한다.
③ **수온 조절기** : 수냉삭 엔진에서 엔진의 온도를 일정하게 유지한다.
④ **냉각 핀** : 공랭식 엔진에서 공기의 이동속도를 빠르게 하여 냉각효과를 증가시킨다.

11 동절기에 기관이 동파 되는 원인으로 맞는 것은?

① 냉각수가 얼어서
② 기동 전동기가 얼어서
③ 발전장치가 얼어서
④ 엔진 오일이 얼어서

해설
엔진이 동파되는 것은 겨울철에 냉각수가 얼어서 금속의 수축으로 발생되는 것으로 동파를 방지하기 위한 실린더 헤드 및 실린더 블록에 코어 홀 플러그가 설치된다.

12 엔진 내부의 연소를 통해 일어나는 열에너지가 기계적 에너지로 바뀌면서 뜨거워진 엔진을 물로 냉각하는 방식으로 옳은 것은?

① 수냉식 ② 공랭식
③ 유냉식 ④ 가스 순환식

해설
물 펌프의 작동으로 물(냉각수)을 실린더 블록 및 실린더 헤드의 냉각수 통로에 순환시켜 냉각시키는 형식으로 수냉식이라 한다.

13 수냉식 냉각 방식에서 냉각수를 순환시키는 방식이 아닌 것은?

① 자연 순환식 ② 강제 순환식
③ 진공 순환식 ④ 밀봉 압력식

07.④ 08.④ 09.④ 10.④ 11.① 12.① 13.③

해설

수냉식 냉각 방식에는 자연 순환식, 강제 순환식, 압력 순환식, 밀봉 압력식이 있다.

14 냉각 장치에서 가압식 라디에이터의 장점이 아닌 것은?

① 냉각수의 순환속도가 빠르다.
② 라디에이터를 작게 할 수 있다.
③ 냉각수의 비등점을 높일 수 있다.
④ 비등점이 내려가고 냉각수 용량이 커진다.

해설

가압식 라디에이터(압력 순환식)의 특징
① 냉각수의 비등점을 높여 비등에 의한 손실을 감소시킬 수 있다.
② 라디에이터의 크기를 작게 할 수 있다.
③ 냉각수 보충 횟수를 줄일 수 있다.
④ 엔진의 열효율을 향상시킬 수 있다.

15 라디에이터의 구비 조건으로 틀린 것은?

① 공기 흐름 저항이 적을 것
② 냉각수 흐름 저항이 적을 것
③ 가볍고 강도가 클 것
④ 단위 면적당 방열량이 적을 것

해설

라디에이터의 구비 조건
① 단위 면적당 방열량이 클 것
② 공기의 흐름 저항이 작을 것
③ 소형 경향이고 견고할 것
④ 냉각수의 흐름 저항이 작을 것

16 냉각 장치에 사용되는 라디에이터의 구성품이 아닌 것은?

① 냉각수 주입구
② 냉각 핀
③ 코어
④ 물 재킷

해설

물 재킷은 실린더 블록이나 실린더 헤드에 설치되어 있는 냉각수 통로를 말한다.

17 라디에이터(Radiator)에 대한 설명으로 틀린 것은?

① 라디에이터의 재료 대부분은 알루미늄 합금이 사용된다.
② 단위 면적당 방열량이 커야한다.
③ 냉각 효율을 높이기 위해 방열 핀이 설치된다.
④ 공기 흐름 저항이 커야 냉각 효율이 높다.

해설

라디에이터는 열전도율이 높은 알루미늄 합금이 사용되며, 단위 면적당 방열량이 크고 냉각 효율을 높이기 위해 방열 핀이 설치되어 있다. 공기와 냉각수의 흐름 저항이 적어야 냉각 효율이 높다.

18 디젤 기관 냉각 장치에서 냉각수의 비등점을 높여주기 위해 설치된 부품으로 알맞은 것은?

① 코어
② 냉각핀
③ 보조 탱크
④ 압력식 캡

해설

압력식 캡은 냉각장치 내의 압력을 0.3 ~ 0.9 kg/cm² 로 유지함과 동시에 냉각수의 비등점을 112 ℃ 로 높이기 위해 사용한다.

19 라디에이터 캡(Radiator Cap)에 설치되어 있는 밸브는?

① 진공 밸브와 체크 밸브
② 압력 밸브와 진공 밸브
③ 첵크 밸브와 압력 밸브
④ 부압 밸브와 체크 밸브

해설

라디에이터 캡에 설치된 밸브는 펌프의 효율을 증대시키기 위한 압력 밸브와 물의 비등점을 높이기 위한 진공 밸브가 설치되어 있다.

정답 14.④ 15.④ 16.④ 17.④ 18.④ 19.②

20 압력식 라디에이터 캡에 대한 설명으로 옳은 것은?

① 냉각장치 내부 압력이 규정보다 낮을 때 공기 밸브는 열린다.
② 냉각장치 내부 압력이 규정보다 높을 때 진공 밸브는 열린다.
③ 냉각장치 내부 압력이 부압이 되면 진공 밸브는 열린다.
④ 냉각장치 내부 압력이 부압이 되면 공기 밸브는 열린다.

해설
라디에이터 압력식 캡의 작동은 냉각 장치 내부의 압력이 규정보다 높을 때에는 공기 밸브는 열리고 진공 밸브는 닫히며, 내부 압력이 낮아져 진공(부압)이 되면 진공 밸브는 열리고 공기 밸브는 닫힌다.

21 밀봉 압력식 냉각 방식에서 보조 탱크 내의 냉각수가 라디에이터로 빨려 들어갈 때 개방되는 압력 캡의 밸브는?

① 릴리프 밸브
② 진공 밸브
③ 압력 밸브
④ 리듀싱 밸브

해설
압력식 라디에이터 캡에는 냉각수의 온도가 상승하여 냉각수가 팽창될 때 열려 냉각수를 보조 탱크로 내보내는 압력 밸브와 냉각수량이 적어 냉각수가 부족하거나 라디에이터 내의 압력이 낮을 때 열려 보조 탱크의 냉각수를 흡입하는 진공 밸브로 구성되어 있다.

22 라디에이터 캡의 스프링이 파손 되었을 때 가장 먼저 나타나는 현상은?

① 냉각수 비등점이 낮아진다.
② 냉각수 순환이 불량해 진다.
③ 냉각수 순환이 빨라진다.
④ 냉각수 비등점이 높아진다.

해설
라디에이터 캡의 스프링이 파손되면 냉각수의 비점이 낮아지고 냉각수가 넘쳐흐르게 된다.

23 라디에이터 캡을 열었을 때 냉각수에 오일이 섞여 있는 경우의 원인은?

① 실린더 블록이 과열되었다.
② 수냉식 오일 쿨러가 파손되었다.
③ 기관의 윤활유가 너무 많이 주입되었다.
④ 라디에이터가 불량하다.

해설
냉각수에 오일이 유입되는 원인
① 헤드 볼트의 이완
② 헤드 개스킷의 파손
③ 실린더 블록 및 헤드의 변형 및 균열
④ 오일 쿨러의 소손

24 사용하던 라디에이터와 신품 라디에이터의 냉각수 주입량을 비교했을 때 신품으로 교환해야 할 시점은?

① 10% 이상의 차이가 발생하였을 때
② 20% 이상의 차이가 발생하였을 때
③ 30% 이상의 차이가 발생하였을 때
④ 40% 이상의 차이가 발생하였을 때

해설
라디에이터의 막힘률은 냉각수 주입량으로 계산하며 신품 주수량과 비교하여 20% 이상의 차이가 발생하였을 때에는 교환하여야 한다.

25 물 펌프에 대한 설명으로 틀린 것은?

① 주로 원심 펌프를 사용한다.
② 구동은 벨트를 통하여 크랭크축에 의해서 된다.
③ 냉각수에 압력을 가하면 물 펌프의 효율은 증대된다.
④ 펌프 효율은 냉각수의 온도에 비례한다.

해설
펌프의 효율은 냉각수 압력에는 비례하고 온도에는 반비례 하며, 펌프의 효율을 상승시키기 위하여 압력식 라디에이터 캡, 와류형 임펠러를 사용한다.

정답 20.③ 21.② 22.① 23.② 24.② 25.④

26 **엔진의 온도를 항상 일정하게 유지하기 위하여 냉각계통에 설치되는 것은?**

① 크랭크축 풀리
② 물 펌프 풀리
③ 수온 조절기
④ 벨트 조절기

해설
수온 조절기(서모스탯, 정온기)
① 냉각수의 온도에 따라 자동적으로 개폐되어 냉각수의 온도를 조절 엔진의 온도 일정 유지한다.
② 65℃에서 열리기 시작하여 85℃에서 완전히 개방된다.

27 **디젤기관에서 냉각수의 온도에 따라 냉각수 통로를 개폐하는 수온 조절기가 설치되는 곳으로 적당한 곳은?**

① 라디에이터 상부
② 라디에이터 하부
③ 실린더 블록 물 재킷 입구부
④ 실린더 헤드 물 재킷 출구부

해설
수온 조절기의 설치 위치는 실린더 헤드 워터(물) 재킷 출구부에 설치되어 있다.

28 **기관의 수온 조절기에 있는 바이패스(bypass) 회로의 기능은?**

① 냉각수 온도를 제어 한다.
② 냉각팬의 속도를 제어 한다.
③ 냉각수의 압력을 제어 한다.
④ 냉각수를 여과한다.

해설
수온 조절기에 있는 바이패스 밸브는 냉각수의 온도가 정상온도에 이르기 전 냉각수를 물 펌프로 다시 돌려보내 엔진 내에서만 냉각수를 회전시킬 수 있도록 한 것으로 펌프를 무부하 운전시키고 엔진의 냉각수 온도를 제어하기 위한 밸브이다.

29 **수온 조절기의 종류가 아닌 것은?**

① 벨로즈형 ② 펠릿형
③ 바이메탈형 ④ 마몬형식

해설
냉각 장치에 사용되는 수온 조절기의 종류에는 벨로즈와 알코올을 이용한 벨로즈형과 바이메탈을 이용하는 바이메탈형, 그리고 합성고무와 왁스를 이용하는 펠릿형이 있다.

30 **왁스 실에 왁스를 넣어 온도가 높아지면 팽창 축을 올려 열리는 온도 조절기는?**

① 벨로즈형
② 펠릿형
③ 바이패스 밸브형
④ 바이메탈형

해설
펠릿형의 수온 조절기는 현재 사용하는 방식으로 왁스가 온도에 쉽게 팽창하는 것을 이용한 방식이다. 냉각수 압력 등의 외력에 영향이 적어 가장 많이 사용된다.

31 **기관의 전동식 냉각팬은 어느 온도에 따라 ON/OFF 되는가?**

① 냉각수
② 배기관
③ 흡기
④ 엔진오일

해설
전동식 냉각팬은 라디에이터 하부에 설치된 센서 및 스위치에 의해 작동 되며 이 온도는 냉각수의 온도이다.

32 **냉각장치에서 소음이 발생하는 원인으로 틀린 것은?**

① 수온 조절기 불량
② 팬벨트 장력 헐거움
③ 냉각 팬 조립 불량
④ 물 펌프 베어링 마모

해설
수온 조절기가 불량하면 엔진의 과열 또는 워밍업 시간이 길어지며 엔진의 정상 온도 유지가 곤란하다. 수온 조절기의 불량은 냉각장치의 소음과는 관계가 없다.

정답 26.③ 27.④ 28.① 29.④ 30.② 31.① 32.①

33 **다음 중 기관에서 팬벨트 장력점검 방법으로 맞는 것은?**

① 벨트 길이 측정 게이지로 측정 점검
② 정지된 상태에서 벨트의 중심을 엄지 손가락으로 눌러서 점검
③ 엔진을 가동한 후 텐셔너를 이용하여 점검
④ 발전기의 고정 볼트를 느슨하게 하여 점검

해설
팬벨트의 장력 점검은 엔진이 정지된 상태에서 엄지손가락으로 10kg의 힘으로 눌러 그 처짐량을 점검하는 것이다. 그 처짐량이 20~30mm 정도이면 정상이다.

34 **팬벨트에 대한 점검과정이다 가장 적합하지 않은 것은?**

① 팬벨트는 눌러(약 10kg) 처짐이 약 13~20mm 정도로 한다.
② 팬벨트는 풀리의 밑 부분에 접촉되어야 한다.
③ 팬벨트의 조정은 발전기를 움직이면서 조정한다.
④ 팬벨트가 너무 헐거우면 기관 과열의 원인이 된다.

해설
팬벨트가 풀리의 밑 부분에 접촉되면 벨트가 미끄러져 발전기와 물펌프의 회전이 불량해지게 된다. 벨트가 풀리의 밑 부분에 접촉되면 펜 벨트를 교환하여야 한다.

35 **건설기계 기관의 부동액에 사용되는 종류가 아닌 것은?**

① 그리스　② 글리세린
③ 메탄올　④ 에틸렌글리콜

해설
건설기계 기관에 사용하는 부동액은 현재 가장 많이 사용되는 에틸렌글리콜과 반 영구부동액으로 현재 거의 사용이 되지 않는 글리세린, 메탄올 등이 있다. 그리스는 반고체 윤활유이다.

36 **기관이 작동 중 라디에이터 캡 쪽으로 물이 상승하면서 연소가스가 누출 될 때의 원인에 해당되는 것은?**

① 실린더 헤드에 균열이 생겼다.
② 분사 노즐 동 와셔가 불량하다.
③ 물 펌프에 누설이 생겼다.
④ 라디에이터 캡이 불량하다.

해설
엔진 작동 중 라디에이터 캡 쪽으로 연소가스가 누출이 되는 것은 실린더 헤드 개스킷의 파손, 실린더 헤드 볼트의 이완 및 실린더 헤드의 균열 등의 원인에 의해 누출 된다.

정답 33.② 34.② 35.① 36.①

장비구조 및 점검

PART 2

전기장치

CHAPTER 1

기초 전기·전자

01 기초 전기

1 전류

전자의 이동을 전류라 한다.

(1) 1 A 란

① 전류의 측정에서 암페어(Amper 약호 A) 단위를 사용

② 도체의 단면에 임의의 한 점을 매초 1 쿨롱의 전하가 이동하고 있을 때의 전류의 크기

(2) 전류의 3대 작용

① **발열 작용**: 시거라이터, 예열 플러그, 전열기, 디프로스터 등

② **화학 작용**: 축전지, 전기 도금 등

③ **자기 작용**: 전동기, 발전기, 솔레노이드, 릴레이 등

2 전압(전위차)

① 전하가 적은 쪽 또는 다른 전하가 있는 쪽으로 이동하려는 힘을 전압이라 한다.

② 전류는 전압의 차가 클수록 많이 흐르며 전압의 단위로는 볼트(V)를 사용한다.

③ 1V: 옴의 도체에 1 암페어의 전류를 흐르게 할 수 있는 힘

④ **기전력**: 전하를 끊임없이 발생시키는 힘

⑤ **전원**: 기전력을 발생시켜 전류 원이 되는 것

3 저항

① 물질 속을 전류가 흐르기 쉬운가 어려운가의 정도를 표시하는 것

② 1Ω : 1A 의 전류를 흐르게 할 때 1V 의 전압을 필요로 하는 도체의 저항

③ **도체** : 자유 전자가 많아 전류가 잘 흐르는 물체

4 옴의 법칙

① 도체에 흐르는 전류는 도체에 가해진 전압에 정비례하고 도체의 저항에 반비례한다.

$$I = \frac{E}{R} \qquad E = I \times R \qquad R = \frac{E}{I}$$

I : 도체에 흐르는 전류(A)
E : 도체에 가해진 전압(V)
R : 도체의 저항(Ω)

5 키르히호프 법칙

(1) 제 1 법칙

전하의 보존 법칙으로 복잡한 회로에서 한 점에 유입한 전류는 다른 통로로 유출되므로 임의의 한 점으로 흘러 들어간 전류의 총합과 유출된 전류의 총합은 같다.

(2) 제 2 법칙

에너지 보존 법칙으로 임의의 한 폐회로에 있어서 한 방향으로 흐르는 전압 강하의 총합은 발생한 기전력의 총합과 같다. 즉, 기전력 = 전압 강하의 총합이다.

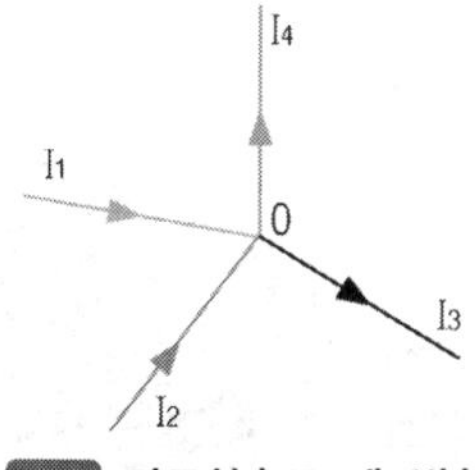

그림 키르히호프 제1법칙

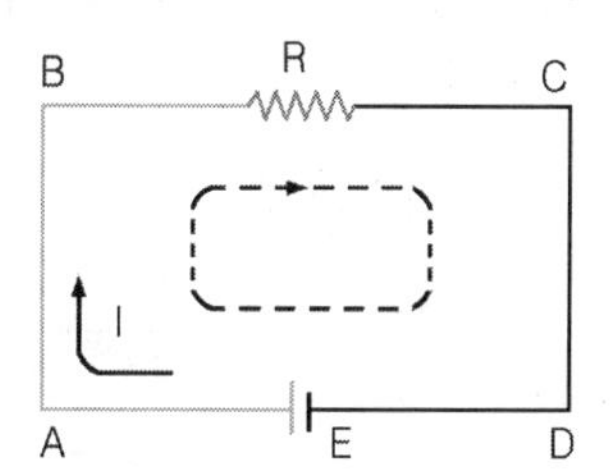

그림 키르히호프 제2법칙

6 전력

① 전기가 단위 시간 1 초 동안에 하는 일의 양을 전력이라 한다.
② 전류를 흐르게 하면 열이나 기계적 에너지를 발생시켜 일을 하는 것을 말한다.
③ 전력은 전압과 전류를 곱한 것에 비례한다.
④ 전력의 표시

$$P = E \cdot I \qquad P = I^2 \cdot R \qquad P = \frac{E^2}{R}$$

P : 전력(W)
I : 도체에 흐르는 전류(A)
E : 도체에 가해진 전압(V)
R : 도체의 저항(Ω)

⑤ 와트와 마력

㉮ 전동기와 같은 기계는 동력의 단위로 마력을 사용한다.
㉯ 1 마력은 1 초 동안에 75kg-mm 의 일을 하였을 때 일의 비율을 말한다.
㉰ 1 영 마력 = 1 HP = 550 ft-lb / s = 746 W = 0.746 KW
㉱ 1 불 마력 = 1 PS = 75 kg-m / s = 736 W = 0.736 KW
㉲ 1 KW = 1.34 HP, 1 KW = 1.36 PS

7 전력량

① 전력량은 전류가 어떤 시간 동안에 한 일의 총량을 전력량이라 한다.

② P(W)의 전력을 t초 동안 사용하였을 때 전력량(W) = P × t 로 표시한다.

③ I(A)의 전류가 R(Ω)의 저항 속을 t 초 동안 흐를 경우에 $W = I^2 \times R \times t$ 로 표시한다.

④ **전선의 허용 전류**: 전선에 안전한 전류의 상태로 사용할 수 있는 한도의 전류 값

8 플레밍의 왼손 법칙

① 자계의 방향, 전류의 방향 및 도체가 움직이는 방향에는 일정한 관계가 있다.

② 왼손의 엄지손가락, 인지, 가운데손가락을 직각이 되도록 한다.

③ 인지를 자력선의 방향에 가운데손가락을 전류의 방향에 일치시키면 도체에는 엄지손가락 방향으로 전자력이 작용한다.

④ 시동 전동기, 전류계, 전압계 등에 이용하며, 전류를 공급받아 힘을 발생시키는 장치에 적용한다.

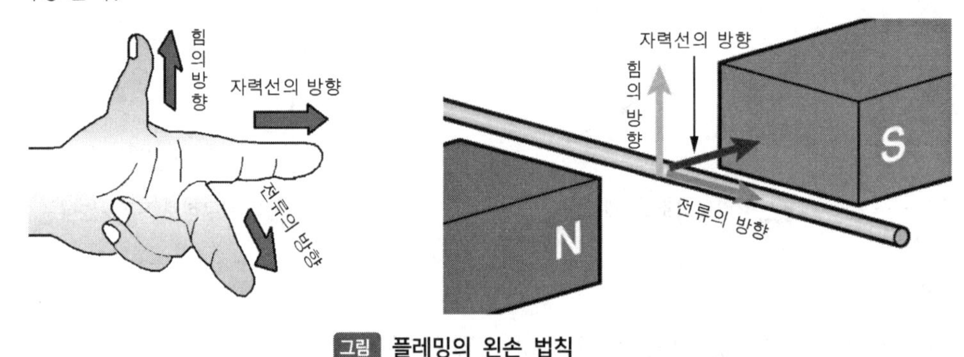

그림 플레밍의 왼손 법칙

9 플레밍의 오른손 법칙

① 오른손의 엄지손가락, 인지, 가운데손가락을 서로 직각이 되도록 한다.

② 인지를 자력선의 방향으로, 엄지손가락을 운동의 방향으로 일치시키면 가운데손가락 방향으로 유도 기전력이 발생한다.

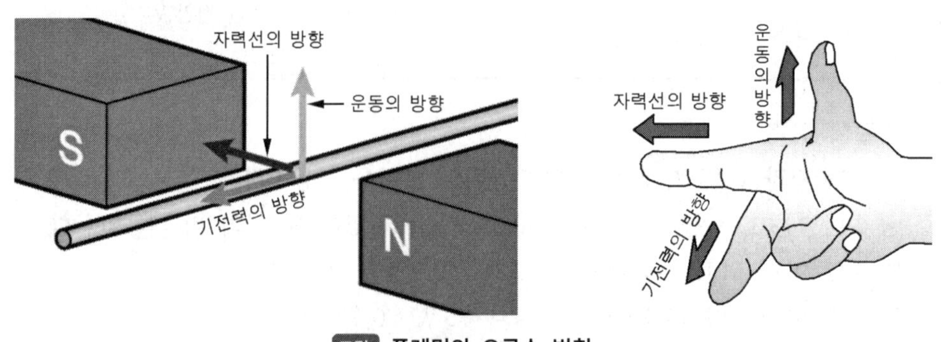

그림 플레밍의 오른손 법칙

10 렌츠의 법칙

① 코일 속에 자석을 넣으면 자석을 밀어내는 반작용이 일어난다.
② 전자석에 의해 코일에 전기가 발생하는 것은 반작용 때문이다.
③ 유도 기전력은 코일 내의 자속의 변화를 방해하는 방향으로 발생되는 것을 렌츠의 법칙이라 한다.

11 퓨즈

① **재질** : 납(25%)+주석(13%)+창연(50%) + 카드늄(12%)
② **용융점** : 용융점(68℃)이 극히 낮은 금속으로 되어 있다.
③ **기능** : 단락 및 누전에 의해 전선이 타거나 과대 전류가 부하에 흐르지 않게 한다.
④ 퓨즈는 회로에 직렬로 설치된다.

12 축전기(콘덴서)

① 정전 유도 작용을 이용하여 전기를 저장한다.
② **정전 용량** : 2장의 금속판에 단위전압을 가했을 때 저장되는 전기량(Q, 쿨롱)
③ 정전 용량은 다음과 같다.
㉮ 가해지는 전압에 정비례한다.
㉯ 상대하는 금속판의 면적에 정비례한다.
㉰ 금속판 사이의 절연체 절연도에 정비례한다.
㉱ 상대하는 금속판 사이의 거리에 반비례한다.

02 기초 전자

1 반도체

① 고유 저항이 $10^{-3}\Omega cm \sim 10^{6}\Omega cm$ 정도의 물체를 말한다.
② 도체와 절연체의 중간 성질로 실리콘, 게르마늄, 셀렌 등의 물체를 말한다.
③ 온도가 상승하면 저항이 감소되는 부온도 계수의 물질을 말한다.
④ **반도체의 성질**
㉮ 온도가 상승하면 저항값이 감소하는 부온도 계수이다.
㉯ 전원에 접속하면 빛이 발생된다.
㉰ 미소량의 다른 원자가 혼합되면 저항이 크게 변화된다.
㉱ 빛을 가하면 전기 저항이 변화된다.

2 반도체의 장·단점

(1) 반도체의 장점

① 내부에서 전력 손실이 적다.
② 진동에 잘 견디는 내진성이 크다.
③ 내부에서 전압 강하가 매우 적다.
④ 기계적으로 강하고 수명이 길다.
⑤ 예열하지 않고 곧 작동된다.
⑥ 극히 소형이고 가볍다.

(2) 반도체의 단점

① 역내압이 낮기 때문에 과대 전류 및 전압에 파손되기 쉽다.
② 온도 특성이 나쁘다.(접합부 온도 : Ge은 85℃, Si는 150℃ 이상일 때 파괴된다.)
③ 정격값 이상으로 사용하면 파손되기 쉽다.

3 다이오드

① P형과 N형 반도체를 접합시켜 양 끝에 단자를 부착한 것을 다이오드라 한다.
② 전류가 공급되는 단자는 애노드(A), 전류가 유출되는 단자를 캐소드(K)라 한다.
③ 실리콘 다이오드 : 교류를 직류로 변환시키는 정류용 다이오드이다.
④ 제너 다이오드 : 전압이 어떤 값에 이르면 역방향으로 전류가 흐르는 정전압용 다이오드이다.
⑤ 포토 다이오드 : 접합면에 빛을 가하면 역방향으로 전류가 흐르는 다이오드이다.
⑥ 발광 다이오드 : 순방향으로 전류가 흐르면 빛을 발생시키는 다이오드이다.

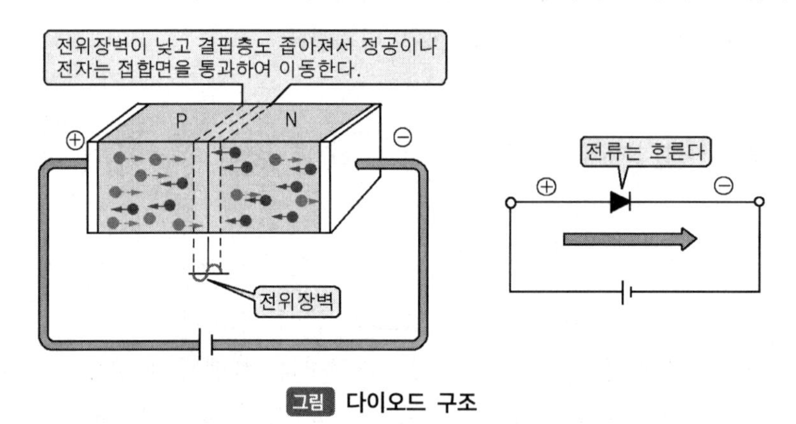

그림 다이오드 구조

4 트랜지스터

① 저주파용 트랜지스터 : N형 반도체를 중심으로 양쪽에 P형을 접합시킨 PNP형 트랜지스터.
② 고주파용 트랜지스터 : P형 반도체를 중심으로 양쪽에 N형을 접합시킨 NPN형 트랜지스터
③ 외부의 단자 : 이미터(E), 베이스(B), 컬렉터(C)의 3개 단자로 구성되어 있다.

④ NPN형 트랜지스터에서 접지되는 단자는 이미터 단자이다.

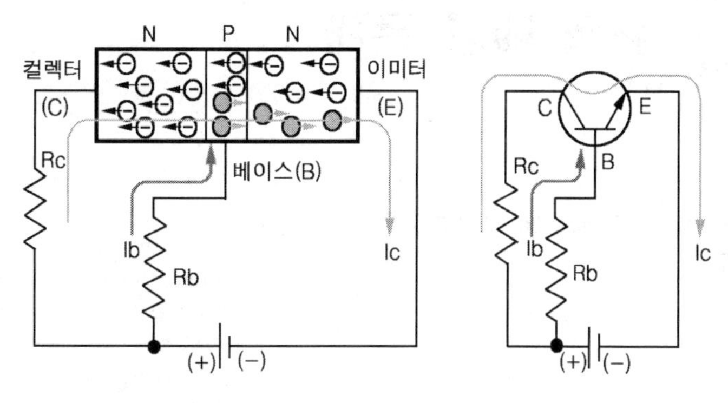

그림 트랜지스터의 구조

5 트랜지스터 회로

① **스위칭 회로** : 베이스 전류를 ON, OFF시켜 컬렉터 전류를 단속하는 회로.

② **증폭 회로** : 적은 베이스 전류를 이용하여 큰 컬렉터 전류로 만드는 회로.

③ **발진 회로** : 외부로 부터 주어진 신호가 아니고, 전원으로부터의 전력으로 지속적인 전기 진동을 발생시키는 회로.

④ **지연 회로** : 입력 신호를 일정 시간 지연시켜 출력하는 회로로 아날로그 지연 회로와 디지털 지연 회로가 있다.

6 사이리스터

① 사이리스터는 PNPN 또는 NPNP의 4층 구조로 된 제어 정류기이다.

② ⊕ 쪽을 애노드(A), ⊖ 쪽을 캐소드(K), 제어 단자를 게이트(G)라 한다.

③ ON 상태에서는 PN 접합의 순방향과 같이 저항이 낮다.

④ OFF 상태에서는 순방향의 부성 저항으로 저항이 매우 높다.

⑤ 2 ~3kV 의 내압과 허용 전류가 수백 암페어의 것이 있다.

⑥ 발전기의 여자장치, 조광장치, 통신용 전원, 각종 정류장치에 사용된다.

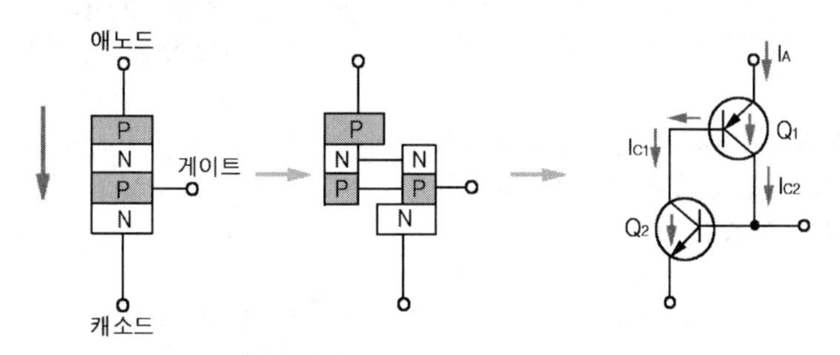

그림 사이리스터의 구조

chapter 01 출제 예상 문제

01 전기가 이동하지 않고 물질에 정지하고 있는 전기는?

① 동전기 ② 정전기
③ 직류 전기 ④ 교류 전기

해설
정전기는 마찰 전기와 대전체에 전기가 이동하지 않고 정지되어 있는 전기이다.

02 전류의 3대 작용이 아닌 것은?

① 발열 작용 ② 자정 작용
③ 자기 작용 ④ 화학 작용

해설
전류의 3대 작용
① **발열 작용** : 도체의 저항에 의해 흐르는 전류의 2승과 저항의 곱에 비례하는 열이 발생된다. 전구, 예열 플러그, 전열기, 디프로스터 등에서 이용
② **화학 작용** : 전해액에 전류가 흐르면 전기 분해 현상이 일어난다. 축전지 및 전기 도금에서 이용
③ **자기 작용** : 전선이나 코일에 전류를 흐르게 하였을 때 자기가 발생된다. 발전기와 전동기에서 이용

03 전류의 자기작용을 응용한 것은?

① 전구 ② 축전지
③ 예열 플러그 ④ 발전기

해설
전선이나 코일에 전류를 흐르게 하였을 때 그 주위 공간에 자기(磁氣)현상이 발생하는 것으로 기동 전동기, 발전기 및 솔레노이드 등에 자기 작용을 응용한다.

04 도체에 전류가 흐른다는 것은 전자의 움직임을 뜻한다. 다음 중 전자의 움직임을 방해하는 요소는 무엇인가?

① 전압 ② 저항
③ 전력 ④ 전류

해설
용어의 정의
① **전압** : 전하가 이동하려는 힘으로서 물체에 전하를 많이 담아두면 같은 전하끼리 반발력이 작용하여 다른 종류의 전하가 있는 쪽으로 또는 전하가 적은 쪽으로 이동하는 힘을 말한다.
② **저항** : 전자가 물질 속을 이동할 때에 전자의 이동을 방해하는 정도를 표시하는 것. 전압이 같아도 도선의 단면적이 작으면 잘 흐르지 못하고 단면적이 크면 전류가 잘 흐른다.
③ **전력** : 전류가 단위 시간 동안에 하는 일의 양으로서 전구·전동기 등에 전류를 흐르게 하면 열이나 기계적 에너지를 발생시켜 여러 가지 일을 하는 것을 말한다.
④ **전류** : 물질 속을 전자가 이동하는 것을 말한다.

05 옴의 법칙에 관한 공식으로 맞는 것은?(단, 전류 = I, 저항 = R, 전압 = V)

① $I = V \times R$ ② $V = \frac{R}{I}$
③ $R = \frac{V}{I}$ ④ $I = \frac{R}{V}$

해설
$I = \frac{E}{R}$ $E = I \times R$ $R = \frac{E}{I}$

I : 도체에 흐르는 전류(A) E : 도체에 가해진 전압(V)
R : 도체의 저항(Ω)

06 건설기계에서 사용하는 축전지 2개를 직렬로 연결하였을 때 변화되는 것은?

① 전압이 증가된다.
② 사용전류가 증가된다.
③ 비중이 증가된다.
④ 전압 및 이용전류가 증가된다.

해설
동일 전압의 축전지를 직렬로 연결하면 전압은 개수 배가되고 용량은 1개 때와 같다.

정답 01.② 02.② 03.④ 04.② 05.③ 06.①

07 **같은 축전지 2개를 직렬로 접속하면 어떻게 되는가?**

① 전압은 2배가 되고, 용량은 같다.
② 전압은 같고, 용량은 2배가된다.
③ 전압과 용량은 변화가 없다.
④ 전압과 용량 모두 2배가된다.

해설
직렬접속이란 전압과 용량이 동일한 축전지 2개 이상을 (+)단자와 연결대상 축전지의 (−)단자에 서로 연결하는 방식이며, 이때 전압은 축전지를 연결한 개수만큼 증가하나 용량은 1개일 때와 같다.

08 **건설기계에서 사용하는 축전지 2개를 직렬로 연결하였을 때 변화되는 것은?**

① 전압이 증가된다.
② 사용전류가 증가된다.
③ 비중이 증가된다.
④ 전압 및 이용전류가 증가된다.

해설
동일 전압의 축전지를 직렬로 연결하면 전압은 개수배가되고 용량은 1 개 때와 같다.

09 **건설기계에 사용되는 12볼트(V) 80암페어(A) 축전지 2개를 직렬 연결하면 전압과 전류는?**

① 24볼트(V) 160암페어(A)가 된다.
② 12볼트(V) 160암페어(A)가 된다.
③ 24볼트(V) 80암페어(A)가 된다.
④ 12볼트(V) 80암페어(A)가 된다.

해설
2V 80A 축전지 2개를 직렬로 연결하면 전압은 축전지를 연결한 개수만큼 증가하고 용량은 1개일 때와 같기 때문에 24V 80A가 된다.

10 **다음 중 전력계산 공식으로 맞지 않는 것은?(단, P = 전력, I = 전류, E = 전압, R = 저항이다.)**

① $P = EI$　　② $P = E^2R$
③ $P = \frac{E^2}{R}$　　④ $P = I^2R$

해설
전력을 구하는 공식

$P = EI$,　$P = \frac{E^2}{R}$,　$P = I^2R$

P : 전력(W)
I : 도체에 흐르는 전류(A)
E : 도체에 가해진 전압(V)
R : 도체의 저항(Ω)

11 **건설기계에 사용되는 전기장치 중 플레밍의 왼손법칙이 적용된 부품은?**

① 발전기　　② 점화코일
③ 릴레이　　④ 시동 전동기

해설
시동 전동기의 원리는 계자 철심 내에 설치된 전기자에 전류를 공급하면 전기자는 플레밍의 왼손 법칙에 따르는 방향의 힘을 받는다.

12 **건설기계에 사용되는 전기장치 중 플레밍의 오른손 법칙이 적용되어 사용되는 부품은?**

① 발전기　　② 시동 전동기
③ 점화코일　　④ 릴레이

해설
자계 내에서 도체를 움직였을 때 도체에 발생하는 유도기전력을 나타내는 법칙이며, 발전기의 원리로 사용된다.

13 **반도체에 대한 설명으로 틀린 것은?**

① 양도체와 절연체의 중간 범위이다.
② 절연체의 성질을 띠고 있다.
③ 고유 저항이 $10^{-3} \sim 10^{6}(\Omega m)$ 정도의 값을 가진 것을 말한다.
④ 실리콘, 게르마늄, 셀렌 등이 있다.

해설
반도체
① 고유 저항이 $10^{-3}\,\Omega cm \sim 10^{6}\,\Omega cm$ 정도의 물체를 말한다.
② 도체와 절연체의 중간 성질로 실리콘, 게르마늄, 셀렌 등의 물체를 말한다.
③ 온도가 상승하면 저항이 감소되는 부온도 계수의 물질을 말한다.

정답 07.① 08.① 09.③ 10.② 11.④ 12.① 13.②

14 다이오드는 P 타입과 N 타입의 반도체를 맞대어 결합한 것이다. 장점이 아닌 것은?

① 내부의 전력손실이 적다.
② 소형이고 가볍다.
③ 예열 시간을 요구하지 않고 곧바로 작동한다.
④ 200℃ 이상의 고온에서도 사용이 가능하다.

해설
다이오드는 온도가 상승하면 특성이 매우 나빠지며, 파손되기 쉬운 단점이 있다.(게르마늄 85℃, 실리콘 150℃)

15 빛을 받으면 전류가 흐르지만 빛이 없으면 전류가 흐르지 않는 전기 소자는?

① 포토 다이오드
② PN 접합 다이오드
③ 제너 다이오드
④ 발광 다이오드

해설
다이오드 종류
① **PN 접합 다이오드** : 교류를 직류로 변환시키는 정류용 다이오드이다.
② **제너 다이오드** : 전압이 어떤 값에 이르면 역방향으로 전류가 흐르는 정전압용 다이오드이다.
③ **포토 다이오드** : 접합면에 빛을 가하면 역방향으로 전류가 흐르는 다이오드이다.
④ **발광 다이오드** : 순방향으로 전류가 흐르면 빛을 발생시키는 다이오드이다.

16 NPN형 트랜지스터에서 접지되는 단자는?

① 베이스
② 이미터
③ 컬렉터
④ 트랜지스터 몸체

해설
NPN형 트랜지스터에서 입력 단자는 컬렉터, 제어 단자는 베이스, 접지되는 단자는 이미터 단자이다.

17 트랜지스터에 대한 일반적인 특성으로 틀린 것은?

① 고온·고전압에 강하다.
② 내부전압 강하가 적다.
③ 수명이 길다.
④ 소형·경량이다.

해설
반도체의 특징
① 내부의 전력손실이 적다.
② 소형이고 가볍다.
③ 예열시간을 요구하지 않고 곧바로 작동한다.
④ 내부 전압강하가 적다.
⑤ 수명이 길다.
⑥ 고온(150℃ 이상 되면 파손되기 쉽다)·고전압에 약하다.

18 트랜지스터 회로 작용이 아닌 것은?

① 지연 회로　② 증폭 회로
③ 발열 회로　④ 스위칭 회로

해설
트랜지스터 회로
① **스위칭 회로** : 베이스 전류를 ON, OFF시켜 컬렉터 전류를 단속하는 회로.
② **증폭 회로** : 적은 베이스 전류를 이용하여 큰 컬렉터 전류로 만드는 회로.
③ **발진 회로** : 외부로 부터 주어진 신호가 아니고, 전원으로부터의 전력으로 지속적인 전기 진동을 발생시키는 회로.
④ **지연 회로** : 입력 신호를 일정 시간 지연시켜 출력하는 회로로 아날로그 지연 회로와 디지털 지연 회로가 있다.

19 반도체 소자 중 사이리스터(SCR)의 단자 명칭으로 옳은 것은?

① 컬렉터　② 게이트
③ 이미터　④ 베이스

해설
사이리스터(SCR)는 PNPN 또는 NPNP 접합으로 되어 있고, 스위치 작용을 한다. 일반적으로 단방향 3단자를 사용하는데 ⊕ 쪽을 애노드, ⊖ 쪽을 캐소드, 제어단자를 게이트라고 한다.

정답 14.④ 15.① 16.② 17.① 18.③ 19.②

CHAPTER 2

시동 및 예열장치 구조와 기능

01 시동 장치

1 개요

내연 기관은 자기 시동을 하지 못하므로 외부에서 크랭크축을 회전시켜 시동을 하기 위한 장치이다. 기관을 시동하는 장치로 시동 스위치, 시동 전동기, 전기 배선으로 구성된다.

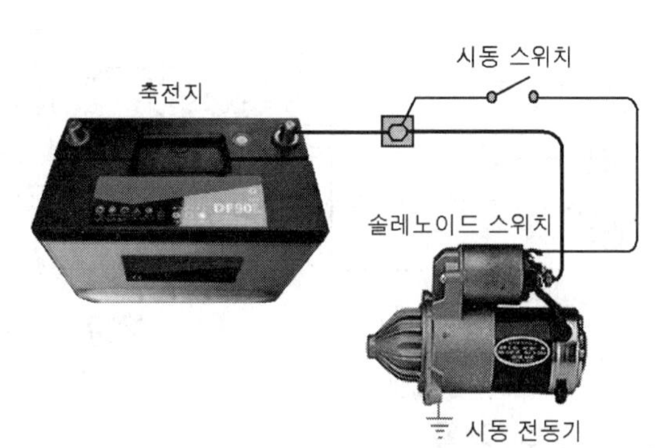

그림 시동 장치의 구성

(1) 시동 전동기의 원리

① **플레밍의 왼손 법칙을 이용**한다.

② 계자 철심 내에 설치된 전기자에 전류를 공급하면 전기자는 플레밍의 왼손 법칙에 따르는 방향의 힘을 받는다.

㉮ 왼손의 엄지, 인지, 중지를 서로 직각이 되게 편다.

㉯ 인지를 자력선 방향으로, 중지를 전류의 방향에 일치 시키면 도체에는 엄지의 방향으로 전자력이 작용한다.

㉰ **시동 전동기, 전류계, 전압계** 등의 원리로 사용된다.

(2) 직류 전동기의 종류와 특성

1) 직권 전동기

전기자 코일과 계자 코일을 직렬로 결선된 전동기로 다음과 같은 특징이 있다.

① 시동 회전력이 크다.

② 부하를 크게 하면 회전속도가 낮아지고 흐르는 전류는 커진다.

③ 회전 속도의 변화가 크다.

④ 현재 사용되고 있는 **시동 전동기는 직권식 전동기**이다.

2) 분권 전동기

전기자 코일과 계자 코일이 병렬로 결선된 전동기로 다음과 같은 특징이 있다.

① 회전 속도가 거의 일정하다.

② 회전력이 비교적 작다.

③ 전동 팬 모터에 사용

3) 복권 전동기

전기자 코일과 계자 코일이 직·병렬로 결선된 전동기로 다음과 같은 특징이 있다.

① 회전 속도가 거의 일정하고 회전력이 비교적 크다.

② 직권 전동기에 비하여 구조가 복잡하다.

③ 와이퍼 모터에 사용

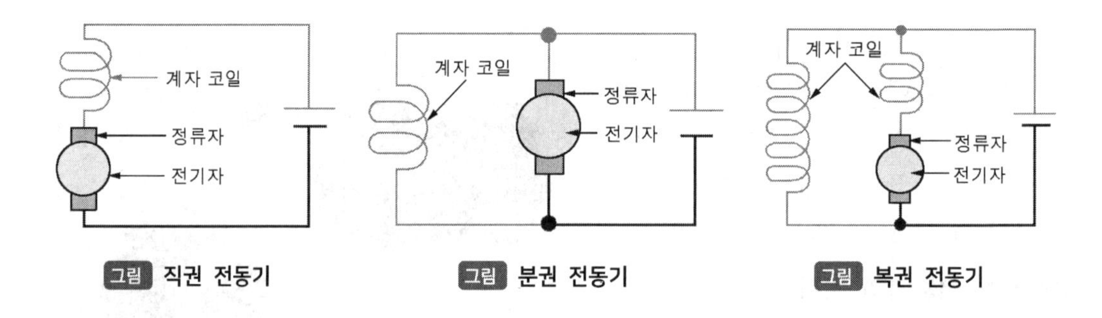

그림 직권 전동기 그림 분권 전동기 그림 복권 전동기

2 구조 및 작동

(1) 작동 부분

① 전동기부 : 회전력의 발생

② 동력전달 기구부 : 회전력을 엔진에 전달

③ 피니언 기어를 섭동(미끄럼 운동)시켜 플라이휠 링 기어에 물리게 한다.

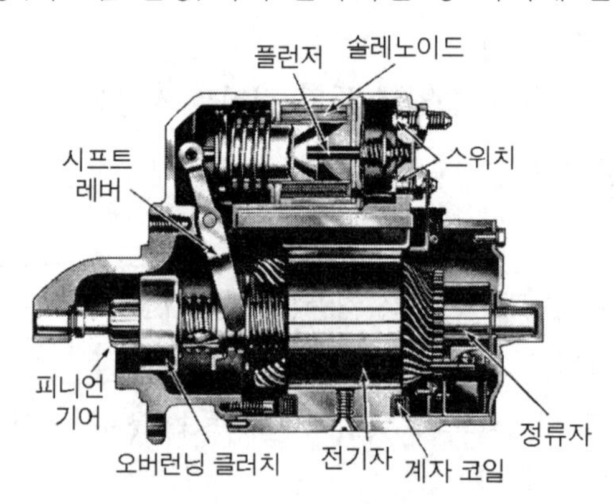

그림 시동 전동기의 구조

(2) 전동기

1) 회전 부분

① **전기자(아마추어)** : 전기자 축, 철심, 코일, 정류자 등으로 구성되어 있으며 회전력을 발생시킴

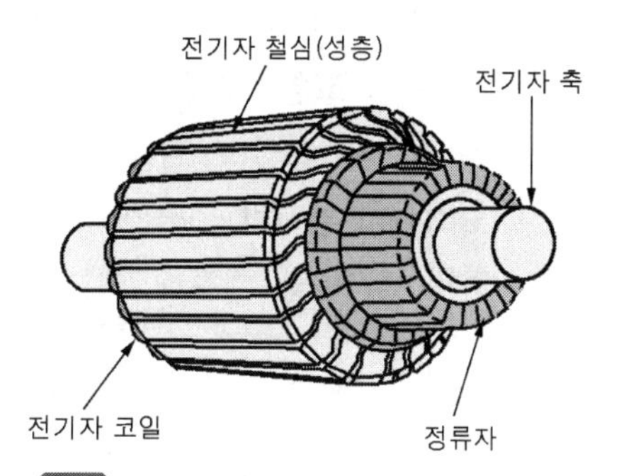

그림 전기자 코일과 철심 및 정류자

㉮ 전기자 철심 : 자력선의 통과를 쉽게 하고 맴돌이 전류를 감소시키기 위하여 성층 철심으로 되어 있다.

㉯ 전기자 코일 : 큰 전류가 흐르기 때문에 평각 동선이 사용되며 한쪽은 N극이 다른 한쪽은 S극이 되도록 철심의 홈에 절연되어 끼워지고 양끝은 각각 정류자 편에 납땜되어 있다.

② **정류자(커뮤테이터)**

㉮ 전류를 일정한 방향으로만 흐르게 한다.

㉯ 언더컷 : 정류자편 사이에 운모(마이카)가 1mm 정도의 두께로 절연되어 있고 정류자편보다 0.5~0.8mm 낮게 파져 있으며 이것을 언더컷이라 한다.

2) 고정 부분

① **계철(요크)** : 계철은 전동기의 틀이 되며 자력선의 통로가 된다.

② **계자 철심(필드 코어)** : 계자 코일이 감겨 있으며, 전류가 흐르면 전자석이 된다.

③ **계자 코일(필드 코일)** : 계자 철심에 감겨져 전류가 흐르면 계자 철심을 자화시키는 코일이다.

④ **브러시 및 브러시 홀더**

㉮ 정류자와 미끄럼 접촉하면서 **전기자 코일**에 흐르는 **전류의 방향을 바꾸어준다.**

㉯ 큰 전류가 흐르므로 구리분말과 흑연을 원료로 한 **금속 흑연계**가 사용된다.

㉰ 브러시는 본래 길이의 **1/3 이상 마모되면 교환**한다.

(3) 동력 전달기구

동력 전달기구는 전동기에서 발생한 회전력을 플라이휠에 전달하는 것으로 **벤딕스 식, 피니언 섭동식, 전기자 섭동식**이 있다.

① **벤딕스식(관성 섭동형)** : 피니언의 관성과 전동기가 무부하 상태에서 고속 회전하는 성질을 이용하여 전달

② **전기자 섭동식** : 계자 코일에 전류가 흐르면 자력선이 가장 가까운 거리를 통과하려는 성질을 이용하여 전달한다.

③ **피니언 섭동식(전자식)** : 피니언의 섭동과 시동 전동기 스위치의 개폐를 전자력으로 하며 솔레노이드 스위치를 사용

㉮ 전자석 : 구동 레버를 잡아당긴다.

㉯ 풀인 코일 : 시동 전동기 단자에 접속되어 있으며 플런저를 잡아당긴다.

㉰ 홀드인 코일 : 스위치 케이스 내에 접지 되어 있으며, 피니언의 물림을 유지시킨다.

④ **오버런닝 클러치** : 피니언 기어를 공전시켜 기관에 의해 시동 전동기가 회전되지 않도록 하며, 롤러식, 스프래그식, 다판 클러치식이 있다.

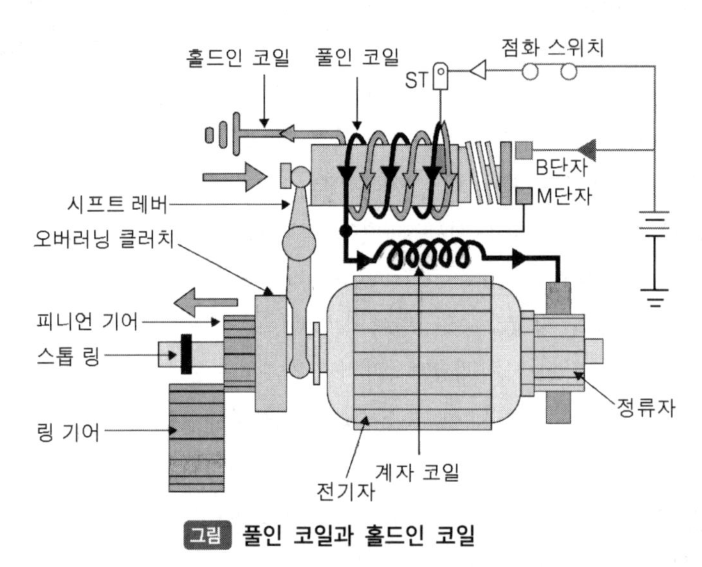

그림 풀인 코일과 홀드인 코일

3 시동 전동기 취급 시 주의 사항

① 오랜 시간 연속 사용하여서는 안 된다.(최대 연속 사용 시간은 30초 이내이고 일반적인 사용하는 시간은 10초 정도로 한다.

② 시동 전동기의 설치 부를 확실하게 조여야 한다.

③ 시동이 된 다음에는 스위치를 열어 놓아야 한다.

④ 시동 전동기의 회전속도에 주의하여야 한다.

⑤ 전선의 굵기가 규정 이하의 것을 사용하여서는 안 된다.

02 예열 장치

1 개요

디젤 엔진은 자연 착화 엔진으로 한냉 시에는 시동이 어렵다. 예열 장치는 이러한 디젤 엔진의 단점을 보완하여 시동을 쉽게 실린더나 흡기다기관 내의 공기를 미리 가열하여 시동을 쉽게 해주는 장치로 예열 플러그식과 흡기 가열식이 있다.

2 예열 플러그식

① 예열 플러그식은 연소실에 흡입된 공기를 직접 가열하는 방식이다.
② 예연소실식과 와류실식 엔진에 사용된다.
③ 예열 플러그의 종류 : 코일형과 실드형이 있다.
④ 코일형과 실드형의 비교

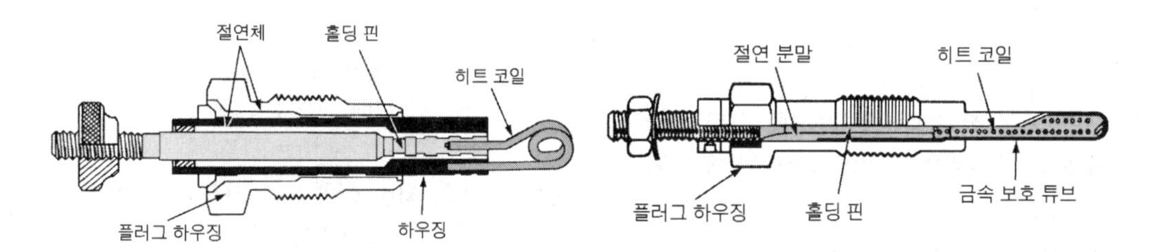

그림 코일형 예열 플러그　　그림 실드형 예열 플러그

항 목	코일형	실드형
발열량	30~40W	60~100W
발열부의 온도	950~1050℃	950~1050℃
전압	0.9~1.4V	24V : 20~23V 12V : 9~11V
전류	30~60A	24V : 5~6A 12V : 10~11A
회로	직렬 접속	병렬 접속
예열 시간	40~60초	60~90초

3 흡기 가열식

① 흡입되는 공기를 예열하여 실린더에 공급한다.
② 직접 분사실식에 사용된다.
③ 흡기 히터와 히트 레인지가 있다.

chapter 02

출제 예상 문제

01 시동 전동기의 기능으로 틀린 것은?

① 링 기어와 피니언 기어비는 15~20 : 1 정도이다.
② 플라이휠의 링 기어에 시동 전동기의 피니언을 맞물려 크랭크축을 회전시킨다.
③ 엔진을 구동시킬 때 사용한다.
④ 엔진의 시동이 완료되면 피니언을 링 기어로부터 분리시킨다.

해설
플라이휠 링 기어와 시동 전동기 피니언의 기어비는 10~15 : 1 정도이다.

02 엔진 시동 장치에서 링 기어를 회전시키는 구동 피니언은 어느 곳에 부착되어 있는가?

① 변속기
② 시동 전동기
③ 뒤 차축
④ 클러치

해설
엔진 시동 장치에서 링 기어를 회전시키는 구동 피니언은 시동 전동기에 부착되어 있다.

03 건설기계에 주로 사용되는 시동 전동기로 맞는 것은?

① 직류 복권 전동기
② 직류 직권 전동기
③ 직류 분권 전동기
④ 교류 전동기

해설
엔진을 시동하기 위해 사용하는 시동 전동기는 직류 직권 전동기를 사용하며, 와이퍼 모터는 직류 복권 전동기를 사용한다.

04 전동기의 종류와 특성 설명으로 틀린 것은?

① 직권 전동기는 계자 코일과 전기자 코일이 직렬로 연결된 것이다.
② 분권 전동기는 계자 코일과 전기자 코일이 병렬로 연결된 것이다.
③ 복권 전동기는 직권 전동기와 분권 전동기 특성을 합한 것이다.
④ 내연기관에서는 순간적으로 강한 토크가 요구되는 복권 전동기가 주로 사용된다.

해설
내연기관에서는 순간적으로 시동 회전력이 크기 때문에 시동 전동기에 직권 전동기가 사용된다.

05 직권식 시동 전동기의 전기자 코일과 계자 코일의 연결이 맞는 것은?

① 병렬로 연결되어 있다.
② 직렬로 연결되어 있다.
③ 직렬·병렬로 연결되어 있다.
④ 계자 코일은 직렬, 전기자 코일은 병렬로 연결되어 있다.

해설
직권식 시동 전동기는 전기자 코일과 계자 코일이 직렬로 연결되어 있으며, 순간적으로 시동 회전력이 크기 때문에 시동 전동기에 사용된다.

06 시동 전동기의 전기자 코일에 항상 일정한 방향으로 전류가 흐르도록 하기 위해 설치한 것은?

① 다이오드 ② 슬립링
③ 로터 ④ 정류자

해설
시동 전동기의 정류자는 브러시와 접촉되어 전기자 코일에 항상 일정한 방향으로 전류가 흐르도록 하는 작용을 한다.

정답 01.① 02.② 03.② 04.④ 05.② 06.④

07 **시동 전동기 전기자는 (A), 전기자 코일, 축 및 (B)로 구성되어 있고, 축 양끝은 축받이(bearing)로 지지되어 자극사이를 회전한다. (A), (B) 안에 알맞은 말은?**

① A : 솔레노이드, B : 스테이터 코일
② A : 전기자 철심, B : 정류자
③ A : 솔레노이드, B : 정류자
④ A : 전기자 철심, B : 계철

해설
시동 전동기의 전기자는 전기자 철심, 전기자 코일, 축 및 정류자로 구성되어 있다.

08 **시동 전동기의 동력전달 기구를 동력전달 방식으로 구분한 것이 아닌 것은?**

① 벤딕스식
② 피니언 섭동식
③ 계자 섭동식
④ 전기자 섭동식

해설
시동 전동기의 피니언이 엔진의 플라이휠 링 기어에 물리는 방식에는 벤딕스식, 피니언 섭동식, 전기자 섭동식 등이 있다.

09 **시동 전동기의 피니언을 엔진의 링 기어에 물리게 하는 방법이 아닌 것은?**

① 피니언 섭동식
② 벤딕스식
③ 전기자 섭동식
④ 오버런링 클러치식

해설
오버런닝 클러치는 시동 전동기의 회전력을 플라이휠 링 기어에 전달하지만 플라이휠의 회전력이 시동 전동기로 전달되지 않도록 하는 장치이다.

10 **시동 전동기의 마그넷 스위치는?**

① 시동 전동기의 전자석 스위치이다.
② 시동 전동기의 전류 조절기이다.
③ 시동 전동기의 전압 조절기이다.
④ 시동 전동기의 저항 조절기이다.

해설
마그넷 스위치란 솔레노이드 스위치라고도 부르며, 시동 전동기의 전자석 스위치를 말한다.

11 **시동 전동기 피니언을 플라이휠 링 기어에 물려 엔진을 크랭킹시킬 수 있는 시동 스위치 위치는?**

① ON 위치 ② ACC 위치
③ OFF 위치 ④ ST 위치

해설
ST(시동) 위치는 시동 전동기 피니언을 플라이휠 링 기어에 물려 엔진을 크랭킹하는 시동 스위치의 위치이다.

12 **스타트 릴레이의 설치 목적과 관계없는 것은?**

① 회로에 충분한 전류가 공급될 수 있도록 하여 크랭킹이 원활하게 한다.
② 키 스위치를 보호한다.
③ 엔진 시동을 용이하게 한다.
④ 축전지 충전을 용이하게 한다.

해설
스타트 릴레이의 설치 목적
① 회로에 충분한 전류가 공급될 수 있도록 하여 크랭킹이 원활하게 한다.
② 엔진 시동을 용이하게 한다.
③ 키 스위치(시동 스위치)를 보호한다.

13 **디젤엔진의 시동을 위한 직접적인 장치가 아닌 것은?**

① 예열 플러그 ② 터보 차저
③ 시동 전동기 ④ 감압 밸브

해설
부품의 기능
① **예열 플러그** : 연소실 내의 압축 공기를 직접 예열하여 시동을 조하는 역할을 한다.
② **터보 차저** : 엔진의 배기가스 압력을 이용하여 흡입하는 공기를 대기압보다 높은 압력으로 실린더에 공급하는 펌프이다.
③ **시동 전동기** : 엔진의 크랭크축을 회전시켜 시동을 하는 역할을 한다.
④ **감압 밸브** : 엔진 시동 시에만 밸브를 강제로 열어 연소실에 압축이 이루어지지 않도록 하여 시동성을 좋게 한다.

07.② 08.③ 09.④ 10.① 11.④ 12.④ 13.②

14 디젤 기관을 시동할 때 주의 사항으로 틀린 것은?

① 기온이 낮을 때는 예열 경고등이 소등되면 시동한다.
② 기관 시동은 각종 조작 레버가 중립위치에 있는가를 확인 후 행한다.
③ 시동과 동시에 급가속하지 않는다.
④ 시동 후 적어도 1분 정도는 시동 스위치의 스타트(ST) 위치에서 손을 떼지 않아야 한다.

해설
엔진이 시동이 되면 곧바로 시동 스위치에서 손을 떼어야 한다. 시동 스위치를 계속 잡고 있는 경우 엔진이 시동 전동기를 회전시켜 시동 전동기의 손상이 발생된다.

15 디젤 기관의 시동을 용이하게 하기 위한 방법이 아닌 것은?

① 압축비를 낮춘다.
② 흡기 온도를 상승시킨다.
③ 겨울철에 예열장치를 사용한다.
④ 시동시 회전속도를 낮춘다.

해설
디젤 기관의 시동을 용이하게 하기 위해 감압 장치를 배치하여 압축 압력을 낮추거나 시동 시 회전속도를 높여야 한다.

16 디젤 기관의 예열장치에서 코일형 예열 플러그와 비교한 실드형 예열 플러그의 설명 중 틀린 것은?

① 발열량이 크고 열용량도 크다.
② 예열 플러그들 사이의 회로는 병렬로 결선되어 있다.
③ 기계적 강도 및 가스에 의한 부식에 약하다.
④ 예열 플러그 하나가 단선되어도 나머지는 작동 된다.

해설
실드형 예열 플러그는 튜브 속에 코일이 설치되어 있어 기계적 강도 및 가스에 의한 부식이 적어 수명이 길다.

17 디젤 기관에서 시동이 되지 않는 원인으로 맞는 것은?

① 연료 공급 펌프의 연료 공급 압력이 높다.
② 가속 페달을 밟고 시동하였다.
③ 배터리 방전으로 교체가 필요한 상태이다.
④ 크랭크축 회전속도가 빠르다.

해설
배터리가 방전되면 엔진의 시동에 필요한 시동 전동기의 회전속도를 높일 수 없어 시동이 이루어지지 않는다.

18 디젤 기관에서 시동이 잘 안 되는 원인으로 가장 적합한 것은?

① 냉각수의 온도가 높은 것을 사용할 때
② 보조 탱크의 냉각수량이 부족할 때
③ 낮은 점도의 기관 오일을 사용할 때
④ 연료계통에 공기가 들어있을 때

해설
연료계통에 공기가 들어 있으면 디젤기관은 시동이 잘 되지 않는다.

19 디젤 엔진이 잘 시동되지 않거나 시동이 되더라도 출력이 약한 원인으로 맞는 것은?

① 연료 탱크 상부에 공기가 들어 있을 때
② 플라이휠이 마모되었을 때
③ 연료 분사 펌프의 기능이 불량일 때
④ 냉각수 온도가 100℃ 정도 되었을 때

해설
연료 분사 펌프의 기능이 불량하면 기관의 시동이 잘 안되거나 시동이 되더라도 출력이 저하한다.

20 시동을 멈추기 위한 방법으로 가장 적합한 것은?

① 연료 공급을 차단한다.
② 축전지에 연결된 전선을 끊는다.
③ 기어를 넣어서 기관을 정지시킨다.
④ 초크 밸브를 닫는다.

해설
디젤 기관을 정지시킬 때에는 연료 공급을 차단한다.

정답 14.④ 15.④ 16.③ 17.③ 18.④ 19.③ 20.①

CHAPTER 3

축전지 및 충전장치 구조와 기능

01 축전지

축전지는 화학적 에너지를 전기적 에너지로 변환시키는 역할을 한다.

1 축전지의 역할

① 엔진 시동 시 시동 장치의 전기 부하를 부담한다.
② 발전기에 고장이 발생된 경우 주행을 확보하기 위한 전원으로 작동한다.
③ 발전기 출력과 부하와의 언밸런스를 조절한다.

2 납산 축전지의 구조

1개의 케이스에 여러 개의 셀(cell)이 있으며, 셀에는 양극판, 음극판 및 전해액이 들어 있다. 또한 셀 당 기전력은 2.1V이고 셀 당 음극판이 양극판보다 한 장 더 많다.

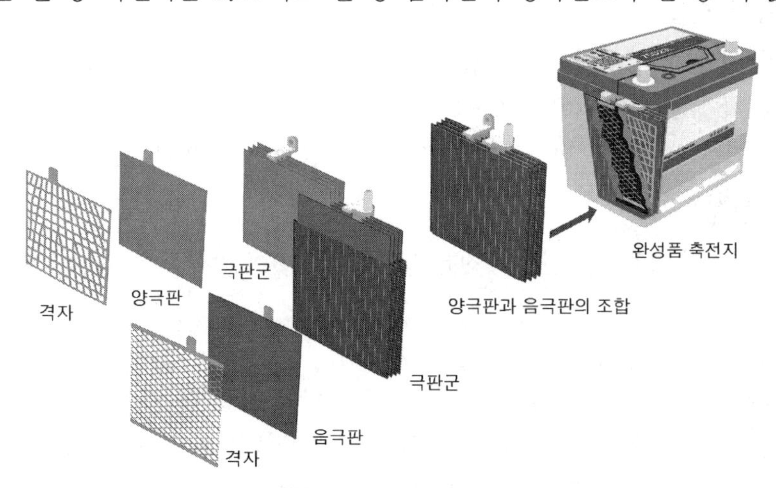

그림 축전지의 구조

(1) 축전지의 극판과 격리판

① 양극판의 과산화납은 암갈색 결정성의 미립자이다.
② 양극판이 음극판보다 1장 적다.
③ 양극판의 과산화납은 화학 반응성이 풍부하고 다공성이며, 결합력이 강하다.

④ 격리판은 양극판과 음극판의 단락을 방지하며, 다공성이고 비전도성이다.

(2) 축전지 셀과 단자 기둥

① 몇 장의 극판을 접속편에 용접하여 터미널 포스트와 일체가 되도록 한 것.

② 완전 충전 시 셀당 기전력은 2.1 V이다.

③ 단전지 6 개를 직렬로 연결하면 12 V의 축전지가 된다.

④ 단자 기둥 식별

구분	양극 기둥	음극 기둥
단자의 직경	굵다	가늘다
단자의 색	적갈색	회색
표시 문자	⊕, P	⊖, N

(3) 전해액의 비중과 온도

① 전해액의 온도가 높으면 비중이 낮아진다.

② 전해액의 온도가 낮으면 비중은 높아진다.

③ 전해액 비중은 완전 충전된 상태 20℃ 에서 1.260 ~ 1.280 이다.

④ 축전지 전해액의 비중은 온도 1℃ 변화에 대하여 0.00074 변화한다.

⑤ 전해액 비중은 흡입식 비중계 또는 광학식 비중계로 측정한다.

⑥ 전해액의 온도가 상승되면 용량은 증가된다.

⑦ 전해액의 온도가 상승되면 기전력은 높게 된다.

(4) 방전 종지 전압

① 어떤 전압 이하로 방전하여서는 안되는 방전 한계 전압을 말한다.

② 셀당 방전 종지 전압은 1.7 ~ 1.8 V이다.

③ 20 시간율의 전류로 방전하였을 경우의 방전 종지 전압은 한 셀당 1.75 V이다.

(5) 축전지 용량

① 완전 충전된 축전지를 일정의 전류로 연속 방전하여 방전 종지 전압까지 사용할 수 있는 전기량.

② 전해액의 온도가 높으면 용량은 증가한다.

③ 용량은 극판의 크기, 극판의 형상 및 극판의 수에 의해 좌우된다.

④ 용량은 전해액의 비중, 전해액의 온도 및 전해액의 양에 의해 좌우된다.

⑤ 용량은 격리판의 재질, 격리판의 형상 및 크기에 의해 좌우된다.

⑥ 용량(Ah) = 방전 전류(A) × 방전 시간(h)

(6) 축전지 자기방전의 원인

① 자기방전은 축전지를 사용하지 않아도 자연적으로 방전이 되어 용량이 감소하는 현상이다.

② 극판의 작용물질이 화학작용으로 황산납이 되기 때문에(구조상 부득이 한 경우)

③ 전해액에 포함된 불순물이 국부전지를 구성하기 때문에
④ 탈락한 극판 작용물질이 축전지 내부에 퇴적되기 때문에
⑤ 축전지 커버와 케이스의 표면에서 전기 누설 때문에

(7) MF(maintenance free battery) 축전지

① 납산 축전지의 자기 방전이나 전해액의 감소를 방지하기 위한 축전지이다.
② 격자의 재질은 납과 칼슘 합금으로 되어 있다.
③ 수소 및 산소 가스를 물로 환원시키는 촉매 마개가 설치되어 있다.
④ 증류수의 보충 및 정비가 필요 없다

(8) 축전지의 보충전 방법

① **정전류 충전** : 충전 시작에서부터 종료까지 일정한 전류로 충전하는 방법이다.
② **정전압 충전** : 충전 시작에서부터 종료까지 일정한 전압으로 충전하는 방법이다.
③ **단별전류 충전** : 충전이 진행됨에 따라 단계적으로 전류를 감소시켜 충전하는 방법이다.
④ **급속 충전** : 시간적 여유가 없을 때 급속 충전기를 이용하여 충전하는 방법이다.
※ MF 배터리가 아닌 일반 납산 축전지를 보관 관리할 경우 15일마다 정기적으로 충전하여야 한다.

(9) 급속 충전 중 주의 사항

① 충전 중 수소가스가 발생되므로 통풍이 잘되는 곳에서 충전할 것.
② 발전기 실리콘 다이오드의 파손을 방지하기 위해 축전지의 ⊕, ⊖케이블을 떼어낸다.
③ 충전 시간을 가능한 한 짧게 한다.
④ 충전 중 축전지 부근에서 불꽃이 발생되지 않도록 한다.
⑤ 충전 중 축전지에 충격을 가하지 말 것.
⑥ 전해액의 온도가 45℃ 이상이 되면 충전 전류를 감소시킨다.
⑦ 전해액의 온도가 45℃ 이상이 되면 충전을 일시 중지하여 온도가 내려가면 다시 충전한다.
⑧ 충전 전류는 축전지 용량의 50％이다.

02 충전 장치

1 발전기의 특징

① 3상 교류 발전기로 저속에서 충전 성능이 우수하다.
② 정류자가 없기 때문에 브러시의 수명이 길다.
③ 정류자를 두지 않아 풀리비를 크게 할 수 있다.(허용 회전속도 한계가 높다)
④ 실리콘 다이오드를 사용하기 때문에 정류 특성이 우수하다.

⑤ 발전 조정기는 전압 조정기 뿐이다.

⑥ 경량이고 소형이며, 출력이 크다.

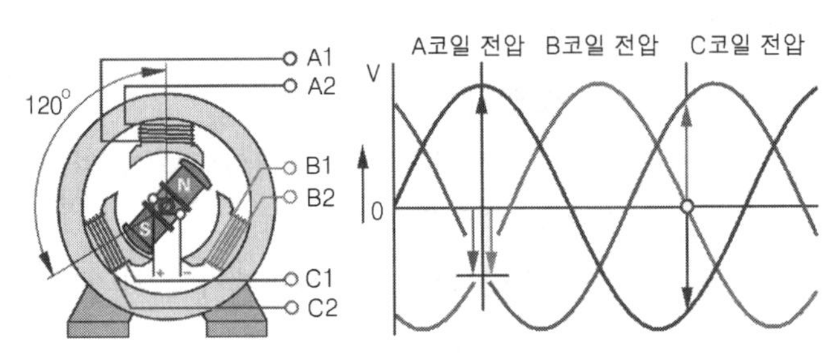

그림 교류 발전기의 원리

2 교류(AC) 발전기의 구조

① **스테이터** : 고정 부분으로 스테이터 코어 및 스테이터 코일로 구성되어 3상 교류가 유기된다.

② **로터** : 로터 코어, 로터 코일 및 슬립링으로 구성되어 있으며, 회전하여 자속을 형성한다.

그림 교류 발전기의 구조

③ **슬립 링** : 브러시와 접촉되어 축전지의 여자 전류를 로터 코일에 공급한다.

④ **브러시** : 로터 코일에 축전지 전류를 공급하는 역할을 한다.

⑤ **실리콘 다이오드** : 스테이터 코일에 유기된 교류를 직류로 변환시키는 정류 작용을 하여 외부로 내보낸다.

3 IC 전압 조정기의 장점

① 배선을 간소화 할 수 있다.

② 진동에 의한 전압 변동이 없고, 내구성이 크다.

③ 조정 전압의 정밀도 향상이 크다.

④ 내열성이 크며, 출력을 증대시킬 수 있다.

⑤ 초소형화가 가능하므로 발전기 내에 설치할 수 있다.

⑥ 축전지 충전성능이 향상되고, 각 전기부하에 적절한 전력공급이 가능하다.

출제 예상 문제

축전지

01 축전지의 역할을 설명한 것으로 틀린 것은?

① 시동 장치의 전기적 부하를 담당한다.
② 발전기 출력과 부하와의 언밸런스를 조정한다.
③ 엔진 시동 시 전기적 에너지를 화학적 에너지로 바꾼다.
④ 발전기 고장 시 주행을 확보하기 위한 전원으로 작동한다.

해설
축전지의 역할
① 시동 장치의 전기적 부하를 부담한다.
② 발전기 고장시 주행을 확보하기 위한 전원으로 작동한다.
③ 발전기 출력과 부하와의 언밸런스를 조정한다.

02 건설기계 엔진에 사용되는 축전지의 가장 중요한 역할은?

① 주행 중 점화장치에 전류를 공급한다.
② 주행 중 등화장치에 전류를 공급한다.
③ 주행 중 발생하는 전기부하를 담당한다.
④ 시동 장치의 전기적 부하를 담당한다.

03 건설기계 엔진에서 축전지를 사용하는 주된 목적은?

① 시동 전동기의 작동
② 연료 펌프의 작동
③ 워터 펌프의 작동
④ 오일 펌프의 작동

04 납산 축전지를 방전하면 양극판과 음극판의 재질은 어떻게 변하는가?

① 황산납이 된다.
② 해면상납이 된다.
③ 일산화납이 된다.
④ 과산화납이 된다.

해설
방전 중 화학 작용
① 양극판 : 과산화 납(PbO_2) → 황산납($PbSO_4$)
② 음극판 : 해면상납(Pb) → 황산납($PbSO_4$)
③ 전해액 : 묽은황산(H_2SO_4) → 물($2H_2O$)

05 축전지에서 방전 중일 때의 화학작용을 설명하였다. 틀린 것은?

① 음극판 : 해면상납 → 황산납
② 전해액 : 묽은황산 → 물
③ 격리판 : 황산납 → 물
④ 양극판 : 과산화납 → 황산납

해설
양극판과 음극판 사이에 설치되어 극판의 단락을 방지한다.

06 축전지를 설명한 것으로 틀린 것은?

① 양극판이 음극판보다 1장 더 적다.
② 단자의 기둥은 양극이 음극보다 굵다.
③ 격리판은 다공성이며 전도성인 물체로 만든다.
④ 일반적으로 12V 축전지의 셀은 6개로 구성되어 있다.

해설
격리판은 양극판과 음극판의 단락을 방지하기 위한 것이며, 다공성이고 비전도성인 물체로 만든다.

01.③ 02.④ 03.① 04.① 05.③ 06.③

07 **납산 축전지의 충·방전 상태를 나타낸 것이 아닌 것은?**

① 축전지가 방전되면 양극판은 과산화납이 황산납으로 된다.
② 축전지가 방전되면 전해액은 묽은 황산이 물로 변하여 비중이 낮아진다.
③ 축전지가 충전되면 음극판은 황산납이 해면상납으로 된다.
④ 축전지가 충전되면 양극판에서 수소를, 음극판에서 산소를 발생시킨다.

해설

납산 축전지가 충·방전 중일 때 화학작용
① 방전되면 양극판의 과산화납은 황산납으로 변화한다.
② 방전되면 음극판의 해면상납은 황산납으로 변화한다.
③ 방전되면 전해액은 묽은 황산이 물로 변하여 비중이 낮아진다.
④ 충전되면 양극판은 황산납이 과산화납으로 된다.
⑤ 충전되면 음극판은 황산납이 해면상납으로 된다.
⑥ 충전되면 전해액은 물이 묽은 황산으로 된다.
⑦ 충전되면 양극판에서 산소를, 음극판에서 수소를 발생시킨다.

08 **12V의 납축전지 셀에 대한 설명으로 맞는 것은?**

① 6개의 셀이 직렬로 접속되어 있다.
② 6개의 셀이 병렬로 접속되어 있다.
③ 6개의 셀이 직렬과 병렬로 혼용하여 접속되어 있다.
④ 3개의 셀이 직렬과 병렬로 혼용하여 접속되어 있다.

해설

12V 축전지는 2.1V의 셀(cell) 6개를 직렬로 접속한 것이다.

09 **축전지 전해액의 온도가 상승하면 비중은?**

① 일정하다. ② 올라간다.
③ 내려간다. ④ 무관하다.

해설

축전지 전해액의 온도가 상승하면 비중은 내려가고, 온도가 내려가면 비중은 올라간다.

10 **축전지 전해액에 관한 내용으로 옳지 않은 것은?**

① 전해액의 온도가 1℃ 변화함에 따라 비중은 0.0007씩 변한다.
② 온도가 올라가면 비중은 올라가고 온도가 내려가면 비중이 내려간다.
③ 전해액은 증류수에 황산을 혼합하여 희석시킨 묽은 황산이다.
④ 축전지 전해액 점검은 비중계로 한다.

해설

전해액의 온도가 올라가면 비중은 내려가고 온도가 내려가면 비중은 올라간다.

11 **황산과 증류수를 사용하여 전해액을 만들 때의 설명으로 옳은 것은?**

① 황산을 증류수에 부어야 한다.
② 증류수를 황산에 부어야 한다.
③ 황산과 증류수를 동시에 부어야 한다.
④ 철재 용기를 사용한다.

해설

전해액을 만드는 순서
① 질그릇 등의 절연체인 용기를 준비한다.
② 증류수에 황산을 부어 혼합한다.
③ 조금씩 혼합하며 잘 저어서 냉각시킨다.
④ 전해액의 온도가 20℃일 때 1.280이 되도록 비중을 측정하면서 작업을 끝낸다.

12 **축전지 케이스와 커버를 청소할 때 용액은?**

① 비수와 물
② 소금과 물
③ 소다와 물
④ 오일 가솔린

해설

축전지 케이스와 커버의 청소는 전해액이 묽은 황산이므로 암모니아와 물 또는 베이킹 소다와 물로 하여야 한다.

정답 **07.④ 08.① 09.③ 10.② 11.① 12.③**

13 **축전지의 방전 종지 전압에 대한 설명이 잘못된 것은?**

① 축전지의 방전 끝(한계) 전압을 말한다.
② 한 셀 당 1.7~1.8V 이하로 방전되는 것을 말한다.
③ 방전 종지 전압 이하로 방전시키면 축전지의 성능이 저하된다.
④ 20시간율 전류로 방전하였을 경우 방전종지 전압은 한 셀 당 2.1V이다.

해설
20 시간율의 전류로 방전하였을 경우의 방전 종지 전압은 한 셀당 1.75 V이다.

14 **12V용 납산 축전지의 방전종지 전압은?**

① 12V ② 10.5V
③ 7.5V ④ 1.75V

해설
12V 축전지는 2.1V 셀 6개가 직렬로 연결되어 있으며, 셀당 방전종지 전압이 1.75V이므로 12V용 납산 축전지의 방전종지 전압은 6 × 1.75V = 10.5V이다.

15 **축전지의 방전은 어느 한도 내에서 단자 전압이 급격히 저하하며 그 이후는 방전능력이 없어지게 된다. 이때의 전압을 ( )이라고 한다. ( )에 들어갈 용어로 옳은 것은?**

① 충전 전압
② 누전 전압
③ 방전 전압
④ 방전 종지 전압

해설
축전지의 방전은 어느 한도 내에서 단자 전압이 급격히 저하하며 그 이후는 방전능력이 없어지게 된다. 이때의 전압을 방전 종지 전압이라 한다.

16 **축전지의 용량을 결정짓는 인자가 아닌 것은?**

① 셀 당 극판 수 ② 극판의 크기
③ 단자의 크기 ④ 전해액의 양

해설
축전지의 용량은 극판의 크기, 극판의 수, 황산의 양(전해액의 양)에 의해 결정된다.

17 **5A로 연속 방전하여 방전종지 전압에 이를 때까지 20시간이 소요되었다면 이 축전지의 용량은?**

① 4Ah ② 50Ah
③ 100Ah ④ 200Ah

해설
축전지 용량(Ah) = 방전 전류(A) × 방전 시간(h)
∴ 5A×20h=100Ah

18 **배터리의 자기방전 원인에 대한 설명으로 틀린 것은?**

① 전해액 중에 불순물이 혼입되어 있다.
② 배터리 케이스의 표면에서는 전기 누설이 없다.
③ 이탈된 작용물질이 극판의 아래 부분에 퇴적되어 있다.
④ 배터리의 구조상 부득이하다.

해설
축전지 자기방전의 원인
① 극판의 작용물질이 화학작용으로 황산납이 되기 때문에(구조상 부득이 한 경우)
② 전해액에 포함된 불순물이 국부전지를 구성하기 때문에
③ 탈락한 극판 작용물질이 축전지 내부에 퇴적되기 때문에
④ 축전지 커버와 케이스의 표면에서 전기 누설 때문에

19 **MF(Maintenance Free) 축전지에 대한 설명으로 적합하지 않는 것은?**

① 격자의 재질은 납과 칼슘 합금이다.
② 무보수용 배터리다.
③ 밀봉 촉매마개를 사용한다.
④ 증류수는 매 15일마다 보충한다.

해설
MF 축전지는 증류수를 점검 및 보충하지 않아도 된다.

정답 13.④ 14.② 15.④ 16.③ 17.③ 18.② 19.④

20 **축전지의 일반적인 충전방법 중 가장 많이 사용되는 것은?**

① 정전류 충전
② 정전압 충전
③ 단별전류 충전
④ 급속 충전

해설
정전류 충전은 충전을 시작에서부터 완료될 때까지 일정한 전류로 충전하는 방법으로 축전지의 보충전에서 가장 많이 이용한다.

21 **충전중인 축전지에 화기를 가까이 하면 위험하다. 그 이유는?**

① 수소가스가 폭발성 가스이기 때문에
② 산소가스가 폭발성 가스이기 때문에
③ 충전기가 폭발될 위험이 있기 때문에
④ 전해액이 폭발성 액체이기 때문에

해설
충전중인 축전지에 화기를 가까이 하면 음극에서 발생하는 수소가스가 폭발성 가스이기 때문에 위험하다.

22 **축전지 급속 충전 시 주의사항으로 잘못된 것은?**

① 통풍이 잘 되는 곳에서 한다.
② 충전 중인 축전지에 충격을 가하지 않도록 한다.
③ 전해액의 온도가 45℃를 넘지 않도록 특별히 주의한다.
④ 충전시간은 가능한 길게 하고, 가능한 2주에 한 번씩 하도록 한다.

해설
급속 충전은 축전지 용량의 50% 전류로 충전하기 때문에 수명을 단축시키는 요인이 되므로 충전시간은 가능한 짧게 하고, 급속 충전은 가능한 하지 않도록 한다.

23 **장비에 장착된 축전지를 급속 충전할 때 축전지의 접지 케이블을 분리시키는 이유로 맞는 것은?**

① 과충전을 방지하기 위해
② 발전기의 다이오드를 보호하기 위해
③ 시동 스위치를 보호하기 위해
④ 시동 전동기를 보호하기 위해

해설
건설기계에 장착된 축전지를 급속 충전할 때 축전지의 접지 케이블을 떼어내는 이유는 발전기의 다이오드를 보호하기 위함이다.

24 **축전지를 교환 및 장착할 때의 연결순서로 맞는 것은?**

① ⊕ 나 ⊖ 선 중 편리한 것부터 연결하면 된다.
② 축전지의 ⊖ 선을 먼저 부착하고, ⊕ 선을 나중에 부착한다.
③ 축전지의 ⊕, ⊖ 선을 동시에 부착한다.
④ 축전지의 ⊕ 선을 먼저 부착하고, ⊖ 선을 나중에 부착한다.

해설
축전지를 장착할 때에는 ⊕ 선을 먼저 부착하고, ⊖ 선을 나중에 부착한다.

20.① 21.① 22.④ 23.② 24.④

충전 장치

01 충전장치의 역할로 틀린 것은?

① 램프류에 전력을 공급한다.
② 에어컨 장치에 전력을 공급한다.
③ 축전지에 전력을 공급한다.
④ 시동 장치에 전력을 공급한다.

해설
시동 장치에 전력을 공급하는 것은 축전지이다.

02 건설기계 장비의 충전장치에서 가장 많이 사용하고 있는 발전기는?

① 직류 발전기
② 3상 교류 발전기
③ 와전류 발전기
④ 단상 교류 발전기

해설
건설기계의 충전장치에서 가장 많이 사용하고 있는 발전기는 3상 교류 발전기이다.

03 교류(AC) 발전기의 장점이 아닌 것은?

① 소형 경량이다.
② 저속 시 충전 특성이 양호하다.
③ 정류자를 두지 않아 풀리비를 작게 할 수 있다.
④ 반도체 정류기를 사용하므로 전기적 용량이 크다.

해설
교류 발전기의 장점
① 속도변화에 따른 적용 범위가 넓고 소형・경량이다.
② 저속에서도 충전 가능한 출력전압이 발생한다.
③ 실리콘 다이오드로 정류하므로 전기적 용량이 크다.
④ 브러시 수명이 길다.
⑤ 전압 조정기만 있으면 된다.
⑥ 출력이 크고, 고속회전에 잘 견딘다.
⑦ 정류자를 두지 않아 풀리비를 크게 할 수 있다.
⑧ 실리콘 다이오드를 사용하기 때문에 정류특성이 좋다.

04 교류 발전기의 설명으로 틀린 것은?

① 타려자 방식의 발전기다.
② 고정된 스테이터에서 전류가 생성된다.
③ 정류자와 브러시가 정류작용을 한다.
④ 발전기 조정기는 전압조정기만 필요하다.

해설
교류 발전기는 타려자 방식의 발전기이며, 전류를 발생하는 스테이터(stator), 전류가 흐르면 전자석이 되는(자계를 발생하는) 로터(rotor), 스테이터 코일에서 발생한 교류를 직류로 정류하는 실리콘 다이오드, 여자전류를 로터코일에 공급하는 슬립링과 브러시, 엔드 프레임 등으로 되어 있다.

05 교류 발전기(AC)의 주요부품이 아닌 것은?

① 로터
② 브러시
③ 스테이터 코일
④ 솔레노이드 조정기

해설
교류 발전기의 조정기는 전압 조정기만 필요하다.

06 교류 발전기에서 회전체에 해당하는 것은?

① 스테이터 ② 브러시
③ 엔드 프레임 ④ 로터

해설
교류 발전기는 전자석이 되는 로터가 회전하며, 직류 발전기는 전류가 발생하는 전기자가 회전한다.

07 AC 발전기에서 전류가 발생되는 곳은?

① 여자 코일
② 레귤레이터
③ 스테이터 코일
④ 계자 코일

해설
스테이터는 고정 부분으로 스테이터 코어 및 스테이터 코일로 구성되며, 24 ~ 36 개의 홈에 스테이터 코일이 수개씩 설치되어 로터가 회전할 때 3 상 유도 전류가 발생된다.

정답 01.④ 02.② 03.③ 04.③ 05.④ 06.④ 07.③

08 교류 발전기의 유도 전류는 어디에서 발생하는가?

① 로터　② 전기자
③ 계자코일　④ 스테이터

해설

교류(AC) 발전기 구성품의 기능

① 스테이터 : 고정 부분으로 스테이터 코어 및 스테이터 코일로 구성되어 3상 교류가 유기된다.
② 로터 : 로터 코어, 로터 코일 및 슬립링으로 구성되어 있으며, 회전하여 자속을 형성한다.
③ 슬립 링 : 브러시와 접촉되어 축전지의 여자 전류를 로터 코일에 공급한다.
④ 브러시 : 로터 코일에 축전지 전류를 공급하는 역할을 한다.
⑤ 실리콘 다이오드 : 스테이터 코일에 유기된 교류를 직류로 변환시키는 정류 작용을 하여 외부로 내보낸다.

09 AC 발전기에서 다이오드의 역할은?

① 여자 전류를 조정하고 역류를 방지한다.
② 전류를 조정한다.
③ 교류를 정류하고 역류를 방지한다.
④ 전압을 조정한다.

해설

교류 발전기의 다이오드는 발전기에서 발생한 교류를 직류로 변환시키는 정류 작용과 축전지의 전류가 발전기로 역류하는 것을 방지한다.

10 충전장치에서 교류 발전기는 무엇을 변화시켜 충전 출력을 조정하는가?

① 회전속도
② 로터 코일 전류
③ 브러시 위치
④ 스테이터 전류

해설

교류 발전기의 출력은 축전지에서 로터 코일에 공급되는 전류를 변화시켜 조정한다.

정답　08.④　09.③　10.②

CHAPTER 4

등화 및 계기장치 구조와 기능

01 등화 장치

1 조명의 용어

① 광속 : 광원에서 나오는 빛의 다발을 말하며, 단위는 루멘(lumen, 기호는 lm)이다.
② 광도 : 빛의 세기를 말하며, 단위는 칸델라(기호는 cd)이다.
③ 조도 : 빛을 받는 면의 밝기를 말하며, 단위는 룩스(lux, 기호는 Lx)이다.

2 전조등과 그 회로

(1) 실드빔 전조등

① 반사경에 필라멘트를 붙이고 렌즈를 녹여 붙인 전조등이다.
② 내부에 불활성 가스를 넣어 그 자체가 1개의 전구가 되도록 한 것이다.
③ 밀봉되어 있기 때문에 광도의 변화가 적다.
④ 대기의 조건에 따라 반사경이 흐려지지 않는다.
⑤ 필라멘트가 끊어지면 전체를 교환하여야 한다.

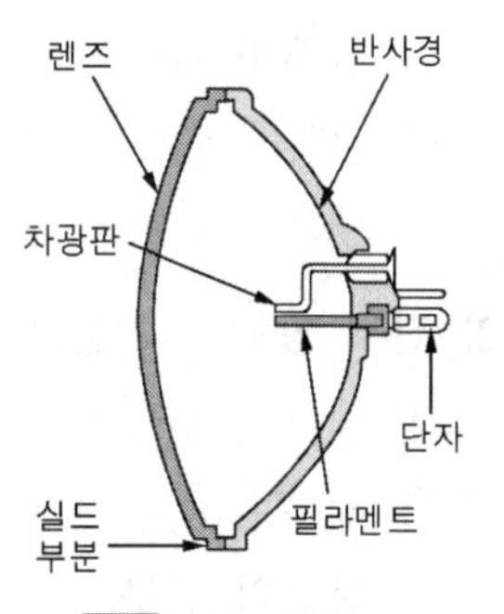

그림 실드 빔 형식

(2) 세미 실드빔 전조등

① 렌즈와 반사경이 일체로 되어 있는 전조등이다.
② 전구는 별개로 설치한다.
③ 공기가 유통되기 때문에 반사경이 흐려진다.
④ 필라멘트가 끊어지면 전구만 교환한다.

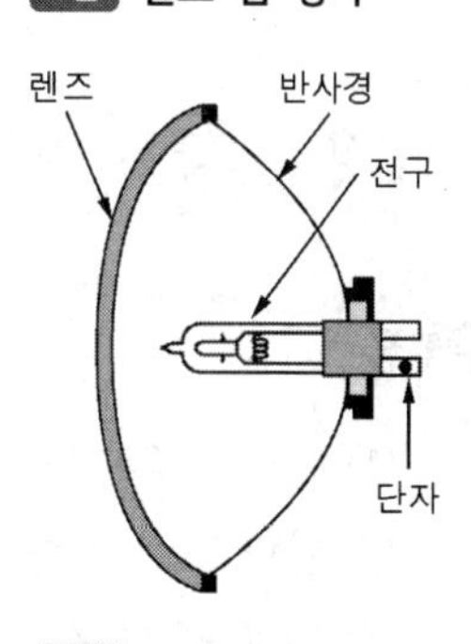

그림 세미 실드 빔 형식

(3) 할로겐 전조등

① 할로겐 전구를 사용한 세미 실드빔 형식이다.
② 필라멘트에서 증발한 텅스텐 원자와 휘발성의 할로겐 원자가 결합하여 휘발성 할로겐 텅스텐을 형성한다.
③ 할로겐 사이클로 흑화 현상이 없어 수명이 다할 때까지 밝기가 변하지 않는다.

④ 색 온도가 높아 밝은 백색의 빛을 얻을 수 있다.
⑤ 교행용의 필라멘트 아래에 차광판이 있어 눈부심이 적다.
⑥ 전구의 효율이 높아 밝기가 밝다.

(4) 전조등 회로

① 하이 빔과 로우 빔이 각각 병렬로 연결되어 있다.
② 퓨즈, 전조등 릴레이, 전조등 스위치, 디머 스위치 등으로 구성되어 있다.
③ 전조등 스위치 1단에서 미등, 차폭등, 번호등이 점등된다.
④ 전조등 스위치 2단에서 미등, 차폭등, 번호등, 전조등, 보조 전조등(안개등)이 모두 점등된다.
⑤ 교행시 전조등은 딤머 스위치에 의해 조명하는 방향과 거리가 변화된다.
⑥ 전류가 많이 흐르기 때문에 복선식 배선을 사용한다.

3 방향지시등

(1) 개요

① 전류를 일정한 주기로 단속하여 점멸시키거나 광도를 증감시킨다.
② 전자열선 방식 플래셔 유닛은 열에 의한 열선의 신축작용을 이용하여 단속한다.
③ 플래셔 유닛을 사용하여 램프에 흐르는 전류를 일정한 주기로 단속 점멸한다.
④ 중앙에 있는 전자석과 이 전자석에 의해 끌어당겨지는 2조의 가동 접점으로 구성되어 있다.

(2) 좌우 방향 지시등의 점멸 회수가 다른 원인

① 전구의 용량이 규정과 다르다.
② 전구의 접지가 불량하다.
③ 하나의 전구가 단선되었다.

02 퓨즈 및 계기장치 구조와 기능

1 퓨즈

① 전선의 온도가 상승하거나 부하에 과대 전류가 흐를 때 녹아 끊어져 회로를 차단한다.
② 단락으로 인하여 전선이 타거나 과대 전류가 부하로 흐르지 않도록 한다.
③ 회로 중에 직렬로 접속되어 있다.
④ 용융점(melting point)이 약 70℃정도이며 납, 주석, 창연, 카드뮴의 합금으로 구성되어 있다.

2 퓨저블 링크

① 전기 회로가 단락(short) 되었을 때 과대 전류가 흘러 배선이 타거나 전장 부품이 파괴되는 것을 방지한다.
② 용단(溶斷) 전류가 매우 큰 퓨즈의 일종으로 100A, 300A 등의 값이 설정되어 있다.
③ 일반적으로 배터리 단자 부근에 장착되어 차종에 따라 전원 회로를 헤드 램프계통 및 충전계통으로 구분한 다음 각 회로에 퓨저블 링크를 설치하여 하나의 블록으로 종합한 것이다.

3 계기 장치의 구비조건

① 구조가 간단하고 내구성 및 내진성이 있을 것
② 소형 · 경량일 것
③ 지침을 읽기가 쉬울 것
④ 지시가 안정되어 있고 확실할 것
⑤ 장식적인 면도 고려되어 있을 것
⑥ 가격이 쌀 것

4 경고등 및 계기의 기능

① **유압 경고등** : 엔진이 작동되는 도중 유압이 규정값 이하로 떨어지면 경고등이 점등된다.
② **충전 경고등** : 충전 장치에 이상이 발생된 경우에 경고등이 점등된다.
③ **냉각수 경고등** : 엔진의 냉각수가 부족한 경우에 경고등이 점등된다.
④ **수온계** : 수온계는 실린더 헤드 물재킷 부분의 냉각수 온도를 나타낸다.
⑤ **전류계** : 충전·방전되는 전류량을 나타낸다. (+)방향은 충전, (–)방향은 방전을 나타낸다.
⑥ **연료계** : 연료의 잔량을 나타낸다.

출제 예상 문제

등화장치

01 다음의 조명에 관련된 용어의 설명으로 틀린 것은?

① 조도의 단위는 루멘이다.
② 피조면의 밝기는 조도로 나타낸다.
③ 광도의 단위는 cd이다.
④ 빛의 밝기를 광도라 한다.

해설
조도의 단위는 룩스(Lux)이며, 루멘은 광속의 단위이다.

02 건설기계의 등화장치 종류 중에서 조명용 등화가 아닌 것은?

① 전조등 ② 안개등
③ 번호등 ④ 후진등

해설
전조등, 후퇴등(후진등), 안개등, 실내등은 조명용 등화이며, 번호등은 외부 표시용이다.

03 실드빔식 전조등에 대한 설명으로 맞지 않는 것은?

① 대기조건에 따라 반사경이 흐려지지 않는다.
② 내부에 불활성 가스가 들어있다.
③ 사용에 따른 광도의 변화가 적다.
④ 필라멘트를 갈아 끼울 수 있다.

해설
실드빔 형(shield beam type)은 렌즈・반사경 및 전구를 일체로 제작한 것이다.

04 전조등의 필라멘트가 끊어진 경우 렌즈나 반사경에 이상이 없어도 전조등 전부를 교환하여야 하는 형식은?

① 전구형
② 분리형
③ 세미 실드빔형
④ 실드빔형

해설
실드빔 형은 전조등의 필라멘트가 끊어진 경우 렌즈나 반사경에 이상이 없어도 전조등 전부를 교환하여야 한다.

05 헤드라이트에서 세미 실드빔 형은?

① 렌즈, 반사경 및 전구를 분리하여 교환이 가능한 것
② 렌즈와 반사경을 분리하여 제작한 것
③ 렌즈, 반사경 및 전구가 일체인 것
④ 렌즈와 반사경은 일체이고, 전구는 교환이 가능한 것

해설
헤드라이트에서 세미 실드빔 형이란 렌즈와 반사경은 일체이고, 전구는 교환이 가능한 것

06 세미 실드빔 형식을 사용하는 건설기계 장비에서 전조등이 점등되지 않을 때 가장 올바른 조치 방법은?

① 렌즈를 교환
② 반사경을 교환
③ 전구를 교환
④ 전조등을 교환

01.① 02.③ 03.④ 04.④ 05.④ 06.③

07 **현재 널리 사용되고 있는 할로겐 램프에 대하여 운전사 두 사람(A, B)이 아래와 같이 서로 주장하고 있다. 어느 운전사의 말이 옳은가?**

> 운전사 A : 실드빔 형이다.
> 운전사 B : 세미실드빔 형이다.

① A가 맞다.
② B가 맞다.
③ A, B 모두 맞다.
④ A, B 모두 틀리다.

해설
할로겐 램프를 사용한 세미 실드빔 형식으로 필라멘트가 단선되면 램프를 교환한다.

08 **좌·우측 전조등 회로의 연결 방법으로 옳은 것은?**

① 직렬 연결 ② 단식 배선
③ 병렬 연결 ④ 직·병렬 연결

해설
양쪽의 전조등은 하이 빔과 로우 빔이 각각 병렬로 연결되어 있으며, 복선식의 배선이다.

09 **전조등 회로의 구성품으로 틀린 것은?**

① 전조등 릴레이
② 전조등 스위치
③ 디머 스위치
④ 플래셔 유닛

해설
전조등 회로는 퓨즈, 전조등 릴레이, 라이트 스위치, 디머 스위치로 구성되어 있다.

10 **야간작업 시 헤드라이트가 한쪽만 점등되었다. 고장 원인으로 가장 거리가 먼 것은? (단, 헤드램프 퓨즈가 좌·우측으로 구성됨)**

① 헤드라이트 스위치 불량
② 전구 접지불량
③ 회로의 퓨즈 단선
④ 전구 불량

해설
헤드라이트 스위치가 불량하면 등화가 모두 점등되지 않는다.

11 **방향지시등에 대한 설명으로 틀린 것은?**

① 램프를 점멸시키거나 광도를 증감시킨다.
② 전자 열선식 플래셔 유닛은 전압에 의한 열선의 차단 작용을 이용한 것이다.
③ 점멸은 플래셔 유닛을 사용하여 램프에 흐르는 전류를 일정한 주기로 단속 점멸한다.
④ 중앙에 있는 전자석과 이 전자석에 의해 끌어 당겨지는 2조의 가동 접점으로 구성되어 있다.

해설
전자열선 방식 플래셔 유닛은 열에 의한 열선(heat coil)의 신축작용을 이용한 것이며, 중앙에 있는 전자석과 이 전자석에 의해 끌어 당겨지는 2조의 가동접점으로 구성되어 있다. 방향지시기 스위치를 좌우 어느 방향으로 넣으면 접점은 열선의 장력에 의해 열려지는 힘을 받고 있다. 따라서 열선이 가열되어 늘어나면 닫히고, 냉각되면 다시 열리며 이에 따라 방향지시등이 점멸한다.

12 **방향지시등의 한쪽 등이 빠르게 점멸하고 있을 때 운전자가 가장 먼저 점검하여야 할 곳은?**

① 전구(램프)
② 플래셔 유닛
③ 배터리
④ 콤비네이션 스위치

해설
좌우 방향 지시등의 점멸 회수가 다른 원인
① 전구의 용량이 규정과 다르다.
② 전구의 접지가 불량하다.
③ 하나의 전구가 단선되었다.

정답 07.② 08.③ 09.④ 10.① 11.② 12.①

13 **한쪽의 방향지시등만 점멸속도가 빠른 원인으로 옳은 것은?**

① 전조등 배선접촉 불량
② 플래셔 유닛 고장
③ 한쪽 램프의 단선
④ 비상등 스위치 고장

14 **방향지시등 스위치를 작동할 때 한쪽은 정상이고, 다른 한쪽은 점멸 작용이 정상과 다르게(빠르게 또는 느리게) 작용한다. 고장원인이 아닌 것은?**

① 전구 1개가 단선 되었을 때
② 전구를 교체하면서 규정 용량의 전구를 사용하지 않았을 때
③ 플래셔 유닛이 고장 났을 때
④ 한쪽 전구 소켓에 녹이 발생하여 전압강하가 있을 때

해설
플래셔 유닛이 고장 나면 모든 방향지시등이 점멸되지 못한다.

15 **다음 등화장치 설명 중 내용이 잘못된 것은?**

① 후진등은 변속기 시프트 레버를 후진위치로 넣으면 점등된다.
② 방향지시등은 방향지시등의 신호가 운전석에서 확인되지 않아도 된다.
③ 번호등은 단독으로 점멸되는 회로가 있어서는 안 된다.
④ 제동등은 브레이크 페달을 밟았을 때 점등된다.

해설
방향지시등의 신호를 운전석에서 확인할 수 있는 파일럿 램프가 설치되어 있어야 한다.

퓨즈 및 계기장치

01 **전기회로에서 단락에 의해 전선이 타거나 과대전류가 부하에 흐르지 않도록 하는 구성품은?**

① 스위치　② 릴레이
③ 퓨즈　④ 축전지

해설
퓨즈는 회로에 직렬로 설치되며, 단락 및 누전에 의해 과대 전류가 흐르면 끊어져 과대 전류의 흐름을 방지한다.

02 **퓨즈의 접촉이 나쁠 때 나타나는 현상으로 옳은 것은?**

① 연결부의 저항이 떨어진다.
② 전류의 흐름이 높아진다.
③ 연결부가 끊어진다.
④ 연결부가 튼튼해진다.

해설
단락 및 누전에 의해 과대 전류가 흐르면 차단되어 과대 전류의 흐름을 방지한다. 퓨즈의 접촉이 불량하면 접촉 저항이 증가되어 전류의 흐름이 방해되고 열이 발생되어 연결부가 끊어진다.

03 **기중기의 전기 회로를 보호하기 위한 장치는?**

① 캠버
② 퓨저블 링크
③ 안전 밸브
④ 턴시그널 램프

해설
퓨저블 링크는 지나치게 높은 전압이 가해질 경우에 전기가 차단될 수 있도록 배려한 회로의 연결 방식을 의미한다.

정답 13.③ 14.③ 15.② / 01.③ 02.③ 03.②

04 **차량계 건설기계에 사용되는 계기의 장점으로 틀린 것은?**

① 구조가 복잡할 것
② 소형이고 경량일 것
③ 지침을 읽기가 쉬울 것
④ 가격이 쌀 것

해설
계기 장치의 구비조건
① 구조가 간단하고 내구성 및 내진성이 있을 것
② 소형·경량일 것.
③ 지침을 읽기가 쉬울 것
④ 지시가 안정되어 있고 확실할 것.
⑤ 장식적인 면도 고려되어 있을 것.
⑥ 가격이 쌀 것

05 **작업 중 운전자가 확인해야 할 것으로 가장 거리가 먼 것은?**

① 온도 계기
② 전류 계기
③ 오일 압력 계기
④ 실린더 압력 계기

해설
작업 중 운전자가 확인해야 하는 계기는 전류 계기, 오일 압력 계기, 온도 계기, 연료 계기, 냉각수 온도 계기 등이다.

06 **계기판을 통하여 엔진 오일의 순환상태를 알 수 있는 것은?**

① 연료 잔량계 ② 오일 압력계
③ 전류계 ④ 진공계

해설
오일 압력계는 오일 공급 계통에 오일이 순환되는 압력을 계기판에 나타내어 운전석에서 알 수 있도록 한 계기를 말한다.

07 **엔진 오일 압력 경고등이 켜지는 경우가 아닌 것은?**

① 오일이 부족할 때
② 오일 필터가 막혔을 때
③ 가속을 하였을 때
④ 오일 회로가 막혔을 때

08 **운전석 계기판에 아래 그림과 같은 경고등이 점등되었다면 가장 관련이 있는 경고등은?**

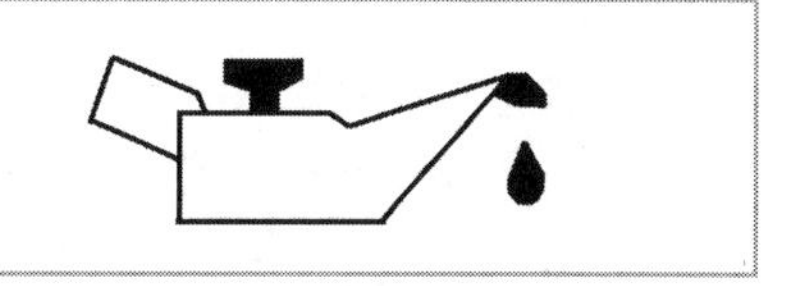

① 엔진 오일 압력 경고등
② 엔진 오일 온도 경고등
③ 냉각수 배출 경고등
④ 냉각수 온도 경고등

해설
엔진 오일 압력 경고등(유압 경고등)은 엔진이 작동되는 도중 유압이 규정값 이하로 떨어지면 점등된다.

09 **건설기계 장비 작업 시 계기판에서 오일 경고등이 점등되었을 때 우선 조치사항으로 적합한 것은?**

① 엔진을 분해한다.
② 즉시 시동을 끄고 오일계통을 점검한다.
③ 엔진 오일을 교환하고 운전한다.
④ 냉각수를 보충하고 운전한다.

해설
계기판의 오일 경고등이 점등되면 오일 계통에 엔진 오일의 공급 압력이 규정값보다 낮으므로 즉시 엔진의 시동을 끄고 오일 계통을 점검한다.

10 **기관 온도계가 표시하는 온도는 무엇인가?**

① 연소실 내의 온도
② 작동유 온도
③ 기관 오일 온도
④ 냉각수 온도

해설
기관의 냉각수 온도는 실린더 헤드 물재킷 부분의 온도로 나타내며, 75~95℃정도면 정상이다.

정답 04.① 05.④ 06.② 07.③ 08.① 09.② 10.④

11 작업 중 냉각계통의 순환여부를 확인하는 방법은?

① 유압계의 작동상태를 수시로 확인한다.
② 엔진의 소음으로 판단한다.
③ 전류계의 작동상태를 수시로 확인한다.
④ 온도계의 작동상태를 수시로 확인한다.

해설
운전 시에는 지침이 작동 범위 내에 있는 것이 정상이며, 지침이 적색 영역에 오면 엔진을 저속으로 5분간 공회전시킨 후 시동을 끄고 라디에이터와 엔진을 점검한다.

12 건설기계 장비 운전 시 계기판에서 냉각수량 경고등이 점등되었다. 그 원인으로 가장 거리가 먼 것은?

① 냉각수량이 부족할 때
② 냉각계통의 물 호스가 파손되었을 때
③ 라디에이터 캡이 열린 채 운행하였을 때
④ 냉각수 통로에 스케일(물때)이 많이 퇴적되었을 때

해설
냉각수 경고등은 라디에이터 내에 냉각수가 부족할 때 점등되며, 냉각수 통로에 스케일(물때)이 많이 퇴적되면 기관이 과열한다.

13 운전 중 운전석 계기판에 그림과 같은 등이 갑자기 점등되었다. 무슨 표시인가?

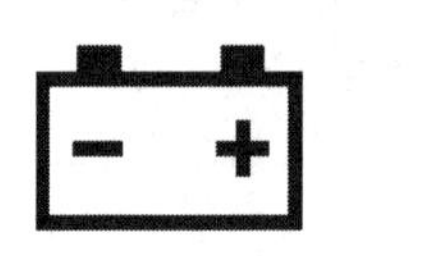

① 배터리 완전충전 표시등
② 전원차단 경고등
③ 전기계통 작동 표시등
④ 충전 경고등

해설
배터리 모형의 경고등은 충전 경고등으로 충전 계통에 이상이 발생되면 점등된다.

14 운전 중 갑자기 계기판에 충전 경고등이 점등되었다. 그 현상으로 맞는 것은?

① 정상적으로 충전이 되고 있음을 나타낸다.
② 충전이 되지 않고 있음을 나타낸다.
③ 충전계통에 이상이 없음을 나타낸다.
④ 주기적으로 점등되었다가 소등되는 것이다.

해설
충전 경고등은 충전이 이루어지고 있는 상태에서는 소등이 되어 있고, 충전이 이루어지지 않으면 경고등이 점등된다.

15 엔진 정지 상태에서 계기판 전류계의 지침이 정상에서 (+)방향을 지시하고 있다. 그 원인이 아닌 것은?

① 전조등 스위치가 점등위치에서 방전되고 있다.
② 배선에서 누전되고 있다.
③ 엔진 예열장치를 동작시키고 있다.
④ 발전기에서 축전지로 충전되고 있다.

해설
발전기에서 축전지로 충전되면 전류계의 지침은 (+)방향을 지시한다.

16 건설기계 장비로 현장에서 작업 시 온도 계기는 정상인데 엔진 부조가 발생하기 시작했다. 다음 중 점검사항으로 가장 적합한 것은?

① 연료 계통을 점검한다.
② 충전 계통을 점검한다.
③ 윤활 계통을 점검한다.
④ 냉각 계통을 점검한다.

해설
디젤 엔진에서 부조현상이 발생되는 것은 연료 공급의 불량에 의해 발생되므로 연료 계통을 점검하여야 한다.

11.④ 12.④ 13.④ 14.② 15.④ 16.①

CHAPTER 5

냉·난방장치 구조와 기능

1 작동 원리

냉동 사이클은 증발 → 압축 → 응축 → 팽창 4가지 작용을 순환 반복한다.

2 에어컨 구성 요소

에어컨의 순환 과정은 압축기(컴프레서) → 응축기(콘덴서) → 건조기(리시버 드라이어) → 팽창밸브 → 증발기(이베퍼레이터)이다.

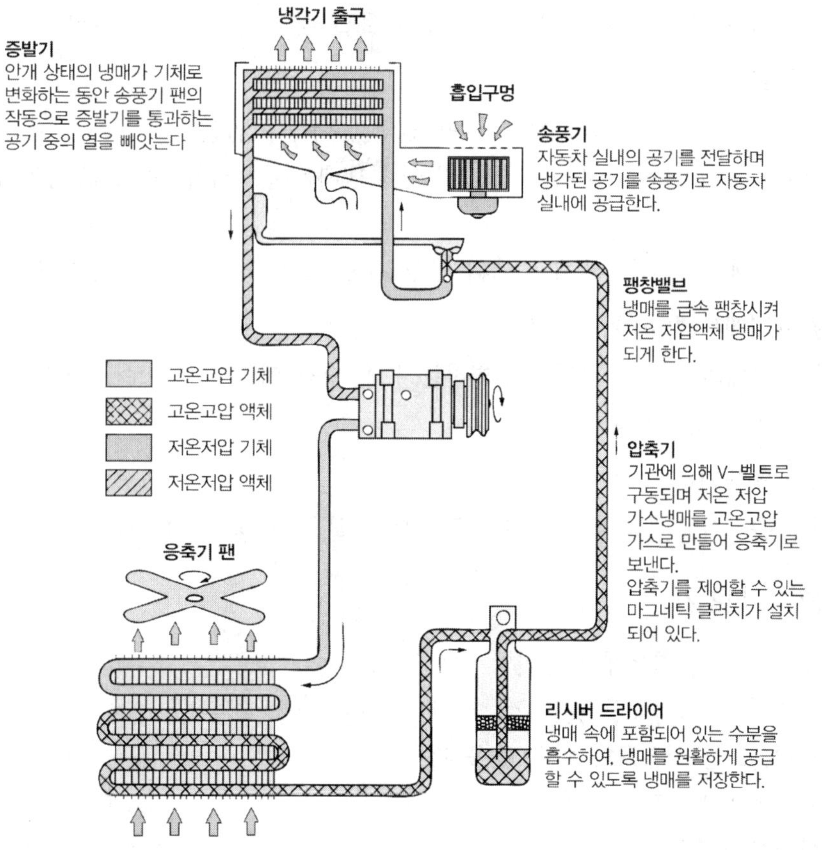

그림 에어컨 구성 요소

(1) 압축기

엔진의 크랭크축에 의해 V벨트로 구동되며 저온·저압의 기체 냉매를 고온·고압의 기체 냉매로 만들어 응축기로 보낸다. 증발기에서 열을 흡수하여 기화된 냉매를 고온 고압 가스로 변환시켜 응축기에 보낸다.

- **전자 클러치** : 컴퓨터의 제어 신호나 에어컨 스위치의 ON, OFF에 의해서 풀리의 회전을 압축기 구동축에 전달 또는 차단하는 역할을 한다.

(2) 응축기(콘덴서)

라디에이터 앞쪽에 설치되어 있으며 주행속도와 냉각 팬의 작동에 의해 고온·고압의 기체 냉매를 응축시켜 고온·고압의 액체 냉매로 만든다. 액체 냉매를 리시버 드라이어에 공급하는 역할을 한다.

(3) 건조기(리시버 드라이어)

냉매 속에 포함된 수분을 흡수하여 냉매를 원활하게 공급할 수 있도록 냉매를 저장한다. 액체 냉매의 저장, 기포 분리, 수분 및 이물질 제거 등의 기능을 한다.

(4) 팽창 밸브

냉매를 급속하게 팽창시켜 저온·저압의 액체 냉매를 만든다.

① 리시버 드라이어에서 유입된 고압의 액체 냉매를 분사시켜 저압으로 감압시키는 역할을 한다.

② 증발기에 공급되는 액체 냉매의 양을 자동적으로 조절하는 역할을 한다.

(5) 증발기(이베퍼레이터)

안개 상태의 냉매가 기체로 변화하는 동안 냉각 팬의 작동으로 증발기 핀을 통과하는 공기 중의 열을 흡수한다.

(6) 블로워(송풍기)

공기를 증발기에 통과시켜 차가운 공기를 차실 내에 공급하는 역할을 한다.

3 냉매의 구비조건

① 증발 압력이 저온에서 대기압 이상일 것

② 응축 압력이 가능한 낮을 것

③ 임계온도는 상온보다 아주 높을 것

④ 윤활유에 용해되지 않을 것

⑤ 비체적과 점도가 낮을 것

⑥ 화학적으로 안정되어 있을 것

⑦ 부식성 및 악취 독성이 없을 것

⑧ 인화성과 폭발성이 없을 것

⑨ 증발 잠열이 크고 액체의 비열이 작을 것

4 HFC 냉매 R-134a(hydro fluro carbon-134a)의 특징

① 오존층을 파괴하는 염소(Cl)가 없다.
② 내열성이 좋고 불연성이다.
③ 다른 물질과 반응하지 않는다.
④ 무색, 무취, 무미하다.
⑤ 온난화 계수가 구냉매 보다 낮다.
⑥ 독성이 없다.
⑦ 분자 구조가 화학적으로 안정되어 있다.
⑧ 현재 사용되는 냉매이다.

chapter 05

출제 예상 문제

01 건설기계 에어컨 장치의 순환 과정으로 맞는 것은?

① 압축기 → 응축기 → 건조기 → 팽창 밸브 → 증발기
② 압축기 → 응축기 → 팽창 밸브 → 건조기 → 증발기
③ 압축기 → 팽창 밸브 → 건조기 → 응축기 → 증발기
④ 압축기 → 건조기 → 팽창 밸브 → 응축기 → 증발기

해설
에어컨의 순환 과정은 압축기(컴프레서) → 응축기(콘덴서) → 건조기(리시버 드라이어) → 팽창 밸브 → 증발기(이베퍼레이터)이다.

02 에어컨의 구성부품 중 고압의 기체 냉매를 냉각시켜 액화시키는 작용을 하는 것은?

① 압축기　② 응축기
③ 팽창 밸브　④ 증발기

해설
응축기(condenser)는 라디에이터 앞쪽에 설치되어 있으며 주행속도와 냉각 팬의 작동에 의해 고온·고압의 기체 냉매를 응축시켜 고온·고압의 액체 냉매로 만든다.

03 건설기계 에어컨에서 고압의 액체 냉매를 저압의 기체 냉매로 바꾸는 구성품은?

① 압축기(compressor)
② 리퀴드 탱크(liquid tank)
③ 팽창 밸브(expansion valve)
④ 이베퍼레이터(evaperator)

해설
팽창 밸브(expansion valve)는 고온·고압의 액체냉매를 급격히 팽창시켜 저온·저압의 기체 냉매로 변화시킨다.

04 지구 환경 문제로 인하여 기존의 냉매는 사용을 억제하고, 대체가스로 사용되고 있는 에어컨의 냉매는?

① R-134a　② R-22
③ R-16　④ R-12

05 R-134a 냉매의 특징을 설명한 것으로 틀린 것은?

① 액화 및 증발되지 않아 오존층이 보호된다.
② 무색, 무취, 무미하다.
③ 화학적으로 안정되고 내열성이 좋다.
④ 온난화 계수가 구냉매 보다 낮다.

해설
R-134a 냉매의 특징
① 오존층을 파괴하는 염소(Cl)가 없다.
② 내열성이 좋고 불연성이다.
③ 다른 물질과 반응하지 않는다.
④ 무색, 무취, 무미하다. ⑤ 독성이 없다.
⑥ 온난화 계수가 구냉매 보다 낮다.
⑦ 분자 구조가 화학적으로 안정되어 있다.

06 건설기계 에어컨 장치 냉매의 구비조건으로 틀린 것은?

① 비체적이 적을 것
② 증발잠열이 적을 것
③ 화학적으로 안정이 될 것
④ 사용온도 범위가 넓을 것

해설
냉매의 구비조건
① 증발 압력이 저온에서 대기압 이상일 것
② 응축 압력이 가능한 낮을 것
③ 임계온도는 상온보다 아주 높을 것
④ 윤활유에 용해되지 않을 것
⑤ 비체적과 점도가 낮을 것
⑥ 부식성 및 악취 독성이 없을 것
⑦ 인화성과 폭발성이 없을 것
⑧ 증발 잠열이 크고 액체의 비열이 작을 것

01.① 02.② 03.③ 04.① 05.① 06.②

장비구조 및 점검

PART 3

동력전달(차체)장치

CHAPTER 1

동력전달장치 구조와 기능

01 드라이브 라인

① 변속기에서 전달되는 회전력을 종감속 기어장치에 전달하는 역할을 한다.
② 자재 이음, 추진축, 슬립 이음으로 구성되어 있다.

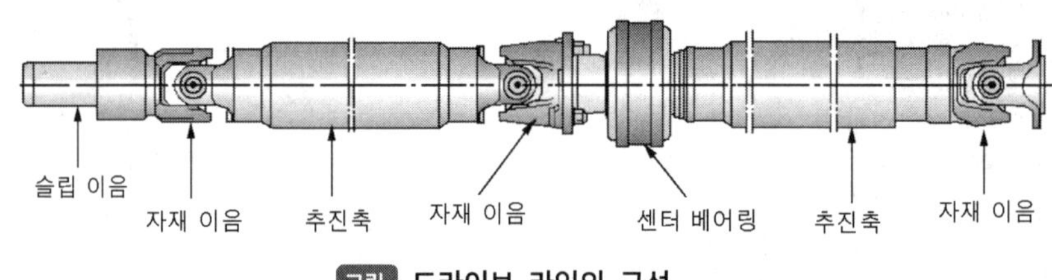

그림 드라이브 라인의 구성

1 자재 이음(universal joint)

① 자재 이음은 2 개의 축이 동일 평면상에 있지 않은 축에 동력을 전달할 때 사용한다.
② 각도 변화에 대응하여 피동축에 원활한 회전력을 전달하는 역할을 한다.
③ 추진축 앞뒤에 각각 1 개의 자재 이음을 설치하면 속도의 변화를 상쇄시켜 일정한 회전 속도를 유지한다.

2 십자형 자재 이음(훅 조인트)

① 요크, 스파이더, 4 조의 니들 롤러 베어링으로 구성되어 있다.
② 구조가 간단하고 동력 전달이 확실하다.
③ 각속도는 구동축이 등속운동을 하여도 피동축은 90°마다 증속과 감속이 반복하여 변동된다.
④ 동력전달 각도가 12~18° 이상 되면 진동이 발생되고 동력전달 효율이 저하된다.
⑤ 추진축 앞뒤에 각각 1 개의 자재 이음을 설치하면 속도의 변화를 상쇄시켜 일정한 회전 속도를 유지한다.
⑥ 구동축 요크와 피동축 요크의 방향은 동일 평면상에 있어야 진동이 방지된다.

3 슬립 이음(slip joint)

① 변속기 출력축 스플라인에 설치되어 추진축의 길이 방향에 변화를 주기 위함이다.
② 액슬축의 상하 운동에 의해 축 방향으로 길이가 변화되어 동력이 전달된다.

4 추진축이 진동하는 원인

① 니들 롤러 베어링의 파손 또는 마모되었다.
② 추진축이 휘었거나 밸런스 웨이트가 떨어졌다.
③ 슬립 조인트의 스플라인이 마모되었다.
④ 구동축과 피동축의 요크 방향이 틀리다.
⑤ 체결 볼트의 조임이 헐겁다.

5 출발 및 타행시 소음이 발생되는 원인

① 구동축과 피동축의 요크의 방향이 다르다.
② 추진축의 밸런스 웨이트가 떨어졌다.
③ 추진축의 센터 베어링이 마모되었다.
④ 니들 롤러 베어링이 파손 또는 마모되었다.
⑤ 슬립 조인트의 스플라인이 마모되었다.
⑥ 체결 볼트의 조임이 헐겁다.

02 종감속 기어장치

1 종감속 기어(final drive gear)의 역할

① 회전력을 직각 또는 직각에 가까운 각도로 바꾸어 차축에 전달한다.
② 최종적으로 속도를 감속하여 회전력을 증대시킨다.

그림 종감속 및 차동기어 장치

2 종감속비

① 종감속비는 중량, 등판 성능, 엔진의 출력, 가속 성능 등에 따라 결정된다.
② 종감속비가 크면 등판 성능 및 가속 성능은 향상된다.
③ 종감속비가 적으면 가속 성능 및 등판 성능은 저하된다.

④ 종감속비는 나누어지지 않는 값으로 정하여 이의 마멸을 고르게 한다.

3 차동기어 장치

① 래크와 피니언 기어의 원리를 이용하여 좌우 바퀴의 회전수를 변화시킨다.
② 선회시에 **양쪽 바퀴가 미끄러지지 않고 원활하게 선**회할 수 있도록 한다.
③ 회전할 때 **바깥쪽 바퀴의 회전수를 빠르게** 한다.
④ 요철 노면을 주행할 경우 양쪽 바퀴의 회전수를 변화시킨다.

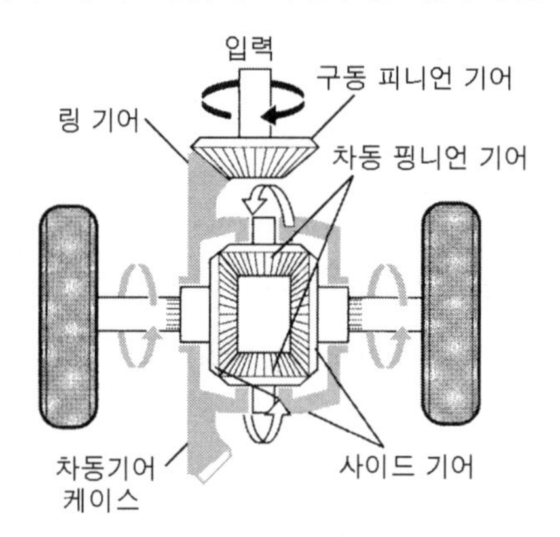

그림 차동 기어 장치

4 차축(액슬축)

① 액슬축은 종감속기어 및 차동기어 장치에서 전달된 동력을 구동바퀴에 전달하는 역할을 한다.
② 안쪽 끝 부분의 스플라인은 사이드 기어 스플라인에 결합되어 있다.
③ 바깥쪽 끝 부분은 구동 바퀴와 결합되어 있다.
④ 액슬축을 지지하는 방식은 **반부동식, 3/4 부동식, 전부동식**으로 분류된다.

출제 예상 문제

01 **변속기와 종감속기어 사이의 구동 각도에 변화를 줄 수 있는 동력전달 기구로 옳은 것은?**

① 슬립이음 ② 자재이음
③ 스태빌라이저 ④ 크로스 멤버

해설
자재이음(유니버설 조인트)은 두 축 간의 충격 완화와 각도 변화를 융통성 있게 동력 전달하는 기구이다.

02 **십자축 자재이음을 추진축 앞뒤에 둔 이유를 가장 적합하게 설명한 것은?**

① 추진축의 진동을 방지하기 위하여
② 회전 각속도의 변화를 상쇄하기 위하여
③ 추진축의 굽음을 방지하기 위하여
④ 길이의 변화를 다소 가능케 하기 위하여

해설
십자축 자재이음은 각도 변화를 주는 부품이며, 추진축 앞뒤에 둔 이유는 회전 각속도의 변화를 상쇄하기 위함이다.

03 **유니버설 조인트 중에서 훅형(십자형) 조인트가 가장 많이 사용되는 이유가 아닌 것은?**

① 구조가 간단하다.
② 급유가 불필요하다.
③ 큰 동력의 전달이 가능하다.
④ 작동이 확실하다.

해설
훅형(십자형) 조인트를 많이 사용하는 이유는 구조가 간단하고, 작동이 확실하며, 큰 동력의 전달이 가능하기 때문이다. 그리고 훅형 조인트에는 그리스를 급유하여야 한다.

04 **드라이브 라인에 슬립 이음을 사용하는 이유는?**

① 회전력을 직각으로 전달하기 위해
② 출발을 원활하게 하기 위해
③ 추진축의 길이 방향에 변화를 주기 위해
④ 추진축의 각도변화에 대응하기 위해

해설
드라이브 라인에 슬립이음을 사용하는 이유는 추진축의 길이 방향에 변화를 주기 위함이다.

05 **동력전달장치에서 추진축의 길이의 변동을 흡수하도록 되어 있는 장치는?**

① 슬립이음 ② 자재이음
③ 2중 십자이음 ④ 차축

06 **타이어식 건설장비에서 추진축의 스플라인부가 마모되면 어떤 현상이 발생하는가?**

① 차동기어의 물림이 불량하다.
② 클러치 페달의 유격이 크다.
③ 가속 시 미끄럼 현상이 발생한다.
④ 주행 중 소음이 나고 차체에 진동이 있다.

해설
추진축의 스플라인부분이 마모되면 주행 중 소음이 나고 차체에 진동이 발생한다.

07 **슬립이음이나 유니버설 조인트에 윤활 주입으로 가장 좋은 것은?**

① 유압유 ② 기어 오일
③ 그리스 ④ 엔진 오일

해설
슬립이음이나 유니버설 조인트에 주입하는 윤활유는 그리스이다.

01.② 02.② 03.② 04.③ 05.① 06.④ 07.③

08 타이어식 건설기계의 동력 전달장치에서 추진축의 밸런스 웨이트에 대한 설명으로 맞는 것은?

① 추진축의 비틀림을 방지한다.
② 추진축의 회전수를 높인다.
③ 변속조작 시 변속을 용이하게 한다.
④ 추진축의 회전 시 진동을 방지한다.

해설
밸런스 웨이트는 추진축이 회전할 때 진동을 방지하는 역할을 한다.

09 동력전달 계통에서 최종적으로 구동력 증가시키는 것은?

① 트랙 모터 ② 종감속 기어
③ 스프로켓 ④ 변속기

해설
종감속 기어는 동력전달 계통에서 최종적으로 구동력 증가시킨다.

10 엔진에서 발생한 회전동력을 바퀴까지 전달할 때 마지막으로 감속작용을 하는 것은?

① 클러치
② 트랜스미션
③ 프로펠러 샤프트
④ 파이널 드라이브 기어

해설
파이널 드라이브 기어(종감속 기어)는 엔진의 동력을 바퀴까지 전달할 때 마지막으로 감속하여 전달한다.

11 종감속비에 대한 설명으로 맞지 않는 것은?

① 종감속비는 링 기어 잇수를 구동피니언 잇수로 나눈 값이다.
② 종감속비가 크면 가속성능이 향상된다.
③ 종감속비가 적으면 등판능력이 향상된다.
④ 종감속비는 나누어서 떨어지지 않는 값으로 한다.

해설
종감속비가 적으면 가속성능 및 등판성능은 저하된다.

12 동력전달장치에 사용되는 차동기어 장치에 대한 설명으로 틀린 것은?

① 선회할 때 좌·우 구동바퀴의 회전속도를 다르게 한다.
② 선회할 때 바깥쪽 바퀴의 회전속도를 증대시킨다.
③ 보통 차동기어 장치는 노면의 저항을 작게 받는 구동바퀴가 더 많이 회전하도록 한다.
④ 엔진의 회전력을 크게 하여 구동바퀴에 전달한다.

해설
엔진의 회전력을 크게 하여 구동바퀴에 전달하는 장치는 변속기와 종감속 기어이다.

13 타이어식 장비에서 커브를 돌 때 장비의 회전을 원활히 하기 위한 장치로 맞는 것은?

① 차동장치 ② 최종 감속기어
③ 변속기 ④ 유니버설 조인트

14 하부 추진체가 휠로 되어 있는 건설기계 장비로 커브를 돌 때 선회를 원활하게 해주는 장치는?

① 변속기 ② 차동장치
③ 최종 구동장치 ④ 트랜스퍼 케이스

해설
차동장치는 타이어형 건설기계에서 선회할 때 바깥쪽 바퀴의 회전속도를 안쪽 바퀴보다 빠르게 하여 커브를 돌 때 선회를 원활하게 해주는 작용을 한다.

15 액슬축과 액슬 하우징의 조합 방법에서 액슬축의 지지방식이 아닌 것은?

① 전부동식 ② 반부동식
③ 3/4 부동식 ④ 1/4 부동식

해설
① **전부동식** : 차량의 하중을 하우징이 모두 받고, 액슬축은 동력만을 전달하는 형식
② **반부동식** : 액슬축에서 1/2, 하우징이 1/2정도의 하중을 지지하는 형식
③ **3/4부동식** : 액슬축이 동력을 전달함과 동시에 차량 하중의 1/4을 지지하는 형식

08.④ 09.② 10.④ 11.③ 12.④ 13.① 14.② 15.④

CHAPTER 2

변속장치의 구조와 기능

01 클러치

1 클러치의 기능

① 클러치는 엔진과 변속기 사이에 설치되어 있다.

② 엔진의 동력을 변속기에 전달하거나 차단하는 역할을 한다.

2 클러치의 필요성

① 시동 시 엔진을 무부하 상태로 유지하기 위하여 필요하다.

② 엔진의 동력을 차단하여 기어 변속이 원활하게 이루어지도록 한다.

③ 엔진의 동력을 차단하여 자동차의 관성 주행이 되도록 한다.

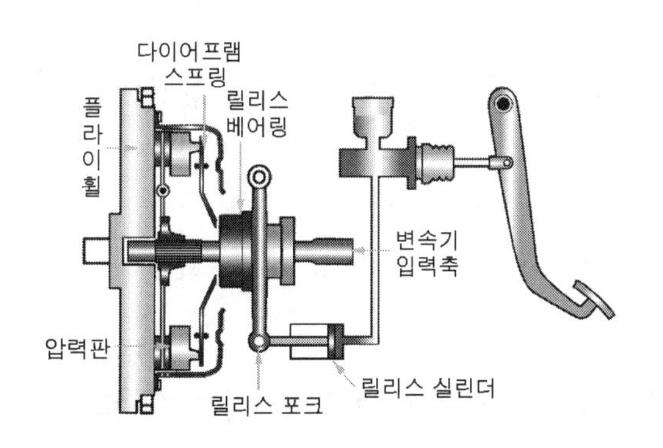

그림 동력 전달할 때

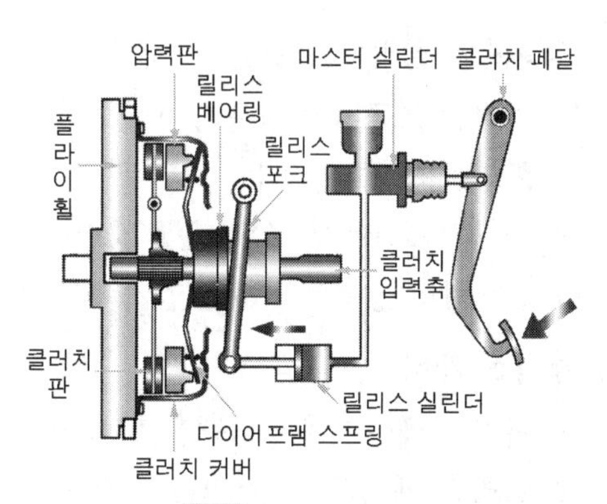

그림 동력 차단할 때

3 클러치의 구비 조건

① 동력의 차단이 신속하고 확실할 것.

② 동력의 전달을 시작할 경우에는 미끄러지면서 서서히 전달될 것.

③ 클러치가 접속된 후에는 미끄러지는 일이 없을 것.

④ 회전 부분은 동적 및 정적 평형이 좋을 것.

⑤ 회전 관성이 적을 것.

⑥ 방열이 양호하고 과열되지 않을 것.

⑦ 구조가 간단하고 고장이 적을 것.

4 클러치의 구성

(1) 클러치 라이닝의 구비조건

① 고온에 견디고 내마모성이 우수하여야 한다.

② 알맞은 마찰계수를 갖추어야 한다.

③ 온도 변화에 의한 마찰 계수의 변화가 적을 것.

④ 기계적 강도가 커야 한다.

(2) 클러치 판(clutch disc)

① 플라이휠과 압력판 사이에 설치되어 마찰력으로 변속기에 동력을 전달한다.

② 중앙부의 허브 스플라인은 변속기 입력축 스플라인과 결합되어 있다.

③ 비틀림 코일(댐퍼) 스프링은 클러치판이 플라이휠에 접속될 때 회전충격을 흡수한다.

④ 쿠션 스프링은 클러치판의 변형, 편마모, 파손을 방지한다.

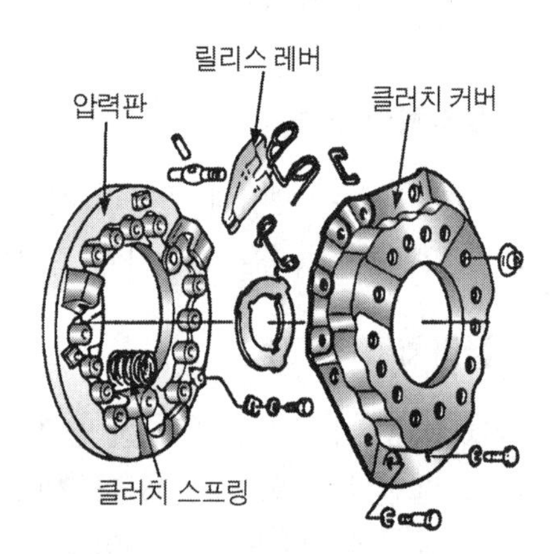

그림 코일 스프링형식 클러치 구조

(3) 압력판과 클러치 스프링

① 압력판은 클러치 판을 밀어서 엔진 플라이 휠에 압착시키는 역할을 하며, 플라이휠과 항상 같이 회전한다.

② 클러치 스프링은 압력판에 강력한 힘이 발생되도록 한다.

③ 스프링의 장력이 약하면 급가속시 엔진의 회전수는 상승해도 차속이 증속되지 않는다.

(4) 릴리스 레버

① 릴리스 베어링에서 압력을 받아 압력판을 클러치판으로부터 분리시키는 역할을 한다.

② 릴리스 레버 높이 차이가 있으면 동력전달시 진동을 발생한다.

③ 클러치가 연결되어 있을 때 릴리스 베어링과 릴리스 레버가 분리되어 있다.

(5) 릴리스 베어링

① 클러치 페달을 밟아 동력을 차단할 때 작동한다.

② 릴리스 포크에 의해 축방향으로 이동되어 회전중인 릴리스 레버를 누르는 역할을 한다.

③ 릴리스 베어링은 영구 주유식으로 볼 베어링형, 앵귤러 접촉형, 카본형이 있다.

④ 릴리스 베어링은 액체의 세척제로 세척하면 그리스가 용융되어 사용할 수 없다.

5 다이어프램식 클러치의 특징

① 압력판에 작용하는 압력이 균일하다.
② 부품이 원판형이기 때문에 평형을 잘 이룬다.
③ 고속 회전시에 원심력에 의한 스프링 장력의 변화가 없다.
④ 클러치판이 어느 정도 마멸되어도 압력판에 가해지는 압력의 변화가 적다.
⑤ 클러치 페달을 밟는 힘이 적게 든다.
⑥ 구조와 다루기가 간단하다.

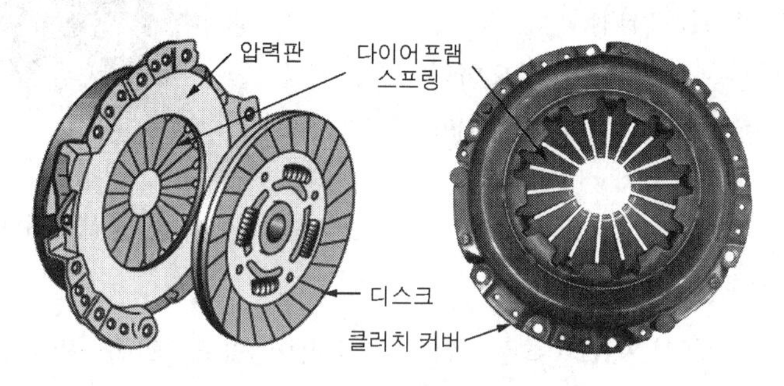

그림 다이어프램식 클러치 구조

6 클러치 페달의 자유간극

① 클러치 페달을 놓았을 때 릴리스 베어링과 릴리스 레버 사이의 간극
② 릴리스 베어링은 동력을 차단할 때 이외에는 접촉되어서는 안된다.
③ 페달 자유유격은 일반적으로 20~30mm 정도로 조정한다.
④ **자유간극이 작으면** : 릴리스 베어링이 마멸되고 슬립이 발생되어 클러치판이 소손된다.
⑤ **자유간극이 크면** : 클러치 페달을 밟았을 때 동력의 차단이 불량하게 된다.

7 클러치가 미끄러지는 원인

① 클러치 페달의 유격이 작다.
② 클러치판에 오일이 묻었다.
③ 클러치 스프링의 장력이 작다.
④ 클러치 스프링의 자유고가 감소되었다.
⑤ 클러치 판 또는 압력판이 마멸되었다.

8 클러치 페달을 밟았을 때 소음의 원인

① 릴리스 베어링이 마모되었다.
② 파일럿 베어링이 마모되었다.
③ 클러치 허브 스플라인이 마모되었다.

9 클러치 차단이 불량한 원인

① 클러치 페달의 유격이 크다.
② 릴리스 포크가 마모되었다.
③ 릴리스 실린더 컵이 소손되었다.
④ 유압 장치에 공기가 혼입되었다.

02 수동 변속기

1 변속기의 필요성 및 역할

① 엔진의 회전력을 증대시키기 위하여 필요하다.
② 엔진을 시동할 때 무부하 상태로 있게 하기 위하여 필요하다.
③ 자동차의 후진을 위하여 필요하다.
④ 주행 조건에 알맞은 회전력으로 바꾸는 역할을 한다.

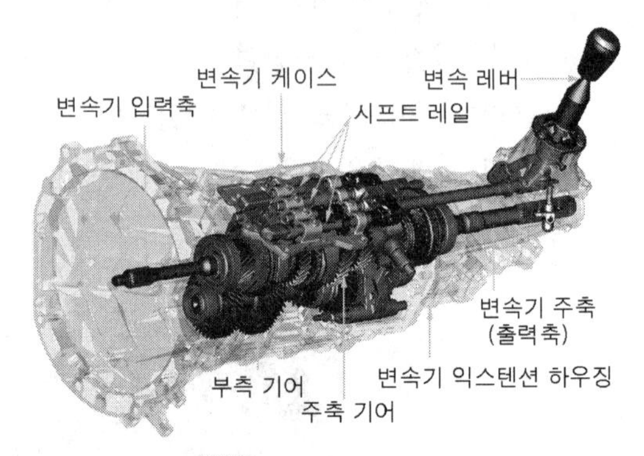

그림 변속기의 구조

2 변속기의 구비조건

① 단계 없이 연속적으로 변속될 것
② 조작이 쉽고, 민속, 확실, 정숙하게 행해질 것
③ 전달 효율이 좋을 것
④ 소형 경량이고 고장이 없으며, 다루기 쉬울 것

3 변속기 조작기구

① 로킹 볼과 스프링 : 주행 중 물려 있는 기어가 빠지는 것을 방지한다.
② 인터록 : 기어의 이중 물림을 방지한다.

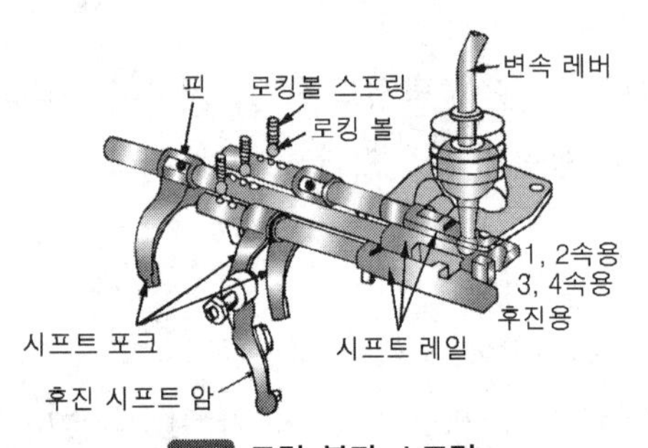

그림 로킹 볼과 스프링

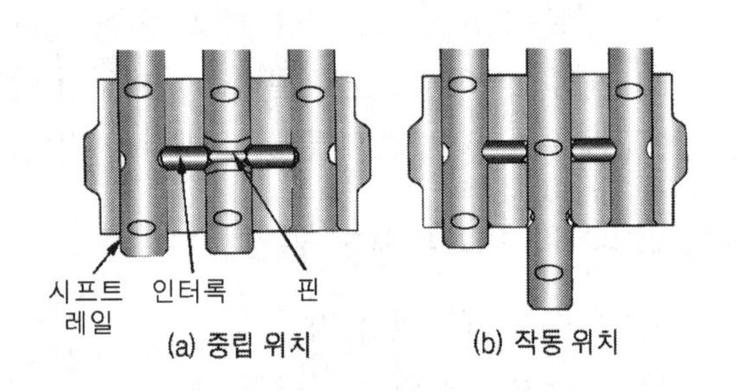

그림 인터록

4 주행 중 기어가 빠지는 원인

① 록킹 볼 스프링의 장력이 작다.
② 기어의 마모가 심하다.
③ 록킹 볼이 마멸 되었다.
④ 기어가 충분히 물리지 않았다.

5 변속기에서 마찰음이 발생되는 원인

① 변속기 기어의 마모
② 변속기 베어링의 마모
③ 변속기 오일의 부족
④ 변속기 기어의 백래시 과다

03 토크 컨버터

1 유체 클러치의 구조

① 펌프 : 크랭크축에 연결되어 엔진이 회전하면 유체 에너지를 발생한다.
② 터빈 : 변속기 입력축 스플라인에 접속되어 유체 에너지에 의해 회전한다.
③ 가이드 링 : 유체의 와류를 감소시키는 역할을 한다.
④ 펌프와 터빈의 날개는 방사선상(레이디얼)으로 배열되어 있다.
⑤ 펌프와 터빈의 회전속도가 같을 때 토크 변환율은 1 : 1 이다.

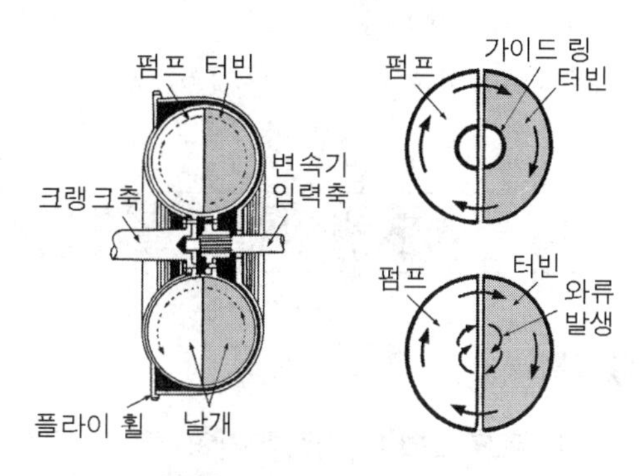

그림 유체 클러치의 구조

2 토크 컨버터의 구조

① 펌프 : 크랭크축에 연결되어 엔진이 회전하면 유체 에너지를 발생한다.
② 터빈 : 입력축 스플라인에 접속되어 유체 에너지에 의해 회전한다.
③ 스테이터 : 오일의 흐름 방향을 바꾸어 회전력을 증대시킨다.
④ 날개는 어떤 각도를 두고 와류형으로 배열되어 있다.
⑤ 토크 변환율은 2~3 : 1 이며, 동력 전달 효율은 97~98%이다.

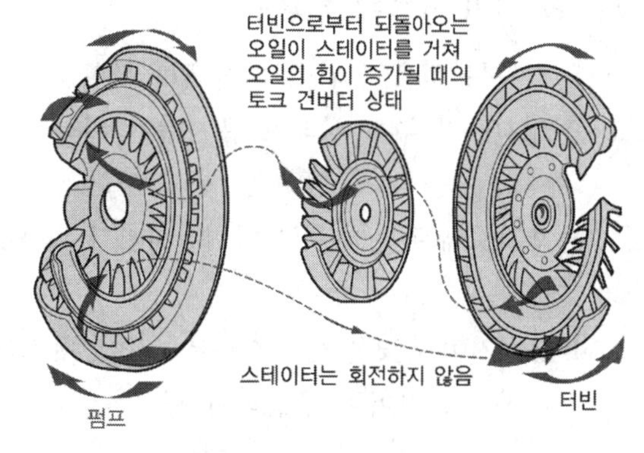

그림 토크 컨버터의 구조

3 토크 컨버터의 특징

① 유체가 완충 작용을 하기 때문에 운전 중 소음이 없다.
② 주행 상태에 따라 자동적으로 회전력이 변화 된다.
③ 기계적인 마모가 없고 자동차의 출발이 유연하다.
④ 자동차의 출발 시 충격에 의해 엔진이 정지되지 않는다.
⑤ 마찰 클러치에 비하여 연료의 소비량이 많다.
⑥ 엔진의 회전력에 의한 충격과 회전 진동을 유체에 의해 흡수 및 감쇠 된다.
⑦ 자동차의 전부하 출발 시에도 최대 회전력이 발생된다.

⑧ 클러치의 설치 공간을 작게 할 수 있다.

4 토크 컨버터 오일의 구비조건

① 점도가 낮을 것　② 비중이 클 것　③ 착화점이 높을 것
④ 내산성이 클 것　⑤ 유성이 좋을 것　⑥ 비점이 높을 것
⑦ 융점이 낮을 것　⑧ 윤활성이 클 것

04 자동 변속기

1 개요

① **토크 컨버터, 유성 기어 유닛, 유압 제어 장치**로 구성되어 있다.
② 각 요소의 제어에 의해 **변속시기, 변속의 조작**이 자동적으로 이루어진다.
③ 토크 컨버터는 연비를 향상시키기 위하여 **토크비가 작게 설정**되어 있다.
④ 토크 컨버터 내에 **댐퍼 클러치**가 설치되어 있다.

2 유성 기어 유닛의 필요성

① 큰 구동력을 얻기 위하여 필요하다.
② 엔진을 무부하 상태로 유지하기 위하여 필요하다.
③ 후진시에 구동 바퀴를 역회전시키기 위하여 필요하다.
④ 유성기어 유닛은 선 기어, 유성기어, 유성기어 캐리어, 링 기어로 구성되어 있다.

그림 유성 기어의 구조

3 자동변속기의 메인 압력이 떨어지는 이유

① 오일펌프 내 공기가 생성되고 있는 경우
② 오일 필터가 막힌 경우
③ 오일이 규정보다 부족한 경우

4 자동변속기의 과열 원인

① 메인 압력이 규정보다 높은 경우
② 과부하 운전을 계속하는 경우
③ 오일이 규정량보다 적은 경우
④ 변속기 오일 쿨러가 막힌 경우

출제 예상 문제

01 엔진과 변속기 사이에 설치되어 동력의 차단 및 전달의 기능을 하는 것은?

① 변속기　　② 클러치
③ 추진축　　④ 차축

해설
클러치는 엔진과 변속기 사이에 설치되어 있으며, 엔진의 동력을 변속기에 전달하거나 차단하는 역할을 한다.

02 클러치의 필요성으로 틀린 것은?

① 전·후진을 위해
② 관성운동을 하기 위해
③ 기어 변속 시 기관의 동력을 차단하기 위해
④ 기관 시동 시 기관을 무부하 상태로 하기 위해

해설
클러치의 필요성
① 시동 시 엔진을 무부하 상태로 유지하기 위하여 필요하다.
② 엔진의 동력을 차단하여 기어 변속이 원활하게 이루어지도록 한다.
③ 엔진의 동력을 차단하여 자동차의 관성 주행이 되도록 한다.

03 기계식 변속기가 장착된 건설기계 장비에서 클러치 사용방법으로 가장 올바른 것은?

① 클러치 페달에 항상 발을 올려놓는다.
② 저속 운전 시에만 발을 올려놓는다.
③ 클러치 페달은 변속시에만 밟는다.
④ 클러치 페달은 커브 길에서만 밟는다.

해설
클러치 페달은 엔진을 시동 및 제동하는 경우와 변속할 때에만 밟는다.

04 수동변속기에서 클러치의 구성품에 해당되지 않는 것은?

① 클러치 디스크
② 릴리스 레버
③ 어저스팅 암
④ 릴리스 베어링

해설
클러치는 클러치 디스크, 압력판, 릴리스 레버, 클러치 스프링, 릴리스 포크, 릴리스 베어링 등으로 구성되어 있다.

05 플라이휠과 압력판 사이에 설치되고 클러치 축을 통하여 변속기로 동력을 전달하는 것은?

① 클러치 스프링
② 릴리스 베어링
③ 클러치 판
④ 클러치 커버

해설
클러치 판은 플라이휠과 압력판 사이에 설치되며, 클러치 축을 통하여 변속기로 동력을 전달한다.

06 클러치 라이닝의 구비조건 중 틀린 것은?

① 내마멸성, 내열성이 적을 것
② 알맞은 마찰계수를 갖출 것
③ 온도에 의한 변화가 적을 것
④ 내식성이 클 것

해설
클러치 라이닝의 구비조건
① 고온에 견디고 내마모성이 우수하여야 한다.
② 알맞은 마찰계수를 갖추어야 한다.
③ 온도 변화에 의한 마찰 계수의 변화가 적을 것.
④ 기계적 강도가 커야 한다.

01.② 02.① 03.③ 04.③ 05.③ 06.①

07 기계식 변속기가 설치된 건설기계에서 클러치 판의 비틀림 코일 스프링의 역할은?

① 클러치 판이 더욱 세게 부착되도록 한다.
② 클러치 작동 시 충격을 흡수한다.
③ 클러치의 회전력을 증가시킨다.
④ 클러치 압력판의 마멸을 방지한다.

해설
비틀림 코일(댐퍼) 스프링은 클러치 판이 플라이휠에 접속될 때 회전 충격을 흡수하는 역할을 한다.

08 휠 구동식 건설기계의 수동변속기에서 클러치 판 댐퍼 스프링의 역할은?

① 클러치 브레이크 역할을 한다.
② 클러치 접속 시 회전충격을 흡수한다.
③ 클러치 판에 압력을 가한다.
④ 클러치 분리가 잘 되도록 한다.

09 클러치 디스크의 편 마멸, 변형, 파손 등의 방지를 위해 설치하는 스프링은?

① 쿠션 스프링
② 댐퍼 스프링
③ 편심 스프링
④ 압력 스프링

해설
쿠션 스프링은 클러치판의 변형, 편마모, 파손을 방지한다.

10 클러치 판(clutch plate)의 변형을 방지하는 것은?

① 압력판(pressure plate)
② 쿠션(cushion) 스프링
③ 토션(torsion) 스프링
④ 릴리스 레버 스프링

11 클러치에서 압력판의 역할로 맞는 것은?

① 클러치 판을 밀어서 플라이휠에 압착시키는 역할을 한다.
② 제동역할을 위해 설치한다.
③ 릴리스 베어링의 회전을 용이하게 한다.
④ 엔진의 동력을 받아 속도를 조절한다.

해설
압력판은 클러치 판을 밀어서 엔진 플라이휠에 압착시키는 역할을 하며, 플라이휠과 항상 같이 회전한다.

12 기관의 플라이휠과 항상 같이 회전하는 부품은?

① 압력판　　② 릴리스 베어링
③ 클러치 축　　④ 디스크

13 기계식 변속기가 장착된 건설기계에서 클러치 스프링의 장력이 약하면 어떤 현상이 발생되는가?

① 주행속도가 빨라진다.
② 기관의 회전속도가 빨라진다.
③ 기관이 정지한다.
④ 클러치가 미끄러진다.

해설
클러치 스프링은 압력판과 클러치 커버 사이에 설치되어 압력 판에 강력한 힘이 발생되도록 한다. 스프링의 장력이 약하면 클러치 판을 미는 힘이 약하여 클러치가 미끄러진다.

14 기계식 변속기의 클러치에서 릴리스 베어링과 릴리스 레버가 분리되어 있을 때로 맞는 것은?

① 클러치가 연결되어 있을 때
② 접촉하면 안 되는 것으로 분리되어 있을 때
③ 클러치가 분리되어 있을 때
④ 클러치가 연결, 분리되어 있을 때

해설
클러치 페달을 밟으면 클러치 릴리스 베어링이 릴리스 레버를 눌러 클러치를 분리시킨다.

정답 07.② 08.② 09.① 10.② 11.① 12.① 13.④ 14.①

15 수동식 변속기가 장착된 장비에서 클러치 페달에 유격을 두는 이유는?

① 클러치 용량을 크게 하기 위해
② 클러치의 미끄럼을 방지하기 위해
③ 엔진 출력을 증가시키기 위해
④ 제동성능을 증가시키기 위해

해설
클러치 페달에 유격을 두는 이유는 클러치의 미끄럼을 방지하기 위함이다.

16 기계식 변속기가 장착된 건설기계 장비에서 클러치가 미끄러지는 원인으로 맞는 것은?

① 클러치 페달의 유격이 크다.
② 릴리스 레버가 마멸되었다.
③ 클러치 압력판 스프링이 약해졌다.
④ 파일럿 베어링이 마멸되었다.

해설
클러치가 미끄러지는 원인
① 클러치 페달의 유격이 작다.
② 클러치판에 오일이 묻었다.
③ 클러치 스프링의 장력이 작다.
④ 클러치 스프링의 자유고가 감소되었다.
⑤ 클러치 판 또는 압력판이 마멸되었다.

17 수동식 변속기 건설기계를 운행 중 급가속 시켰더니 기관의 회전은 상승하는데 차속이 증속되지 않았다. 그 원인에 해당되는 것은?

① 클러치 파일럿 베어링의 파손
② 릴리스 포크의 마모
③ 클러치 페달의 유격 과대
④ 클러치 디스크 과대 마모

해설
주행 중 급가속을 할 때 엔진의 회전은 상승하는데 차속이 증속되지 않는 원인은 클러치 디스크가 과대 마모되어 클러치가 미끄러지기 때문이다.

18 클러치 페달을 밟을 때 클러치에서 소음이 나는 원인으로 맞는 것은?

① 디스크 페이싱에 오일이 묻었을 때
② 릴리스 베어링이 윤활부족 및 파손 시
③ 디스크 페이싱 과도한 마모 시
④ 릴리스 레버 높이가 서로 틀릴 경우

해설
클러치 페달을 밟았을 때 소음의 원인
① 릴리스 베어링이 마모되었다.
② 파일럿 베어링이 마모되었다.
③ 클러치 허브 스플라인이 마모되었다.

19 수동식 변속기가 장착된 건설장비에서 클러치가 끊어지지 않는 원인으로 맞는 것은?

① 클러치 페달의 유격이 너무 크다.
② 클러치 페달의 유격이 작다.
③ 클러치 디스크의 마모가 많다.
④ 압력판의 마모가 많다

해설
클러치 차단이 불량한 원인
① 클러치 페달의 유격이 크다.
② 릴리스 포크가 마모되었다.
③ 릴리스 실린더 컵이 소손되었다.
④ 유압 장치에 공기가 혼입되었다.

20 변속기의 필요성과 관계가 먼 것은?

① 기관의 회전력을 증대시킨다.
② 시동 시 장비를 무부하 상태로 한다.
③ 장비의 후진 시 필요하다.
④ 환향을 빠르게 한다.

해설
변속기의 필요성 및 역할
① 엔진의 회전력을 증대시키기 위하여 필요하다.
② 엔진을 시동할 때 무부하 상태로 있게 하기 위하여 필요하다.
③ 자동차의 후진을 위하여 필요하다.
④ 주행 조건에 알맞은 회전력으로 바꾸는 역할을 한다.

정답 15.② 16.③ 17.④ 18.② 19.① 20.④

21 건설기계에서 변속기의 구비조건으로 가장 적합한 것은?

① 대형이고, 고장이 없어야 한다.
② 조작이 쉬우므로 신속할 필요는 없다.
③ 연속적 변속에는 단계가 있어야 한다.
④ 전달효율이 좋아야 한다.

해설
변속기의 구비조건
① 단계 없이 연속적으로 변속될 것.
② 조작이 쉽고, 민속, 확실, 정숙하게 행해질 것.
③ 전달 효율이 좋을 것.
④ 소형 경량이고 고장이 없으며, 다루기 쉬울 것.

22 변속기의 록킹 볼이 마멸되면 어떻게 되는가?

① 변속할 때 소리가 난다.
② 변속 레버의 유격이 크게 된다.
③ 기어가 이중으로 물린다.
④ 기어가 빠지기 쉽다.

해설
록킹 볼과 스프링은 주행 중 물려 있는 기어가 빠지는 것을 방지한다. 록킹 볼이 마멸되거나 스프링 장력이 약하면 기어가 빠지기 쉽다.

23 수동변속기가 장착된 건설기계에서 기어의 이중 물림을 방지하는 장치는?

① 인젝션 장치
② 인터쿨러 장치
③ 인터록 장치
④ 인터널 기어장치

해설
인터록 장치는 시프트 레일 홈 사이에 인터록 볼을 설치하여 변속 중 기어가 이중으로 물리는 것을 방지하는 역할을 한다.

24 토크 컨버터의 3대 구성요소가 아닌 것은?

① 오버런링 클러치
② 스테이터
③ 펌프
④ 터빈

해설
토크 컨버터는 엔진과 함께 회전하는 펌프, 변속기 입력축에 연결되어 동력을 전달하는 터빈, 펌프와 터빈 사이에 설치되어 오일의 흐름 방향을 바꾸는 스테이터로 구성되어 있다.

25 토크 컨버터 동력전달 매체로 맞는 것은?

① 클러치 판 ② 유체
③ 벨트 ④ 기어

해설
토크 컨버터는 유체 클러치에 스테이터를 추가로 설치하여 회전력을 증대시키며, 엔진에서 전달되는 동력을 유체의 운동 에너지로 변환시킨다.

26 토크 컨버터 구성 요소 중 엔진에 의해 직접 구동되는 것은?

① 터빈
② 펌프
③ 스테이터
④ 가이드 링

해설
토크 컨버터의 구조
① **펌프** : 크랭크축에 연결되어 엔진이 회전하면 유체 에너지를 발생한다.
② **터빈** : 입력축 스플라인에 접속되어 유체 에너지에 의해 회전한다.
③ **스테이터** : 오일의 흐름 방향을 바꾸어 회전력을 증대시킨다.

27 토크 컨버터의 오일의 흐름 방향을 바꾸어 주는 것은?

① 펌프
② 터빈
③ 변속기축
④ 스테이터

해설
스테이터는 펌프와 터빈 사이에 배치되어 오일의 흐름 방향을 바꾸어 회전력을 증대시킨다.

정답 21.④ 22.④ 23.③ 24.① 25.② 26.② 27.④

28 **토크 컨버터에 대한 설명으로 맞는 것은?**

① 구성품 중 펌프(임펠러)는 변속기 입력축과 기계적으로 연결되어 있다.
② 펌프, 터빈, 스테이터 등이 상호운동하여 회전력을 변환시킨다.
③ 엔진 속도가 일정한 상태에서 장비의 속도가 줄어들면 토크는 감소한다.
④ 구성품 중 터빈은 엔진의 크랭크축과 기계적으로 연결되어 구동된다.

해설

토크 컨버터의 구조 및 작용
① 펌프(임펠러), 터빈(러너), 스테이터 등이 상호운동하여 회전력을 변환시킨다.
② 펌프는 엔진의 크랭크축에, 터빈은 변속기 입력축과 연결되어 있다.
③ 스테이터는 펌프와 터빈사이의 오일 흐름방향을 바꾸어 회전력을 증대시킨다.
④ 토크 변환율은 2~3 : 1 이다.
⑤ 오일의 충돌에 의한 효율저하 방지를 위하여 가이드링을 둔다.
⑥ 엔진 속도가 일정한 상태에서 장비의 속도가 줄어들면 회전력은 증가한다.
⑦ 일정 이상의 과부하가 걸려도 엔진이 정지하지 않는다.
⑧ 마찰 클러치에 비해 연료 소비율이 더 높다.

29 **토크 컨버터 구성품 중 스테이터의 기능으로 옳은 것은?**

① 오일의 방향을 바꾸어 회전력을 증대시킨다.
② 토크 컨버터의 동력을 전달 또는 차단시킨다.
③ 오일의 회전속도를 감속하여 견인력을 증대시킨다.
④ 클러치판의 마찰력을 감소시킨다.

해설

스테이터는 펌프와 터빈사이의 오일 흐름 방향을 바꾸어 회전력을 증대시킨다.

30 **동력전달장치에서 토크 컨버터에 대한 설명 중 틀린 것은?**

① 조작이 용이하고 엔진에 무리가 없다.
② 기계적인 충격을 흡수하여 엔진의 수명을 연장한다.
③ 부하에 따라 자동적으로 변속한다.
④ 일정 이상의 과부하가 걸리면 엔진이 정지한다.

해설

유체가 완충 작용을 하기 때문에 운전 중 소음이 없으며, 일정 이상의 과부하가 걸려도 엔진은 정지되지 않는다.

31 **장비에 부하가 걸릴 때 토크 컨버터의 터빈 속도는 어떻게 되는가?**

① 빨라진다.
② 느려진다.
③ 일정하다.
④ 관계없다.

해설

장비에 부하가 걸릴 때 토크 컨버터의 터빈 속도는 느려진다.

32 **다음에서 토크 변환기 오일의 구비조건 중 알맞은 것은?**

① 점도가 낮을 것
② 비중이 작을 것
③ 착화점이 낮을 것
④ 비점이 낮을 것

해설

토크 컨버터 오일의 구비조건
① 점도가 낮을 것
② 비중이 클 것
③ 착화점이 높을 것
④ 내산성이 클 것
⑤ 유성이 좋을 것
⑥ 비점이 높을 것
⑦ 융점이 낮을 것
⑧ 윤활성이 클 것

28.② 29.① 30.④ 31.② 32.①

33 **토크 컨버터가 설치된 기중기의 출발 방법은?**

① 저·고속 레버를 저속위치로 하고 클러치 페달을 밟는다.
② 클러치 페달을 조작할 필요 없이 가속페달을 서서히 밟는다.
③ 저·고속 레버를 저속위치로 하고 브레이크 페달을 밟는다.
④ 클러치 페달에서 서서히 발을 때면서 가속페달을 밟는다.

해설
토크 컨버터가 설치된 건설기계에는 클러치 페달이 없으므로 가속페달을 서서히 밟아 출발하면 된다.

34 **자동변속기의 구성품이 아닌 것은?**

① 토크 변환기
② 유압 제어장치
③ 싱크로메시 기구
④ 유성기어 유닛

해설
자동변속기는 토크 컨버터, 유성 기어 유닛, 유압 제어장치로 구성되어 있으며, 싱크로메시 기구는 수동 변속기의 구성 부품으로 변속 시에 동기작용의 기능을 한다.

35 **유성기어 장치의 주요 부품은?**

① 유성기어, 베벨기어, 선기어
② 선기어, 클러치기어, 헬리컬 기어
③ 유성기어, 베벨기어, 클러치 기어
④ 선기어, 유성기어, 링기어, 유성캐리어

해설
유성기어 장치의 주요 부품은 선기어, 유성기어, 링기어, 유성캐리어이다.

정답 33.② 34.③ 35.④

CHAPTER 3

조향 장치의 구조와 기능

1 조향 장치의 개요

① 건설기계의 주행 방향을 임의로 변환시키는 장치
② 조향 휠을 조작하면 앞바퀴가 향하는 위치가 변환되는 구조로 되어있다.
③ 조향 핸들, 조향 기어 박스, 링크 기구로 구성되어 있다.
④ **조향 조작력의 전달 순서** : 조향 핸들 → 조향 축 → 조향 기어 → 피트먼 암 → 드래그 링크 → 타이로드 → 조향 암 → 바퀴

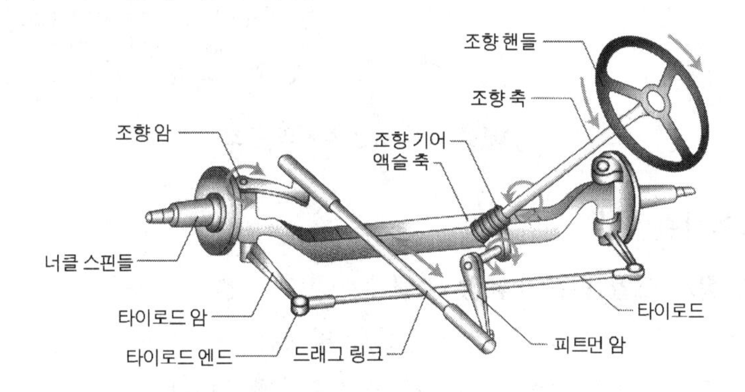

그림 조향 장치의 구성

2 조향 장치의 원리

① 조향 장치는 애커먼 장토식의 원리를 이용한 것이다.
② 직진 상태에서 좌우 타이로드 엔드의 중심 연장선이 뒤차축 중심점 에서 만난다.
③ 조향 핸들을 회전시키면 좌우 바퀴의 너클 스핀들 중심 연장선이 뒤차축 중심 연장선에서 만난다.
④ 앞바퀴는 어떤 선회 상태에서도 동심원을 그리며 선회한다.

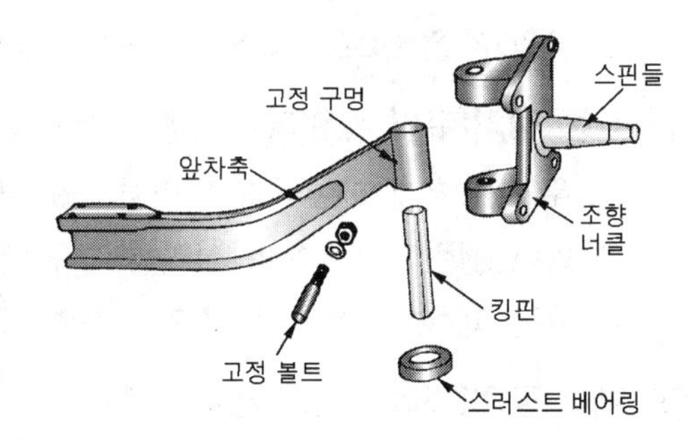

그림 차축과 조향 너클의 관계

⑤ 액슬 양 끝에는 조향 너클을 설치하기 위하여 킹핀을 끼우는 홈이 있다.
⑥ **조향 너클** : 킹핀을 중심으로 회전하여 조향 작용을 한다.

3 동력 조향 장치의 장점

① 작은 힘으로 조향 조작을 할 수 있다.

② 조향 기어비를 조작력에 관계없이 선정할 수 있다.

③ 굴곡 노면에서 충격을 흡수하여 핸들에 전달되는 것을 방지한다.

④ 조향 핸들의 시미 현상을 줄일 수 있다.

⑤ 노면에서 발생되는 충격을 흡수하기 때문에 킥 백을 방지할 수 있다.

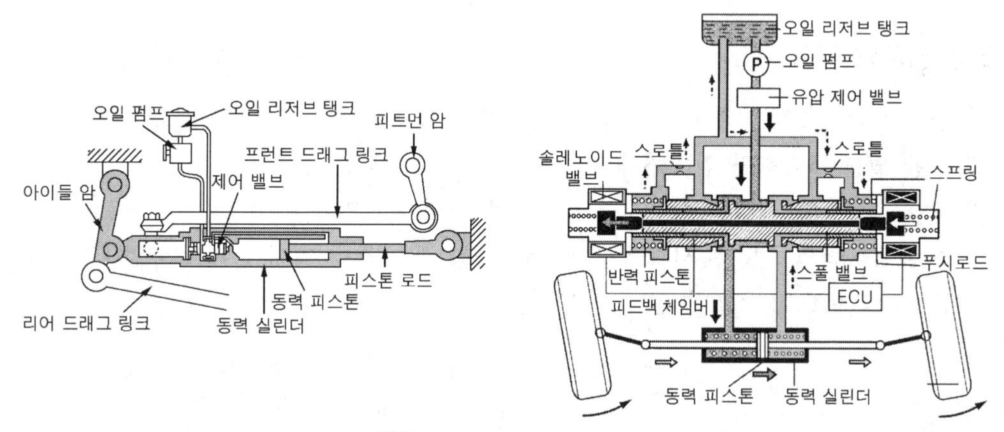

그림 동력 조향 장치의 구조

4 동력 조향장치의 구조

(1) 동력 발생 장치(오일 펌프 – 유압 발생)

① 조향 조작력을 증대시키기 위한 유압을 발생한다.

② 오일 펌프 : 엔진에 의해 회전하여 유압을 발생시킨다.

③ 유압 조절 밸브 : 오일 펌프에서 발생된 유압을 라인 압력으로 일정하게 유지시키는 역할을 한다.

④ 유량 조절 밸브 : 작동 장치에 공급되는 유량을 제어 하는 역할을 한다.

(2) 작동 장치(유압 실린더 – 작동 부분)

① 유압을 기계적 에너지로 변환시켜 바퀴에 조향력을 발생한다.

② 동력 실린더 : 2개의 실린더로 구성되어 유압이 공급되면 배력 작용을 한다.

③ 동력 피스톤 : 배력 작용으로 동력 실린더를 좌우로 움직여 조향 링키지에 전달한다.

(3) 제어 장치(제어 밸브 – 제어부분)

① 동력 발생 장치에서 작동 장치로 공급되는 오일 통로를 개폐시키는 역할을 한다.

② 조향 휠에 의해 컨트롤 밸브가 오일 통로를 개폐하여 동력 실린더의 작동 방향을 제어한다.

③ 유압 계통에 고장이 발생된 경우 수동으로 조작할 수 있도록 안전 첵 밸브가 설치되어 있다.

5 조향바퀴 얼라인먼트

(1) 앞바퀴 정렬의 필요성

① 조향 핸들의 조작을 작은 힘으로 쉽게 할 수 있도록 한다.
② 조향 핸들의 조작을 확실하게 하고 안전성을 준다.
③ 진행 방향을 변환시키면 조향 핸들에 복원성을 준다.
④ 선회 시 사이드슬립을 방지하여 타이어의 마멸을 최소로 한다.
⑤ 얼라인먼트의 요소 : 캠버, 캐스터, 토인, 킹핀 경사각

(2) 캠버(camber)

앞바퀴를 앞에서 보았을 때 타이어 중심선이 수선에 대해 어떤 각도를 두고 설치되어 있는 상태를 말하며, 필요성은 다음과 같다.

① 조향 핸들의 조작을 가볍게 한다.
② 수직 방향의 하중에 의한 앞 차축의 휨을 방지한다.
③ 하중을 받았을 때 바퀴의 아래쪽이 바깥쪽으로 벌어지는 것을 방지한다.
④ 토(Toe)와 관련성이 있다.

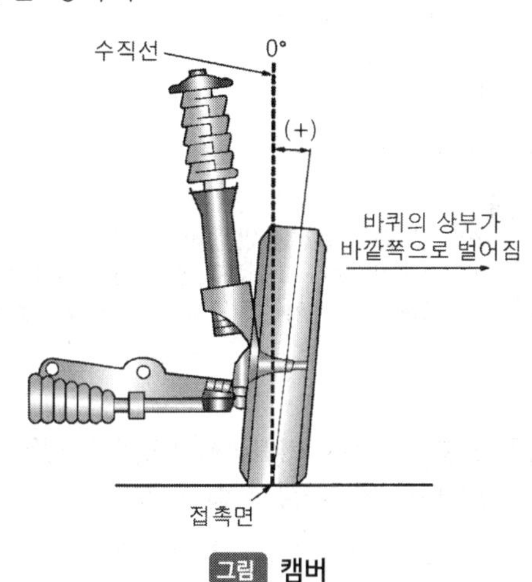

그림 캠버

(3) 캐스터(caster)

① 앞바퀴를 옆에서 보았을 때 킹핀의 중심선이 수선에 대해 어떤 각도를 두고 설치되어 있는 상태
② 캐스터의 효과는 정의 캐스터에서만 얻을 수 있다.

(4) 토인(toe-in)

앞바퀴를 위에서 보았을 때 좌우 타이어 중심선간의 거리가 앞쪽이 뒤쪽보다 좁은 것으로 보통 2~6mm 정도가 좁다. 토인의 필요성은 다음과 같다.

① 앞바퀴를 평행하게 회전시킨다.
② 앞바퀴가 옆 방향으로 미끄러지는 것을 방지한다.
③ 타이어의 이상 마멸을 방지한다.
④ 조향 링키지의 마멸에 의해 토 아웃됨을 방지한다.
⑤ 토인은 반드시 직진상태에서 측정해야 한다.
⑥ 토인은 타이로드 길이로 조정한다.

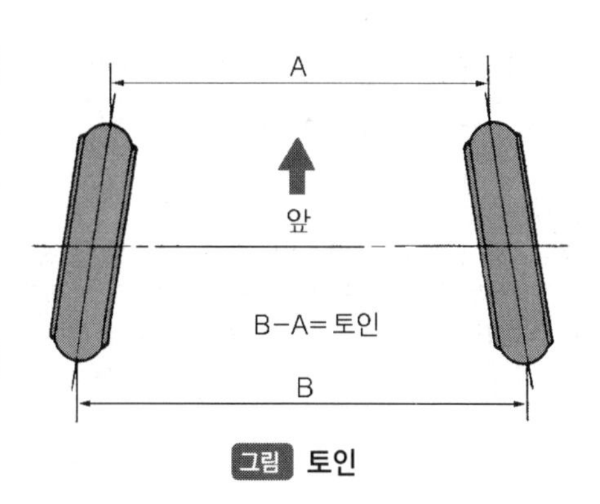

그림 토인

chapter 03

출제 예상 문제

01 **건설기계 장비의 조향장치 원리는 무슨 형식인가?**

① 애커먼 장토식
② 포토래스형
③ 전부동식
④ 빌드업형

해설
조향 장치는 선회하는 안쪽 바퀴의 조향각을 바깥쪽 바퀴의 조향각보다 크게 하여 동심원을 그리며 선회할 수 있도록 하는 애커먼 장토식의 원리를 이용한 것이다.

02 **조향 핸들에서 바퀴까지의 조작력 전달순서로 다음 중 가장 적합한 것은?**

① 핸들→피트먼 암→드래그 링크→조향기어→타이로드→조향 암→바퀴
② 핸들→드래그 링크→조향기어→피트먼 암→타이로드→조향 암→바퀴
③ 핸들→조향 암→조향기어→드래그 링크→피트먼 암→타이로드→바퀴
④ 핸들→조향기어→피트먼 암→드래그 링크→타이로드→조향 암→바퀴

해설
조향 조작력의 전달순서는 핸들→조향축→조향기어→피트먼 암→드래그 링크→타이로드→조향암→바퀴

03 **조향기구 장치에서 앞 액슬과 너클 스핀들을 연결하는 것은?**

① 타이로드
② 스티어링 암
③ 드래그 링크
④ 킹핀

해설
액슬 양 끝에는 조향 너클을 설치하기 위하여 킹핀을 끼우는 홈이 있다.

04 **동력 조향 장치의 장점으로 적합하지 않은 것은?**

① 작은 조작력으로 조향 조작을 할 수 있다.
② 조향 기어비는 조작력에 관계없이 선정할 수 있다.
③ 굴곡 노면에서의 충격을 흡수하여 조향 핸들에 전달되는 것을 방지한다.
④ 조작이 미숙하면 엔진이 자동으로 정지된다.

해설
동력 조향 장치의 장점
① 작은 힘으로 조향 조작을 할 수 있다.
② 조향 기어비를 조작력에 관계없이 선정할 수 있다.
③ 굴곡 노면에서 충격을 흡수하여 핸들에 전달되는 것을 방지한다.
④ 조향 핸들의 시미 현상을 줄일 수 있다.
⑤ 노면에서 발생되는 충격을 흡수하기 때문에 킥 백을 방지할 수 있다.

정답 01.① 02.④ 03.④ 04.④

05 **동력 조향장치의 장점과 거리가 먼 것은?**

① 작은 조작력으로 조향 조작이 가능하다.
② 조향 핸들의 시미현상을 줄일 수 있다.
③ 설계・제작 시 조향 기어비를 조작력에 관계없이 선정할 수 있다.
④ 조향 핸들의 유격 조정이 자동으로 되어 볼 조인트의 수명이 반영구적이다.

06 **조향 핸들의 조작을 가볍게 하는 방법으로 틀린 것은?**

① 저속으로 주행한다.
② 바퀴의 정렬을 정확히 한다.
③ 동력 조향을 사용한다.
④ 타이어의 공기압을 높인다.

해설
조향 핸들의 조작을 가볍게 하는 방법
① 타이어의 공기압을 적정 압력으로 높인다.
② 앞바퀴 정렬을 정확히 한다.
③ 조향 휠을 크게 한다.
④ 동력 조향장치를 사용한다.
⑤ 하중을 감소시킨다.
⑥ 조향기어 관계의 베어링을 잘 조정한다.

07 **타이어식 건설기계 장비에서 조향 핸들의 조작을 가볍고 원활하게 하는 방법과 가장 거리가 먼 것은?**

① 동력 조향을 사용한다.
② 바퀴의 정렬을 정확히 한다.
③ 타이어 공기압을 적정 압력으로 한다.
④ 종감속 장치를 사용한다.

08 **타이어식 건설기계에서 주행 중 조향 핸들이 한쪽으로 쏠리는 원인이 아닌 것은?**

① 타이어 공기압 불균일
② 브레이크 라이닝 간극 조정 불량
③ 베이퍼 록 현상 발생
④ 휠 얼라인먼트 조정 불량

해설
조향 핸들이 한쪽으로 쏠리는 원인
① 타이어 공기압이 불균일하다.
② 앞차축 한쪽의 스프링이 절손되었다.
③ 브레이크 라이닝 간극이 불균일하다.
④ 휠 얼라인먼트 조정이 불량하다.
⑤ 한쪽의 허브 베어링이 마모되었다.
⑥ 한쪽 쇽업소버의 작동이 불량하다.

09 **파워 스티어링에서 핸들이 매우 무거워 조작하기 힘든 상태일 때의 원인으로 맞는 것은?**

① 바퀴가 습지에 있다.
② 조향 펌프에 오일이 부족하다.
③ 볼 조인트의 교환시기가 되었다.
④ 핸들 유격이 크다.

해설
동력 조향 핸들의 조작이 무거운 원인
① 유압계통 내에 공기가 유입되었다.
② 타이어의 공기 압력이 너무 낮다.
③ 오일이 부족하거나 유압이 낮다.
④ 조향 펌프(오일 펌프)의 회전속도가 느리다.
⑤ 오일 펌프의 벨트가 파손되었다.
⑥ 오일 호스가 파손되었다.

10 **조향 핸들의 조작이 무거운 원인으로 틀린 것은?**

① 유압유 부족 시
② 타이어 공기압 과다 주입 시
③ 앞바퀴 휠 얼라인먼트 조정불량 시
④ 유압계통 내에 공기혼입 시

11 **타이어식 건설기계 주행 중 동력 조향 핸들의 조작이 무거운 이유가 아닌 것은?**

① 유압이 낮다.
② 호스나 부품 속에 공기가 침입했다.
③ 오일펌프의 회전이 빠르다.
④ 오일이 부족하다.

정답 05.④ 06.① 07.④ 08.③ 09.② 10.② 11.③

12 **타이어식 건설기계에서 앞바퀴 정렬의 역할과 거리가 먼 것은?**

① 브레이크의 수명을 길게 한다.
② 타이어 마모를 최소로 한다.
③ 방향 안정성을 준다.
④ 조향 핸들의 조작을 작은 힘으로 쉽게 할 수 있다.

해설
앞바퀴 정렬의 필요성
① 조향 핸들의 조작을 작은 힘으로 쉽게 할 수 있도록 한다.
② 조향 핸들의 조작을 확실하게 하고 안전성을 준다.
③ 진행 방향을 변환시키면 조향 핸들에 복원성을 준다.
④ 선회 시 사이드슬립을 방지하여 타이어의 마멸을 최소로 한다.

13 **타이어식 건설장비에서 조향바퀴의 얼라인먼트 요소와 관련 없는 것은?**

① 캠버 ② 캐스터
③ 토인 ④ 부스터

해설
조향 바퀴의 얼라인먼트의 요소는 캠버, 캐스터, 킹핀 경사각, 토인이다.

14 **앞바퀴 정렬 중 캠버의 필요성에서 가장 거리가 먼 것은?**

① 앞차축의 휨을 적게 한다.
② 조향 휠의 조작을 가볍게 한다.
③ 조향 시 바퀴의 복원력이 발생한다.
④ 토(Toe)와 관련성이 있다.

해설
캠버의 필요성
① 조향 핸들의 조작을 가볍게 한다.
② 수직 방향의 하중에 의한 앞 차축의 휨을 방지한다.
③ 하중을 받았을 때 바퀴의 아래쪽이 바깥쪽으로 벌어지는 것을 방지한다.
④ 토(Toe)와 관련성이 있다.

15 **타이어식 장비에서 캠버가 틀어졌을 때 가장 거리가 먼 것은?**

① 핸들의 쏠림 발생
② 로어 암 휨 발생
③ 타이어 트레드의 편마모 발생
④ 휠 얼라인먼트 점검 필요

해설
로어 컨트롤 암에 휨이 있으면 한쪽으로 기울어져 차량과 조향 핸들이 한쪽으로 쏠리는 현상이 발생한다.

16 **타이어식 건설기계의 휠 얼라인먼트에서 토인의 필요성이 아닌 것은?**

① 조향바퀴의 방향성을 준다.
② 타이어 이상 마멸을 방지한다.
③ 조향바퀴를 평행하게 회전시킨다.
④ 바퀴가 옆 방향으로 미끄러지는 것을 방지한다.

해설
토인의 필요성
① 앞바퀴를 평행하게 회전시킨다.
② 앞바퀴가 옆 방향으로 미끄러지는 것을 방지한다.
③ 타이어의 이상 마멸을 방지한다.
④ 조향 링키지의 마멸에 의해 토 아웃됨을 방지한다.

17 **타이어식 건설기계 장비에서 토인에 대한 설명으로 틀린 것은?**

① 토인은 반드시 직진상태에서 측정해야 한다.
② 토인은 직진성을 좋게 하고 조향을 가볍도록 한다.
③ 토인은 좌・우 앞바퀴의 간격이 앞보다 뒤가 좁은 것이다.
④ 토인 조정이 잘못되면 타이어가 편 마모된다.

해설
토인은 좌・우 앞바퀴의 간격이 뒤보다 앞이 좁은 상태이고, 앞보다 뒤가 좁은 상태는 토 아웃이다.

정답 12.① 13.④ 14.③ 15.② 16.① 17.③

CHAPTER 4

주행장치 구조와 기능

1 타이어 개요

① 타이어는 휠의 림에 설치되어 일체로 회전한다.
② 노면으로부터의 충격을 흡수하여 승차감을 향상시킨다.
③ 노면과 접촉하여 건설기계의 구동이나 제동을 가능하게 한다.

2 타이어의 사용 압력에 의한 분류

① 고압 타이어, 저압 타이어, 초저압 타이어로 분류한다.
② 타이어식 기중기에는 고압 타이어를 사용한다.

3 타이어의 구조

① **트레드** : 노면과 접촉되어 마모에 견디고 적은 슬립으로 견인력을 증대시킨다.
② **카커스** : 고무로 피복된 코드를 여러 겹 겹친 층에 해당되며, 타이어 골격을 이루는 부분이다.
③ **브레이커** : 노면에서의 충격을 완화하고 트레이드의 손상이 카커스에 전달되는 것을 방지한다.
④ **비드** : 타이어가 림과 접촉하는 부분이며, 비드부가 늘어나는 것을 방지하고 타이어가 림에서 빠지는 것을 방지한다.

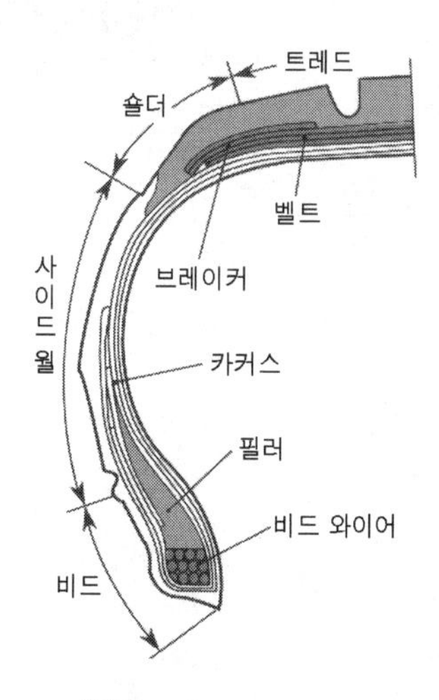

그림 타이어의 구조

4 튜브리스 타이어의 장점

① 고속 주행을 하여도 발열이 적다.
② 튜브가 없기 때문에 중량이 가볍다.
③ 못 같은 것이 박혀도 공기가 잘 새지 않는다.
④ 펑크의 수리가 간단하다

5 트레드 패턴의 필요성

① 타이어 내부의 열을 발산한다.
② 트레드에 생긴 절상 등의 확대를 방지한다.
③ 전진 방향의 미끄러짐이 방지되어 구동력을 향상시킨다.
④ 타이어의 옆 방향 미끄러짐이 방지되어 선회 성능이 향상된다.
⑤ **패턴과 관련 요소** : 제동력·구동력 및 견인력, 타이어의 배수 효과, 조향성·안정성 등이다.

6 타이어 호칭치수

① **저압 타이어** : 타이어 폭(inch) - 타이어 내경(inch) - 플라이 수
② **고압 타이어** : 타이어 외경(inch) × 타이어 폭(inch) - 플라이 수

그림 타이어의 호칭 치수

출제 예상 문제

01 사용 압력에 따른 타이어의 분류에 속하지 않는 것은?

① 고압 타이어　② 초고압 타이어
③ 저압 타이어　④ 초저압 타이어

해설
사용 압력에 따른 타이어의 분류에는 고압 타이어, 저압 타이어, 초저압 타이어가 있다.

02 타이어의 구조에서 직접 노면과 접촉되어 마모에 견디고 적은 슬립으로 견인력을 증대시키는 것의 명칭은?

① 비드(bead)
② 트레드(tread)
③ 카커스(carcass)
④ 브레이커(breaker)

해설
타이어의 구조
① **비드** : 타이어가 림에 부착된 상태를 유지시키는 역할을 한다.
② **트레드** : 노면과 접촉되어 마모에 견디고 적은 슬립으로 견인력을 증대시킨다.
③ **카커스** : 내부의 공기 압력을 받으며, 고무로 피복된 코드를 여러 겹 겹친 층으로 타이어의 골격을 이루는 부분이다.
④ **브레이커** : 노면에서의 충격을 완화하고 트레이드의 손상이 카커스에 전달되는 것을 방지한다.

03 타이어에서 고무로 피복 된 코드를 여러 겹으로 겹친 층에 해당되며 타이어 골격을 이루는 부분은?

① 카커스(carcass)부
② 트레드(tread)부
③ 숄더(should)부
④ 비드(bead)부

04 타이어에서 트레드 패턴과 관련 없는 것은?

① 제동력, 구동력 및 견인력
② 타이어의 배수효과
③ 편평률
④ 조향성, 안정성

해설
타이어 트레드 패턴의 필요성
① 타이어의 배수 효과를 위하여 필요하다.
② 타이어 내부의 열을 발산한다.
③ 제동력, 견인력, 구동력이 증가된다.
④ 조향성 및 안정성이 향상된다.

05 저압 타이어 호칭치수 표시는?

① 타이어의 외경 – 타이어의 폭 – 플라이 수
② 타이어의 폭 – 타이어의 내경 – 플라이 수
③ 타이어의 폭 – 림의 지름
④ 타이어 내경 – 타이어의 폭 – 플라이 수

해설
타이어 호칭치수
① **저압 타이어** : 타이어 폭(inch) – 타이어 내경(inch) – 플라이 수
② **고압 타이어** : 타이어 외경(inch) × 타이어 폭(inch) – 플라이 수

정답 01.② 02.② 03.① 04.③ 05.②

06 **타이어의 트레드에 대한 설명으로 가장 옳지 못한 것은?**

① 트레드가 마모되면 구동력과 선회능력이 저하된다.
② 트레드가 마모되면 지면과 접촉 면적이 크게 되어 마찰력이 크게 된다.
③ 타이어의 공기압이 높으면 트레드의 양단부보다 중앙부의 마모가 크다.
④ 트레드가 마모되면 열의 발산이 불량하게 된다.

해설
트레드가 마모되면 지면과의 마찰력이 감소된다.

07 **타이어식 건설기계의 타이어에서 저압 타이어의 안지름이 20인치, 바깥지름이 32인치, 폭이 12인치, 플라이 수가 18인 경우 표시방법은?**

① 20.00 - 32 - 18PR
② 20.00 - 12 - 18PR
③ 12.00 - 20 - 18PR
④ 32.00 - 12 - 18PR

해설
저압 타이어의 호칭치수는 타이어의 폭(인치) – 타이어의 내경(인치) – 플라이 수로 표기한다.

08 **타이어에 11.00 – 20 – 12PR 이란 표시 중 "11.00"이 나타내는 것은?**

① 타이어 외경을 인치로 표시한 것
② 타이어 폭을 센티미터로 표시한 것
③ 타이어 내경을 인치로 표시한 것
④ 타이어 폭을 인치로 표시한 것

해설
11.00–20–12PR에서 11.00은 타이어 폭(인치), 20은 타이어 내경(인치), 14PR은 플라이 수를 의미한다.

09 **타이어식 로더의 앞 타이어를 손쉽게 교환할 수 있는 방법은?**

① 뒤 타이어를 빼고 장비를 기울여서 교환한다.
② 버킷을 들고 작업을 한다.
③ 잭으로만 고인다.
④ 버킷을 이용하여 차체를 들고 잭을 고인다.

해설
앞 타이어를 교환할 때에는 버킷을 이용하여 차체를 들고 잭으로 고인 후 타이어를 교환한다.

10 **휠형 건설기계 타이어의 정비점검 중 틀린 것은?**

① 휠 너트를 풀기 전에 차체에 고임목을 고인다.
② 림 부속품의 균열이 있는 것은 재가공, 용접, 땜질, 열처리하여 사용한다.
③ 적절한 공구를 이용하여 절차에 맞춰 수행한다.
④ 타이어와 림의 정비 및 교환 작업은 위험하므로 반드시 숙련공이 한다.

해설
림 부속품의 균열이 있는 것은 교환하여야 한다.

정답 06.② 07.③ 08.④ 09.④ 10.②

CHAPTER 5

제동장치 구조와 기능

1 개요

① 주행 중인 건설기계를 감속 또는 정지시키는 역할을 한다.
② 건설기계의 주차 상태를 유지시키는 역할을 한다.
③ 건설기계의 운동에너지를 열에너지로 바꾸어 제동 작용을 한다.

2 구비 조건

① 최고 속도와 차량 중량에 대하여 항상 충분한 제동 작용을 할 것.
② 작동이 확실하고 효과가 클 것.
③ 신뢰성이 높고 내구성이 우수할 것.
④ 점검이나 조정하기가 쉬울 것.
⑤ 조작이 간단하고 운전자에게 피로감을 주지 않을 것.
⑥ 브레이크를 작동시키지 않을 때에는 각 바퀴의 회전에 방해되지 않을 것.

3 유압식 브레이크

① 브레이크 페달의 조작력에 의해 마스터 실린더에서 유압을 발생시킨다.
② 유압은 브레이크 파이프를 통하여 휠 실린더에 전달된다.
③ 휠 실린더는 유압에 의해 피스톤이 이동되어 브레이크슈가 확장되어 제동력을 발생시킨다.

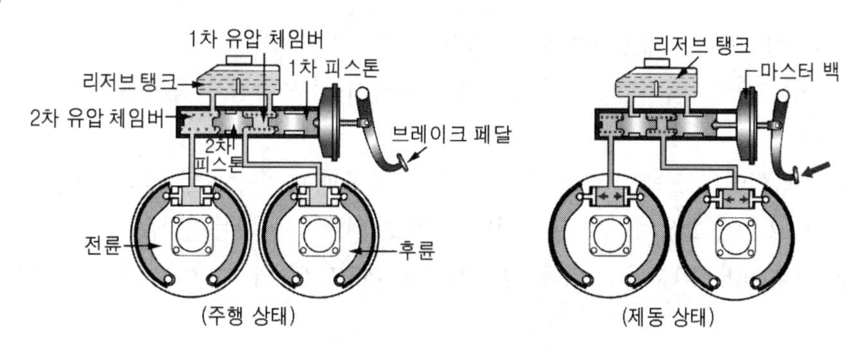

그림 유압식 브레이크의 구성

4 유압식 브레이크의 구조

① **마스터 실린더** : 브레이크 페달의 조작력을 유압으로 변환시킨다. 체크 밸브는 오일 라인에 잔압을 유지시키는 역할을 한다.
② **휠 실린더** : 마스터 실린더에서 유압을 받아 브레이크 슈를 압착시키는 역할을 한다.
③ **브레이크 슈** : 휠 실린더 피스톤에 의해 브레이크 드럼을 압착시키는 역할을 한다.
④ **브레이크 드럼** : 바퀴와 함께 회전하며, 브레이크 슈와 접촉되어 제동력을 발생시킨다.
⑤ **브레이크 파이프** : 마스터 실린더의 유압을 휠 실린더에 전달한다.

5 베이퍼 록

브레이크 회로 내의 오일이 비등·기화하여 오일의 압력전달 작용을 방해하는 현상이며 그 원인은 다음과 같다.
① 긴 내리막길에서 과도한 풋 브레이크를 사용하는 경우
② 브레이크 드럼과 라이닝의 끌림에 의해 가열되는 경우
③ 마스터 실린더, 브레이크슈 리턴 스프링 쇠손에 의한 잔압이 저하된 경우
④ 브레이크 오일 변질에 의한 비점의 저하 및 불량한 오일을 사용하는 경우

6 페이드 현상

브레이크를 연속하여 자주 사용하면 브레이크 드럼이 과열되어 마찰계수가 떨어지며, 브레이크가 잘 듣지 않는 것으로서 짧은 시간 내에 반복 조작이나 내리막길을 내려갈 때 브레이크 효과가 나빠지는 현상이며. 방지책으로는 다음과 같다.
① 드럼의 냉각성능을 크게 한다.
② 드럼은 열팽창률이 적은 재질을 사용한다.
③ 온도 상승에 따른 마찰계수 변화가 적은 라이닝을 사용한다.
④ 드럼의 열팽창률이 적은 형상으로 한다.

7 배력장치

① 작은 힘으로 큰 제동력을 얻기 위한 장치이다.
② 압축공기 또는 흡기다기관의 진공을 이용하여 더욱 강한 제동력을 얻게 하는 보조기구이다.
③ **진공식(하이드로 백)** : 엔진 흡기다기관의 진공과 대기압의 압력차를 이용한다. 배력 장치에 고장이 발생하여도 통상적인 유압 브레이크는 작동한다.
④ **공기식(에어 백)** : 공기 압축기의 압력과 대기압의 압력차를 이용한 것이다.

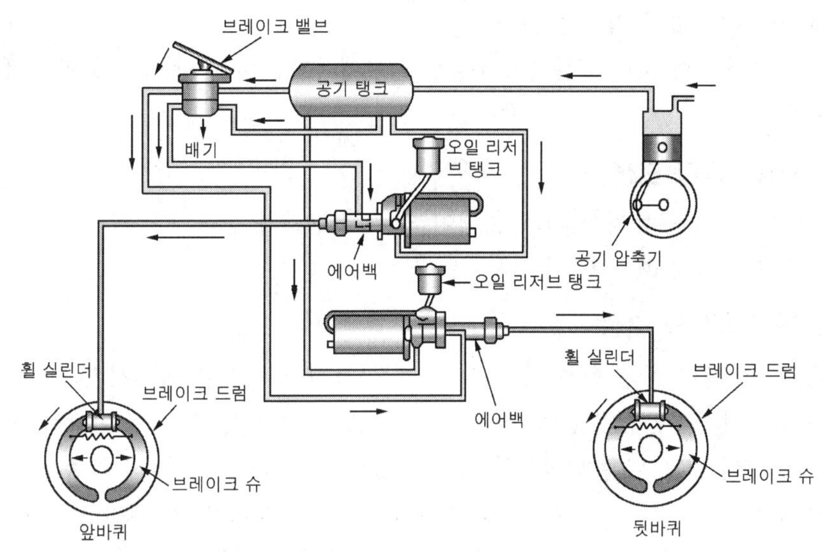

그림 압축 공기식 배력 장치의 구성

8 공기 브레이크

① 대형 차량에서 압축공기를 이용하여 제동력을 발생시키는 형식이다.

② 브레이크 페달을 밟으면 압축공기가 캠을 이용하여 브레이크 슈를 드럼에 압착시켜 제동력을 발생한다.

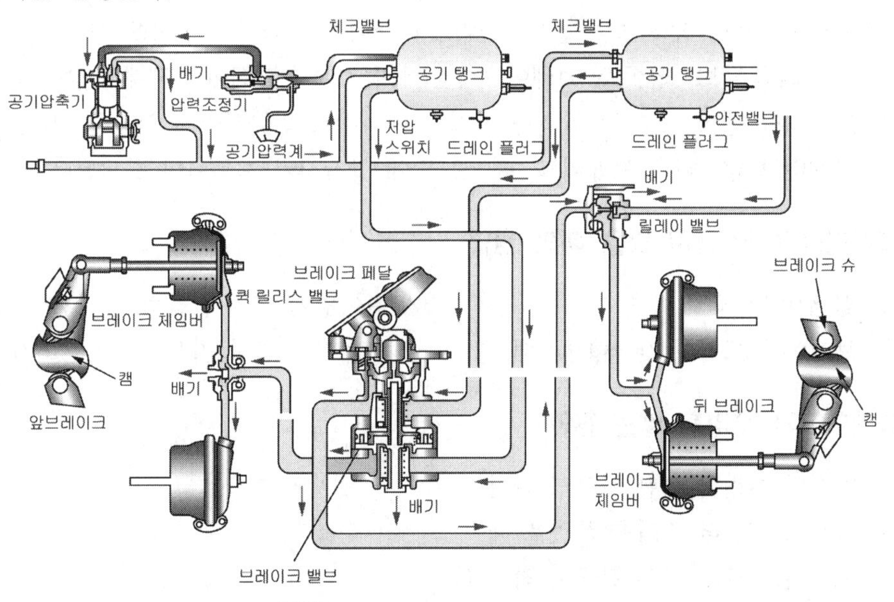

그림 공기식 브레이크의 구성

(1) 공기 브레이크의 장점

① 자동차 중량에 제한을 받지 않는다.

② 공기가 다소 누출되어도 제동 성능이 현저하게 저하되지 않는다.

③ 베이퍼록의 발생 염려가 없다.

④ 페달 밟는 양에 따라 제동력이 조절된다(브레이크는 페달 밟는 힘에 의해 제동력이 비례한다.)

(2) 공기 브레이크의 단점

① 공기 압축기 구동에 엔진의 출력이 일부 소모된다.

② 구조가 복잡하고 값이 비싸다.

(3) 압축 공기 계통의 구성

① **공기 압축기** : 엔진 회전 속도의 1/2로 구동되어 공기를 압축시키는 역할을 한다.

㉮ 언로더 밸브 : 공기 압축기의 흡입 밸브에 설치되어 규정 압력 이상이 된 압축 공기가 언로더 밸브 위쪽에 작용하여 언로더 밸브를 열어 압축기의 압축작용이 정지된다.

㉯ 압력 조절 밸브 : 공기 탱크 내의 압력을 5~7kg/cm²로 유지시킨다.

② **압축 공기 탱크** : 사이드 멤버에 설치되어 압축 공기를 저장하는 역할을 한다.

㉮ 안전 밸브 : 공기 탱크 내의 압력이 상승하여 9.7kg/cm²에 이르면 밸브가 열려 대기 중으로 방출하여 탱크 내의 압력을 5~7kg/cm²으로 유지한다.

㉯ 첵 밸브 : 공기 탱크 입구 부근에 설치되어 압축 공기의 역류를 방지하는 역할을 한다.

㉰ 드레인 콕 : 자동차를 주행 후 압축 공기 탱크의 수분을 배출시키는 역할을 한다.

③ **브레이크 밸브** : 제동시 압축 공기를 앞 브레이크 챔버와 릴레이 밸브에 공급된다.

④ **릴레이 밸브** : 압축 공기를 뒤 브레이크 챔버에 공급하는 역할을 한다.

⑤ **퀵 릴리스 밸브** : 양쪽 앞 브레이크 챔버에 설치되어 브레이크 해제시 압축 공기를 배출

⑥ **브레이크 챔버** : 공기의 압력을 기계적 에너지로 변환시키는 역할을 한다.

⑦ **브레이크 캠** : 좌우 브레이크 슈를 드럼에 압착시켜 제동력이 발생된다.

9 브레이크가 잘 듣지 않을 때의 원인

① 휠 실린더 오일 누출

② 라이닝에 오일이 묻었을 때

③ 브레이크 드럼의 간극이 클 때

④ 브레이크 페달 자유 간극이 클 때

10 브레이크가 풀리지 않는 원인

① 마스터 실린더 리턴 포트의 막힘

② 마스터 실린더 컵이 부풀었을 때

③ 브레이크 페달 자유 간극이 적을 때

④ 브레이크 페달 리턴 스프링이 불량할 때

⑤ 마스터 실린더 리턴 스프링이 불량할 때

⑥ 라이닝이 드럼에 소결되었을 때

⑦ 푸시로드를 길게 조정하였을 때

chapter 05 출제 예상 문제

01 제동장치의 구비조건 중 틀린 것은?

① 작동이 확실하고 잘되어야 한다.
② 신뢰성과 내구성이 뛰어나야 한다.
③ 점검 및 조정이 용이해야 한다.
④ 마찰력이 작아야 한다.

해설
제동장치의 구비 조건
① 점검 및 조정이 용이해야 한다.
② 작동이 확실하고 잘되어야 한다.
③ 신뢰성과 내구성이 뛰어나야 한다.
④ 최고 속도와 차량 중량에 대하여 항상 충분한 제동 작용을 할 것.
⑤ 조작이 간단하고 운전자에게 피로감을 주지 않을 것.

02 브레이크 오일이 비등하여 송유 압력의 전달 작용이 불가능하게 되는 현상은?

① 페이드 현상
② 베이퍼록 현상
③ 사이클링 현상
④ 브레이크 록 현상

해설
베이퍼록 현상은 브레이크 회로 내의 오일이 비등・기화하여 송유 압력의 전달이 불가능하게 되는 현상이다.

03 타이어식 건설기계 장비의 브레이크 파이프 내에 베이퍼 록이 생기는 원인이다. 관계없는 것은?

① 드럼의 과열
② 지나친 브레이크 조작
③ 잔압의 저하
④ 라이닝과 드럼의 간극 과대

04 브레이크 장치의 베이퍼 록 발생 원인이 아닌 것은?

① 긴 내리막길에서 과도한 브레이크 사용
② 엔진 브레이크를 장시간 사용
③ 드럼과 라이닝의 끌림에 의한 가열
④ 오일의 변질에 의한 비등점의 저하

해설
베이퍼 록이 발생하는 원인
① 지나친 브레이크 조작
② 드럼의 과열 및 잔압의 저하
③ 긴 내리막길에서 과도한 브레이크 사용
④ 라이닝과 드럼의 간극 과소
⑤ 오일의 변질에 의한 비점 저하
⑥ 불량한 오일 사용
⑦ 드럼과 라이닝의 끌림에 의한 가열

05 긴 내리막길을 내려갈 때 베이퍼 록을 방지하려고 하는 좋은 운전방법은?

① 변속 레버를 중립으로 놓고 브레이크 페달을 밟고 내려간다.
② 시동을 끄고 브레이크 페달을 밟고 내려간다.
③ 엔진 브레이크를 사용한다.
④ 클러치를 끊고 브레이크 페달을 계속 밟고 속도를 조정하면서 내려간다.

해설
경사진 내리막길을 내려갈 때 브레이크 페달을 밟고 내려가면 마찰열이 발생되어 베이퍼 록이 발생하기 때문에 엔진 브레이크를 사용하여 베이퍼 록을 방지하여야 한다.

정답 01.④ 02.② 03.④ 04.② 05.③

06 브레이크를 연속하여 자주 사용하면 브레이크 드럼이 과열되어 마찰계수가 떨어지고 브레이크가 잘 듣지 않는 것으로 짧은 시간 내에 반복 조작이나, 내리막길을 내려갈 때 브레이크 효과가 나빠지는 현상은?

① 자기작동
② 페이드
③ 하이드로 플래닝
④ 와전류

해설
페이드 현상은 브레이크 라이닝 및 드럼에 마찰열이 축적되어 마찰계수 저하로 제동력이 감소되는 현상이다.

07 제동장치의 페이드 현상 방지책으로 틀린 것은?

① 드럼의 냉각성능을 크게 한다.
② 드럼은 열팽창률이 적은 재질을 사용한다.
③ 온도 상승에 따른 마찰계수 변화가 큰 라이닝을 사용한다.
④ 드럼의 열팽창률이 적은 형상으로 한다.

해설
페이드 현상 방지책
① 드럼의 냉각성능을 크게 한다.
② 드럼은 열팽창률이 적은 재질을 사용한다.
③ 온도 상승에 따른 마찰계수 변화가 적은 라이닝을 사용한다.
④ 드럼의 열팽창률이 적은 형상으로 한다.

08 운행 중 브레이크에 페이드 현상이 발생했을 때 조치방법은?

① 브레이크 페달을 자주 밟아 열을 발생시킨다.
② 운행속도를 조금 올려준다.
③ 운행을 멈추고 열이 식도록 한다.
④ 주차 브레이크를 대신 사용한다.

해설
운행 중 페이드 현상이 발생했을 때는 운행을 멈추고 브레이크 드럼 및 라이닝의 마찰열이 식도록 하여야 한다.

09 브레이크에서 하이드로 백에 관한 설명으로 틀린 것은?

① 대기압과 흡기다기관 부압과의 차를 이용하였다.
② 하이드로 백에 고장이 나면 브레이크가 전혀 작동이 안 된다.
③ 외부에 누출이 없는데도 브레이크 작동이 나빠지는 것은 하이드로 백 고장일 수도 있다.
④ 하이드로 백은 브레이크 계통에 설치되어 있다.

해설
배력식 브레이크 장치의 하이드로 백에 고장이 발생되더라도 브레이크가 작동되도록 설계되어 있다.

10 공기 브레이크에 사용되는 공기 압력은 얼마인가?

① 3～4kg/cm²
② 5～7kg/cm²
③ 10～12kg/cm²
④ 15～20kg/cm²

해설
압축 공기 탱크 내의 공기 압력을 5～7kg/cm²으로 유지하기 위해 안전 밸브가 설치되어 있다.

11 공기 브레이크에 해당하지 않는 부품은?

① 릴레이 밸브 ② 브레이크 밸브
③ 브레이크 챔버 ④ 하이드로 에어백

해설
하이드로 에어백은 공기식 배력장치로 공기 압축기의 압력과 대기압의 압력차를 이용하여 제동력을 증대시키는 역할을 한다.

12 공기 브레이크에서 공기압을 기계적 운동으로 바꾸어 주는 장치는?

① 브레이크 챔버(brake chamber)
② 브레이크 밸브(brake valve)
③ 퀵 릴리스 밸브(quick release valve)
④ 브레이크 캠(brake cam)

정답 06.② 07.③ 08.③ 09.② 10.② 11.④ 12.①

해설

공기 브레이크 부품의 기능

① **브레이크 챔버** : 공기의 압력을 기계적 에너지로 변환시키는 역할을 한다.
② **브레이크 밸브** : 제동 시 압축 공기를 앞 브레이크 챔버와 릴레이 밸브에 공급한다.
③ **퀵 릴리스 밸브** : 양쪽 앞 브레이크 챔버에 설치되어 브레이크 해제 시 압축 공기를 배출한다.
④ **브레이크 캠** : 좌우 브레이크 슈를 드럼에 압착시켜 제동력이 발생된다.

13 공기 브레이크에서 제동력을 크게 하기 위하여 조정해야 할 밸브는?

① 안전 밸브 ② 압력 조정 밸브
③ 첵 밸브 ④ 언로더 밸브

해설

공기 브레이크 부품의 기능

① **안전 밸브** : 공기 탱크 내의 압력이 상승하여 9.7kg/cm²에 이르면 밸브가 열려 대기 중으로 방출하여 탱크 내의 압력을 5~7kg/cm²으로 유지한다.
② **압력 조정 밸브** : 공기 탱크 내의 압력을 5~7kg/cm²로 유지시킨다.
③ **첵 밸브** : 공기 탱크 입구 부근에 설치되어 압축 공기의 역류를 방지하는 역할을 한다.
④ **언로더 밸브** : 공기 압축기의 흡입 밸브에 설치되어 규정 압력 이상이 된 압축 공기가 언로더 밸브 위쪽에 작용하여 언로더 밸브를 열어 압축기의 압축작용을 정지시킨다.

14 공기 브레이크에서 브레이크 슈를 직접 작동시키는 것은?

① 릴레이 밸브
② 브레이크 페달
③ 캠
④ 유압

해설

공기 브레이크에서 브레이크 페달을 밟으면 압축 공기는 브레이크 체임버에서 변화된 기계적 에너지가 푸시로드를 통하여 레버에 전달되어 캠이 좌우 브레이크 슈를 드럼에 압착시켜 제동력이 발생된다.

15 자동차의 공기 브레이크 장치 취급 시 유의사항 중 틀린 것은?

① 라이닝의 교환은 반드시 세트(조)로 한다.
② 매일 공기 압축기의 물을 빼낸다.
③ 발차할 때는 규정 공기압을 확인한 다음 출발해야 한다.
④ 길고 급한 내리막길을 내려갈 때 반 브레이크를 사용한다.

해설

길고 급한 내리막길을 내려갈 때는 공기 브레이크와 엔진 브레이크나 배기 브레이크를 겸용하여 사용하면서 내려가야 한다.

16 브레이크가 잘 작동되지 않을 때의 원인으로 가장 거리가 먼 것은?

① 라이닝에 오일이 묻었을 때
② 휠 실린더 오일이 누출되었을 때
③ 브레이크 페달 자유간극이 작을 때
④ 브레이크 드럼의 간극이 클 때

해설

브레이크가 잘 듣지 않을 때의 원인

① 휠 실린더 오일 누출
② 라이닝에 오일이 묻었을 때
③ 브레이크 드럼의 간극이 클 때
④ 브레이크 페달 자유 간극이 클 때

17 유압식 브레이크 장치에서 제동이 잘 풀리지 않는 원인에 해당되는 것은?

① 브레이크 오일 점도가 낮기 때문
② 파이프내의 공기의 침입
③ 첵 밸브의 접촉 불량
④ 마스터 실린더의 리턴구멍 막힘

해설

브레이크가 풀리지 않는 원인

① 마스터 실린더 리턴 포트의 막힘
② 마스터 실린더 컵이 부풀었을 때
③ 브레이크 페달 자유 간극이 적을 때
④ 브레이크 페달 리턴 스프링이 불량할 때
⑤ 마스터 실린더 리턴 스프링이 불량할 때
⑥ 라이닝이 드럼에 소결되었을 때
⑦ 푸시로드를 길게 조정하였을 때

정답 13.② 14.③ 15.④ 16.③ 17.④

장비구조 및 점검

PART 4

유압장치

CHAPTER 1

유압 펌프 구조와 기능

1 유압 펌프의 기능

원동기의 기계적 에너지를 유압 에너지로 변환한다.

2 유압 펌프의 종류

(1) 기어 펌프

1) 기어 펌프의 특징

① 외접과 내접기어 방식이 있다.
② 유압유 속에 기포 발생이 적고 오염에 비교적 강하다.
③ 구조가 간단하고 흡입 성능이 우수하다.
④ 소음과 토출량의 맥동(진동)이 비교적 크고, 효율이 낮다.
⑤ 정용량형로 펌프의 회전속도가 변화하면 흐름 용량이 바뀐다.
⑥ 트로코이드 펌프는 내·외측 로터로 구성되어 있다.

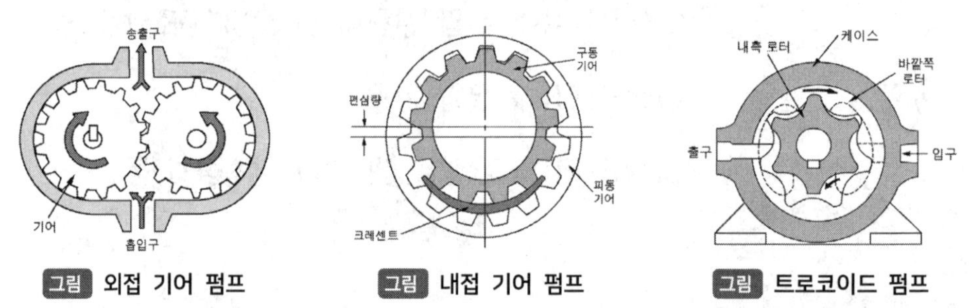

그림 외접 기어 펌프 그림 내접 기어 펌프 그림 트로코이드 펌프

2) 기어 펌프의 장점 및 단점

① 기어 펌프의 장점
- 구조가 간단하다.
- 흡입 저항이 작아 공동 현상 발생이 적다.
- 고속회전이 가능하다.
- 가혹한 조건에 잘 견딘다.

② 기어 펌프의 단점

- 토출량의 맥동이 커 소음과 진동이 크다.
- 수명이 비교적 짧다.
- 대용량의 펌프로 하기가 곤란하다.
- 초고압에는 사용이 곤란하다.

3) 기어 펌프의 폐입 현상(폐쇄 작용)

① **폐입 현상**이란 토출된 유량의 일부가 입구 쪽으로 복귀하는 현상
② 펌프의 토출량이 감소하고 펌프를 구동하는 동력이 증가된다.
③ 펌프 케이싱이 마모되고 기포가 발생된다.
④ 폐입된 부분의 기름은 압축이나 팽창을 받는다.
⑤ 폐입 현상은 소음과 진동의 원인이 된다.
⑥ 펌프 측판(side plate)에 홈을 만들어 방지한다.

(2) 베인 펌프

1) 베인 펌프의 특징

① **펌프의 구성 요소** : 캠링(cam ring), 로터(rotor), 날개(vane)
② 날개(vane)로 펌프 작용을 시키는 것이다.
③ 구조가 간단해 수리와 관리가 용이하다.
④ 소형 · 경량이고 값이 싸며, 성능이 좋다
⑤ 자체 보상 기능이 있으며, 맥동과 소음이 적다.

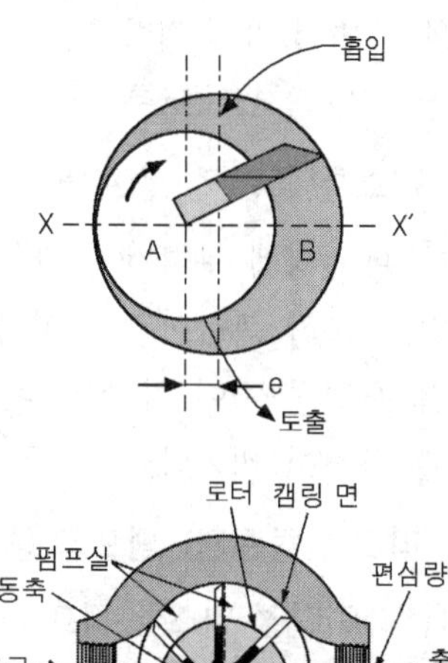

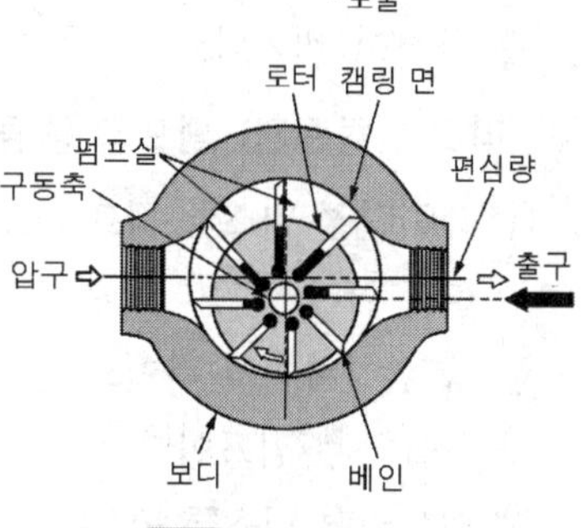

그림 베인 펌프

2) 베인 펌프의 장점

① 출구 압력의 맥동과 소음이 적다.
② 구조가 간단하고 성능이 좋다.
③ 펌프 출력에 비해 소형 · 경량이다.
④ 베인의 마모에 의한 압력 저하가 발생하지 않는다.
⑤ 비교적 고장이 적고 수리 및 관리가 쉽다.
⑥ 수명이 길고 장시간 안정된 성능을 발휘할 수 있다.

3) 베인 펌프의 단점

① 제작할 때 높은 정밀도가 요구된다.
② 유압유의 점도에 제한을 받는다.
③ 유압유의 오염에 주의하고 흡입 진공도가 허용 한도이하이어야 한다.

(3) 피스톤(플런저) 펌프

1) 피스톤(플런저) 펌프의 특징

① 유압 펌프 중 가장 고압·고효율이다.
② 맥동적 출력을 하나 전체 압력의 범위가 높아 최근에 많이 사용된다.
③ 다른 펌프에 비해 수명이 길고, 용적 효율과 최고 압력이 높다.
④ 가변용량형과 정용량형이 있다.
⑤ 축은 회전 또는 왕복운동을 한다.
⑥ 피스톤(플런저)이 직선운동을 한다.

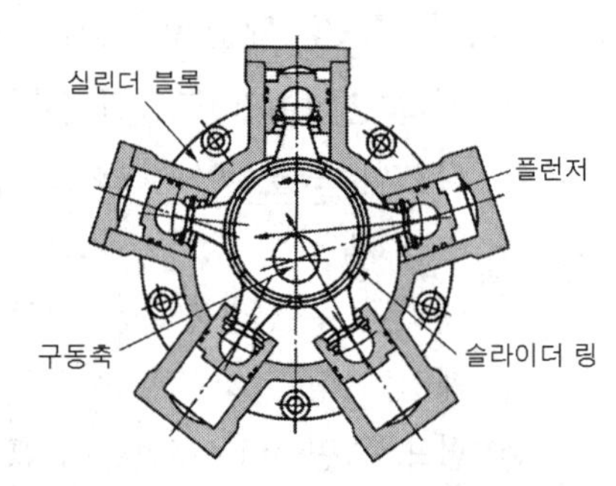

그림 피스톤(플런저) 펌프

2) 피스톤(플런저) 펌프의 장점

① 피스톤이 직선운동을 한다.
② 축은 회전 또는 왕복운동을 한다.
③ 펌프 효율이 가장 높다.
④ 가변 용량에 적합하다.(토출량의 변화 범위가 넓다).
⑤ 일반적으로 토출 압력이 높다.

3) 피스톤(플런저) 펌프의 단점

① 베어링에 부하가 크다.
② 구조가 복잡하고 수리가 어렵다.
③ 흡입 능력이 가장 낮다.
④ 가격이 비싸다.

4) 피스톤(플런저) 펌프의 종류

① **레이디얼 피스톤 펌프** : 플런저 왕복 운동의 방향이 구동축과 거의 직각인 플런저 펌프를 말한다. 실린더 블록의 바깥 둘레에 중심을 향하여 방사상으로 플런저를 편심이 되도록 설치하여 슬라이드 링 속에서 회전을 시켜 상대적인 플런저의 운동에 의해 흡입 및 토출하는 펌프이다.
② **액시얼형 피스톤 펌프(사판식)** : 플런저가 왕복 운동을 하는 방향이 실린더 블록의 중심축과 평행인 플런저 펌프를 말하며, 구동축을 회전시키면서 경사판에 의해 피스톤이 왕복운동을 하면 체크 밸브에 의해 흡입과 토출을 하게 된다. 경사판의 기울기(각)에 의하여 토출 유량이 달라진다.

(4) 유압 펌프의 토출 압력

① **기어 펌프** : 10~250kg/cm²
② **베인 펌프** : 35~140kg/cm²
③ **레이디얼 플런저(피스톤) 펌프** : 140~250kg/cm²
④ **액시얼 플런저(피스톤) 펌프** : 210~400kg/cm²

3 유압 펌프의 크기

① 유압 펌프의 크기는 주어진 속도와 그때의 **토출량으로 표시**한다.

② GPM(gallon per minute) 또는 LPM (liter per minute)이란 분당 토출하는 작동유의 양을 말한다.

③ **토출량**이란 펌프가 단위시간당 토출하는 액체의 체적이며, 토출량의 단위는 L/min(LPM)나 GPM을 사용한다.

4 펌프가 오일을 토출하지 못하는 원인

① 유압 펌프의 회전수가 너무 낮다.

② 흡입관 또는 스트레이너가 막혔다.

③ 회전방향이 반대로 되어있다.

④ 흡입관으로부터 공기가 흡입되고 있다.

⑤ 오일 탱크의 유면이 낮다.

⑥ 유압유의 점도가 너무 높다.

5 유압 펌프에서 소음이 발생하는 원인

① 유압유의 양이 부족하거나 공기가 들어 있을 경우

② 유압유 점도가 너무 높을 경우

③ 스트레이너가 막혀 흡입 용량이 작아졌을 경우

④ 유압 펌프의 베어링이 마모되었을 경우

⑤ 펌프 흡입관 접합부로부터 공기가 유입될 경우

⑥ 유압 펌프 축의 편심 오차가 클 경우

⑦ 유압 펌프의 회전속도가 너무 빠를 경우

출제 예상 문제

유압 펌프

01 유압 펌프의 기능을 설명한 것으로 가장 적합한 것은?

① 유압회로 내의 압력을 측정하는 기구이다.
② 어큐뮬레이터와 동일한 기능을 한다.
③ 유압 에너지를 동력으로 변환한다.
④ 원동기의 기계적 에너지를 유압 에너지로 변환한다.

해설
유압 펌프는 원동기의 기계적 에너지를 유압 에너지로 변환한다.

02 유압 펌프의 종류에 포함되지 않는 것은?

① 기어 펌프 ② 진공 펌프
③ 베인 펌프 ④ 플런저 펌프

해설
유압 장치에 사용되는 유압 펌프의 종류는 기어 펌프, 베인 펌프, 피스톤(플런저) 펌프, 나사 펌프, 트로코이드 펌프가 있다.

03 유압장치에 사용되는 펌프가 아닌 것은?

① 기어 펌프 ② 원심 펌프
③ 베인 펌프 ④ 플런저 펌프

04 기어 펌프의 특징이 아닌 것은?

① 외접식과 내접식이 있다.
② 베인 펌프에 비해 소음이 비교적 크다.
③ 펌프의 발생 압력이 가장 높다.
④ 구조가 간단하고 흡입성이 우수하다.

05 유압장치에서 기어 펌프의 특징이 아닌 것은?

① 구조가 다른 펌프에 비해 간단하다.
② 유압 작동유의 오염에 비교적 강한 편이다.
③ 피스톤 펌프에 비해 효율이 떨어진다.
④ 가변 용량형 펌프로 적당하다.

해설
기어 펌프의 특징
① 외접과 내접기어 방식이 있다.
② 유압유 속에 기포 발생이 적고 오염에 비교적 강하다.
③ 구조가 간단하고 흡입 성능이 우수하다.
④ 소음과 토출량의 맥동(진동)이 비교적 크고, 효율이 낮다.
⑤ 정용량형으로 펌프의 회전속도가 변화하면 흐름 용량이 바뀐다.
⑥ 트로코이드 펌프는 내·외측 로터로 구성되어 있다.

06 기어 펌프의 장·단점이 아닌 것은?

① 소형이며 구조가 간단하다.
② 피스톤 펌프에 비해 흡입력이 나쁘다.
③ 피스톤 펌프에 비해 수명이 짧고 진동 소음이 크다.
④ 초고압에는 사용이 곤란하다.

해설
기어 펌프의 장점과 단점
(1) 장점
① 구조가 간단하다.
② 흡입 저항이 작아 공동 현상 발생이 적다.
③ 고속회전이 가능하다.
④ 가혹한 조건에 잘 견딘다.
(2) 단점
① 토출량의 맥동이 커 소음과 진동이 크다.
② 수명이 비교적 짧다.
③ 대용량의 펌프로 하기가 곤란하다.
④ 초고압에는 사용이 곤란하다.

정답 01.④ 02.② 03.② 04.③ 05.④ 06.②

07 **구동되는 기어 펌프의 회전수가 변하였을 때 가장 적합한 것은?**

① 오일 흐름의 양이 바뀐다.
② 오일 압력이 바뀐다.
③ 오일 흐름방향이 바뀐다.
④ 회전 경사판의 각도가 바뀐다.

해설
기어 펌프는 정용량형 펌프라서 회전수가 변하면 오름의 흐름양이 바뀐다.

08 **다음 그림과 같이 안쪽은 내·외측 로터로 바깥쪽은 하우징으로 구성되어 있는 오일펌프는?**

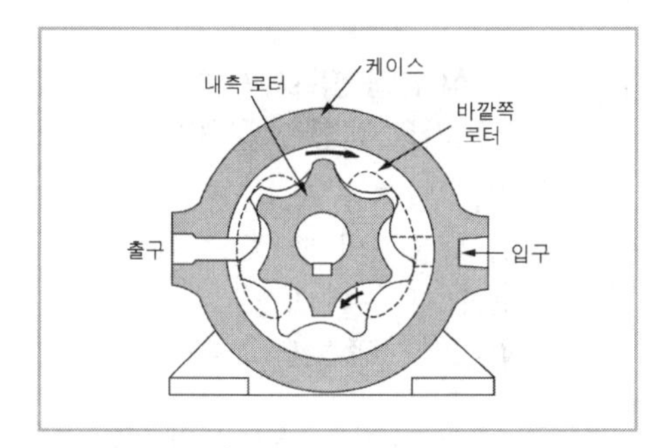

① 기어 펌프
② 베인 펌프
③ 트로코이드 펌프
④ 피스톤 펌프

09 **베인 펌프의 일반적인 특성 설명 중 맞지 않는 것은?**

① 맥동과 소음이 적다.
② 소형·경량이다.
③ 간단하고 성능이 좋다.
④ 수명이 짧다.

해설
베인 펌프의 특징
① 펌프의 구성 요소 : 캠링(cam ring), 로터(rotor), 날개(vane)
② 날개(vane)로 펌프 작용을 시키는 것이다.
③ 구조가 간단해 수리와 관리가 용이하다.
④ 소형・경량이고 값이 싸며, 성능이 좋다
⑤ 자체 보상 기능이 있으며, 맥동과 소음이 적다.

10 **날개로 펌핑 동작을 하며, 소음과 진동이 적은 유압 펌프는?**

① 기어 펌프 ② 플런저 펌프
③ 베인 펌프 ④ 나사 펌프

해설
베인 펌프는 원통형 캠링(cam ring)안에 편심 된 로터(rotor)가 들어 있으며 로터에는 홈이 있고, 그 홈 속에 판 모양의 날개(vane)가 끼워져 자유롭게 작동유가 출입할 수 있도록 되어있다.

11 **외접형 기어 펌프의 폐입 현상에 대한 설명으로 틀린 것은?**

① 폐입 현상은 소음과 진동의 원인이 된다.
② 폐입된 부분의 기름은 압축이나 팽창을 받는다.
③ 보통 기어 측면에 접하는 펌프 측판(side plate)에 홈을 만들어 방지한다.
④ 펌프의 압력, 유량, 회전수 등이 주기적으로 변동해서 발생하는 진동현상이다.

해설
폐입 현상
① 토출된 유량의 일부가 입구 쪽으로 복귀하는 현상
② 펌프의 토출량이 감소하고 펌프를 구동하는 동력이 증가된다.
③ 펌프 케이싱이 마모되고 기포가 발생된다.
④ 폐입된 부분의 기름은 압축이나 팽창을 받는다.
⑤ 폐입 현상은 소음과 진동의 원인이 된다.
⑥ 펌프 측판(side plate)에 홈을 만들어 방지한다.

12 **베인 펌프의 펌핑 작용과 관련되는 주요 구성 요소만 나열한 것은?**

① 배플, 베인, 캠링
② 베인, 캠링, 로터
③ 캠링, 로터, 스풀
④ 로터, 스풀, 배플

해설
베인 펌프의 주요 구성 요소는 캠링(cam ring), 로터(rotor), 날개(vane)이다.

정답 07.① 08.③ 09.④ 10.③ 11.④ 12.②

13 **플런저식 유압 펌프의 특징이 아닌 것은?**

① 구동축이 회전운동을 한다.
② 플런저가 회전운동을 한다.
③ 가변용량형과 정용량형이 있다.
④ 기어펌프에 비해 최고압력이 높다.

해설

플런저 펌프의 특징
① 유압 펌프 중 가장 고압·고효율이다.
② 맥동적 출력을 하나 전체 압력의 범위가 높아 최근에 많이 사용된다.
③ 다른 펌프에 비해 수명이 길고, 용적 효율과 최고압력이 높다.
④ 가변용량형과 정용량형이 있다.
⑤ 축은 회전 또는 왕복운동을 한다.
⑥ 피스톤(플런저)이 직선운동을 한다.

14 **펌프의 최고 토출압력, 평균효율이 가장 높아, 고압 대출력에 사용하는 유압펌프로 가장 적합한 것은?**

① 기어 펌프
② 베인 펌프
③ 트로코이드 펌프
④ 피스톤 펌프

해설

피스톤 펌프는 최고 토출압력, 평균효율이 가장 높아, 고압 대출력에서 주로 사용한다.

15 **맥동적 토출을 하지만 다른 펌프에 비해 일반적으로 최고압 토출이 가능하고, 펌프 효율에서도 전압력 범위가 높아 최근에 많이 사용되고 있는 펌프는?**

① 피스톤 펌프 ② 베인 펌프
③ 나사 펌프 ④ 기어 펌프

해설

피스톤(플런저) 펌프는 맥동적 출력을 하나 전체 압력의 범위가 높아 최근에 많이 사용된다.

16 **유압 펌프에서 경사판의 각을 조정하여 토출 유량을 변환시키는 펌프는?**

① 기어 펌프 ② 로터리 펌프
③ 베인 펌프 ④ 플런저 펌프

해설

플런저 펌프의 사판식 펌프는 구동축을 회전시키면서 경사판에 의해 피스톤이 왕복운동을 하면 체크 밸브에 의해 흡입과 토출을 하게 된다. 경사판의 기울기(각)에 의하여 토출 유량이 달라진다.

17 **유압 펌프 중 토출량을 변화시킬 수 있는 것은?**

① 가변 토출량형 ② 고정 토출량형
③ 회전 토출량형 ④ 수평 토출량형

해설

유압 펌프의 토출량을 변화시킬 수 있는 것은 가변 토출형이며, 회전수가 같을 때 펌프의 토출량이 변화하는 펌프를 가변 용량형 펌프라 한다.

18 **피스톤식 유압 펌프에서 회전 경사판의 기능으로 가장 적합한 것은?**

① 펌프 압력을 조정
② 펌프 출구의 개·폐
③ 펌프 용량을 조정
④ 펌프 회전속도를 조정

해설

피스톤식 유압 펌프에서 회전 경사판의 기능은 펌프의 용량을 조정하는 기능을 한다.

19 **다음 유압 펌프에서 토출 압력이 가장 높은 것은?**

① 베인 펌프
② 레이디얼 플런저 펌프
③ 기어 펌프
④ 액시얼 플런저 펌프

해설

유압 펌프의 토출 압력
① 기어 펌프 : 10~250kg/cm²
② 베인 펌프 : 35~140kg/cm²
③ 레이디얼 플런저(피스톤) 펌프 : 140~250kg/cm²
④ 액시얼 플런저(피스톤) 펌프 : 210~400kg/cm²

20 **유압 펌프 중 압력 발생이 가장 높은 것은?**

① 기어 펌프 ② 베인 펌프
③ 나사 펌프 ④ 피스톤 펌프

13.② 14.④ 15.① 16.④ 17.① 18.③ 19.④ 20.④

21 유압 펌프에서 사용되는 GPM의 의미는?

① 복동 실린더의 치수
② 계통 내에서 형성되는 압력의 크기
③ 흐름에 대한 저항
④ 계통 내에서 이동되는 유체(오일)의 양

해설
GPM(gallon per minute) : 계통 내에서 이동되는 유체(오일)의 양 즉 분당 토출하는 작동유의 양을 나타내는 의미이다.

22 유압 펌프에서 사용되는 GPM의 의미는?

① 분당 토출하는 작동유의 양
② 복동 실린더의 치수
③ 계통 내에서 형성되는 압력의 크기
④ 흐름에 대한 저항

23 유압 펌프의 토출량을 표시하는 단위로 옳은 것은?

① L/min ② kgf-m
③ kgf/cm^2 ④ kW 또는 PS

해설
유압 펌프의 토출량이란 펌프가 단위시간당 토출하는 액체의 체적이며, 토출량의 단위는 L/min(LPM)이나 GPM을 사용한다.

24 펌프가 오일을 토출하지 않을 때의 원인으로 틀린 것은?

① 오일 탱크의 유면이 낮다.
② 흡입관으로 공기가 유입된다.
③ 토출측 배관 체결 볼트가 이완되었다.
④ 오일이 부족하다.

해설
펌프가 오일을 토출하지 못하는 원인
① 유압 펌프의 회전수가 너무 낮다.
② 흡입관 또는 스트레이너가 막혔다.
③ 회전방향이 반대로 되어있다.
④ 흡입관으로부터 공기가 흡입되고 있다.
⑤ 오일 탱크의 유면이 낮다.
⑥ 유압유의 점도가 너무 높다.

25 유압 펌프가 오일을 토출하지 않을 경우는?

① 펌프의 회전이 너무 빠를 때
② 유압유의 점도가 낮을 때
③ 흡입관으로부터 공기가 흡입되고 있을 때
④ 릴리프 밸브의 설정 압이 낮을 때

26 유압 펌프의 소음 발생 원인으로 틀린 것은?

① 펌프 흡입관부에서 공기가 혼입된다.
② 흡입오일 속에 기포가 있다.
③ 펌프의 속도가 너무 빠르다.
④ 펌프 축의 센터와 원동기 축의 센터가 일치한다.

해설
유압 펌프에서 소음이 발생하는 원인
① 유압유의 양이 부족하거나 공기가 들어 있을 경우
② 유압유 점도가 너무 높을 경우
③ 스트레이너가 막혀 흡입 용량이 작아졌을 경우
④ 유압 펌프의 베어링이 마모되었을 경우
⑤ 펌프 흡입관 접합부로부터 공기가 유입될 경우
⑥ 유압 펌프 축의 편심 오차가 클 경우
⑦ 유압 펌프의 회전속도가 너무 빠를 경우

27 유압 펌프에서 소음이 발생할 수 있는 원인으로 거리가 가장 먼 것은?

① 오일의 양이 적을 때
② 유압 펌프의 회전속도가 느릴 때
③ 오일 속에 공기가 들어 있을 때
④ 오일의 점도가 너무 높을 때

28 유압 펌프 내의 내부 누설은 무엇에 반비례하여 증가하는가?

① 작동유의 오염
② 작동유의 점도
③ 작동유의 압력
④ 작동유의 온도

해설
유압 펌프 내의 내부 누설은 작동유의 점도에 반비례하여 증가한다.

21.④ 22.① 23.① 24.③ 25.③ 26.④ 27.② 28.②

CHAPTER 2

유압 밸브 구조와 기능

1 컨트롤 밸브의 종류

① 압력 제어 밸브 : 유압을 조절하여 일의 크기를 제어한다.
② 유량 제어 밸브 : 유량을 변화시켜 일의 속도를 제어한다.
③ 방향 제어 밸브 : 유압유의 흐름 방향을 바꾸거나 정지시켜서 일의 방향을 제어한다.

2 압력 제어 밸브

(1) 릴리프 밸브(relief valve)

① 릴리프 밸브의 기능
- 유압장치의 과부하 방지와 유압 기기의 보호를 위하여 최고 압력을 규제하고 유압 회로 내의 필요한 압력을 유지하는 밸브이다.
- 유압 펌프의 토출 측에 위치하여 회로 전체의 압력을 제어하는 밸브이다.
- 유압장치 내의 압력을 일정하게 유지, 최고 압력을 제한, 회로를 보호하며, 과부하 방지와 유압 기기의 보호를 위하여 최고 압력을 규제한다.

② 릴리프 밸브 설치 위치: 릴리프 밸브는 유압 펌프와 제어 밸브 사이 즉, 유압 펌프와 방향 전환 밸브 사이에 설치되어 있다. 따라서 유압회로의 압력을 점검하는 위치는 유압 펌프에서 제어 밸브 사이이다.

③ 채터링(chattering) 현상: 유압계통에서 릴리프 밸브 스프링의 장력이 약화될 때 발생되는 현상을 말한다. 즉 직동형 릴리프 밸브(Relief valve)에서 자주 일어나며 볼(ball)이 밸브의 시트(seat)를 때려 소음을 발생시키는 현상이다.

(2) 감압 밸브(리듀싱 밸브 ; reducing valve)

① 유압 실린더 내의 유압은 동일하여도 각각 다른 압력으로 나눌 수 있다.
② 유압회로에서 입구 압력을 감압하여 유압 실린더 출구 설정 유압으로 유지한다.
③ 분기회로에서 2차측 압력을 낮게 할 때 사용한다.

(3) 시퀀스 밸브(순차 밸브 ; sequence valve)

① 2개 이상의 분기회로가 있을 때 순차적인 작동을 하기 위한 압력 제어 밸브
② 2개 이상의 분기회로에서 실린더나 모터의 작동순서를 결정하는 자동 제어 밸브

(4) 언로더 밸브(무부하 밸브 ; unloader valve)

① 유압회로의 압력이 설정 압력에 도달하였을 때 유압 펌프로부터 전체 유량을 작동유 탱크로 리턴시키는 밸브

② 유압장치에서 통상 고압 소용량, 저압 대용량 펌프를 조합 운전할 때 작동 압력이 규정 압력 이상으로 상승할 때 동력을 절감하기 위하여 사용하는 밸브이다.

③ 유압장치에서 두 개의 펌프를 사용하는데 있어 펌프의 전체 송출량을 필요로 하지 않을 경우, 동력의 절감과 유온 상승을 방지하는 밸브이다.

(5) 카운터 밸런스 밸브(counter balance valve)

체크 밸브가 내장되는 밸브로 유압 실린더의 복귀 쪽에 배압을 발생시켜 피스톤이 중력에 의하여 자유 낙하하는 것을 방지하여 하강 속도를 제어하기 위해 사용된다.

3 유량 제어 밸브

① 액추에이터의 운동속도를 조정하기 위하여 사용되는 밸브이다.

② 유량 제어 밸브의 종류에는 분류 밸브(dividing valve), 니들 밸브(needle valve), 오리피스 밸브(orifice valve), 교축 밸브(throttle valve), 급속 배기 밸브 등이 있다.

③ 교축 밸브는 점도가 달라져도 유량이 그다지 변화하지 않도록 설치된 밸브이다.

④ 니들 밸브는 내경이 작은 파이프에서 미세한 유량을 조정하는 밸브이다.

4 방향 제어 밸브

(1) 방향 제어 밸브의 기능

① 유체의 흐름방향을 변환한다.

② 유체의 흐름방향을 한쪽으로만 허용한다.

③ 유압 실린더나 유압 모터의 작동 방향을 바꾸는데 사용한다.

④ 방향 제어 밸브를 동작시키는 방식에는 수동식, 전자식, 전자·유압 파일럿식 등이 있다.

(2) 방향 제어 밸브의 종류

① 디셀러레이션 밸브(deceleration valve) : 유압 실린더를 행정 최종 단에서 실린더의 속도를 감속하여 서서히 정지시키고자할 때 사용되는 밸브이다.

② 체크 밸브(check valve) : 역류를 방지하는 밸브 즉, 한쪽 방향으로의 흐름은 자유로우나 역방향의 흐름을 허용하지 않는 밸브

③ 스풀 밸브(spool valve, 매뉴얼 밸브(로터리형)) : 원통형 슬리브 면에 내접되어 축 방향으로 이동하여 작동유의 흐름 방향을 바꾸기 위해 사용하는 밸브

2 서보 밸브(servo valve)

① 작동유 흐름이나 압력 및 유량을 조절하는 밸브이다.

② 전기 또는 그 밖의 입력 신호에 따라서 유량 또는 압력을 제어하는 밸브이다.

출제 예상 문제

01 유압 회로에 사용되는 제어 밸브의 역할과 종류의 연결 사항으로 틀린 것은?

① 일의 속도 제어 : 유량 조절 밸브
② 일의 시간 제어 : 속도 제어 밸브
③ 일의 방향 제어 : 방향 전환 밸브
④ 일의 크기 제어 : 압력 제어 밸브

해설

제어 밸브의 종류
① **압력 제어 밸브** : 유압을 조절하여 일의 크기를 제어
② **유량 제어 밸브** : 유량을 변화시켜 일의 속도를 제어
③ **방향 제어 밸브** : 유압유의 흐름 방향을 바꾸거나 정지시켜서 일의 방향을 제어

02 보기에서 유압회로에 사용되는 제어 밸브가 모두 나열된 것은?

[보기]
ㄱ. 압력 제어 밸브 ㄴ. 속도 제어 밸브
ㄷ. 유량 제어 밸브 ㄹ. 방향 제어 밸브

① ㄱ, ㄴ, ㄷ ② ㄱ, ㄴ, ㄹ
③ ㄴ, ㄷ, ㄹ ④ ㄱ, ㄷ, ㄹ

03 유압 장치의 과부하 방지와 유압기기의 보호를 위하여 최고 압력을 규제하고 유압 회로 내의 필요한 압력을 유지하는 밸브는?

① 압력 제어 밸브
② 유량 제어 밸브
③ 방향 제어 밸브
④ 온도 제어 밸브

해설

압력 제어 밸브는 유압 장치의 과부하 방지와 유압기기의 보호를 위하여 최고 압력을 규제하고 유압 회로 내의 필요한 압력을 유지한다.

04 유압회로 내의 압력이 설정 압력에 도달하면 펌프에 토출된 오일의 일부 또는 전량을 직접 탱크로 돌려보내 회로의 압력을 설정 값으로 유지하는 밸브는?

① 시퀀스 밸브 ② 릴리프 밸브
③ 언로더 밸브 ④ 체크 밸브

해설

릴리프 밸브는 유압회로 내의 압력이 규정값에 도달하면 과부하 방지와 유압 기기의 보호를 위하여 펌프에서 토출된 오일의 일부 또는 전량을 직접 탱크로 돌려보내 회로의 압력을 설정 값으로 유지하는 밸브이다.

05 유압회로의 최고 압력을 제어하는 밸브로서, 회로의 압력을 일정하게 유지시키는 밸브는?

① 체크 밸브
② 감압 밸브
③ 릴리프 밸브
④ 카운터 밸런스 밸브

해설

릴리프 밸브는 유압장치의 과부하 방지와 유압 기기의 보호를 위하여 최고 압력을 규제하고 유압 회로 내의 필요한 압력을 유지하는 밸브이다.

06 유압회로 내에서 유압을 일정하게 조절하여 일의 크기를 결정하는 밸브가 아닌 것은?

① 시퀀스 밸브
② 서보 밸브
③ 언로더 밸브
④ 카운터 밸런스 밸브

해설

압력제어 밸브의 종류에는 릴리프 밸브, 리듀싱(감압) 밸브, 시퀀스(순차) 밸브, 언로더(무부하) 밸브, 카운터 밸런스 밸브 등이 있다.

정답 01.② 02.④ 03.① 04.② 05.③ 06.②

07 **유압 작동유의 압력을 제어하는 밸브가 아닌 것은?**

① 릴리프 밸브
② 체크 밸브
③ 리듀싱 밸브
④ 시퀀스 밸브

해설
체크 밸브는 유체의 흐름 방향을 제어하는 방향 제어 밸브이다.

08 **유압 조정 밸브에서 조정 스프링의 장력이 클 때 발생할 수 있는 현상으로 가장 적합한 것은?**

① 유압이 낮아진다.
② 유압이 높아진다.
③ 채터링 현상이 생긴다.
④ 플래터 현상이 생긴다.

해설
유압 조정 밸브의 스프링 장력이 크면 유압이 높아지고, 스프링 장력이 약하면 채터링 현상이 발생되고 유압이 낮아진다.

09 **릴리프 밸브에서 포펫 밸브를 밀어 올려 기름이 흐르기 시작할 때의 압력은?**

① 설정 압력 ② 허용 압력
③ 크랭킹 압력 ④ 전량 압력

해설
크랭킹 압력이란 릴리프 밸브에서 포펫 밸브를 밀어 올려 기름이 흐르기 시작할 때의 압력을 말한다.

10 **압력 제어 밸브는 어느 위치에서 작동하는가?**

① 탱크와 펌프
② 펌프와 방향 전환 밸브
③ 방향 전환 밸브와 실린더
④ 실린더 내부

해설
릴리프 밸브는 유압 펌프와 제어 밸브 사이 즉, 유압 펌프와 방향 전환 밸브 사이에 설치되어 있다.

11 **릴리프 밸브 등에서 밸브 시트를 때려 비교적 높은 소리를 내는 진동현상을 무엇이라 하는가?**

① 채터링
② 캐비테이션
③ 점핑
④ 서지압

해설
유압계통에서 릴리프 밸브 스프링의 장력이 약화될 때 발생되는 현상을 말한다. 즉 직동형 릴리프 밸브(Relief valve)에서 자주 일어나며 볼(ball)이 밸브의 시트(seat)를 때려 소음을 발생시키는 현상을 채터링이라 한다.

12 **유압회로에서 입구 압력을 감압하여 유압 실린더 출구 설정 유압으로 유지하는 밸브는?**

① 릴리프 밸브
② 리듀싱 밸브
③ 언로딩 밸브
④ 카운터 밸런스 밸브

해설
리듀싱 밸브는 유압회로에서 입구 압력을 감압하여 유압 실린더 출구 설정 유압으로 유지하는 역할을 한다.

13 **다음 중 감압 밸브의 사용 용도로 적합한 것은?**

① 분기회로에서 2차측 압력을 낮게 사용할 때
② 귀환회로에서 잔류압력을 유지하고자 할 때
③ 귀환회로에서 잔류압력을 낮게 하고자 할 때
④ 공급회로에서 압력을 높게 하고자 할 때

해설
유압 실린더 내의 유압은 동일하여도 각각 다른 압력으로 나눌 수 있으며, 분기회로에서 2차측 압력을 낮게 할 때 사용한다.

정답 07.② 08.② 09.③ 10.② 11.① 12.② 13.①

14 **2개 이상의 분기회로를 갖는 회로 내에서 작동순서를 회로의 압력 등에 의하여 제어하는 밸브는?**

① 체크 밸브
② 시퀀스 밸브
③ 한계 밸브
④ 서보 밸브

해설
시퀀스 밸브는 2개 이상의 분기회로에서 실린더나 모터의 작동순서를 결정하는 자동 제어 밸브이다.

15 **유압원에서의 주회로부터 유압 실린더 등이 2개 이상의 분기회로를 가질 때, 각 유압 실린더를 일정한 순서로 순차 작동시키는 밸브는?**

① 시퀀스 밸브
② 감압 밸브
③ 릴리프 밸브
④ 체크 밸브

해설
시퀀스 밸브(순차 밸브)
① 2개 이상의 분기회로가 있을 때 순차적인 작동을 하기 위한 압력 제어 밸브.
② 2개 이상의 분기회로에서 실린더나 모터의 작동순서를 결정하는 자동 제어 밸브.

16 **유압회로 내의 압력이 설정 압력에 도달하면 펌프에서 토출된 오일을 전부 탱크로 회송시켜 펌프를 무부하로 운전시키는데 사용하는 밸브는?**

① 체크 밸브(check valve)
② 시퀀스 밸브(sequence valve)
③ 언로더 밸브(unloader valve)
④ 카운터 밸런스 밸브(count balance valve)

해설
언로더(무부하) 밸브는 유압회로 내의 압력이 설정 압력에 도달하면 펌프에서 토출된 오일을 전부 탱크로 회송시켜 펌프를 무부하로 운전시키는데 사용한다.

17 **고압·소용량, 저압·대용량 펌프를 조합 운전할 경우 회로 내의 압력이 설정압력에 도달하면 저압 대용량 펌프의 토출량을 기름 탱크로 귀환시키는데 사용하는 밸브는?**

① 무부하 밸브
② 카운터 밸런스 밸브
③ 체크 밸브
④ 시퀀스 밸브

해설
무부하(언로더) 밸브는 유압장치에서 통상 고압 소용량, 저압 대용량 펌프를 조합 운전할 때 작동 압력이 규정 압력 이상으로 상승할 때 동력을 절감하기 위하여 사용하는 밸브이다.

18 **유압장치에서 두 개의 펌프를 사용하는데 있어 펌프의 전체 송출량을 필요로 하지 않을 경우, 동력의 절감과 유온 상승을 방지하는 것은?**

① 압력 스위치(pressure switch)
② 카운트 밸런스 밸브(count balance valve)
③ 감압 밸브(pressure reducing valve)
④ 무부하 밸브(unloading valve)

해설
무부하(언로더) 밸브는 유압장치에서 두 개의 펌프를 사용하는데 있어 펌프의 전체 송출량을 필요로 하지 않을 경우, 동력의 절감과 유온 상승을 방지하는 밸브이다.

19 **유압 실린더 등이 중력에 의한 자유낙하를 방지하기 위해 배압을 유지하는 압력제어 밸브는?**

① 시퀀스 밸브
② 언로더 밸브
③ 카운터 밸런스 밸브
④ 감압 밸브

해설
카운터 밸런스 밸브는 체크 밸브가 내장되는 밸브로 유압 실린더의 복귀 쪽에 배압을 발생시켜 피스톤이 중력에 의하여 자유 낙하하는 것을 방지하여 하강 속도를 제어하기 위해 사용된다.

정답 14.② 15.① 16.③ 17.① 18.④ 19.③

20 **체크 밸브가 내장되는 밸브로서 유압회로의 한방향의 흐름에 대해서는 설정된 배압을 생기게 하고, 다른 방향의 흐름은 자유롭게 흐르도록 한 밸브는?**

① 셔틀 밸브
② 언로더 밸브
③ 슬로리턴 밸브
④ 카운터 밸런스 밸브

해설
카운터 밸런스 밸브는 체크 밸브가 내장되는 밸브로서 유압회로의 한방향의 흐름에 대해서는 설정된 배압을 생기게 하고, 다른 방향의 흐름은 자유롭게 흐르도록 한다.

21 **유압장치에서 배압을 유지하는 밸브는?**

① 릴리프 밸브
② 카운터 밸런스 밸브
③ 유량 제어 밸브
④ 방향 제어 밸브

22 **유압장치에서 작동체의 속도를 바꿔주는 밸브는?**

① 압력 제어 밸브
② 유량 제어 밸브
③ 방향 제어 밸브
④ 체크 밸브

해설
제어 밸브의 종류
① 압력 제어 밸브 : 유압을 조절하여 일의 크기를 제어한다.
② 유량 제어 밸브 : 유량을 변화시켜 일의 속도를 제어한다.
③ 방향 제어 밸브 : 유압유의 흐름 방향을 바꾸거나 정지시켜서 일의 방향을 제어한다.

23 **액추에이터의 운동속도를 조정하기 위하여 사용되는 밸브는?**

① 압력제어밸브 ② 온도제어밸브
③ 유량제어밸브 ④ 방향제어밸브

24 **유압장치에서 방향 제어 밸브의 설명 중 가장 적절한 것은?**

① 오일의 흐름방향을 바꿔주는 밸브이다.
② 오일의 압력을 바꿔주는 밸브이다.
③ 오일의 유량을 바꿔주는 밸브이다.
④ 오일의 온도를 바꿔주는 밸브이다.

해설
방향 제어 밸브는 유체의 흐름방향을 변환하는 역할을 한다.

25 **유압장치에서 방향 제어 밸브의 설명으로 적합하지 않은 것은?**

① 유체의 흐름방향을 변환한다.
② 유체의 흐름방향을 한쪽으로만 허용한다.
③ 액추에이터의 속도를 제어한다.
④ 유압 실린더나 유압모터의 작동방향을 바꾸는데 사용된다.

해설
방향 제어 밸브의 기능
① 유체의 흐름방향을 변환한다.
② 유체의 흐름방향을 한쪽으로만 허용한다.
③ 유압 실린더나 유압 모터의 작동 방향을 바꾸는데 사용한다.

26 **일반적으로 캠(cam)으로 조작되는 유압 밸브로서 액추에이터의 속도를 서서히 감속시키는 밸브는?**

① 카운터 밸런스 밸브
② 프레필 밸브
③ 방향 제어 밸브
④ 디셀러레이션 밸브

해설
유압 실린더를 행정 최종 단에서 실린더의 속도를 감속하여 서서히 정지시키고자할 때 사용되는 밸브이다.

정답 20.④ 21.② 22.② 23.③ 24.① 25.③ 26.④

27 **다음에서 설명하는 유압 밸브는?**

액추에이터의 속도를 서서히 감속시키는 경우나 서서히 증속시키는 경우에 사용되며, 일반적으로 캠(cam)으로 조작된다. 이 밸브는 행정에 대응하여 통과 유량을 조정하며 원활한 감속 또는 증속을 하도록 되어 있다.

① 디셀러레이션 밸브
② 카운터 밸런스밸브
③ 방향 제어 밸브
④ 프레필 밸브

해설

디셀러레이션 밸브는 액추에이터의 속도를 서서히 감속시키는 경우나 서서히 증속시키는 경우에 사용되며, 일반적으로 캠(cam)으로 조작된다. 이 밸브는 행정에 대응하여 통과 유량을 조정하며 원활한 감속 또는 증속을 하도록 되어 있다.

28 **한쪽 방향의 오일 흐름은 가능하지만 반대 방향으로는 흐르지 못하게 하는 밸브는?**

① 분류 밸브 ② 감압 밸브
③ 체크 밸브 ④ 제어 밸브

해설

체크 밸브는 역류를 방지하는 밸브 즉, 한쪽 방향으로의 흐름은 자유로우나 역방향의 흐름을 허용하지 않는 밸브이다.

29 **유압 작동기의 방향을 전환시키는 밸브에 사용되는 형식 중 원통형 슬리브 면에 내접하여 축 방향으로 이동하면서 유로를 개폐하는 형식은?**

① 스풀 형식
② 포핏 형식
③ 베인 형식
④ 카운터밸런스 밸브 형식

해설

스풀 밸브는 원통형 슬리브 면에 내접되어 축 방향으로 이동하여 작동유의 흐름 방향을 바꾸기 위해 사용하는 밸브이다.

정답 27.① 28.③ 29.①

CHAPTER 3

유압 실린더 및 모터 구조와 기능

1 유압 실린더

(1) 유압 액추에이터

① 작동유의 압력 에너지(힘)를 기계적 에너지(일)로 변환시키는 장치이다.

② 유압 펌프를 통하여 송출된 에너지를 직선 운동이나 회전 운동을 통하여 기계적 일을 하는 기기이다.

③ 종류 : 유압 실린더와 유압 모터

(2) 유압 실린더

① 유압 실린더는 직선 왕복운동을 하는 액추에이터이다.

② 유압 실린더의 종류 : 단동 실린더, 복동 실린더(싱글 로드형과 더블 로드형), 다단 실린더, 램형 실린더 등

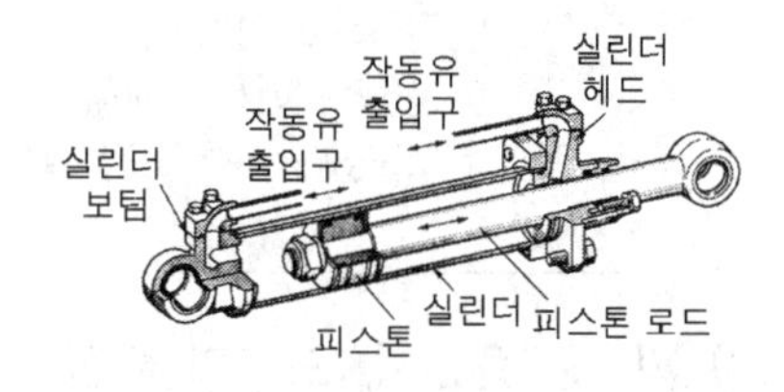

그림 유압 실린더의 구조

③ 단동 실린더 : 한쪽 방향으로만 유효한 일을 하고 복귀는 중력이나 복귀 스프링에 의해 이루어진다.

④ 복동 실린더 : 피스톤의 양쪽에 유압을 교대로 공급하여 양방향에 유효한 일을 한다.

⑤ 유압 실린더 지지 방식 : 푸트형, 플랜지형, 트러니언형, 클레비스형

⑥ 유압 실린더의 구성 : 실린더, 피스톤, 피스톤 로드

1) 쿠션 기구

① 피스톤 행정의 끝에서 피스톤이 커버에 충돌하여 발생하는 충격을 흡수한다.

② 충격력에 의해 발생하는 유압회로의 악영향이나 유압기기의 손상을 방지한다.

2) 유압 실린더 지지 방식

① 플랜지형 : 실린더 본체가 실린더 중심선과 직각의 면에서 고정된 것.

② 트러니언형 : 실린더 중심선과 직각인 핀으로 지지되어 본체가 요동하는 것.

③ 클레비스형 : 실린더 캡 측의 핀혈로 지지되며, 본체가 요동하는 것.

④ 푸트형 : 실린더 본체가 실린더 중심선과 평행한 면에서 고정되어 지지부에 구부려 모멘트가 작동하는 것.

2 유압 모터

① 유압 모터는 회전운동을 하는 액추에이터이다.

② 종류 : 기어 모터, 베인 모터, 피스톤(플런저) 모터 등이 있다.

(1) 유압 모터의 장단점

유압 모터의 장점	유압 모터의 단점
① 넓은 범위의 무단 변속이 용이하다. ② 소형·경량으로서 큰 출력을 낼 수 있다. ③ 전동 모터에 비하여 급속 정지가 쉽다. ④ 정·역회전 변화가 가능하다. ⑤ 자동 원격 조작이 가능하고 작동이 신속·정확하다. ⑥ 속도나 방향의 제어가 용이하다. ⑦ 회전체의 관성이 작아 응답성이 빠르다. ⑧ 구조가 간단하며, 과부하에 대해 안전하다.	① 유압유의 점도 변화에 의하여 유압 모터의 사용에 제약이 있다. ② 유압유는 인화하기 쉽다. ③ 유압유에 먼지나 공기가 침입하지 않도록 특히 보수에 주의해야 한다. ④ 공기와 먼지 등이 침투하면 성능에 영향을 준다.

(2) 기어 모터의 장단점

기어 모터의 장점	기어 모터의 단점
① 구조가 간단하고 가격이 싸다. ② 가혹한 운전조건에서 비교적 잘 견딘다. ③ 먼지나 이물질에 의한 고장 발생율이 낮다.	① 유량 잔류가 많다. ② 토크 변동이 크다. ③ 수명이 짧다. ④ 효율이 낮다.

(3) 피스톤(플런저) 모터의 특징

① 효율이 높다.

② 내부 누설이 적다.

③ 고압 작동에 적합하다.

④ 구조가 복잡하고 수리가 어렵다.

⑤ 레이디얼 플런저 모터는 플런저가 구동축의 직각방향으로 설치되어 있다.

⑥ 액시얼 플런저 모터는 플런저가 구동축에 대하여 일정한 경사각으로 설치되어 있다.

⑦ 펌프의 최고 토출 압력, 평균효율이 가장 높아 고압 대출력에 사용한다.

(4) 유압 모터에서 소음과 진동이 발생하는 원인

① 유압유 속에 공기가 유입되었다.

② 체결 볼트가 이완되었다.

③ 내부 부품이 파손되었다.

출제 예상 문제

01 건설기계에 사용되는 유압 실린더는 어떠한 원리를 응용한 것인가?

① 베르누이의 정리
② 파스칼의 원리
③ 지렛대의 원리
④ 후크의 법칙

해설
파스칼의 원리는 밀폐된 용기 안에 정지하고 있는 액체의 일부에 힘을 가하면 세기가 변하지 않고 용기안의 모든 액체에 똑같은 압력으로 전달되며, 각 면에 수직으로 작용한다.

02 유압유의 유체 에너지(압력, 속도)를 기계적인 일로 변환시키는 유압장치는?

① 유압 펌프
② 유압 액추에이터
③ 어큐뮬레이터
④ 유압 밸브

해설
유압 액추에이터는 압력(유압) 에너지를 기계적 에너지(일)로 바꾸는 장치이다.

03 유압 장치의 구성 요소 중 유압 액추에이터에 속하는 것은?

① 유압 펌프
② 엔진 또는 전기모터
③ 오일 탱크
④ 유압 실린더

해설
유압 액추에이터의 구성 요소는 유압 실린더와 유압 모터이다.

04 유압 작동기(hydraulic actuator)의 설명으로 맞는 것은?

① 유체 에너지를 생성하는 기기
② 유체 에너지를 축적하는 기기
③ 유체 에너지를 기계적인 일로 변환시키는 기기
④ 기계적인 에너지를 유체 에너지로 변환시키는 기기

해설
유압 작동기(hydraulic actuator)는 작동유의 압력 에너지(힘)를 기계적 에너지(일)로 변환시키는 장치이다.

05 유압 액추에이터의 기능에 대한 설명으로 맞는 것은?

① 유압의 방향을 바꾸는 장치이다.
② 유압을 일로 바꾸는 장치이다.
③ 유압의 빠르기를 조정하는 장치이다.
④ 유압의 오염을 방지하는 장치이다.

06 일반적인 유압 실린더의 종류에 해당하지 않는 것은?

① 다단 실린더 ② 단동 실린더
③ 레디얼 실린더 ④ 복동 실린더

해설
유압 실린더의 종류에는 단동 실린더, 복동 실린더, 다단 실린더, 램형 실린더 등이 있다.

07 유압 실린더의 주요 구성부품이 아닌 것은?

① 피스톤 로드 ② 피스톤
③ 실린더 ④ 커넥팅 로드

해설
유압 실린더는 실린더, 피스톤, 피스톤 로드로 구성되어 있다.

01.② 02.② 03.④ 04.③ 05.② 06.③ 07.④

08 **유압 실린더 중 피스톤의 양쪽에 유압유를 교대로 공급하여 양방향의 운동을 유압으로 작동시키는 형식은?**

① 단동식 ② 복동식
③ 다동식 ④ 편동식

해설
단동식과 복동식
① **단동식** : 한쪽 방향에 대해서만 유효한 일을 하고, 복귀는 중력이나 복귀스프링에 의한다.
② **복동식** : 유압 실린더 피스톤의 양쪽에 유압유를 교대로 공급하여 양방향의 운동을 유압으로 작동시킨다.

09 **유압 실린더 지지방식 중 트러니언형 지지방식이 아닌 것은?**

① 캡측 플랜지 지지형
② 헤드측 지지형
③ 캡측 지지형
④ 센터 지지형

해설
트러니언형 지지방식에는 헤드측 지지형, 캡측 지지형, 센터 지지형이 있다.

10 **유압 실린더에서 피스톤 행정이 끝날 때 발생하는 충격을 흡수하기 위해 설치하는 장치는?**

① 쿠션 기구 ② 압력 보상 장치
③ 서보 밸브 ④ 스로틀 밸브

해설
쿠션기구는 유압 실린더에서 피스톤 행정이 끝날 때 발생하는 충격을 흡수하기 위해 설치하는 장치이다.

11 **실린더의 피스톤이 고속으로 왕복 운동할 때 행정의 끝에서 피스톤이 커버에 충돌하여 발생하는 충격을 흡수하고, 그 충격력에 의해서 발생하는 유압회로의 악영향이나 유압기기의 손상을 방지하기 위해서 설치하는 것은?**

① 쿠션 기구 ② 밸브 기구
③ 유량제어 기구 ④ 셔틀 기구

해설
쿠션 기구
① 피스톤 행정의 끝에서 피스톤이 커버에 충돌하여 발생하는 충격을 흡수한다.
② 충격력에 의해 발생하는 유압회로의 악영향이나 유압기기의 손상을 방지한다.

12 **유압장치에서 작동 유압 에너지에 의해 연속적으로 회전운동 함으로서 기계적인 일을 하는 것은?**

① 유압 모터
② 유압 실린더
③ 유압 제어 밸브
④ 유압 탱크

해설
유압 모터는 유압 에너지에 의해 연속적으로 회전운동을 함으로서 기계적인 일을 하는 장치이다.

13 **유압 에너지를 공급받아 회전운동을 하는 유압기기는?**

① 유압 실린더 ② 유압 모터
③ 유압 밸브 ④ 롤러 리미터

14 **유압 모터의 장점이 아닌 것은?**

① 효율이 기계식에 비해 높다.
② 무단계로 회전속도를 조절할 수 있다.
③ 회전체의 관성이 작아 응답성이 빠르다.
④ 동일 출력 원동기에 비해 소형이 가능하다.

해설
유압 모터의 장점
① 넓은 범위의 무단 변속이 용이하다.
② 소형·경량으로서 큰 출력을 낼 수 있다.
③ 전동 모터에 비하여 급속 정지가 쉽다.
④ 정·역회전 변화가 가능하다.
⑤ 자동 원격 조작이 가능하고 작동이 신속·정확하다.
⑥ 속도나 방향의 제어가 용이하다.
⑦ 회전체의 관성이 작아 응답성이 빠르다.
⑧ 구조가 간단하며, 과부하에 대해 안전하다.

08.② 09.① 10.① 11.① 12.① 13.② 14.①

15 유압 모터의 장점이 될 수 없는 것은?

① 소형·경량으로서 큰 출력을 낼 수 있다.
② 공기와 먼지 등이 침투하여도 성능에는 영향이 없다.
③ 변속·역전의 제어도 용이하다.
④ 속도나 방향의 제어가 용이하다.

16 유압 모터의 일반적인 특징으로 가장 적합한 것은?

① 운동량을 직선으로 속도 조절이 용이하다.
② 운동량을 자동으로 직선 조작을 할 수 있다.
③ 넓은 범위의 무단 변속이 용이하다.
④ 각도에 제한 없이 왕복 각운동을 한다.

17 유압 모터의 장점이 아닌 것은?

① 작동이 신속·정확하다.
② 관성력이 크며, 소음이 크다.
③ 전동 모터에 비하여 급속 정지가 쉽다.
④ 광범위한 무단변속을 얻을 수 있다.

18 유압 모터의 특징 중 거리가 가장 먼 것은?

① 무단 변속이 가능하다.
② 속도나 방향의 제어가 용이하다.
③ 작동유의 점도 변화에 의하여 유압 모터의 사용에 제약이 있다.
④ 작동유가 인화되기 어렵다.

해설

유압 모터의 특징
① 넓은 범위의 무단 변속이 용이하다.
② 소형·경량으로서 큰 출력을 낼 수 있다.
③ 전동 모터에 비하여 급속 정지가 쉽다.
④ 정·역회전 변화가 가능하다.
⑤ 자동 원격 조작이 가능하고 작동이 신속·정확하다.
⑥ 속도나 방향의 제어가 용이하다.
⑦ 회전체의 관성이 작아 응답성이 빠르다.
⑧ 구조가 간단하며, 과부하에 대해 안전하다.
⑨ 유압유의 점도 변화에 의하여 유압 모터의 사용에 제약이 있다.
⑩ 유압유는 인화하기 쉽다.
⑪ 유압유에 먼지나 공기가 침입하지 않도록 특히 보수에 주의해야 한다.
⑫ 공기와 먼지 등이 침투하면 성능에 영향을 준다.

19 유압장치에서 기어형 모터의 장점이 아닌 것은?

① 가격이 싸다.
② 구조가 간단하다.
③ 소음과 진동이 작다.
④ 먼지나 이물질이 많은 곳에서도 사용이 가능하다.

해설

기어 모터의 장점
① 구조가 간단하고 가격이 싸다.
② 가혹한 운전조건에서 비교적 잘 견딘다.
③ 먼지나 이물질에 의한 고장 발생율이 낮다.

20 기어 모터의 장점에 해당하지 않는 것은?

① 구조가 간단하다.
② 토크 변동이 크다.
③ 가혹한 운전 조건에서 비교적 잘 견딘다.
④ 먼지나 이물질에 의한 고장 발생율이 낮다.

해설

기어 모터의 단점
① 유량 잔류가 많다. ② 토크 변동이 크다.
③ 수명이 짧다. ④ 효율이 낮다.

21 플런저가 구동축의 직각방향으로 설치되어 있는 유압 모터는?

① 캠형 플런저 모터
② 액시얼 플런저 모터
③ 블래더 플런저 모터
④ 레이디얼 플런저 모터

해설

레이디얼 플런저 모터는 플런저가 구동축의 직각방향으로 설치되어 있고, 액시얼 플런저 모터는 플런저가 구동축에 대하여 일정한 경사각으로 설치되어 있다.

정답 15.② 16.③ 17.② 18.④ 19.③ 20.② 21.④

22 **베인 모터는 항상 베인을 캠링(cam ring) 면에 압착시켜 두어야 한다. 이 때 사용하는 장치는?**

① 볼트와 너트
② 스프링 또는 로킹 빔(locking beam)
③ 스프링 또는 배플 플레이트
④ 캠링 홀더(cam ring holder)

해설
베인 모터는 항상 베인을 캠링(cam ring) 내면에 압착시켜 두기 위해 베인을 밀어주는 스프링 또는 로킹 빔(locking beam)을 사용한다.

23 **유압 모터의 속도 결정에 가장 크게 영향을 미치는 것은?**

① 오일의 압력
② 오일의 점도
③ 오일의 유량
④ 오일의 온도

해설
오일의 유량은 유압 실린더나 유압 모터의 속도에 크게 영향을 미치는 요소이다.

24 **펌프의 최고 토출압력, 평균효율이 가장 높아 고압 대출력에 사용하는 유압 모터로 가장 적절한 것은?**

① 기어 모터
② 베인 모터
③ 트로코이드 모터
④ 피스톤 모터

해설
피스톤(플런저) 모터는 펌프의 최고 토출 압력, 평균효율이 가장 높아 고압 대출력에 사용한다.

25 **유압 모터에서 소음과 진동이 발생할 때의 원인이 아닌 것은?**

① 내부 부품의 파손
② 작동유 속에 공기혼입
③ 체결 볼트의 이완
④ 펌프의 최고 회전속도 저하

해설
유압 모터에서 소음과 진동이 발생하는 원인
① 유압유 속에 공기가 유입되었다.
② 체결 볼트가 이완되었다.
③ 내부 부품이 파손되었다.

26 **유압 모터의 회전속도가 규정 속도보다 느릴 경우의 원인에 해당하지 않는 것은?**

① 유압 펌프의 오일 토출량 과다
② 유압유의 유입량 부족
③ 각 습동부의 마모 또는 파손
④ 오일의 내부 누설

해설
유압 펌프의 오일 토출량이 과다하면 유압 라인이 손상되는 원인이 된다.

정답 22.② 23.③ 24.④ 25.④ 26.①

CHAPTER 4

유압 기호

01 유압 회로

1 유압 회로도의 종류

① 기호 회로도 : 유압 기호로 표시한 유압 회로도이며 일반적으로 많이 사용한다.
② 그림 회로도 : 구성 기기의 외관을 그림으로 표시한 유압 회로도
③ 조합 회로도 : 그림 회로도와 단면 회로도를 혼합하여 표시한 유압 회로도
④ 단면 회로도 : 기기의 내부와 동작을 단면으로 표시한 회로도

2 유압회로에 사용되는 기본 회로

(1) 오픈 회로와 크로즈 회로

① 오픈 회로 : 유압 펌프에서 토출한 유압유로 액추에이터를 작동시킨 후 유압유를 탱크로 복귀시키는 회로이다.
② 크로즈 회로 : 유압 펌프에서 토출한 유압유로 액추에이터를 작동시킨 후 복귀하는 유압유를 다시 유압 펌프의 흡입구에서 흡입하도록 하는 회로이다.

(2) 압력 제어 회로

① 릴리프 회로 : 과다한 압력이 작용하더라도 유압기기나 회로의 파손을 방지하는 안전회로이며, 무부하(언로더) 회로라고도 한다.
② 감압 회로 : 유압원이 1개인 경우 회로 내 일부의 압력을 감압하기 위하여 사용한다.
③ 카운터 밸런스 회로 : 수직으로 설치한 비교적 큰 자체 중량의 유압 실린더 피스톤의 복귀쪽에 그 중량에 상당하는 배압을 주는 카운터 밸런스 밸브를 설치하여 자유낙하를 방지하고 필요한 피스톤의 힘을 릴리프 밸브로 규제하는 회로이며, 압력제어 회로이다.
④ 시퀀스 회로 : 실린더를 순차적으로 작동시키기 위한 회로이다. 시퀀스 밸브를 사용하여 실린더가 순차적으로 작동하도록 하는 회로이며, 실린더의 작동이 완료되면 회로의 압력이 상승하고 압력에 의해서 시퀀스 회로가 작동한다.
⑤ 어큐뮬레이터 회로 : 유압 펌프 출구 가까이에 어큐뮬레이터를 설치하고 밸브 변환시에 발생하는 서지 압력을 흡수하고 펌프의 순간적인 과부하 방지 및 회로에서의 진동, 소

음, 배관의 느슨함에 의해서 발생되는 누유 및 파손 등을 방지하는 회로이다.

(3) 속도 제어 회로

① **미터 인 회로** : 유압 실린더(액추에이터)에 유입되는 유압유를 조절하여 속도를 제어하는 회로를 말한다.

② **미터 아웃 회로** : 유압 실린더(액추에이터)에서 나오는 유압유를 조절하여 속도를 제어하는 회로를 말한다.

③ **블리드 오프 회로** : 유량조절 밸브를 바이패스 회로에 설치하여 유압 실린더에 송유되는 유압유 이외에 유압유를 탱크로 복귀시키는 회로이다.

④ **감속 회로** : 고속으로 작동하며, 비교적 관성력이 큰 피스톤의 작동에서 충격적인 변환 동작을 완화하고 원활히 정지시키는 회로이다.

⑤ **차동 회로** : 유압 실린더의 좌우 양쪽의 포트로 동시에 유압유를 공급하고 피스톤이 양쪽에서 받는 힘의 차이로 작동하는 것을 이용하는 회로이다.

⑥ **동기 회로** : 여러 개의 유압 실린더나 모터를 동시에 같은 속도로 작동시킬 때 사용하는 회로의 교축 방식과 양쪽 유압 모터는 동일한 회전을 하기 때문에 토출량이 일정하게 되어 양쪽 유압 실린더를 동기시킬 때 사용하는 회로의 유압 모터 방식이 있다.

(4) 방향 제어 회로

① **로킹 회로** : 액추에이터에 가해지는 부하의 변동, 회로 압력의 변화, 그 밖의 조작 등에 관계없이 유압 실린더를 필요한 위치에 고정시켜 자유 운동을 방지하기 위한 회로이며, 방향제어 회로이다.

3 유압 모터 제어 회로

① **정토크 회로** : 정용량형 유압펌프를 사용하여 양방향 토출 정용량형 모터를 3위치 변환 밸브에 의하여 정·역 양방향 회전을 조작하여 출력 토크를 일정하게 하는 회로이다.

② **정출력 회로** : 가변용량형 유압 모터를 사용한 회로이며, 모터에 공급되는 유압은 릴리프 밸브에 의하여 일정하게 조정한다.

③ **병렬 회로** : 유압 모터 2대를 병렬로 설치하고 1개의 유압 발생원에 의해서 작동하는 회로이다.

④ **직렬 회로** : 각 유압 모터를 직렬로 연결하여 단독으로 정방향 회전 및 역방향으로의 회전, 정지 등이 가능하다.

02 유압 기호

정용량형 유압펌프	가변용량형 유압펌프	가변용량형 유압모터	단동실린더	릴리브 밸브	무부하 밸브	첵 밸브
고압 우선형 셔틀밸브	유압유탱크 (개방형)	유압유탱크 (가압형)	정용량형 펌프	복동실린더		복동 실린더 양 로드형
공기유압 변환기	회전형전기모터 액추에이터	오일필터	드레인 배출기	유압동력원	솔레노이드 조작방식	간접 조작방식
압력스위치	압력계	어큐뮬레이터	압력원	레버 조작방식	기계 조작방식	

출제 예상 문제

01 유압장치에서 가장 많이 사용되는 유압 회로도는?

① 조합 회로도
② 그림 회로도
③ 단면 회로도
④ 기호 회로도

해설

유압 회로도의 종류

① **기호 회로도** : 유압 기호로 표시한 유압 회로도이며 일반적으로 많이 사용한다.
② **그림 회로도** : 구성 기기의 외관을 그림으로 표시한 유압 회로도
③ **조합 회로도** : 그림 회로도와 단면 회로도를 혼합하여 표시한 유압 회로도
④ **단면 회로도** : 기기의 내부와 동작을 단면으로 표시한 회로도

02 유압장치의 기호 회로도에 사용되는 유압 기호의 표시 방법으로 적합하지 않은 것은?

① 기호에는 흐름의 방향으로 표시한다.
② 각 기기의 기호는 정상상태 또는 중립 상태를 표시한다.
③ 기호는 어떠한 경우에도 회전하여서는 안 된다.
④ 기호에는 각 기기의 구조나 작용 압력을 표시하지 않는다.

해설

기호 회로도에 사용되는 유압 기호는 오해의 위험이 없는 경우에는 기호를 회전하거나 뒤집어도 된다.

03 액추에이터의 입구 쪽 관로에 유량제어 밸브를 직렬로 설치하여 작동유의 유량을 제어함으로써 액추에이터의 속도를 제어하는 회로는?

① 시스템 회로(system circuit)
② 블리드 오프 회로 (bleed-off circuit)
③ 미터 인 회로(meter-in circuit)
④ 미터 아웃 회로(meter-out circuit)

해설

속도 제어 회로

① **미터 인 회로** : 유압 실린더(액추에이터)에 유입되는 유압유를 조절하여 속도를 제어하는 회로를 말한다.
② **미터 아웃 회로** : 유압 실린더(액추에이터)에서 나오는 유압유를 조절하여 속도를 제어하는 회로를 말한다.
③ **블리드 오프 회로** : 유량조절 밸브를 바이패스 회로에 설치하여 유압 실린더에 송유되는 유압유 이외에 유압유를 탱크로 복귀시키는 회로이다.

04 유압장치에서 속도 제어 회로에 속하지 않는 것은?

① 미터 인 회로
② 미터 아웃 회로
③ 블리드 오프 회로
④ 블리드 온 회로

05 유압회로에서 유량 제어를 통하여 작업속도를 조절하는 방식에 속하지 않는 것은?

① 미터 인(meter in) 방식
② 미터 아웃(meter out) 방식
③ 블리드 오프(bleed off) 방식
④ 블리드 온(bleed on) 방식

01.④ 02.③ 03.③ 04.④ 05.④

06 **유압 실린더의 속도를 제어하는 블리드 오프(bleed off) 회로에 대한 설명으로 틀린 것은?**

① 유량 제어 밸브를 실린더와 직렬로 설치한다.
② 펌프 토출량 중 일정한 양을 탱크로 되돌린다.
③ 릴리프 밸브에서 과잉압력을 줄일 필요가 없다.
④ 부하변동이 급격한 경우에는 정확한 유량제어가 곤란하다.

해설
블리드 오프 회로는 유압실린더로 유입하는 쪽에 병렬로 유량 제어 밸브를 설치한다.

07 **차동회로를 설치한 유압기기에서 속도가 나지 않는 이유로 가장 적절한 것은?**

① 회로 내에 감압 밸브가 작동하지 않을 때
② 회로 내에 관로의 직경차가 있을 때
③ 회로 내에 바이패스 통로가 있을 때
④ 회로 내에 압력손실이 있을 때

해설
차동회로는 속도제어 회로로서 유압 실린더의 좌우 양쪽의 포트로 동시에 유압유를 공급하고 피스톤이 양쪽에서 받는 힘의 차이로 작동하는 것을 이용하는 회로이다.

08 **다음 중 유압 압력계의 기호는?**

① 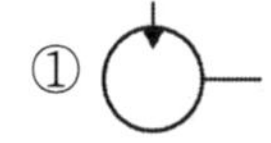
② 

③ MV
④ 

09 **그림의 유압기호가 나타내는 것은?**

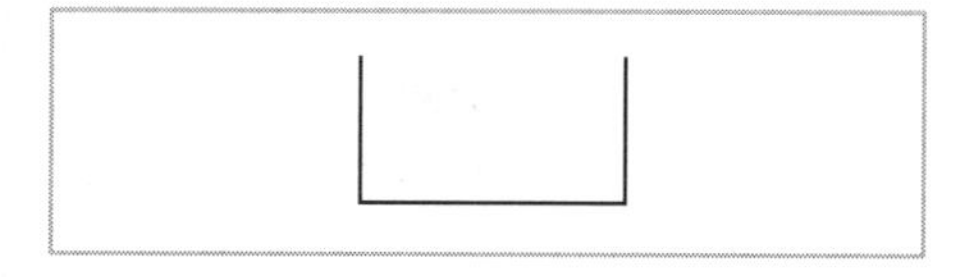

① 유압 밸브
② 차단 밸브
③ 오일 탱크
④ 유압 실린더

10 **아래 그림에서 "A" 부분은?**

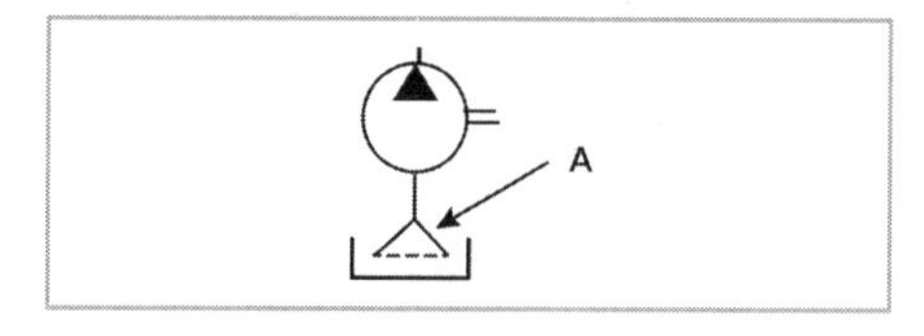

① 유압 모터
② 오일 스트레이너
③ 가변용량 유압 펌프
④ 가변용량 유압 모터

11 **체크 밸브를 나타낸 것은?**

① 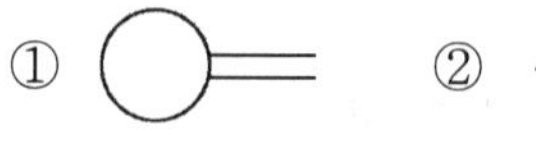
② 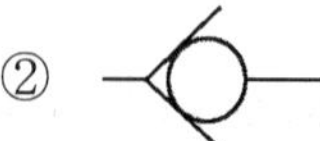
③ 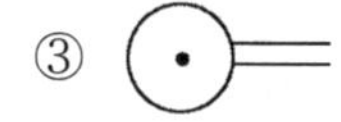
④ 

12 **유압 장치에서 가변 용량형 유압 펌프를 나타내는 기호는?**

① 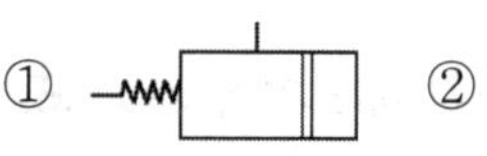
② 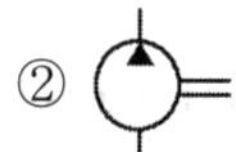
③ 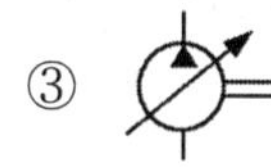
④ 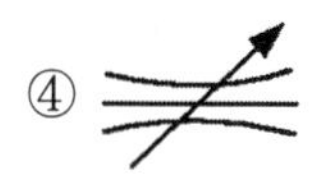

정답 06.① 07.④ 08.④ 09.③ 10.② 11.② 12.③

13 그림의 유압 기호는 무엇을 표시하는가?

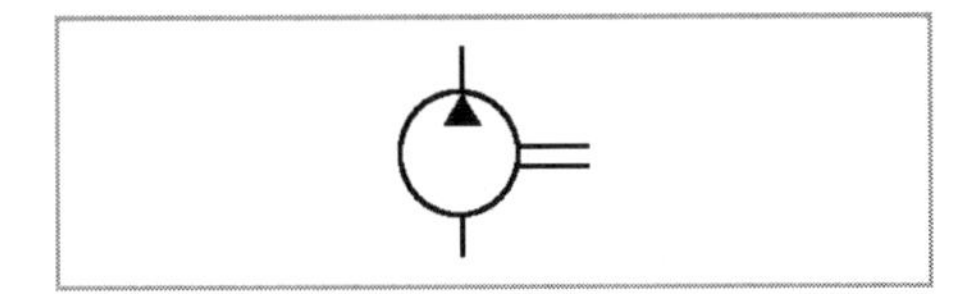

① 오일 쿨러　② 유압 탱크
③ 유압 펌프　④ 유압 밸브

14 가변 용량형 유압 펌프의 기호 표시는?

① 　② 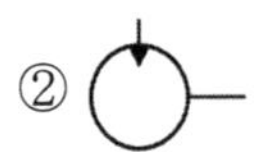

③　④

15 유압 도면기호에서 여과기의 기호 표시는?

① 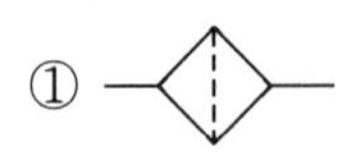　② 

③ 　④ 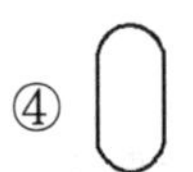

16 축압기의 기호 표시는?

① 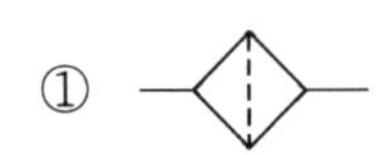　② 

③ 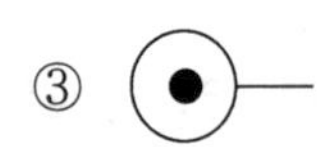　④ 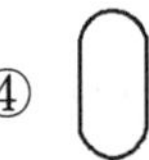

17 그림에서 드레인 배출기의 기호 표시는?

①　②

③　④

18 그림의 유압기호는 무엇을 표시하는가?

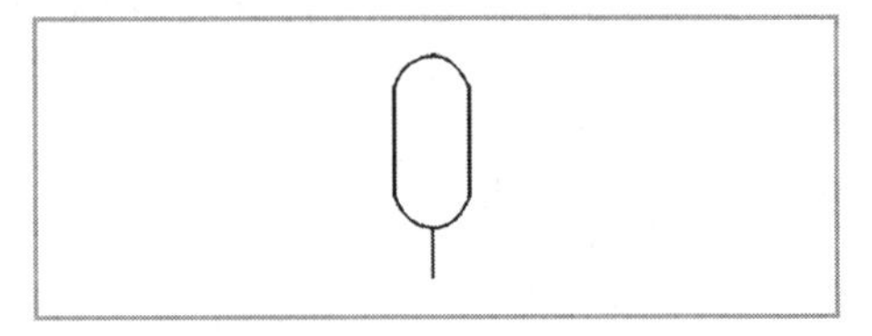

① 유압 실린더
② 어큐뮬레이터
③ 오일 탱크
④ 유압 실린더 로드

19 그림의 유압 기호는 무엇을 표시하는가?

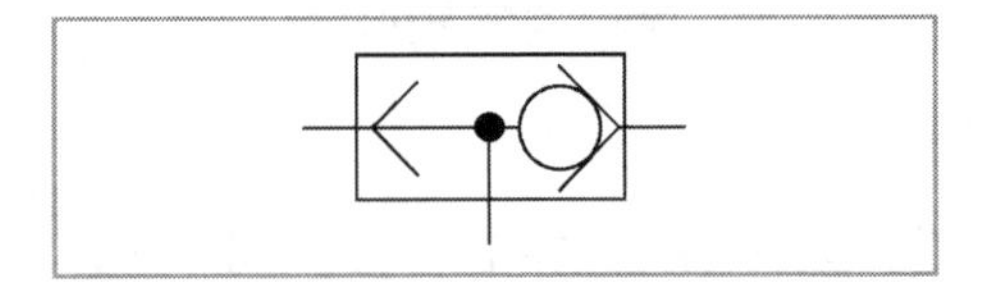

① 고압 우선형 셔틀 밸브
② 저압 우선형 셔틀 밸브
③ 급속 배기 밸브
④ 급속 흡기 밸브

20 다음 그림과 같은 일반적으로 사용하는 유압기호에 해당하는 밸브는?

① 첵 밸브　② 시퀀스 밸브
③ 릴리프 밸브　④ 리듀싱 밸브

21 다음 유압기호가 나타내는 것은?

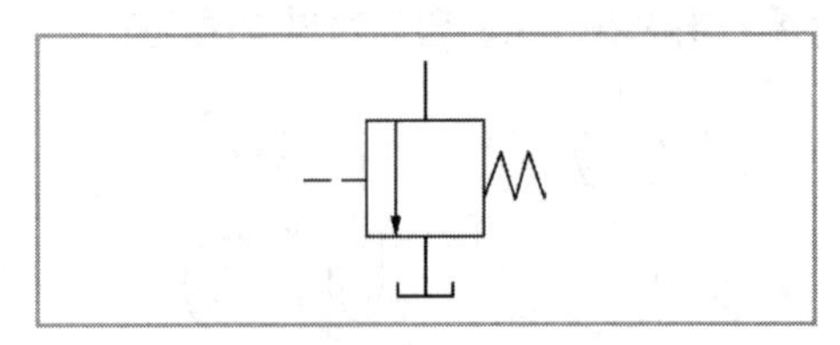

① 릴리프 밸브(relief valve)
② 감압 밸브(reducing valve)
③ 순차밸브(sequence valve)
④ 무부하 밸브(unloader valve)

정답　13.③　14.①　15.①　16.④　17.③　18.②　19.①　20.③　21.④

22 복동 실린더 양 로드형을 나타내는 유압 기호는?

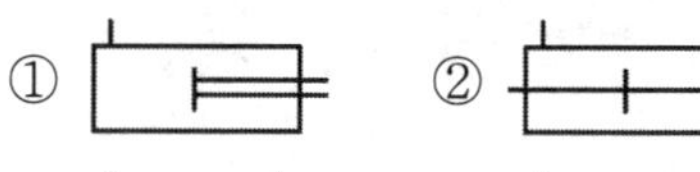

③ ④

23 방향 전환 밸브의 동작 방식에서 단동 솔레노이드 기호는?

① ②

③ ④

24 그림에서 요동형 액추에이터의 기호는?

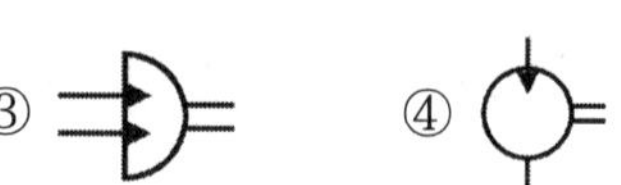

정답 22.④ 23.② 24.③

CHAPTER 5

유압유 및 기타 부속장치 등

01 유압 장치의 개요

1 파스칼의 원리

① 밀폐 용기 속의 유체 일부에 가해진 압력은 각 부분에 똑같은 세기로 전달된다.
② 유체의 압력은 면에 대하여 직각으로 작용한다.
③ 각 점의 압력은 모든 방향으로 같다.
④ 유압기기에서 작은 힘으로 큰 힘을 얻기 위해 적용하는 원리이다.

2 유압 장치의 장점 및 단점

(1) 유압 장치의 장점

① 윤활성, 내마모성, 방청성이 좋다.
② 속도제어(speed control)와 힘의 연속적 제어가 용이하다.
③ 작은 동력원으로 큰 힘을 낼 수 있다.
④ 과부하 방지가 용이하다.
⑤ 운동 방향을 쉽게 변경할 수 있다.
⑥ 전기·전자의 조합으로 자동제어가 용이하다.
⑦ 에너지 축적이 가능하며, 힘의 전달 및 증폭이 용이하다.
⑧ 무단변속이 가능하고, 정확한 위치제어를 할 수 있다.
⑨ 미세 조작 및 원격 조작이 가능하다.
⑩ 진동이 작고, 작동이 원활하다.
⑪ 동력의 분배와 집중이 쉽다.

(2) 유압 장치의 단점

① 고압 사용으로 인한 위험성 및 이물질에 민감하다.
② 유온의 영향에 따라 정밀한 속도와 제어가 곤란하다.
③ 폐유에 의한 주변 환경이 오염될 수 있다.
④ 오일은 가연성이 있어 화재에 위험하다.

⑤ 회로의 구성이 어렵고 누설되는 경우가 있다.
⑥ 오일의 온도에 따라서 점도가 변하므로 기계의 속도가 변한다.
⑦ 에너지의 손실이 크다.
⑧ 유압장치의 점검이 어렵다.
⑨ 고장 원인의 발견이 어렵고, 구조가 복잡하다.

02 유압유(작동유)

1 유압유의 기능

① 열을 흡수하고 부식을 방지한다.
② 필요한 요소 사이를 밀봉한다.
③ 동력(압력 에너지)을 전달한다.
④ 움직이는 기계요소의 마모를 방지한다.
⑤ 마찰(미끄럼 운동) 부분의 윤활 작용을 한다.

2 유압유가 갖추어야 할 성질

① 압축성, 밀도, 열팽창계수가 작을 것
② 체적 탄성계수 및 점도지수가 클 것
③ 인화점 및 발화점이 높고, 내열성이 클 것
④ 화학적 안정성이 클 것 즉 산화 안정성이 좋을 것
⑤ 방청 및 방식성이 좋고 거품이 적을 것
⑥ 적절한 유동성과 점성을 갖고 있을 것
⑦ 온도에 의한 점도 변화가 적을 것
⑧ 윤활성 및 소포성(기포 분리성)이 클 것
⑨ 유압유 중의 물·먼지 등의 불순물과 분리가 잘 될 것
⑩ 유압장치에 사용되는 재료에 대해 불활성일 것

3 온도와 점도의 관계

① 작동유는 온도가 변화되면 점도가 변화한다.
② 점도지수(viscosity index) : 온도 변화에 대한 점도의 변화 비율을 나타내는 것
③ 점도지수가 큰 오일은 온도 변화에 대한 점도의 변화가 적다.
④ 점도지수가 낮은 오일은 저온에서 유압 펌프의 시동이 저항이 증가한다.
⑤ 점도지수가 낮은 오일은 저온에서 마찰 손실이 증가한다.
⑥ 점도지수가 낮은 오일은 유동 저항의 증가로 유압기기의 작동이 불량해진다.
⑦ 점도지수가 낮은 오일은 흡입 측에 공동 현상(cavitation)이 발생하기 쉽다.

4 유압유의 점도가 너무 높을 경우의 영향

① 유압이 높아지므로 유압유 누출은 감소한다.
② 유동 저항이 커져 압력 손실이 증가한다.
③ 동력 손실이 증가하여 기계효율이 감소한다.
④ 내부 마찰이 증가하고, 압력이 상승한다.
⑤ 파이프 내의 마찰 손실과 동력 손실이 커진다.
⑥ 열 발생의 원인이 될 수 있다.
⑦ 소음이나 공동 현상(캐비테이션)이 발생한다.

5 유압유의 점도가 너무 낮을 경우의 영향

① 유압 펌프의 효율이 저하된다.
② 실린더 및 컨트롤 밸브에서 누출 현상이 발생한다.
③ 계통(회로)내의 압력이 저하된다.
④ 유압 실린더의 속도가 늦어진다.

6 유압유의 열화 판정 및 과열 원인

(1) 유압유의 열화 판정 방법

① 점도의 상태로 판정한다.
② 냄새로 확인(자극적인 악취)한다.
③ 색깔의 변화나 침전물의 유무로 판정한다.
④ 수분의 유무를 확인한다.
⑤ 흔들었을 때 생기는 거품이 없어지는 양상 확인한다.

(2) 유압유가 과열하는 원인

① 유압유의 점도가 너무 높을 때
② 유압장치 내에서 내부 마찰이 발생될 때
③ 유압회로 내의 작동 압력이 너무 높을 때
④ 유압회로 내에서 캐비테이션이 발생될 때
⑤ 릴리프 밸브가 닫힌 상태로 고장일 때
⑥ 오일 냉각기의 냉각핀이 오손되었을 때
⑦ 유압유가 부족할 때

※ 유압회로에서 유압유의 정상 작동 온도 범위는 40~80℃이다.

(3) 유압유 온도가 상승할 때 나타나는 현상

① 유압유의 산화작용(열화)을 촉진한다.
② 실린더의 작동 불량이 생긴다.
③ 기계적인 마모가 생긴다.
④ 유압기기가 열 변형되기 쉽다.
⑤ 중합이나 분해가 일어난다.
⑥ 고무 같은 물질이 생긴다.
⑦ 점도가 저하된다.
⑧ 유압 펌프의 효율이 저하한다.

⑨ 유압유 누출이 증대된다. ⑩ 밸브류의 기능이 저하된다.

7 유압유 첨가제

① 소포제(거품 방지제), 유동점 강하제, 유성 향상제, 산화 방지제, 점도지수 향상제 등이 있다.

② **산화 방지제** : 산의 생성을 억제함과 동시에 금속의 표면에 부식억제 피막을 형성하여 산화물질이 금속에 직접 접촉하는 것을 방지한다.

③ **유성 향상제** : 금속간의 마찰을 방지하기 위한 방안으로 마찰계수를 저하시킨다.

8 난연성 유압유

① 난연성 유압유는 비함수계(내화성을 갖는 합성물)와 함수계가 있다.

② **비함수계 유압유** : 인산 에스텔형, 폴리올에스테르

③ **함수계 유압유** : 유중수형, 물-글리콜형, 유중수적형

9 유압유에 수분이 생성되는 원인과 미치는 영향

① **생성되는 원인** : 공기 혼입

② 유압유의 윤활성을 저하시킨다.

③ 유압유의 방청성을 저하시킨다.

④ 유압유의 산화와 열화를 촉진시킨다.

⑤ 유압유의 내마모성을 저하시킨다.

⑥ **판정** : 가열한 철판 위에 유압유를 떨어뜨려 확인한다.

03 유압 탱크

1 유압유 탱크의 기능

① 계통 내의 필요한 유량을 확보한다.

② 내부의 격판(배플)에 의해 기포 발생 방지 및 제거한다.

③ 유압유 탱크 외벽의 냉각에 의한 적정온도 유지한다.

④ 흡입 스트레이너가 설치되어 회로 내 불순물 혼입을 방지한다.

⑤ 응축수의 제거를 위하여 기름 탱크에는 드레인 탭이 설계되어 있다.

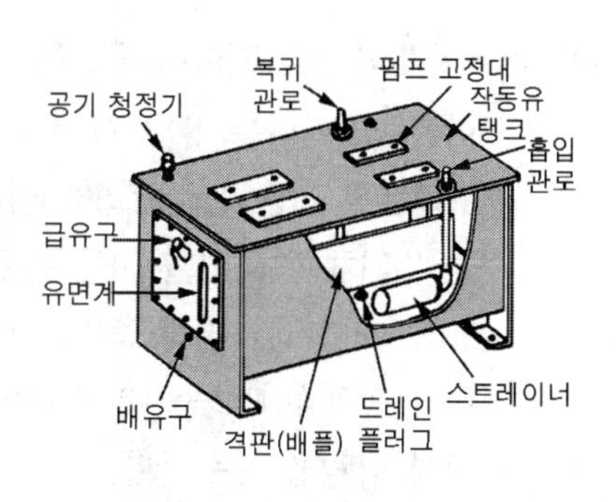

그림 유압 탱크의 구조

⑥ 펌프, 모터, 밸브의 설치 장소를 제공하고 소음 감소의 역할도 한다.

(2) 유압유 탱크의 구비 조건

① 배유구(드레인 플러그)와 유면계를 설치하여야 한다.
② 흡입 관과 복귀 관 사이에 격판(배플)을 설치하여야 한다.
③ 흡입 유압유를 위한 스트레이너(strainer)를 설치하여야 한다.
④ 적당한 크기의 주유구를 설치하여야 한다.
⑤ 발생한 열을 방산할 수 있어야 한다.
⑥ 공기 및 수분 등의 이물질을 분리할 수 있어야 한다.
⑦ 오일에 이물질이 유입되지 않도록 밀폐되어야 한다.

(3) 유압유 탱크의 크기

유압유 탱크의 크기는 중력에 의하여 복귀되는 장치 내의 모든 오일을 받아들일 수 있는 크기로 하여야 한다(유압 펌프 토출량의 2~3배가 40표준이다).

(4) 유압유 탱크의 구조

① 구성 부품 : 스트레이너, 드레인 플러그, 배플 플레이트, 주입구 캡, 유면계
② 펌프 흡입구와 탱크로의 귀환구(복귀구) 사이에는 격판(배플)을 설치한다.
③ 배플(격판)은 탱크로 귀환하는 유압유와 유압 펌프로 공급되는 유압유를 분리시키는 기능을 한다.
④ 펌프 흡입구는 탱크로의 귀환구(복귀구)로부터 될 수 있는 한 멀리 떨어진 위치에 설치한다.
⑤ 펌프 흡입구에는 스트레이너(오일 여과기)를 설치한다.

04 부속 장치

1 어큐뮬레이터(축압기; Accumulator)

(1) 어큐뮬레이터의 기능(용도, 목적)

① 어큐뮬레이터는 유압 에너지를 일시 저장하는 역할을 한다.
② 고압유를 저장하는 방법에 따라 중량에 의한 것, 스프링에 의한 것, 공기나 질소 가스 등의 기체 압축성을 이용한 것 등이 있다.
③ 유압 에너지를 저장(축척)한다.
④ 유압 펌프의 맥동을 제거(감쇠)해 준다.
⑤ 충격 압력을 흡수한다.
⑥ 압력을 보상해 준다.
⑦ 유압 회로를 보호한다.

⑧ 보조 동력원으로 사용한다.

⑨ 기체 액체형 어큐뮬레이터에 사용되는 가스는 질소이다.

⑧ 어큐뮬레이터의 종류 : **피스톤형, 다이어프램형, 블래더형**

(2) 어큐뮬레이터 구조

1) 피스톤 형

① 실린더 내에 피스톤을 끼워 기체실과 유압실을 구성하는 구조로 되어 있다.

② 구조가 간단하고 튼튼하나 실린더 내면은 정밀 다듬질 가공하여야 한다.

③ 적당한 패킹으로 밀봉을 완전하게 하여야 하므로 제작비가 비싸다.

④ 피스톤 부분의 마찰저항과 작동유의 누설 등에 문제가 있다.

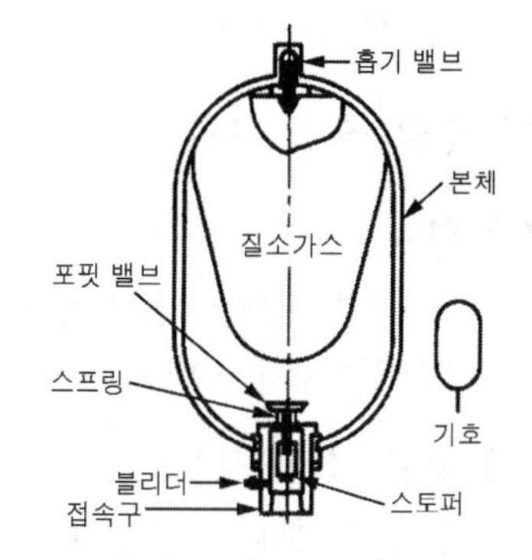

그림 어큐뮬레이터의 구조와 기호

2) 블래더형(고무 주머니형)

① 외부에서 기체(질소)를 탄성이 큰 특수 합성 고무 주머니에 봉입하였다.

② 고무주머니가 용기 속에서 돌출되지 않도록 보호하고 있다.

③ 고무주머니의 관성이 낮아서 응답성이 매우 커 유지 관리가 쉽고 광범위한 용도로 쓸 수 있는 장점이 있다.

2 오일 여과기(Oil filter)

① **스트레이너** : 유압유를 유압 펌프의 흡입 관로에 보내는 통로에 사용된다.

② **필터** : 유압 펌프의 토출 관로나 유압유 탱크로 되돌아오는 통로(드레인 회로)에 사용되는 것으로 금속 등 마모된 찌꺼기나 카본 덩어리 등의 이물질을 제거한다.

③ 관로용 필터의 종류 : **압력 여과기, 리턴 여과기, 라인 여과기**

④ 라인 필터의 종류 : **흡입관 필터, 압력관 필터, 복귀관 필터**

⑤ 오일 필터의 여과 입도가 너무 조밀(여과 입도 수(mesh)가 높으면)하면 **공동현상(캐비테이션)이 발생**한다.

3 오일 냉각기(oil cooler)

① **유압유 온도를 알맞게 유지**하기 위해 유압유를 냉각시키는 장치이다.

② 유압유의 양은 정상인데 유압장치가 과열하면 가장 먼저 오일 냉각기를 점검한다.

③ **구비 조건** : 촉매작용이 없을 것, 오일 흐름에 저항이 작을 것, 온도조정이 잘 될 것, 정비 및 청소하기가 편리할 것 등이다.

④ **수냉식 오일 냉각기** : 냉각수를 이용하여 유압유 온도를 항상 적정한 온도로 유지하며, 소형으로 냉각능력은 크지만 고장이 발생하면 유압유 중에 물이 혼입될 우려가 있다.

4 유압 호스

① **플렉시블 호스** : 내구성이 강하고 작동 및 움직임이 있는 곳에 사용하기 적합하다.
② **나선 와이어 블레이드 호스** : 유압 호스 중 가장 큰 압력에 견딜 수 있다.
③ **고압 호스가 자주 파열되는 원인** : 릴리프 밸브의 설정 유압 불량(유압을 너무 높게 조정한 경우)이다.

5 오일 실(oil seal)

(1) 기능

① 유압 기기의 접합 부분이나 이음 부분에서 **작동유의 누설을 방지**한다.
② 외부에서 유압 기기 내로 **이물질이 침입하는 것을 방지**한다.

(2) 오일 실의 구비 조건

① 압축 복원성이 좋고 압축 변형이 작아야 한다.
② 유압유의 체적 변화나 열화가 적어야 하며, 내약품성이 양호하여야 한다.
③ 고온에서의 열화나 저온에서의 탄성 저하가 작아야 한다.
④ 장시간의 사용에 견디는 내구성 및 내마멸성이 커야 한다.
⑤ 내마멸성이 적당하고 비중이 적어야 한다.
⑥ 정밀 가공 면을 손상시키지 않아야 한다.

6 플러싱(flushing)

① 플러싱은 **유압 계통 내에 슬러지, 이물질 등을 회로 밖으로 배출**시켜 깨끗이 하는 작업
② 플러싱을 완료한 후 오일을 반드시 제거하여야 한다.
③ 플러싱 오일을 제거한 후에는 유압유 탱크 내부를 다시 세척하고 라인 필터 엘리먼트를 교환한다.
④ 플러싱 작업을 완료한 후에는 가능한 한 빨리 유압유를 넣고 수 시간 운전하여 전체 유압 라인에 유압유가 공급되도록 한다.

출제 예상 문제

01 파스칼의 원리를 설명한 것 중 틀린 것은?

① 유체의 압력은 면에 대하여 수직으로 작용한다.
② 각 점의 압력은 모든 방향으로 같다.
③ 정지해 있는 유체에 힘을 가하면 단면적이 적은 곳은 속도가 느리게 전달된다.
④ 밀폐 용기 속의 유체 일부에 가해진 압력은 각부에 똑같은 세기로 전달된다.

해설

파스칼의 원리
① 밀폐 용기 속의 유체 일부에 가해진 압력은 각 부분에 똑같은 세기로 전달된다.
② 유체의 압력은 면에 대하여 직각으로 작용한다.
③ 각 점의 압력은 모든 방향으로 같다.
④ 유압기기에서 작은 힘으로 큰 힘을 얻기 위해 적용하는 원리이다.

02 "밀폐된 용기 속의 유체 일부에 가해진 압력은 각부의 모든 부분에 같은 세기로 전달된다."는 원리는?

① 베르누이의 원리
② 렌츠의 원리
③ 파스칼의 원리
④ 보일 샤를의 원리

03 유압기기는 작은 힘으로 큰 힘을 얻기 위해 어느 원리를 적용하는가?

① 베르누이 원리
② 아르키메데스의 원리
③ 보일의 원리
④ 파스칼의 원리

해설

유압식 브레이크 및 유압기기에 사용되는 유압장치는 파스칼의 원리를 이용한다.

04 밀폐된 용기 내의 액체 일부에 가해진 압력은 어떻게 전달되는가?

① 유체 각 부분에 다르게 전달된다.
② 유체 각 부분에 동시에 같은 크기로 전달된다.
③ 유체의 압력이 돌출부분에 더 세게 작용된다.
④ 유체의 압력이 홈 부분에서 더 세게 작용된다.

해설

밀폐 용기 속의 유체 일부에 가해진 압력은 각 부분에 똑같은 세기로 전달된다.

05 유압 장치의 장점이 아닌 것은?

① 속도 제어가 용이하다.
② 힘의 연속적 제어가 용이하다.
③ 온도의 영향을 많이 받는다.
④ 윤활성, 내마멸성, 방청성이 좋다.

해설

유압 장치의 장점
① 작은 동력원으로 큰 힘을 낼 수 있다.
② 과부하 방지가 용이하다.
③ 운동방향을 쉽게 변경할 수 있다.
④ 속도 제어가 용이하다.
⑤ 에너지 축적이 가능하다.
⑥ 힘의 전달 및 증폭이 용이하다.
⑦ 힘의 연속적 제어가 용이하다.
⑧ 윤활성·내마멸성 및 방청성이 좋다.

정답 01.③ 02.③ 03.④ 04.② 05.③

06 유압 장치의 장점에 속하지 않는 것은?

① 소형으로 큰 힘을 낼 수 있다.
② 정확한 위치 제어가 가능하다.
③ 배관이 간단하다.
④ 원격 제어가 가능하다.

07 유압 기계의 장점이 아닌 것은?

① 속도제어가 용이하다.
② 에너지 축적이 가능하다.
③ 유압장치는 점검이 간단하다.
④ 힘의 전달 및 증폭이 용이하다.

해설

유압 장치의 단점
① 고압 사용으로 인한 위험성 및 이물질에 민감하다.
② 유온의 영향에 따라 정밀한 속도와 제어가 곤란하다.
③ 폐유에 의한 주변 환경이 오염될 수 있다.
④ 오일은 가연성이 있어 화재에 위험하다.
⑤ 회로의 구성이 어렵고 누설되는 경우가 있다.
⑥ 오일의 온도에 따라서 점도가 변하므로 기계의 속도가 변한다.
⑦ 에너지의 손실이 크다.
⑧ 유압장치의 점검이 어렵다.
⑨ 고장 원인의 발견이 어렵고, 구조가 복잡하다.

08 유압 장치의 단점이 아닌 것은?

① 관로를 연결하는 곳에서 유체가 누출될 수 있다.
② 고압 사용으로 인한 위험성 및 이물질에 민감하다.
③ 작동유에 대한 화재의 위험이 있다.
④ 전기·전자의 조합으로 자동 제어가 곤란하다.

09 유압장치의 특징 중 가장 거리가 먼 것은?

① 진동이 작고 작동이 원활하다.
② 고장원인 발견이 어렵고 구조가 복잡하다.
③ 에너지의 저장이 불가능하다.
④ 동력의 분배와 집중이 쉽다.

해설

에너지 축적(저장)이 가능하며, 힘의 전달 및 증폭이 용이하다.

10 유압유의 주요 기능이 아닌 것은?

① 열을 흡수한다.
② 동력을 전달한다.
③ 필요한 요소 사이를 밀봉한다.
④ 움직이는 기계요소를 마모시킨다.

해설

유압유의 기능
① 열을 흡수하고 부식을 방지한다.
② 필요한 요소 사이를 밀봉한다.
③ 동력(압력 에너지)을 전달한다.
④ 움직이는 기계요소의 마모를 방지한다.
⑤ 마찰(미끄럼 운동) 부분의 윤활 작용을 한다.

11 유압유가 갖추어야 할 성질로 틀린 것은?

① 점도가 적당할 것
② 인화점이 낮을 것
③ 강인한 유막을 형성할 것
④ 점성과 온도와의 관계가 양호할 것

해설

유압유가 갖추어야 할 성질
① 압축성, 밀도, 열팽창계수가 작을 것
② 체적 탄성계수 및 점도지수가 클 것
③ 인화점 및 발화점이 높고, 내열성이 클 것
④ 화학적 안정성이 클 것 즉 산화 안정성이 좋을 것
⑤ 방청 및 방식성이 좋고 거품이 적을 것
⑥ 적절한 유동성과 점성을 갖고 있을 것
⑦ 온도에 의한 점도 변화가 적을 것
⑧ 윤활성 및 소포성(기포 분리성)이 클 것
⑨ 유압유 중의 물・먼지 등의 불순물과 분리가 잘 될 것
⑩ 유압장치에 사용되는 재료에 대해 불활성일 것

12 유압유에 요구되는 성질이 아닌 것은?

① 넓은 온도 범위에서 점도 변화가 적을 것
② 윤활성과 방청성이 있을 것
③ 산화 안정성이 있을 것
④ 사용되는 재료에 대하여 불활성이 아닐 것

06.③ 07.③ 08.④ 09.③ 10.④ 11.② 12.④

13 유압유 성질 중 가장 중요한 것은?

① 점도 ② 온도
③ 습도 ④ 열효율

해설
점도는 유체를 이동시킬 때에 나타나는 액체의 내부 저항 또는 내부 마찰을 말한다. 점도는 온도가 높을수록 감소하며, 압력이 높을수록 증가한다.

14 온도 변화에 따라 점도 변화가 큰 오일의 점도지수는?

① 점도지수가 높은 것이다.
② 점도지수가 낮은 것이다.
③ 점도지수는 변하지 않는 것이다.
④ 점도 변화와 점도지수는 무관하다.

해설
점도지수란 오일이 온도 변화에 따라 점도가 변화하는 정도를 표시하는 것으로 점도지수가 높을수록 온도에 의한 점도 변화가 적다.

15 유압유에 점도가 서로 다른 2종류의 오일을 혼합하였을 경우에 대한 설명으로 맞는 것은?

① 오일 첨가제의 좋은 부분만 작동하므로 오히려 더욱 좋다.
② 점도가 달라지나 사용에는 전혀 지장이 없다.
③ 혼합은 권장사항이며, 사용에는 전혀 지장이 없다.
④ 열화 현상을 촉진시킨다.

해설
유압유에 점도가 서로 다른 2종류의 오일을 혼합하면 열화 현상을 촉진시킨다.

16 유압 작동유의 점도가 지나치게 높을 때 나타날 수 있는 현상으로 가장 적합한 것은?

① 내부 마찰이 증가하고, 압력이 상승한다.
② 누유가 많아진다.
③ 파이프 내의 마찰 손실이 작아진다.
④ 펌프의 체적효율이 감소한다.

해설
유압유의 점도가 너무 높을 경우의 영향
① 유압이 높아지므로 유압유 누출은 감소한다.
② 유동 저항이 커져 압력 손실이 증가한다.
③ 동력 손실이 증가하여 기계효율이 감소한다.
④ 내부 마찰이 증가하고, 압력이 상승한다.
⑤ 파이프 내의 마찰 손실과 동력 손실이 커진다.
⑥ 열 발생의 원인이 될 수 있다.
⑦ 소음이나 공동 현상(캐비테이션)이 발생한다.

17 유압유의 점도가 지나치게 높았을 때 나타나는 현상이 아닌 것은?

① 오일 누설이 증가한다.
② 유동 저항이 커져 압력 손실이 증가한다.
③ 동력 손실이 증가하여 기계효율이 감소한다.
④ 내부 마찰이 증가하고, 압력이 상승한다.

18 유압 작동유의 점도가 지나치게 낮을 때 나타날 수 있는 현상은?

① 출력이 증가한다.
② 압력이 상승한다.
③ 유동 저항이 증가한다.
④ 유압 실린더의 속도가 늦어진다.

해설
유압유의 점도가 너무 낮을 경우의 영향
① 유압 펌프의 효율이 저하된다.
② 실린더 및 컨트롤 밸브에서 누출 현상이 발생한다.
③ 계통(회로)내의 압력이 저하된다.
④ 유압 실린더의 속도가 늦어진다.

19 유압장치에서 사용되는 오일의 점도가 너무 낮을 경우 나타날 수 있는 현상이 아닌 것은?

① 펌프 효율 저하
② 오일 누설
③ 계통 내의 압력 저하
④ 시동 시 저항 증가

정답 13.① 14.② 15.④ 16.① 17.① 18.④ 19.④

20 **보기 항에서 유압 계통에 사용되는 오일의 점도가 너무 낮을 경우 나타날 수 있는 현상으로 모두 맞는 것은?**

[보기]
ㄱ. 펌프 효율 저하
ㄴ. 오일 누설 증가
ㄷ. 유압회로 내의 압력 저하
ㄹ. 시동 저항 증가

① ㄱ, ㄷ, ㄹ ② ㄱ, ㄴ, ㄷ
③ ㄴ, ㄷ, ㄹ ④ ㄱ, ㄴ, ㄹ

해설
오일의 점도가 너무 낮으면 유압 펌프의 효율저하, 오일누설 증가, 유압회로 내의 압력저하 등이 발생한다.

21 **작동유의 열화 및 수명을 판정하는 방법으로 적합하지 않은 것은?**

① 점도상태로 확인
② 오일을 가열 후 냉각되는 시간확인
③ 냄새로 확인
④ 색깔이나 침전물의 유무확인

해설
유압유의 열화 판정 방법
① 점도의 상태로 판정한다.
② 냄새로 확인(자극적인 악취)한다.
③ 색깔의 변화나 침전물의 유무로 판정한다.
④ 수분의 유무를 확인한다.
⑤ 흔들었을 때 생기는 거품이 없어지는 양상 확인한다.

22 **유압유가 과열되는 원인으로 가장 거리가 먼 것은?**

① 유압 유량이 규정보다 많을 때
② 오일 냉각기의 냉각핀이 오손되었을 때
③ 릴리프 밸브(Relief Valve)가 닫힌 상태로 고장일 때
④ 유압유가 부족할 때

해설
유압유가 과열되는 원인
① 유압유의 점도가 너무 높을 때
② 유압장치 내에서 내부 마찰이 발생될 때
③ 유압회로 내의 작동 압력이 너무 높을 때
④ 유압회로 내에서 캐비테이션이 발생될 때
⑤ 릴리프 밸브가 닫힌 상태로 고장일 때
⑥ 오일 냉각기의 냉각핀이 오손되었을 때
⑦ 유압유가 부족할 때

23 **유압 오일의 온도가 상승할 때 나타날 수 있는 결과가 아닌 것은?**

① 오일 누설 발생
② 펌프 효율 저하
③ 점도 상승
④ 유압 밸브의 기능 저하

해설
유압유 온도가 상승할 때 나타나는 현상
① 유압유의 산화작용(열화)을 촉진한다.
② 실린더의 작동 불량이 생긴다.
③ 기계적인 마모가 생긴다.
④ 유압기기가 열 변형되기 쉽다.
⑤ 중합이나 분해가 일어난다.
⑥ 고무 같은 물질이 생긴다.
⑦ 점도가 저하된다.
⑧ 유압 펌프의 효율이 저하한다.
⑨ 유압유 누출이 증대된다.
⑩ 밸브류의 기능이 저하된다.

24 **작동유 온도가 과열되었을 때 유압계통에 미치는 영향으로 틀린 것은?**

① 열화를 촉진한다.
② 점도의 저하에 의해 누유 되기 쉽다.
③ 유압 펌프 등의 효율은 좋아진다.
④ 온도 변화에 의해 유압기기가 열 변형되기 쉽다.

25 **유압회로에서 작동유의 정상작동 온도에 해당되는 것은?**

① 5~10℃
② 40~80℃
③ 112~115℃
④ 125~140℃

해설
작동유의 정상 작동 온도 범위는 40~80℃ 정도이다.

20.② 21.② 22.① 23.③ 24.③ 25.②

26 **유압유의 첨가제가 아닌 것은?**

① 소포제
② 유동점 강하제
③ 산화 방지제
④ 점도지수 방지제

해설

유압유의 첨가제는 소포제(거품 방지제), 유동점 강하제, 유성 향상제, 산화 방지제, 점도지수 향상제 등이 있다.

27 **유압유에 사용되는 첨가제 중 산의 생성을 억제함과 동시에 금속의 표면에 부식 억제 피막을 형성하여 산화 물질이 금속에 직접 접촉하는 것을 방지하는 것은?**

① 산화 방지제 ② 산화 촉진제
③ 소포제 ④ 방청제

해설

산화 방지제의 기능

산의 생성을 억제함과 동시에 금속의 표면에 부식억제 피막을 형성하여 산화 물질이 금속에 직접 접촉하는 것을 방지한다.

28 **금속간의 마찰을 방지하기 위한 방안으로 마찰계수를 저하시키기 위하여 사용되는 첨가제는?**

① 방청제
② 유성 향상제
③ 점도지수 향상제
④ 유동점 강하제

해설

유성 향상제의 기능

금속간의 마찰을 방지하기 위한 방안으로 마찰계수를 저하시킨다.

29 **난연성 작동유의 종류에 해당하지 않는 것은?**

① 석유계 작동유
② 유중수형 작동유
③ 물-글리콜형 작동유
④ 인산 에스텔형 작동유

해설

난연성 유압유

① 난연성 유압유는 비함수계(내화성을 갖는 합성물)와 함수계가 있다.
② 비함수계 유압유 : 인산 에스텔형, 폴리올에스테르
③ 함수계 유압유 : 유중수형, 물-글리콜형, 유중수적형

30 **유압유에 수분이 생성되는 주원인으로 맞는 것은?**

① 유압유 누출 ② 공기 혼입
③ 슬러지 생성 ④ 기름의 열화

해설

유압유에 수분이 생성되는 원인과 미치는 영향

① 생성되는 원인 : 공기 혼입
② 유압유의 윤활성을 저하시킨다.
③ 유압유의 방청성을 저하시킨다.
④ 유압유의 산화와 열화를 촉진시킨다.
⑤ 유압유의 내마모성을 저하시킨다.
⑥ 판정 : 가열한 철판 위에 유압유를 떨어뜨려 확인한다.

31 **유압 작동유에 수분이 미치는 영향이 아닌 것은?**

① 작동유의 윤활성을 저하시킨다.
② 작동유의 방청성을 저하시킨다.
③ 작동유의 내마모성을 향상시킨다.
④ 작동유의 산화와 열화를 촉진시킨다.

32 **작동유에 수분이 혼입되었을 때 나타나는 현상이 아닌 것은?**

① 윤활 능력 저하
② 작동유의 열화 촉진
③ 유압기기의 마모 촉진
④ 오일 탱크의 오버플로

해설

오일 탱크의 오버플로(over flow, 흘러넘침)는 공기가 혼입된 경우이다.

정답 26.④ 27.① 28.② 29.① 30.② 31.③ 32.④

33 **현장에서 오일의 오염도 판정 방법 중 가열한 철판 위에 오일을 떨어뜨리는 방법은 오일의 무엇을 판정하기 위한 방법인가?**

① 산성도
② 수분 함유
③ 오일의 열화
④ 먼지나 이물질 함유

해설
현장에서 오일의 오염도를 판정하는 방법 중 가열한 철판 위에 오일을 떨어뜨리는 방법은 오일에 수분이 함유 되었는가를 판정하기 위한 방법이다.

34 **사용 중인 작동유의 수분 함유 여부를 현장에서 판정하는 것으로 가장 적절한 방법은?**

① 오일의 냄새를 맡아본다.
② 오일을 가열한 철판 위에 떨어뜨려 본다.
③ 여과지에 약간(3~4방울)의 오일을 떨어뜨려 본다.
④ 오일을 시험관에 담아, 침전물을 확인한다.

35 **건설기계 유압장치의 작동유 탱크의 구비조건 중 거리가 가장 먼 것은?**

① 배유구(드레인 플러그)와 유면계를 두어야 한다.
② 흡입관과 복귀관 사이에 격판(차폐장치, 격리판)을 두어야 한다.
③ 유면을 흡입라인 아래까지 항상 유지할 수 있어야 한다.
④ 흡입 작동유 여과를 위한 스트레이너를 두어야 한다.

해설
유압유 탱크의 구비 조건
① 배유구(드레인 플러그)와 유면계를 설치하여야 한다.
② 흡입 관과 복귀 관 사이에 격판(배플)을 설치하여야 한다.
③ 흡입 유압유를 위한 스트레이너(strainer)를 설치하여야 한다.
④ 적당한 크기의 주유구를 설치하여야 한다.
⑤ 발생한 열을 방산할 수 있어야 한다.
⑥ 공기 및 수분 등의 이물질을 분리할 수 있어야 한다.
⑦ 오일에 이물질이 유입되지 않도록 밀폐되어야 한다.

36 **유압유 탱크의 기능이 아닌 것은?**

① 계통 내에 필요한 유량 확보
② 배플에 의한 기포발생 방지 및 소멸
③ 탱크 외벽의 방열에 의한 적정 온도 유지
④ 계통 내에 필요한 압력의 설정

해설
유압 탱크의 기능
① 계통 내의 필요한 유량을 확보한다.
② 내부의 격판(배플)에 의해 기포 발생 방지 및 제거한다.
③ 유압유 탱크 외벽의 냉각에 의한 적정온도 유지한다.
④ 흡입 스트레이너가 설치되어 회로 내 불순물 혼입을 방지한다.

37 **건설기계의 작동유 탱크 역할로 틀린 것은?**

① 유온을 적정하게 설정한다.
② 작동유 수명을 연장하는 역할을 한다.
③ 오일 중의 이물질을 분리하는 작용을 한다.
④ 유압 게이지가 설치되어 있어 작업 중 유압 점검을 할 수 있다.

38 **유압 탱크에 대한 구비조건으로 가장 거리가 먼 것은?**

① 적당한 크기의 주유구 및 스트레이너를 설치한다.
② 드레인(배출 밸브) 및 유면계를 설치한다.
③ 오일에 이물질이 유입되지 않도록 밀폐되어야 한다.
④ 오일냉각을 위한 쿨러를 설치한다.

33.② 34.② 35.③ 36.④ 37.④ 38.④

39 **오일 탱크 관련 설명으로 틀린 것은?**

① 유압유 오일을 저장한다.
② 흡입구와 리턴구는 최대한 가까이 설치한다.
③ 탱크 내부에는 격판(배플 플레이트)을 설치한다.
④ 흡입 스트레이너가 설치되어 있다.

해설
유압유 탱크의 구조
① 스트레이너, 드레인 플러그, 배플 플레이트, 주입구 캡, 유면계로 구성되어 있다.
② 펌프 흡입구와 탱크로의 귀환구(복귀구) 사이에는 격판(배플)을 설치한다.
③ 배플(격판)은 탱크로 귀환하는 유압유와 유압 펌프로 공급되는 유압유를 분리시키는 기능을 한다.
④ 펌프 흡입구는 탱크로의 귀환구(복귀구)로부터 될 수 있는 한 멀리 떨어진 위치에 설치한다.
⑤ 펌프 흡입구에는 스트레이너(오일 여과기)를 설치한다.

40 **일반적인 오일 탱크의 구성품이 아닌 것은?**

① 스트레이너
② 유압 태핏
③ 드레인 플러그
④ 배플 플레이트

해설
유압 탱크는 스트레이너, 드레인 플러그, 배플 플레이트, 주입구 캡, 유면계로 구성되어 있다.

41 **축압기(어큐뮬레이터)의 기능과 관계가 없는 것은?**

① 충격 압력 흡수
② 유압 에너지 축적
③ 릴리프 밸브 제어
④ 유압 펌프 맥동 흡수

해설
어큐뮬레이터의 기능
① 유압 에너지를 저장(축적)한다.
② 유압 펌프의 맥동을 흡수(감쇠)해 준다.
③ 충격 압력을 흡수한다.
④ 압력을 보상해 준다.
⑤ 유압 회로를 보호한다.
⑥ 보조 동력원으로 사용한다.

42 **축압기의 용도로 적합하지 않은 것은?**

① 유압 에너지 저장
② 충격 흡수
③ 유량 분배 및 제어
④ 압력 보상

43 **축압기(accumulator)의 사용 목적이 아닌 것은?**

① 압력 보상
② 유체의 맥동 감쇠
③ 유압회로 내의 압력 제어
④ 보조 동력원으로 사용

44 **유압 펌프에서 발생한 유압을 저장하고 맥동을 제거시키는 것은?**

① 어큐뮬레이터 ② 언로딩 밸브
③ 릴리프 밸브 ④ 스트레이너

해설
어큐뮬레이터는 유압 에너지를 일시 저장하는 역할을 한다.

45 **기체-오일식 어큐뮬레이터에 가장 많이 사용되는 가스는?**

① 산소 ② 질소
③ 아세틸렌 ④ 이산화탄소

해설
기체 액체형 어큐뮬레이터에 사용되는 가스는 질소이다.

46 **유압장치에 사용되는 블래더형 어큐뮬레이터(축압기)의 고무주머니 내에 주입되는 물질로 맞는 것은?**

① 압축공기 ② 유압 작동유
③ 스프링 ④ 질소

해설
블래더형 어큐뮬레이터는 외부에서 기체(질소)를 탄성이 큰 특수 합성 고무 주머니에 봉입하였다.

정답 39.② 40.② 41.③ 42.③ 43.③ 44.① 45.② 46.④

47 **유압장치에서 금속가루 또는 불순물을 제거하기 위해 사용되는 부품으로 짝지어진 것은?**

① 여과기와 어큐뮬레이터
② 스크레이퍼와 필터
③ 필터와 스트레이너
④ 어큐뮬레이터와 스트레이너

해설
유압유 내에 금속의 마모된 찌꺼기나 카본 덩어리 등의 이물질을 제거하는 장치로 필터와 스트레이너가 설치되어 있다.

48 **유압유에 포함된 불순물을 제거하기 위해 유압펌프 흡입관에 설치하는 것은?**

① 부스터　② 스트레이너
③ 공기청정기　④ 어큐뮬레이터

해설
스트레이너(strainer)는 유압 펌프의 흡입관에 설치하여 여과작용을 하는 필터이다.

49 **유압장치에서 금속 등 마모된 찌꺼기나 카본 덩어리 등의 이물질을 제거하는 장치는?**

① 오일 팬
② 오일 필터
③ 오일 쿨러
④ 오일 클리어런스

해설
필터는 유압 펌프의 토출 관로나 유압유 탱크로 되돌아오는 통로(드레인 회로)에 사용되는 것으로 금속 등 마모된 찌꺼기나 카본 덩어리 등의 이물질을 제거한다.

50 **다음 중 여과기를 설치 위치에 따라 분류할 때 관로용 여과기에 포함되지 않는 것은?**

① 라인 여과기
② 리턴 여과기
③ 압력 여과기
④ 흡입 여과기

해설
관로용 여과기의 종류는 압력 여과기, 리턴 여과기, 라인 여과기가 있다.

51 **건설기계 장비 유압계통에 사용되는 라인(line) 필터의 종류가 아닌 것은?**

① 복귀관 필터
② 누유관 필터
③ 흡입관 필터
④ 압력관 필터

해설
라인 필터의 종류는 흡입관 필터, 압력관 필터, 복귀관 필터가 있다.

52 **필터의 여과 입도 수(mesh)가 너무 높을 때 발생할 수 있는 현상으로 가장 적절한 것은?**

① 블로바이 현상
② 맥동 현상
③ 베이퍼록 현상
④ 캐비테이션 현상

해설
필터의 여과 입도 수(mesh)가 높으면 여과된 오일의 공급이 부족해 공기가 침입하여 캐비테이션 현상이 발생한다.

53 **유압장치의 수명 연장을 위해 가장 중요한 요소는?**

① 오일 탱크의 세척
② 오일 냉각기의 점검 및 세척
③ 오일 펌프의 교환
④ 오일 필터의 점검 및 교환

해설
유압 장치의 수명 연장을 위한 가장 중요한 요소는 오일 및 오일 필터의 점검 및 교환이다.

54 **유압장치에서 오일 쿨러(oil cooler)의 구비조건으로 틀린 것은?**

① 촉매작용이 없을 것
② 오일 흐름에 저항이 클 것
③ 온도 조정이 잘 될 것
④ 정비 및 청소하기가 편리할 것

정답 47.③ 48.② 49.② 50.④ 51.② 52.④ 53.④ 54.②

해설

오일 쿨러의 구비조건
① 촉매작용이 없을 것
② 오일 흐름에 저항이 작을 것
③ 온도 조정이 잘 될 것
④ 정비 및 청소하기가 편리할 것

55 수냉식 오일 냉각기(oil cooler)에 대한 설명으로 틀린 것은?

① 소형으로 냉각능력이 크다.
② 고장 시 오일 중에 물이 혼입될 우려가 있다.
③ 대기 온도나 냉각수 온도 이하의 냉각이 용이하다.
④ 유온을 항상 적정한 온도로 유지하기 위하여 사용된다.

해설

수냉식 오일 냉각기는 유온을 항상 적정한 온도로 유지하기 위하여 사용하며, 소형으로 냉각 능력은 크지만 고장이 발생하면 오일 중에 물이 혼입될 우려가 있다.

56 유압 호스 중 가장 큰 압력에 견딜 수 있는 형식은?

① 고무형식
② 나선 와이어 형식
③ 와이어리스 고무 블레이드 형식
④ 직물 블레이드 형식

해설

유압장치에 사용하는 유압호스로 가장 큰 압력에 견딜 수 있는 것은 나선 와이어 블레이드 형식이다.

57 유압 건설기계의 고압 호스가 자주 파열되는 원인으로 가장 적합한 것은?

① 유압 펌프의 고속회전
② 오일의 점도저하
③ 릴리프 밸브의 설정 압력 불량
④ 유압 모터의 고속회전

해설

고압 호스가 자주 파열되는 원인은 릴리프 밸브의 설정 압력이 규정값보다 높게 설정된 경우이다.

58 유압회로에서 호스의 노화 현상이 아닌 것은?

① 호스의 표면에 갈라짐이 발생한 경우
② 코킹부분에서 오일이 누유 되는 경우
③ 액추에이터의 작동이 원활하지 않을 경우
④ 정상적인 압력 상태에서 호스가 파손될 경우

해설

호스의 노화현상
① 호스의 표면에 갈라짐(crack)이 발생한 경우
② 호스의 탄성이 거의 없는 상태로 굳어 있는 경우
③ 정상적인 압력 상태에서 호스가 파손될 경우
④ 코킹부분에서 오일이 누유 되는 경우

59 유압장치 운전 중 갑작스럽게 유압배관에서 오일이 분출되기 시작하였을 때 가장 먼저 운전자가 취해야 할 조치는?

① 작업 장치를 지면에 내리고 시동을 정지한다.
② 작업을 멈추고 배터리 선을 분리한다.
③ 오일이 분출되는 호스를 분리하고 플러그를 막는다.
④ 유압회로 내의 잔압을 제거한다.

해설

유압 배관에서 오일이 분출되기 시작하면 가장 먼저 작업 장치를 지면에 내리고 기관 시동을 정지한 후 분출된 부분을 점검하여야 한다.

60 유압 작동부에서 오일이 누유 되고 있을 때 가장 먼저 점검하여야 할 곳은?

① 실(seal)
② 피스톤
③ 기어
④ 펌프

해설

유압 작동부분에서 오일이 누유 되면 가장 먼저 실(seal)을 점검하여야 한다.

정답 55.③ 56.② 57.③ 58.③ 59.① 60.①

61 일반적으로 유압 계통을 수리할 때마다 항상 교환해야 하는 것은?

① 샤프트 실(shaft seals)
② 커플링(couplings)
③ 밸브 스풀(valve spools)
④ 터미널 피팅(terminal fitting)

해설
유압 계통을 수리할 때마다 항상 가스켓 및 오일 실을 신품으로 교환하여야 한다.

62 유압회로 내의 이물질, 열화 된 오일 및 슬러지 등을 회로 밖으로 배출시켜 회로를 깨끗하게 하는 것을 무엇이라 하는가?

① 푸싱(pushing)
② 리듀싱(reducing)
③ 언로딩(unloading)
④ 플러싱(flushing)

해설
플러싱은 유압회로 내의 이물질, 열화 된 오일 및 슬러지 등을 회로 밖으로 배출시켜 회로를 깨끗하게 하는 작업이다.

정답 61.① 62.④

장비구조 및 점검

PART 5

로더 점검

CHAPTER 1

일일점검(작업 전·중·후 점검)

01 작업 전 점검

1 현장 작업 전 점검 사항

① 작업을 시작하기 전 장비의 안전 잠금 레버가 해제 되었는가 확인한다.
② 모든 보호 장치나 덮개가 제 위치에 있는지 확인한다.
③ 유압 차단 안전 레버, 안전벨트 등을 유효적절하게 사용한다.
④ 장비를 운전하기 전에 경적을 울려 주의를 환기한다.
⑤ 작업 범위 안에 사람이나 장애물, 시설물의 위치를 먼저 확인한다.
⑥ 필요에 따라서 안전 통제 요원을 배치한다.
⑦ 가스관이나 수도관 등이 매설된 작업 현장에서는 사전에 위치를 확인하여 반드시 안전 작업에 최선을 다한다.
⑧ 제설 작업 시 눈 쌓인 땅, 동결 노면에서 작업을 할 때는 타이어에 체인을 장착한 후 시작하며 급발진, 급정지, 급선회를 피한다.
⑨ 제설 작업은 갓길이나 설치물이 눈에 덮여 보이지 않으므로 충분히 주의한다.

2 장비의 점검 방법

(1) 조종 전 정비 점검

① 장비 사용 설명서대로 일상 점검 실시
② 원동기 오일 및 냉각수 점검
③ 조향 및 동력 전달 장치, 유압 장치 점검
④ 타이어 공기압 체크
⑤ 각 부의 볼트 너트 체결 상태 확인
⑥ 등화 장치, 후진 경고장치, 후방 카메라 작동 상태 확인
⑦ 작업 전 장치의 원활한 작동 및 고장 방지를 위한 예열 운전 실시
⑧ 브레이크 페달을 여러 번 작동시켜 브레이크 마스터 실린더의 작동 상태 점검
⑨ 제동 계통 공기의 누출 및 브레이크 허브, 제동 호스의 누유 여부 확인

(2) 일상 점검 중 손상된 부품은 보수 또는 교체한다.

(3) 체결용 부품은 반드시 규정 토크로 체결

(4) 엔진 오일, 작동유, 연료와 냉각수 등의 누출을 육안으로 점검

(5) 일상 점검 결과 이상이나 고장이 있는 장비는 정비, 수리 완료한 후 운전한다.

3 일상 점검

(1) 육안 검사

시동을 걸기 전에 먼저 육안으로 장비를 점검한다.

(2) 일상 점검

① 작동유(유압유)의 유량을 점검하고 부족하면 보충한다.

② 라디에이터의 냉각수량을 점검하고 부족하면 보충한다.

③ 엔진 오일의 유량을 점검하고 부족하면 보충한다.

④ 연료량을 점검하고 부족하면 보충한다.

⑤ 각부 연결 핀의 그리스 상태를 점검하고 부족하면 보충한다.

⑥ 팬벨트 상태를 살피고 장력을 점검한다. 장력은 장력 조정기로 자동 조절된다.

⑦ 연료 라인에 설치되어 있는 연료 필터와 수분 분리기를 점검한다.

⑧ 에어클리너를 점검한다. 엘리먼트의 청소는 압축공기로 안쪽에서 바깥쪽으로 불어낸다.)

⑨ 타이어 공기압(냉각 시 약 3.5kg/cm²)을 점검하고 부족하면 보충한다.

⑩ 버킷 투스 상태를 점검한다.

4 작업 전 점검 사항

① 안전교육 실시, 개인 보호구(안전화, 안전모 등) 착용

② **작업지시서** : 작업장소, 작업대상, 작업물량, 연계작업내용, 기타 준수사항 확인

③ 주행할 도로의 침하 여부 등 지반 상태 확인

④ 도로의 지면 정리 및 살수 작업으로 먼지 발생 방지 조치 실시

⑤ 이동 경로의 장애물 확인 (상하수도관, 가스관, 통신케이블, 고압선 등)

⑥ 시야확보가 양호한지 사전에 확인

⑦ 현장 상황, 통행 차량, 인근 작업 현황, 위험 요소, 사고발생 시 대응 사항을 사전에 파악

02 작업 중 점검

1 엔진 시동 후 점검

① 작동유(유압유) 탱크의 레벨 게이지는 적정 유량인지 점검 확인한다.

② 누유 및 누수는 없는지 점검 확인한다.

③ 각종 경고 램프는 소등되어 있는지 점검 확인한다.

2 엔진 시동 후 장비의 이상음과 경고음을 확인한다.

① 엔진 냉각수 온도계는 작동 범위에 있는지 점검 확인한다.
② 트랜스미션 오일 온도계는 작동 범위에 있는지 점검 확인한다.
③ 엔진의 배기음과 배기색은 정상인지 점검 확인한다.
④ 이상음과 이상 진동은 없는지 점검 확인한다.

3 난기 운전

(1) 난기 운전 방법

① 엔진을 저속으로 5분 정도 공회전한다.
② 엔진 회전 속도를 증가시켜 중속으로 5분 정도 운전한다.
③ 유압 차단 안전 레버를 해제한다.
④ 붐을 조금 올려 버킷 실린더를 스트로크 엔드까지 늘려 유압을 릴리프시킨다. 이때 30초 이상 릴리프를 계속 조작하지 않는다.
⑤ 버킷 실린더를 스트로크 엔드까지 단축하여 유압을 릴리프시킨다. 이때 30초 이상 릴리프를 계속 조작하지 않는다.

(2) 난기 운전 후 점검

① 엔진 냉각수 온도계는 작동 범위에 있는지 확인한다.
② 트랜스미션 오일 온도계는 작동 범위에 있는지 확인한다.
③ 엔진의 배기음과 배기색은 정상인지 확인한다.
④ 이상음과 이상 진동은 없는지 확인한다.

03 작업 후 점검

1 작업 후 엔진 점검

(1) 에어 클리너를 청소한다.

① 건식 에어 필터 청소 지시기에 적색 표시가 나타나면 에어 클리너를 청소한다.
② 저압 공기를 사용하여 필터 안쪽에서 바깥쪽으로 공기를 불어 청소한다.
③ 습식 에어 클리너의 보울(bowl)은 6개월 마다 빼내어 디젤에 담가 깨끗이 청소 후 사용한다.

(2) 연료 속의 수분을 제거한다.

① 매일 작업 후 연료 탱크에 연료를 가득 채운다.
② 매일 작업 후 연료 라인의 물 빼기 작업을 한다.

(3) 엔진 오일의 누유를 점검한다.

① 실린더 헤드 개스킷 부분에서의 누유 여부를 점검한다.

② 엔진 크랭크축 전· 후 리테이너 실 부분에서의 누유 여부를 점검한다.
③ 밸브 커버 개스킷 부분에서의 누유 여부를 점검한다.
④ 오일 팬 개스킷 부분에서의 누유 여부를 점검한다.

(4) 냉각수 누수 점검

① 라디에이터 상부 및 하부 탱크에서의 누수 여부를 점검한다.
② 라디에이터 입구 및 출구 호스 부분에서의 누수 여부를 점검한다.
③ 워터 펌프 장착 부분에서의 누수 여부를 점검한다.
④ 러버 호스를 연결하는 클립 부분에서의 누수 여부를 점검한다.

2 작업 후 섀시 점검

(1) 기어 오일 누유 점검

① 변속기 전후 오일 실 부분에서의 누유 여부를 점검한다.
② 디퍼렌셜 케이스에서의 누유 여부를 점검한다.
③ 파이널 드라이브 유성 기어에서의 누유 여부를 점검한다.
④ 자동변속기에서 오일 팬 및 전후 오일 실 부분에서의 누유 여부를 점검한다.

3 작업유(유압유) 누유 점검

① 유압 펌프의 출구 부분에서의 누유 여부를 점검한다.
② 유압 탱크 사이드 레벨 게이지의 커버 볼트 조임 개스킷과 레벨 게이지를 부착한 부분에서의 누유 여부를 점검한다.
③ 압력, 유량, 방향 제어 밸브 부분에서의 누유 여부를 점검한다.
④ 유압 실린더 부분에서의 누유 여부를 점검한다.

4 각부 체결 상태 점검

① 타이어 휠 볼트의 체결 상태를 점검한다.
② 유압 파이프의 체결 상태를 점검한다.
③ 작업 장치 버킷 작동은 핀, 부싱으로 연결되어 있어 수시로 핀의 체결 상태를 확인해야 한다.

5 각부 연결 부위 그리스 주입

① 제작사의 매뉴얼에 기재되어 있지만 처음 장비 구입 시 50시간 후 주입하고 그 이후는 매 10시간마다 그리스를 주입한다.
② 버킷 부분에 부착된 핀, 부싱의 그리스 주입은 가장 중요한 주입 개소이다.
③ 붐 부분에 부착된 3~5개소의 핀, 부싱에 그리스를 주입한다.
④ 조향 장치 부분의 핀, 부싱에 그리스를 주입한다.
⑤ 주행 장치 부분의 추진축, 유니버설 조인트, 저널 베어링에 그리스를 주입한다.

CHAPTER 2

예방 점검(정기 점검)

1 엔진 오일 및 연료 필터 교환

① 디젤 엔진 : 엔진 제작회사 구분 없이 250시간 마다 교환한다.
② 가솔린 엔진 : 가동 후 3개월 또는 5000km 주행 시 마다 교환한다.
③ 연료 필터 교환 : 500시간 마다 교환한다.

2 작동유(유압유) 교환

① 유압 작동유는 제작회사에서 작성한 매뉴얼에 따라 교환한다.
② 일반적인 정상 가동 상태에서 교환 시간은 1,000 ~ 2,000시간으로 하고 있다.
③ 작동유 필터는 1,000시간 마다 교환한다.

3 변속기 오일 점검 및 교환

① 변속기 오일은 제작사에서 작성한 매뉴얼에 따라 지정 시간에 교환해야 한다.
② 일반적인 정상 가동 상태에서 교환 시간은 1,000시간으로 하고 있다.
③ 변속기 케이스에 부착된 스트레이너와 필터 점검과 교환은 250시간, 500시간 간격으로 점검하고 교환해야 한다.

4 디퍼렌셜 기어 오일 교환

① 디퍼렌셜 기어 오일은 정상적 사용 시 보통 2,000시간을 주기로 교환한다.
② 제작사별 내부 부품과 베어링의 특성에 따라 지정된 오일 제품과 용량 그리고 교환 주기를 별도 명시하고 있어 교환 시는 반드시 매뉴얼에 따라야 한다.

5 파이널 드라이브 유성 기어 오일 교환

① 파이널 드라이브 오일은 정상적 사용 시 보통 2,000시간을 주기로 교환한다.
② 제작사별 내부 부품과 베어링의 특성에 따라 지정된 오일 제품과 용량 그리고 교환 주기를 별도 명시하고 있어 교환 시는 반드시 매뉴얼에 따라야 한다.

6 타이어 공기압 점검

① 타이어 공기압은 500시간 간격으로 점검한다.

출제 예상 문제

01 예방 정비에 대한 설명 중 틀린 것은?

① 예기치 않은 고장이나 사고를 사전에 방지하기 위하여 행하는 정비이다.
② 예방 정비를 실시할 때는 일정한 계획표를 작성 후 실시하는 것이 바람직하다.
③ 예방 정비의 효과는 장비의 수명 연장·성능 유지, 수리비 절감 등이 있다.
④ 예방 정비는 정비사만 할 수 있다.

해설
예방정비(일상점검)는 운전 전·중·후에 실시하는 점검을 말하며 운전자가 하여야 하는 정비이다.

02 운전자가 작업 전에 장비 점검과 관련된 내용 중 거리가 먼 것은?

① 타이어 및 궤도 차륜 상태
② 브레이크 및 클러치의 작동 상태
③ 낙석, 낙하물 등의 위험이 예상되는 작업 시 견고한 헤드 가이드 설치 상태
④ 정격 용량보다 높은 회전으로 수차례 모터를 구동시켜 내구성 상태 점검

해설
정격 용량보다 낮은 회전으로 모터를 구동시켜 난기 운전을 실시하여야 한다.

03 일상 점검 내용에 속하지 않는 것은?

① 기관 윤활유량
② 브레이크 오일량
③ 라디에이터 냉각수량
④ 연료 분사량

해설
연료 분사량은 커먼레일 엔진의 인젝터 점검이나, 기계식의 디젤 엔진의 연료 분사 펌프 정비 시에 시행하는 점검사항이다.

04 로더의 일일점검 항목이 아닌 것은?

① 종감속 기어 오일량
② 연료 탱크 연료량
③ 엔진 오일량
④ 냉각수량

해설
일상 점검 항목
① 작동유(유압유)의 유량을 점검하고 부족하면 보충한다.
② 라디에이터의 냉각수량을 점검하고 부족하면 보충한다.
③ 엔진 오일의 유량을 점검하고 부족하면 보충한다.
④ 연료량을 점검하고 부족하면 보충한다.
⑤ 각부 연결 핀의 그리스 상태를 점검하고 부족하면 보충한다.
⑥ 팬벨트 상태를 살피고 장력을 점검한다. 장력은 장력 조정기로 자동 조절된다.
⑦ 연료 라인에 설치되어 있는 연료 필터와 수분 분리기를 점검한다.
⑧ 에어클리너를 점검한다. 엘리먼트의 청소는 압축공기로 안쪽에서 바깥쪽으로 불어낸다.)
⑨ 타이어 공기압(냉각 시 약 3.5kg/cm²)을 점검하고 부족하면 보충한다.
⑩ 버킷의 투스 상태를 점검한다.

05 타이어식 로더의 운전 전 점검사항이 아닌 것은?

① 유압 작동유 레벨 점검
② 타이어 공기압 점검
③ 트랜스미션 오일압력 점검
④ 버켓 투스 상태 점검

해설
자동변속기의 오일 압력 점검은 변속기의 성능을 점검할 때 검사한다.

01.④ 02.④ 03.④ 04.① 05.③

06 **작업 장치를 갖춘 건설기계의 작업 전 점검 사항이다. 틀린 것은?**

① 제동 장치 및 조종 장치 기능의 이상 유무
② 냉각 및 유압 장치 기능의 이상 유무
③ 유압 장치의 과열 이상 유무
④ 전조등, 후미등, 방향지시등 및 경보장치의 이상 유무

해설
로더의 작업 중 작동유의 온도가 105℃ 이상으로 올라가면 경고등이 점등되고 버저가 울린다.

07 **엔진 오일을 점검하는 방법으로 틀린 것은?**

① 유면 표시기를 사용한다.
② 오일의 색과 점도를 확인한다.
③ 끈적끈적하지 않아야 한다.
④ 검은색은 교환시기가 경과한 것이다.

해설
엔진 오일량 점검 방법
① 건설기계를 평탄한 지면에 주차시킨다.
② 기관을 시동하여 난기운전(워밍업)시킨 후 기관을 정지한다.
③ 유면 표시기를 빼어 묻은 오일을 깨끗이 닦은 후 다시 끼운다.
④ 다시 유면 표시기를 빼어 오일이 묻은 부분이 "F"와 "L"선의 중간 이상에 있으면 된다.
⑤ 오일량을 점검할 때 점도도 함께 점검한다.

08 **기관 시동 전에 점검할 사항으로 틀린 것은?**

① 엔진 오일량
② 엔진 주변 오일누유 확인
③ 엔진 오일의 압력
④ 냉각수량

해설
엔진 오일 압력 경고등은 엔진 오일 펌프에서 압력이 발생하여 각 부분에 윤활 작용이 가능하도록 하는데 엔진 시동 전에는 압력이 낮으므로 점등되었다 엔진이 시동되면 소등된다. 즉 엔진 오일 압력은 운전 중 점검할 사항이다.

09 **유압 장치에서 일일 점검 사항이 아닌 것은?**

① 필터의 오염여부 점검
② 탱크의 오일량 점검
③ 호스의 손상여부 점검
④ 이음부분의 누유 점검

해설
필터의 오염 점검은 작업 중 작동유 온도계가 적색 영역에 위치하고 있는 경우에 유압 펌프와 함께 정비 업체에 입고하여 점검할 사항이다.

10 **로더의 작업 시작 전 점검 및 준비사항이 아닌 것은?**

① 운전자 매뉴얼의 숙지
② 공사의 내용 및 절차파악
③ 엔진오일 교환 및 연료의 보충
④ 작동유 누유와 냉각수 누수 점검

해설
작업 시작 전 점검 및 준비 사항
① 운전자는 장비 시동 전에 장비 사용 설명서 내용을 숙지하여야 한다.
② 공사의 내용 및 절차를 파악한다.
③ 유압 장치에서 작동유의 누유가 있는지 점검한다.
④ 냉각수의 누수가 있는지 점검한다.
⑤ 일상 점검을 시행한다.

11 **로더의 시동 시 유의 사항으로 잘못된 것은?**

① 붐 및 버킷은 중립위치에 놓는다.
② 연료, 타이어 등을 점검 후 시동을 건다.
③ 각부의 윤활유 누출 상태를 점검 후 시동을 건다.
④ 가속페달을 완전히 밟고 시동스위치를 작동시킨다.

해설
로더의 시동 시 유의 사항
① 로더의 시동하기 전 반드시 일상 점검을 먼저 한다.
② 주차 브레이크는 잠금(주차 스위치 ON) 위치에 있는지 확인한다.
③ 기어 선택 레버는 중립(N)에 있는지 확인한다.
④ 유압 차단 안전 레버는 차단되어 있는지 확인한다.
⑤ 붐 및 버킷은 중립위치에 있는지 확인한다.
⑥ 각부의 윤활유 누출 상태를 점검한다.
⑦ 연료, 타이어 등을 점검한다.

06.③ 07.③ 08.③ 09.① 10.③ 11.④

12 작업 중 운전자가 확인해야 할 것으로 틀린 것은?

① 온도계기
② 전류계기
③ 오일 압력계기
④ 실린더 압력계기

해설
작업 중 운전자가 확인해야 할 계기는 전류계기, 오일 압력계기, 온도계기, 전압계기, 작동유 온도계기, 트랜스미션 온도계기 등이다.

13 작업 중 기관의 시동이 꺼지는 원인에 해당되는 것은?

① 연료 공급 펌프의 고장
② 발전기 고장
③ 물 펌프의 고장
④ 시동 모터 고장

해설
기계식 디젤 엔진의 연료 공급 순서는 연료 탱크→연료 공급 펌프→연료 여과기→연료 분사 펌프→연료 분사 노즐→연소실에 분사된다. 따라서 연료 공급 펌프에 고장이 발생되면 엔진의 시동이 꺼진다.

14 기계식 분사 펌프가 장착된 디젤 기관에서 가동 중에 발전기가 고장이 났을 때 발생할 수 있는 현상으로 틀린 것은?

① 충전 경고등에 불이 들어온다.
② 배터리가 방전되어 시동이 꺼지게 된다.
③ 헤드 램프를 켜면 불빛이 어두워진다.
④ 전류계의 지침이 (−)쪽을 가리킨다.

해설
디젤 엔진은 공기를 연소실에 압축할 때 발생하는 고온에 의해 자기 착화하는 방식이므로 엔진 작동 중에 배터리가 방전되어도 시동이 꺼지지 않는다.

15 건설기계 장비 작업시 계기판에서 오일경고등이 점등되었을 때 우선 조치사항으로 적합한 것은?

① 엔진을 분해한다.
② 즉시 시동을 끄고 오일 계통을 점검한다.
③ 엔진 오일을 교환하고 운전한다.
④ 냉각수를 보충하고 운전한다.

해설
계기판의 오일 경고등이 점등되면 즉시 엔진의 시동을 끄고 오일 계통을 점검하여야 한다.

16 작업 중 엔진 온도가 급상승 하였을 때 가장 먼저 점검하여야 할 것은?

① 윤활유 점도지수
② 크랭크축 베어링 상태
③ 부동액 점도
④ 냉각수의 양

해설
작업 중 엔진의 온도가 급상승 하면 과열되고 있는 현상이므로 엔진을 정지하고 냉각수의 양을 가장 먼저 점검하여야 한다.

17 건설기계 작업 후 점검 사항으로 거리가 먼 것은?

① 파이프나 실린더의 누유를 점검한다.
② 작동 시 필요한 소모품의 상태를 점검한다.
③ 겨울철엔 가급적 연료 탱크를 가득 채운다.
④ 다음날 계속 작업하므로 차의 내·외부는 그대로 둔다.

해설
다음날 작업이 없다하더라도 건설기계의 작업이 완료되면 내·외부를 깨끗이 청소하고 정리하여 주기장에 주차시켜야 한다.

정답 12.④ 13.① 14.② 15.② 16.④ 17.④

18 **건설기계 운전 작업 후 탱크에 연료를 가득 채워주는 이유와 가장 관련이 적은 것은?**

① 다음의 작업을 준비하기 위해서
② 연료의 기포 방지를 위해서
③ 연료 탱크에 수분이 생기는 것을 방지하기 위해서
④ 연료의 압력을 높이기 위해서

해설

건설기계에 사용하는 경유 연료는 주간에 작업이 끝나고 탱크에 연료를 가득 채워야 하는 이유는 주간 작업 시 뜨거워진 탱크의 연료가 야간에 외부의 찬 공기가 탱크와 접촉되면 탱크 내·외부의 온도 차이로 내부에서 수분이 응축되어 결로현상으로 수분이 생기는 것을 방지하고 연료의 기포를 방지하며, 다음의 작업을 준비하기 위함이다.

19 **디젤 기관의 연료 계통에서 응축수가 생기면 시동이 어렵게 되는데 이 응축수는 어느 계절에 가장 많이 생기는가?**

① 봄 ② 여름
③ 가을 ④ 겨울

해설

연료 계통에서 응축수가 발생되는 계절은 주로 겨울에 가장 많이 발생한다.

정답 18.④ 19.④

PART 6 조종 및 작업

CHAPTER 1

로더 일반

01 로더의 종류 및 구조

1 로더의 정의

로더는 트랙터(Tractor) 앞에 셔블 장치(Shovel attachment)를 가진 것으로 각종 토사, 자갈, 골재 등을 퍼서 다른 곳으로 운반하거나 덤프(Dump) 트럭에 적재하는 장비이다. 로더의 범위는 무한궤도 또는 타이어식으로 적재 장치를 가진 자체 중량 2톤 이상인 것. 다만, 차체 굴절식 조향 장치가 있는 자체 중량 4톤 미만인 것은 제외한다.

그림 로더의 셔블 어태치먼트와 트랙터

트랙터 전면에 버킷(Bucket)을 장착한 것이 로더 기종의 표준형이며 연속식 적립 기계와 백호부 로더 및 배토판부 로더 등 특수 로더도 이에 속한다. 규격은 표준 버킷의 평적 용량(m^3)으로 표시한다.

2 휠 로더(Wheel Loader)

(1) 휠 로더의 기능 및 용도

① 트랙터의 주행 장치 대신에 대형 저압 타이어를 장착하여 구동하는 로더이다.
② 전륜 구동방식이고 후륜 조향 방식과 허리꺾기 조향 방식을 사용한다.
③ 무한 궤도형에 비하여 기동성이 좋고 작업장 자체 이동이 가능하다.

그림 휠 로더

④ 도로 포장 노면을 파손시키지 않는 장점이 있다.
⑤ 골재 선별장, 토목 건설공사 현장에서 주로 사용한다.
⑥ 접지 압력이 높아 연약지반이나 습지에서의 작업이 어렵다.

(2) 휠 로더의 구조

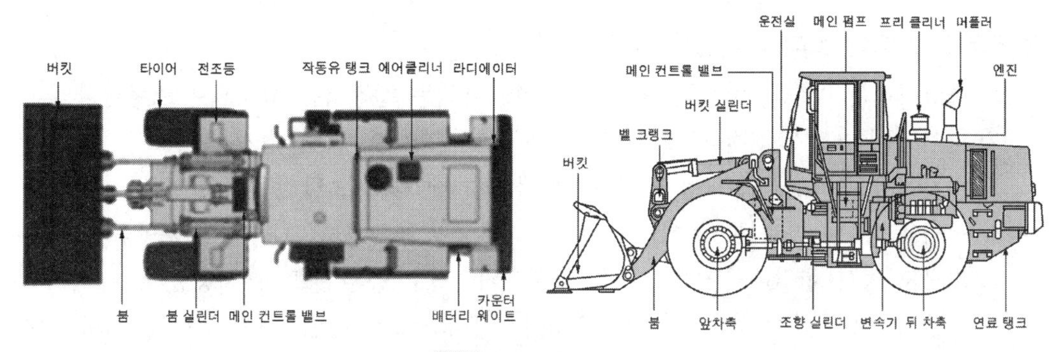

그림 휠 로더의 구조

3 크롤러(무한궤도) 로더(Crawler Loader)

(1) 트랙 로더의 기능 및 용도

그림 크롤러 로더

① 타이어 대신에 무한궤도를 장착하여 구동하는 형식의 로더이다.

② 강력한 견인력과 접지압력이 낮아 연약 지반이나 습지, 사지에서도 작업이 용이하다.

③ 기동성이 낮아 작업효율이 저하되어 많이 사용하지 않는다.

④ 자체 이동할 때 포장도로를 파손할 수 있다.

⑤ 장거리 이동할 때는 운반 차량에 적재하여 이동해야 한다.

⑥ 주로 탄광, 터널 등 좁은 공간에서 사용된다.

(2) 크롤러(무한궤도) 로더의 구조

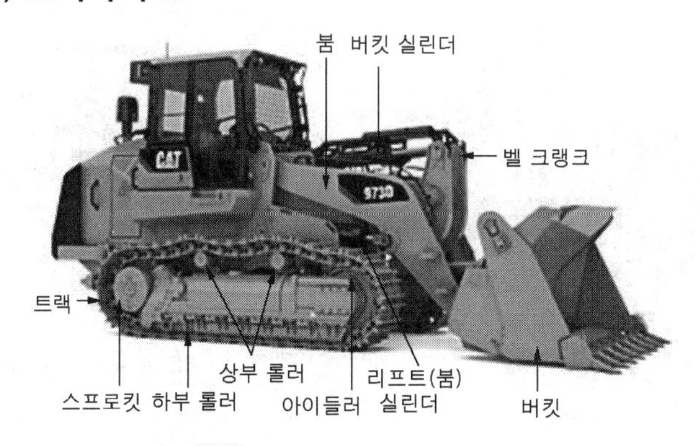

그림 크롤러 로더의 구조

4 스키드 스티어 로더(Skid Steer Loader)

(1) 스키드 스티어 로더의 기능 및 용도

① 조향하려는 방향의 바퀴는 후진하고 반대 바퀴는 전진하는 방식으로 조향한다.
② 타이어는 마모가 심하고 일반적인 자동차보다 타이어 교환 주기가 빠르다.
③ 버킷이나 포크, 클램프 등의 부속장비를 교체해 용도를 달리 할 수 있다.
④ 농업용으로는 가축 분뇨 처리, 퇴비, 모래, 흙, 곤포 사일리지 등의 운반을 한다.
⑤ 소규모 공사 현장에서 골재 운반, 브레이커, 청소 등의 용도로 사용한다.
⑥ 조선소에서는 선박 블라스팅 그리트 회수, 블록 서포트 운반, 반목 운반 및 배열, 블록 하부 블라스팅 작업 등에서 사용된다.

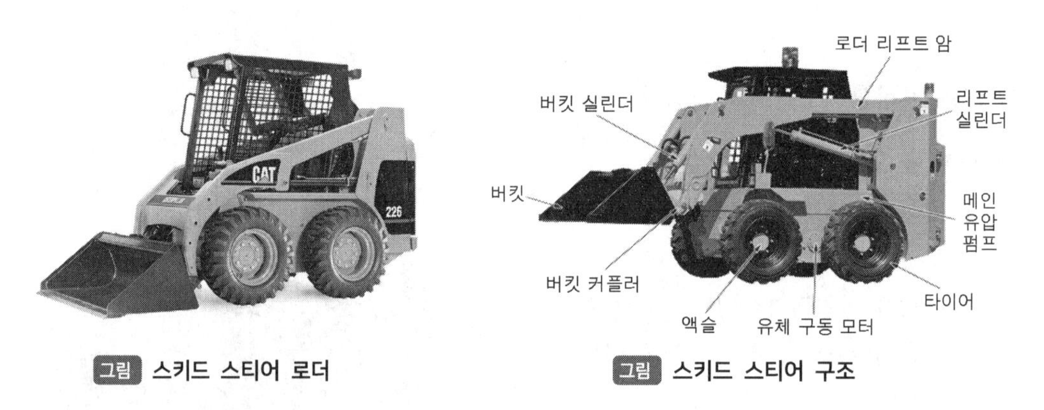

그림 스키드 스티어 로더

그림 스키드 스티어 구조

5 백호 로더(Back Hoe Loader)

(1) 트랙 로더의 기능 및 용도

① 앞쪽에 로더의 작업 장치, 뒤쪽에 굴착기의 작업 장치가 설치된 로더이다.
② 뒤쪽에 굴착 장치가 있어서 백호 로더(Back Hoe Loader)라고 부른다.
③ 앞쪽의 버킷으로는 많은 양의 골재를 적재하고 뒤쪽의 백호로 굴착할 수 있다.
④ 배수로 공사나 수도 공사 및 하수도 공사에 적합하다.

그림 백호 로더

그림 백호 로더의 구조

02 로더의 종류별 특성

1 휠 로더(Wheel loader)

① 버킷 혹은 포크가 2~3m 정도 들어 올리거나 내릴 수 있다.
② 암에 부착된 실린더 링크에 의해 버킷 또는 포크를 전방으로 보낼 수 있다.
③ 전륜으로 구동하고, 후륜으로 조향하는 방식이다.
④ 허리꺾기 조향 방식(Articulated frame type)은 회전할 때 허리 부분이 꺾이도록 되어있어 장비의 크기에 비하여 회전 반경이 작다.

그림 휠 로더

⑤ 자동차보다 저속 주행(최고 속도 15~30km/h 정도 이하)한다.
⑥ 화물이 차체의 앞부분에 위치하기 때문에 작업의 균형을 맞추기 위하여 차체의 뒷부분에 카운터 웨이트(Counter weight)가 배치되어 있다.

2 크롤러(무한궤도) 로더(Crawler loader)

① 주행 장치를 무한궤도 트랙을 장착하며 단단한 지반에서의 작업은 어렵다.
② 암석 등 불균일한 노면 및 터널과 같이 협소한 장소에서 작업하는 데 적당하다.
③ 장거리 이동이나 기동성이 떨어지는 단점이 있다.
④ 도로 이용 시에는 반드시 트레일러(Trailer) 등 운반체에 실려 이동해야 한다.
⑤ 기동성이 떨어지고 작업의 효율성 저하로 건설 현장에서 사용은 극히 제한되고 있다.

그림 크롤러 로더

3 스키드 스티어 로더(Skid steer loader)

① 스키드 스티어 로더의 스키드(Skid)는 미끄러지다 라는 뜻이다.
② 방향을 전환할 때 타이어의 방향이 그대로 직선상에 있다.
③ 방향을 전환할 때 한쪽 바퀴는 전진하고 다른 쪽 바퀴는 후진하여 스핀 턴으로 방향이 전환된다.
④ 제자리에서 360°회전을 할 수 있다.
⑤ 휠 로더에 비하여 작고 좁은 공간에서 작업이 필요한 경우에 사용한다.

그림 스키드 스티어 로더

⑥ 아주 작은 창고 내부나 협소한 공간에서 사용된다.
⑦ 스키드 로더는 다양한 작업장치의 부착으로 적재 및 제설 작업뿐만 아니라 굴착, 운반, 작은 콘크리트나 암반 파쇄, 도로 청소 등 광범위한 작업이 가능하다.

4 백호 로더(Back hoe loader)

① 처음에는 농기계로 개발되어 농산물의 상차 작업이나 작은 도랑을 파는 데 사용되었으나 근래에는 건설 현장에서 매우 다양하게 사용되고 있다.
② 전면에는 로더 버킷을 장착하고 작업 대상물을 상차하는 작업을 할 수 있다.
③ 후면에는 굴착기 버킷을 장착하여 작은 도랑의 굴착 작업을 할 수 있다.
④ 후면의 굴착기 버킷 설치부에 다른 작업 장치를 교환하여 작업할 수 있다.

그림 백호 로더

출제 예상 문제

01 로더를 사용하는 작업으로 거리가 먼 것은?

① 적재 작업
② 굴착 작업
③ 송토 작업
④ 브레이커 작업

해설
로더는 주로 각종 토사, 자갈, 골재 등을 퍼서 다른 곳으로 운반하거나 덤프(Dump) 트럭에 적재 및 굴착 작업과 송토 작업을 하는 장비이다.

02 로더 장비로 작업할 수 있는 가장 적합한 것은?

① 백호 작업
② 스노 플로우 작업
③ 훅 작업
④ 트럭과 호퍼에 토사 적재 작업

03 타이어식 로더가 무한궤도식 로더에 비해 가장 좋은 점은?

① 견인력
② 습지에서의 작업성
③ 기동성
④ 비포장도로에서의 작업성

해설
타이어식 건설기계의 장·단점
① 주행 속도가 30~40km/h 정도로 기동성이 좋다.
② 포장된 도로의 주행이 가능하다.
③ 단점 : 견인력이 적고 접지 압력(2.5~3.0kg/cm²)이 높아 습지·사지 및 험지 등의 작업이 곤란하다.

04 무한궤도식 로더의 특징에 대한 설명으로 틀린 것은?

① 비교적 기동성이 떨어진다.
② 접지압이 낮아 습지나 모래지형에서 작업하기 힘들다.
③ 먼 거리 이동 시 트레일러와 같은 운반 장비가 필요하다.
④ 견인력이 크고 트랙 깊이의 수중에서도 작업이 가능하다.

해설
무한궤도형 로더의 특징
① 타이어 대신에 무한궤도를 장착하여 구동하는 형식의 로더이다.
② 강력한 견인력과 접지압력이 낮아 연약지반이나 습지, 사지에서도 작업이 용이하다.
③ 기동성이 낮아 작업효율이 저하되어 많이 사용하지 않는다.
④ 자체 이동할 때 포장도로를 파손할 수 있다.
⑤ 장거리 이동할 때는 운반 차량에 적재하여 이동해야 한다.
⑥ 주로 탄광, 터널 등 좁은 공간에서 사용된다.

05 무한궤도식 로더의 장점이 아닌 것은?

① 강력한 견인력을 가지고 있다.
② 출력이 높아 장거리 이동성이 좋다.
③ 노면 상태가 험한 지형에서 이동이 용이하다.
④ 접지면적이 넓어서 습지, 사지에서의 이동이 용이하다.

해설
무한궤도식 로더는 강력한 견인력을 가지고 있으며, 노면 상태가 험한 지형에서 이동이 용이하고, 접지면적이 넓어서 습지, 사지에서의 이동이 용이한 장점이 있으나 이동성이 낮은 단점이 있다.

정답 01.④ 02.④ 03.③ 04.② 05.②

06 **무한궤도식 로더의 운전 특성을 설명한 것 중 틀린 것은?**

① 조향은 허리꺾기식이다.
② 레버를 당겨 방향전환을 한다.
③ 기동성이 낮아 장거리 작업에는 불리하다.
④ 강력한 견인력과 접지압이 낮아 습지작업이 가능하다.

해설
무한궤도 로더는 환향 클러치 방식이고 타이어식 로더는 허리 꺾기식(차체 굴절식)과 뒷바퀴 조향식이 있으며, 주로 유압식(동력 조향식)으로 작동된다.

07 **타이어식 로더의 엔진 시동순서로 맞는 것은?**

① 파일럿 컷 오프 스위치 잠금 확인→주차 브레이크 위치 확인→기어 레버 중립 확인→시동
② 기어 레버 중립 확인→파일럿 컷 오프 스위치 잠금 확인→주차 브레이크 위치 확인→시동
③ 주차 브레이크 위치 확인→파일럿 컷 오프 스위치 잠금 확인→기어 레버 중립 확인→시동
④ 주차 브레이크 위치 확인→기어 레버 중립 확인→파일럿 컷 오프 스위치 잠금 확인→시동

해설
타이어식 로더의 엔진 시동순서는 주차 브레이크 위치 확인→기어 레버의 중립 확인→파일럿 컷 오프 스위치 잠금 확인→시동이다.

정답 06.① 07.④

CHAPTER 2

로더 조종 및 기능

01 작업 장치 조종 및 기능

2 붐의 상승 및 하강

① 붐은 리프트 실린더에 의해 상승, 하강이 이루어진다.
② 붐 실린더에는 상승, 유지, 하강, 부동의 위치가 있다.
③ 붐 실린더에는 붐이 원하는 위치까지 상승이 되면 자동적으로 상승의 위치에서 유지 위치로 돌아가게 하는 퀵 아웃(quick out) 장치가 있다.

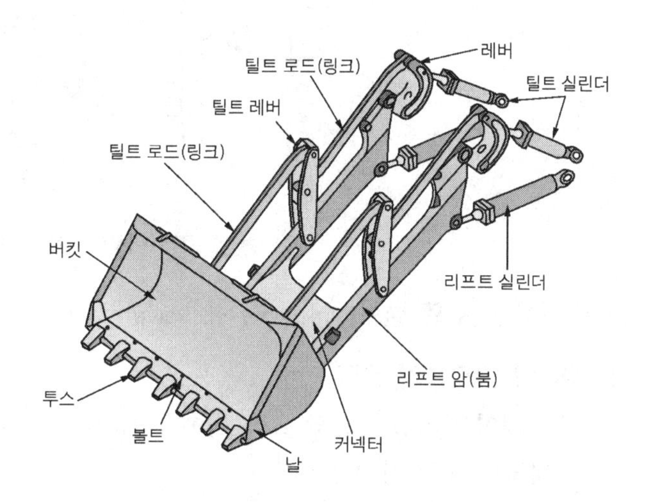

그림 로더의 작업 장치

2 덤핑 클리어런스
(dumping clearance)

버킷을 상승 시켰을 때 버킷 투스(팁) 하단과 지면과의 거리를 말하며, 덤핑 클리어런스는 트럭 적재함보다 높아야 적재 작업을 할 때 버킷이 적재함에 닿지 않게 된다. 따라서 덤핑 클리어런스가 크면 버킷을 들어 올리는 높이가 높아진다.

3 덤핑 리치(dumping reach)

로더 앞에서부터 버킷 끝까지의 길이를 말하며, 덤핑 리치가 길면 적재 높이가 높아져 적재(덤프) 작업이 유리하다.

4 버킷 장치

버킷의 날은 마멸에 견디도록 경화된 것이 사용되어 버킷 끝에는 심한 마멸에도 견딜 수 있도록 투스(tooth)를 붙여서 사용하며 이 투스가 마멸될 경우에는 이를 교환하여 사용한다.

5 버킷의 후경 및 전경

① 버킷은 틸트 실린더에 의해 전경(덤프), 후경(틸트 백)이 이루어진다.
② 틸트 실린더에는 전경, 후경, 유지의 3가지 위치가 있다.
③ 틸트 레버에는 버킷을 지면에 내려놓았을 때 굴착 각도가 적당히 되도록 미리 설정해 주는 포지션(position) 장치가 있다.
④ 틸트 백 덤핑 작업은 틸트 실린더에 의하여 이루어진다.

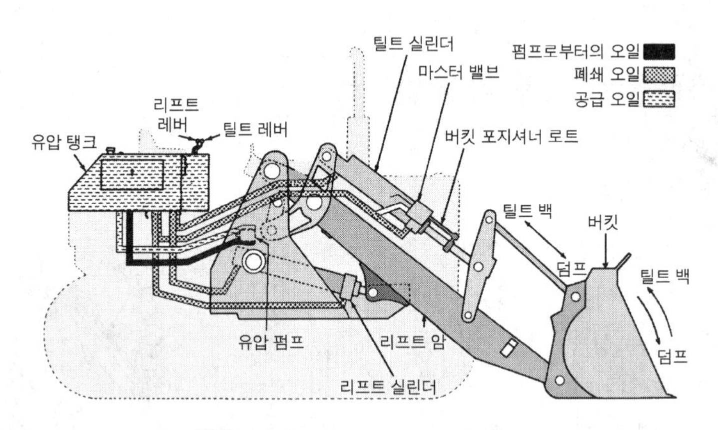

그림 로더 버킷의 작동유 경로

6 클러치 컷오프 밸브(clutch cut-off valve)

(1) 클러치 컷오프의 정의

① 브레이크 페달을 밟았을 때 변속 클러치가 떨어져 엔진의 동력이 차축까지 전달되지 않도록 하는 장치이다.
② 경사지에서 작업을 할 때 밸브를 상향(up)으로 선택하여 로더가 굴러 내려가는 것을 방지하여야 한다.

(2) 클러치 컷오프의 설치 목적

평지에서 로딩(적재 : loading)이나 덤핑(하역 : dumping) 작업을 할 때 브레이크 페달을 밟아 로더를 정지시켰을 때 엔진에서 나오는 동력을 모두 로딩이나 덤핑에 사용하기 위함이다.

(3) 클러치 컷오프의 기능

① 변속기가 변속 범위에 있을 경우 브레이크 작동 시 순간적으로 변속 클러치가 풀리도록 한다.
② 평지 작업에서는 레버를 하향(down)시켜 변속 클러치를 풀리도록 하여 제동을 용이하게 한다.
③ 경사지에서 작업할 때 레버를 상향(up)시켜서 변속 클러치를 계속 물리게 하여 로더의 미끄러짐을 방지한다.
④ 밸브 위치를 변환할 때에는 브레이크를 풀고 조작한다.

7 버킷의 용도별 분류

① 일반 버킷 : 일반 토사, 자갈 등의 적재에 적합하다.
② 통나무 집게 : 파이프 등의 길고 둥근 물체를 집어서 고정시킨 후 운반한다.
③ 다목적 버킷 : 버킷이 열리게 되어 있으며, 일반 버킷 도저와 같은 송토 작업, 집게작업 등을 동시에 작업할 수 있으며 적재 작업은 유압 실린더로 버킷을 열어 행한다.
④ 스켈리턴(skeleton) 버킷 : 강(江)가에서 골재 채취 등에 적합하며 작은 골재, 물 등이 빠져나가는 구조로 되어 있다.

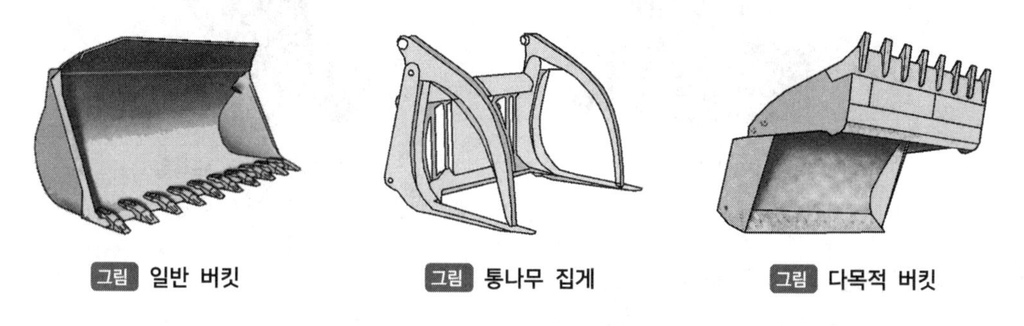

그림 일반 버킷 그림 통나무 집게 그림 다목적 버킷

⑤ 암석용 버킷(rock bucket) : 돌, 자갈 등의 채취에 적합하다.
⑥ 래크 블레이드 버킷(rack blade bucket) : 나무뿌리 뽑기, 제초, 지반이 매우 굳은 땅의 굴착 등에 쓰인다.
⑦ 사이드 덤프 버킷 : 버킷을 좌우로 어느 쪽으로든지 기울일 수 있어 좁은 장소에서 조향 조작을 하지 않고도 버킷의 흙을 덤프트럭에 적재할 수 있다.

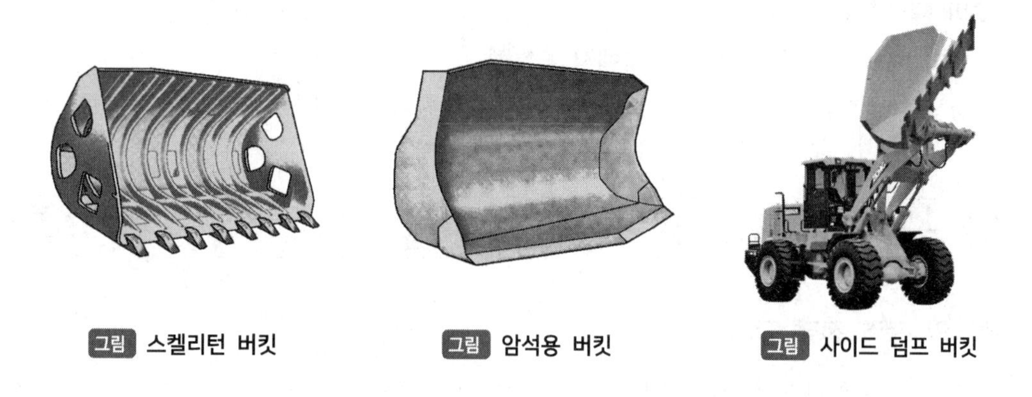

그림 스켈리턴 버킷 그림 암석용 버킷 그림 사이드 덤프 버킷

8 적재 방법에 따른 분류

(1) 프런트 엔드형(front end type)

프런트 엔드형 적재 방법은 트랙터 앞쪽에 버킷이 부착되어 있어 앞에서 굴착하고 앞에서 덤프트럭에 적재할 수 있으며, 현재 주로 사용되고 있는 방법이다.

(2) 사이드 덤프형(side dump type)

사이드 덤프형 적재 방법은 버킷을 좌우로 어느 쪽으로든지 기울일 수 있어 좁은 장소에서 조향 조작을 하지 않고도 버킷의 흙을 덤프트럭에 적재할 수 있다.

그림 프런트 엔드형

그림 사이드 덤프형

(3) 백호 셔블형(back hoe shovel type)

백호 셔블형 적재 방법은 트랙터 앞쪽에 로더형 버킷을 부착하고 뒤쪽에 백호를 부착하여 앞쪽의 버킷으로는 많은 양의 골재를 적재하고 뒤쪽의 백호로 좁고 깊은 곳의 굴착과 적재를 함께 할 수 있다.

그림 백호 셔블형

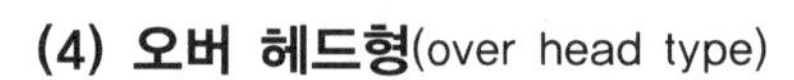

(4) 오버 헤드형(over head type)

오버 헤드형 적재 방법은 앞쪽에서 버킷으로 굴착하여 로더 자체 위를 넘어서 뒤쪽에 적재할 수 있다.

02 주행 장치 조종 및 기능

1 로더의 동력 전달 장치

로더의 동력 전달 순서는 기관 → 토크 컨버터 → 유압 변속기 → 종감속 장치 → 구동 바퀴이다.

2 종감속 장치

① 종감속 기어, 차동기어 장치로 구성되어 있다.

② 차동 제한장치가 있어 사지, 습지 등에서 타이어가 미끄러지는 것을 방지한다.

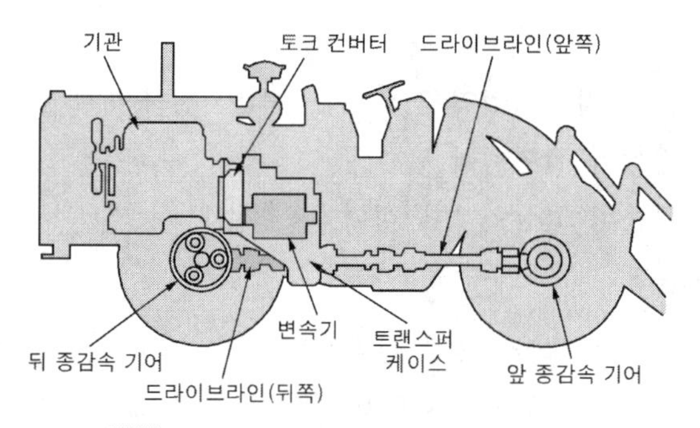

그림 로더의 동력 전달 장치의 구조

3 유성 기어 감속기

① 구동 차축 끝에 선 기어, 바깥쪽에 유성 기어 캐리어가 연결되고 허브에 링 기어가 고정된다.
② 선 기어가 회전하면 고정된 링 기어 안쪽 면을 따라 유성기어가 회전한다.
③ 유성기어 캐리어가 바퀴를 구동하므로 바퀴는 감속되어 큰 구동력을 발생한다.
④ 휠 허브에 있는 유성기어 장치에서 유성기어가 핀과 용착되면 바퀴는 회전하지 않는다.
※ 휠 허브에 있는 유성 기어 장치에서 유성 기어가 핀과 용착되면 바퀴가 회전하지 않는다.

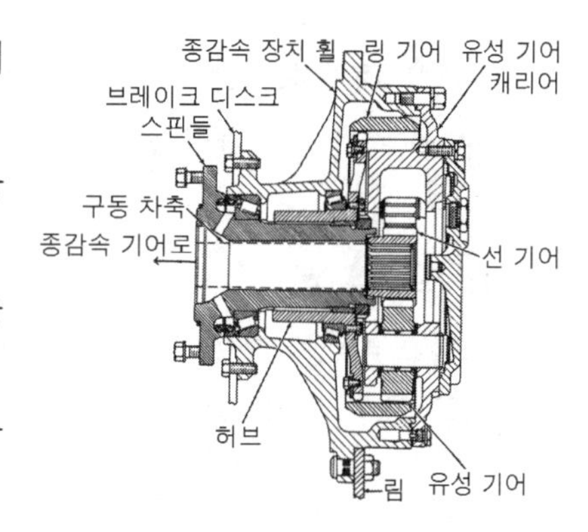

그림 유성 기어 감속기

4 조향 장치

① 크롤러형(무한궤도형)은 페달로 조향되는 조향 클러치 방식의 조향 장치이다.
② 휠형은 조향 핸들에 의한 동력 조향식으로 뒷바퀴 조향과 허리꺾기 조향식이 있다.

(1) 뒷바퀴(후륜) 조향식

① 뒷바퀴를 조향시키는 방식으로 동력 조향 방식이 사용된다.
② 안정성은 좋으나 선회 반경이 커서 좁은 장소의 작업이 불리하다.

(2) 허리 꺾기 조향식

① 앞 차체와 뒤 차체가 핀과 조인트로 연결되어 있다.
② 유압 실린더에 의해 굴절시키는 형식이다.
③ 회전반경이 적어 좁은 장소에서의 작업이 유리

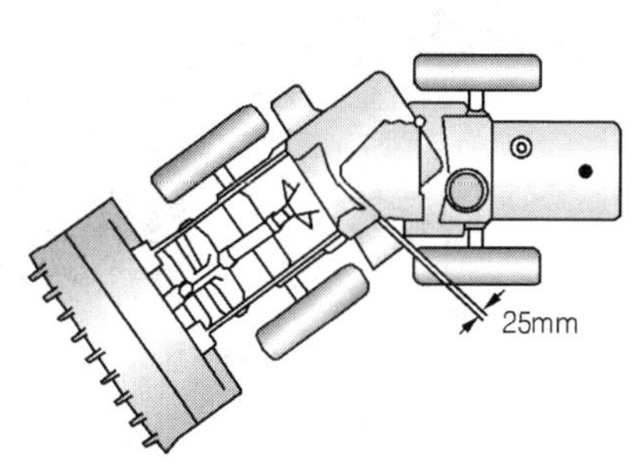

그림 허리 꺾기 조향 방식

하다.

④ 작업능률을 향상시킬 수 있어 거의 이 방식이 사용되고 있다.

⑤ 작업할 때 안전성이 결여된다.

⑥ 핀과 조인트 부분의 고장이 빈번하다.

(3) 조향 클러치 방식

① 조향 클러치 방식은 크롤러형(무한궤도형) 로더에서 사용된다.

② 조향 클러치와 브레이크가 설치되어 조향을 한다.

③ 로더는 페달로 조향 클러치를 조작한다.

5 무한궤도식 주행 장치

① 하중을 지지하고 이동시키는 장치이다.

② **구성** : 하부 롤러(트랙 롤러), 상부 롤러(캐리어 롤러), 트랙 프레임, 트랙 장력 조정기구, 프런트 아이들러(전부 유동륜), 리코일 스프링, 스프로킷 및 트랙 등으로 구성되어 있다.

(1) 트랙 프레임

트랙 프레임은 하부 주행체의 몸체로서 상부롤러, 하부롤러, 프런트 아이들러, 스프로킷 등으로 구성 되어 있다.

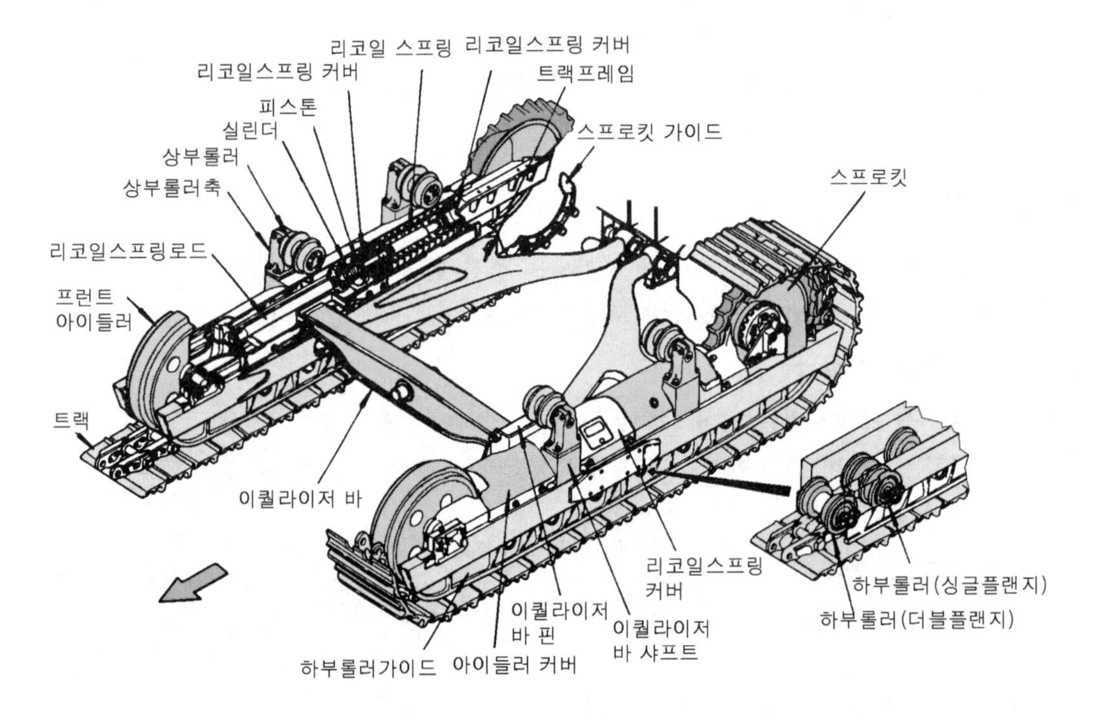

그림 트랙 프레임의 구조

(2) 하부 롤러(트랙 롤러)

① 롤러, 부싱, 플로팅 실, 축, 칼라 등으로 구성되어 있다.

② 트랙 프레임 아래에 좌・우 각각 3~7개 설치되어 있다.

③ 중량을 균등하게 트랙 위에 분배하면서 트랙의 회전위치를 유지한다.

④ 프런트 아이들러와 스프로킷 쪽에는 싱글 플랜지형 롤러를 설치하여야 한다.

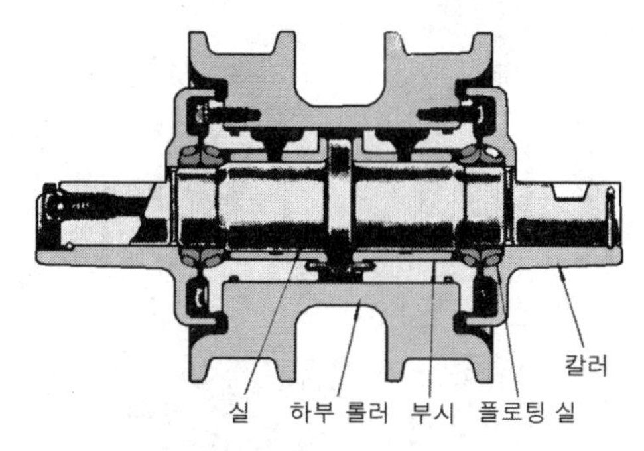

그림 하부 롤러의 구조

(3) 상부 롤러(캐리어 롤러)

① 아이들러와 스프로킷 사이에 1~2개가 설치된다.

② 트랙이 처지는 것을 방지한다.

③ 트랙의 회전위치를 유지하는 역할을 한다.

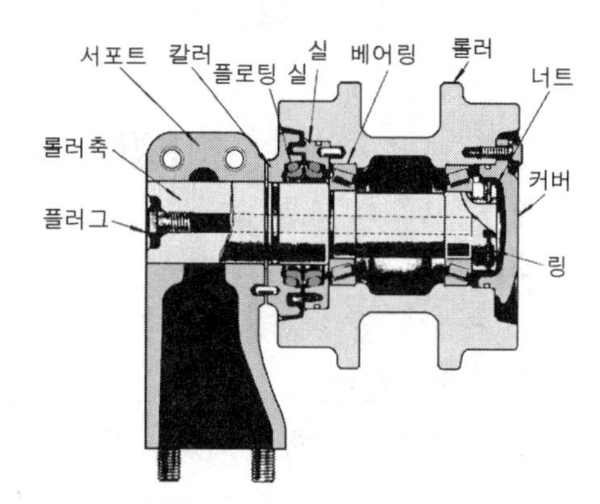

그림 상부 롤러의 구조

(4) 프런트 아이들러(전부 유동륜)

① 앞뒤로 미끄럼 운동할 수 있는 요크에 설치된다.

② 트랙의 진로를 조정하면서 주행방향으로 트랙을 유도한다.

③ 요크 축 끝에 조정 실린더가 연결되어 트랙 유격을 조정한다.

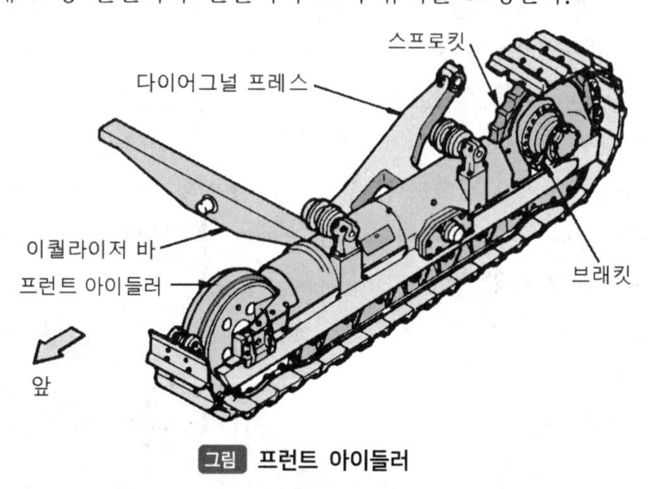

그림 프런트 아이들러

(5) 리코일 스프링

① 주행 중 트랙 전면에서 오는 충격을 완화시킨다.

② 차체의 파손을 방지하고 운전을 원활하게 해주는 역할을 한다.

③ 이너 스프링과 아우터 스프링으로 되어 있다.

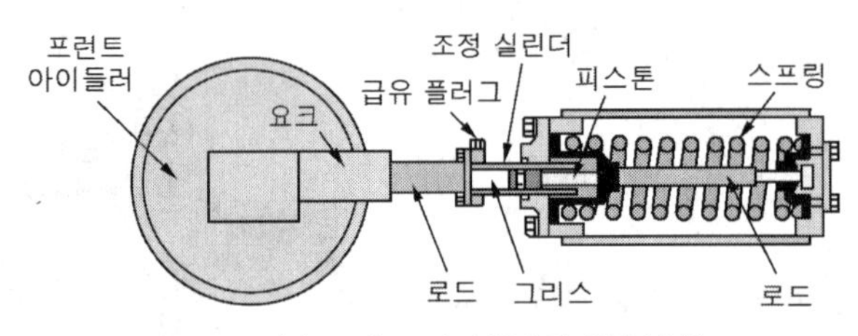

(a) 프런트 아이들러와 완충장치

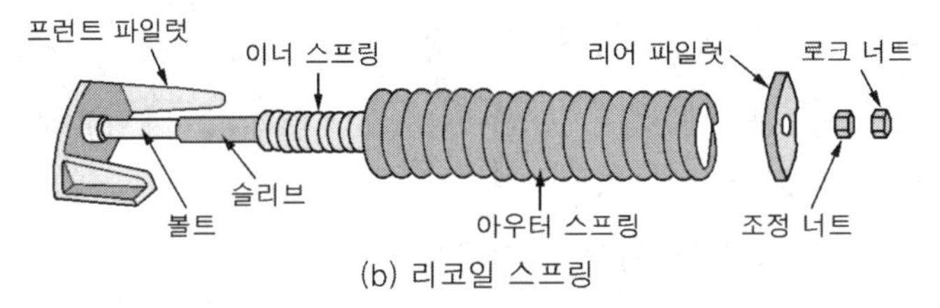

(b) 리코일 스프링

그림 **프런트 아이들러와 리코일 스프링**

(6) 스프로킷(기동륜)

① 트랙에 동력을 전달해 주는 역할을 한다.

② 일체식과 분할식, 분해식이 있다.

③ 내마모성 및 내구력이 있다.

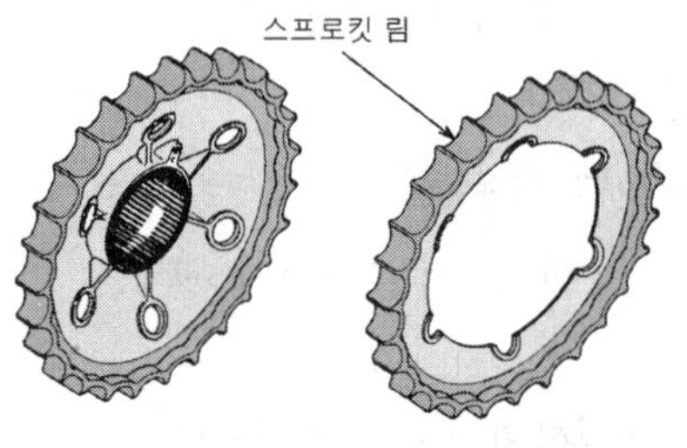

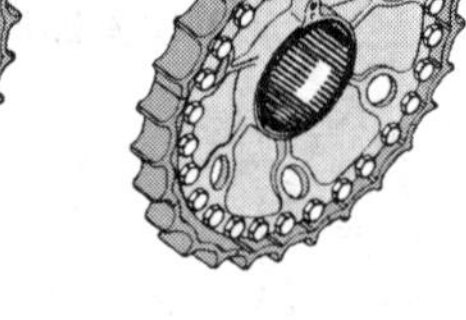

그림 **스프로킷**

(7) 트랙(크롤러, 무한궤도)의 구성

① 트랙은 트랙 슈, 링크, 핀, 부싱, 슈 볼트 등으로 구성되어 있다.

② **링크(link)** : 링크는 2개가 1조 되어 있으며, 핀과 부싱에 의하여 연결되어 상·하부 롤러 등이 굴러 갈 수 있는 레일(rail)을 구성해 주는 부분으로 마멸되었을 때 용접하여 재사용할 수 있다.

③ **부싱(bushing)** : 부싱은 링크의 큰 구멍에 끼워지며, 스프로킷 이빨이 부싱을 물고 회전하도록 되어 있다. 부싱은 마멸되면 용접하여 재사용할 수 없으며, 구멍이 나기 전에 1회 180° 돌려서 재사용할 수 있다.

④ **핀(pin)** : 핀은 부싱 속을 통과하여 링크의 적은 구멍에 끼워진다. 핀과 부싱을 교환할 때는 유압 프레스로 작업하며 약 100ton 정도의 힘이 필요하다. 그리고 무한궤도

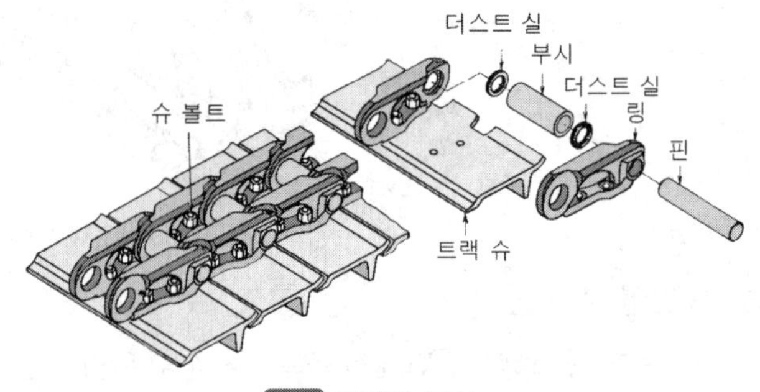

그림 **트랙의 구성**

의 분리를 쉽게 하기 위하여 마스터 판(master pin)을 두고 있다.

⑤ 슈(shoe) : 슈는 링크에 4개의 볼트로 고정되며, 전체 하중을 지지하고 견인하면서 회전한다. 슈에는 지면과 접촉하는 부분에 돌기(그로우저 ; grouser)가 설치되며, 이 돌기가 견인력을 증대시켜 준다. 돌기의 길이가 2cm정도 남았을 때 용접하여 재사용할 수 있다.

6 트랙이 벗겨지는 원인

① 트랙의 유격(긴도)이 너무 클 때
② 트랙의 정열이 불량할 때(프런트 아이들러와 스프로킷의 중심이 일치되지 않았을 때)
③ 고속 주행 중 급선회를 하였을 때
④ 프런트 아이들러, 상·하부 롤러 및 스프로킷의 마멸이 클 때
⑤ 리코일 스프링의 장력이 부족할 때
⑥ 경사지에서 작업 할 때

7 트랙을 분리하여야 할 경우

① 트랙을 교환할 때
② 트랙이 벗겨졌을 때
③ 스프로킷, 프런트 아이들러를 교환할 때

8 트랙 유격(긴도)

트랙 유격은 상부 롤러와 트랙사이의 간격을 말하며, 건설기계의 종류에 따라 다소 차이는 있으나 일반적으로 유격은 25~40mm정도이다.

(1) 트랙 유격을 조정하는 방법

① 건설기계를 평탄한 지면에 주차시킨다.
② 브레이크가 있는 경우에는 브레이크를 사용해서는 안 된다.
③ 전진하다가 정지시켜야 한다.(후진하다가 세우면 트랙이 팽팽해진다.)
④ 2~3회 반복 조정하여 양쪽 트랙의 유격을 똑같이 조정하여야 한다.
⑤ 트랙을 들고 늘어지는 양을 점검하기도 한다.
⑥ 그리스 실린더에 그리스를 주입하여 조정한다.

(2) 트랙의 장력을 조정하여야 하는 이유

① 트랙의 이탈 방지
② 구성부품의 수명 연장
③ 스프로킷의 마모방지
④ 슈의 마모 방지

(3) 트랙의 유격을 크게 하거나 작게 할 경우

① 유격을 작게(팽팽하게) 하여야 할 경우 : 굳은 지반 또는 암반을 통과할 때
② 트랙 유격을 크게 하여야 할 경우 : 습지를 통과할 때, 사지(모래땅)를 통과할 때, 굴곡이 심한 노면 통과할 때

출제 예상 문제

작업장치 조종 및 기능

01 작업 장치에 투스를 부착하여 사용하는 건설기계는?

① 로더와 천공기
② 굴착기와 로더
③ 불도저와 지게차
④ 기중기와 모터그레이더

해설
투스(tooth)는 버킷 끝에 장착하여 심한 마멸에도 견딜 수 있도록 사용하며 이 투스가 마멸될 경우에는 이를 교환하여 사용한다. 굴착기 버킷과 로더 버킷에는 투스가 설치되어 있다.

02 로더의 치수(제원)에서 버킷을 최고 올림 상태에서 45° 앞으로 기울인 경우 지면에서 버킷 투스 끝단까지를 무엇이라고 하는가?

① 덤프 거리
② 덤핑 리치
③ 버킷 상승 전높이
④ 덤프 높이

해설
덤프 높이는 로더 버킷을 최고 올림 상태에서 45° 앞으로 기울인 경우 지면에서 버킷 투스 끝단까지의 거리를 말한다.

03 버킷에 표준 하중을 적재한 상태에서 지표 기준면에서 최대 높이로 올리는데 필요한 시간을 무엇이라고 하는가?

① 표준 작동 시간 ② 덤프 시간
③ 기준 시간 ④ 상승 시간

해설
상승 시간이란 버킷에 표준 하중을 적재한 상태에서 지표 기준면에서 최대 높이로 올리는데 필요한 시간이다.

04 다음 중 로더에 관한 설명으로 옳은 것은?

① 붐 리프트 레버는 전경과 후경의 2가지 위치가 있다.
② 버킷 틸트 레버는 전진과 후진 2가지 위치가 있다.
③ 버킷 레버에는 버킷 벌림 양이 적당하도록 미리 설정해 두는 포지션 장치가 있다.
④ 붐 실린더에는 자동적으로 상승의 위치에서 유지위치로 돌아가도록 하는 퀵 아웃 장치가 있다.

해설
리프트 레버와 틸트 레버
① 붐 리프트 레버에는 상승, 유지, 하강, 부동의 4가지 위치가 있다.
② 버킷 틸트 레버에는 전경, 후경, 유지의 3가지 위치가 있다.
③ 버킷 틸트 레버에는 버킷을 지면에 내려놓았을 때 굴착 각도가 적당히 되도록 설정해 주는 포지션 장치가 있다.

05 로더 작업 장치에 대한 설명으로 틀린 것은?

① 붐 실린더는 붐의 상승·하강 작용을 해준다.
② 버킷 실린더는 버킷의 오므림·벌림 작용을 해준다.
③ 로더의 규격은 표준 버킷의 산적용량(m^3)으로 표시한다.
④ 작업 장치를 작동하게 하는 실린더 형식은 주로 단동식이다.

정답 01.② 02.④ 03.④ 04.④ 05.④

해설

작업 장치를 작동시키는 유압 실린더는 복동식을 사용한다.

06 다음 중 휠 로더의 붐 조정레버의 작동위치가 아닌 것은?

① 상승 ② 하강
③ 부동 ④ 틸트

해설

붐 조정레버 작동위치에는 상승, 하강, 유지, 부동 등 4가지가 있다.

07 버킷을 조작하는 틸트 레버(tilt lever)의 3가지 위치가 아닌 것은?

① 유지 ② 가속
③ 전경 ④ 후경

해설

로더 버킷의 틸트 레버에는 전경, 후경, 유지의 3가지 위치가 있다.

08 로더의 전경각은?

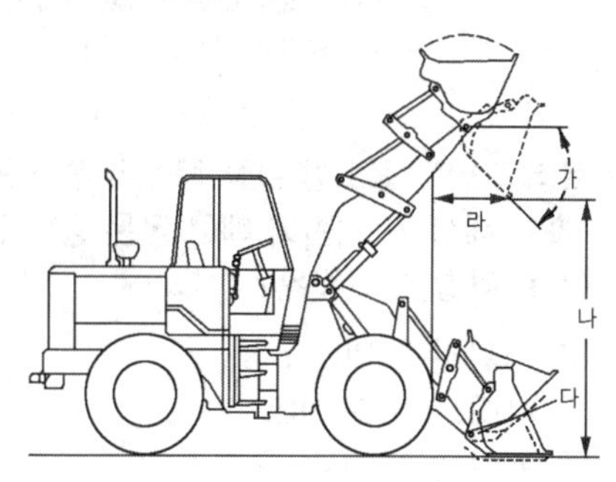

① 가 ② 나
③ 다 ④ 라

09 휠 로더의 붐과 버킷레버를 동시에 당기면 작동은?

① 붐만 상승한다.
② 버킷만 오므려진다.
③ 붐은 상승하고 버킷은 오므려진다.
④ 작동이 안 된다.

해설

붐과 버킷레버를 동시에 당기면 붐은 상승하고 버킷은 오므려진다.

10 로더의 자동 유압 붐 킥 아웃(boom quick out)의 기능은?

① 붐이 일정한 높이에 이르면 자동적으로 멈추어 작업능률과 안전성을 기하는 장치
② 버킷 링크를 조정하여 덤프 실린더가 수평이 되게 하는 장치
③ 가끔 침전물이나 물을 뽑아내고 이물질을 걸러내는 장치
④ 로더의 고속 작동 시 자동적으로 버킷의 수평을 조정하는 장치

해설

붐 킥 아웃(boom quick out)은 붐이 원하는 위치까지 상승이 되면 자동적으로 상승의 위치에서 멈추어 작업 능률과 안전성을 기하는 장치가 붐 실린더에 장착되어 있다.

11 로더의 버킷을 상승시켰을 때 버킷 투스 하단과 지면과의 거리를 무엇이라 하는가?

① 덤핑 클리어런스
② 덤핑 리치
③ 전경각
④ 후경각

해설

덤핑 클리어런스란 버킷을 상승시켰을 때 버킷 투스 하단과 지면과의 거리이며, 덤핑 리치란 적재할 수 있는 길이를 말한다.

12 무한궤도식 로더에서 덤핑 클리어런스가 커졌을 때 현상으로 맞는 것은?

① 상승속도가 빨라진다.
② 주행속도가 빨라진다.
③ 버킷을 들어 올리는 높이가 높아진다.
④ 롤링 속도가 빨라진다.

해설

덤핑 클리어런스가 커지면 버킷을 들어 올리는 높이가 높아진다.

정답 06.④ 07.② 08.① 09.③ 10.① 11.① 12.③

13 **타이어식 로더가 트럭에 적재할 때 덤핑 클리어런스를 올바르게 설명한 것은?**

① 덤핑 클리어런스가 있으면 안 된다.
② 후진 시 덤핑 클리어런스가 필요한 것이다.
③ 덤핑 클리어런스는 적재함보다 높아야 한다.
④ 무조건 낮은 것이 좋다.

해설
덤핑 크리어런스는 버킷을 상승 시켰을 때 버킷 투스(팁) 하단과 지면과의 거리를 말하며, 덤핑 클리어런스는 트럭 적재함보다 높아야 적재 작업을 할 때 버킷이 적재함에 닿지 않게 된다. 따라서 덤핑 클리어런스가 크면 버킷을 들어 올리는 높이가 높아진다.

14 **로더의 클러치 컷오프 밸브의 기능이 아닌 것은?**

① 변속기의 변속범위에 있을 때 브레이크 페달을 밟으면 순간적으로 변속 클러치가 풀리도록 한다.
② 평지에서 작업을 할 때에는 레버를 하향시켜 변속 클러치가 풀리도록 하여 제동을 용이하게 한다.
③ 경사지에서 작업을 할 때에는 레버를 상향시켜 변속 클러치가 계속 물려 있도록 하여 미끄럼을 방지한다.
④ 변속기의 변속을 용이하게 한다.

해설
클러치 컷오프의 기능
① 변속기가 변속 범위에 있을 경우 브레이크 작동 시 순간적으로 변속 클러치가 풀리도록 한다.
② 변속기의 변속을 용이하게 한다.
③ 평지 작업에서는 레버를 하향(down)시켜 변속 클러치를 풀리도록 하여 제동을 용이하게 한다.
④ 경사지에서 작업할 때 레버를 상향(up)시켜서 변속 클러치를 계속 물리게 하여 로더의 미끄러짐을 방지한다.
⑤ 밸브 위치를 변환할 때에는 브레이크를 풀고 조작한다.

15 **브레이크 페달을 밟으면 변속 클러치가 떨어져 엔진의 동력이 차축까지 전달되지 않게 하는 것은?**

① 브레이크 밸브
② 메인 컨트롤 밸브
③ 프라이어리티 밸브
④ 클러치 컷 오프 밸브

해설
클러치 컷 오프 밸브의 기능은 브레이크 페달을 밟으면 변속 클러치가 떨어져 엔진의 동력이 차축까지 전달되지 않도록 하는 장치이다.

16 **로더의 작업 장치에 해당하지 않는 것은?**

① 백호 셔블
② 아우트리거
③ 스켈리턴 버킷
④ 사이드 덤프 버킷

해설
아우트리거는 타이어식 기중기의 전후, 좌우 방향에 안정성을 주어 기중 작업을 할 때 전도 사고를 방지하는 역할을 하며, 아우트리거는 평탄하고 굳은 지면에 설치하고 빔을 완전히 펴서 바퀴가 지면에서 뜨도록 하여야 한다. 안정기(stabilizer)라고도 한다.

17 **로더의 버킷 용도별 분류 중 나무뿌리 뽑기, 제초, 제석 등 지반이 매우 굳은 땅의 굴삭 등에 적합한 버킷은?**

① 스켈리턴 버킷
② 사이드 덤프 버킷
③ 래크 블레이드 버킷
④ 암석용 버킷

해설
로더 버킷의 용도별 분류
① **스켈리턴 버킷** : 물 등이 배출될 수 있는 구조로 되어 있어 자갈을 채취할 때 적합하다.
② **사이드 덤프 버킷** : 적재물을 좌우 옆으로 적재할 수 있는 구조의 버킷이다.
③ **래크 블레이드 버킷** : 나무 뿌리 뽑기, 제초, 제석 등 지반이 매우 굳은 땅의 굴삭 등에 적합하다.
④ **암석용 버킷** : 돌, 자갈 등의 채취에 적합하다.

정답 13.③ 14.① 15.④ 16.② 17.③

18 **골재 채취장에서 주로 사용되는 버킷으로 토사와 암석 분리에 효과적인 버킷은?**

① 스켈리턴 버킷 ② 표준 버킷
③ 퇴비 버킷 ④ 사이드 버킷

해설
스켈리턴 버킷은 물 등이 배출될 수 있는 구조로 되어 있어 자갈을 채취할 때 적합하다.

19 **조향 조작을 하지 않고도 버킷의 흙을 덤프트럭에 상차할 수 있는 버킷은?**

① 스켈리턴 버킷
② 사이드 덤프 버킷
③ 다목적 버킷
④ 일반 버킷

해설
사이드 덤프 버킷은 버킷을 좌우로 어느 쪽으로든지 기울일 수 있어 좁은 장소에서 조향 조작을 하지 않고도 버킷의 흙을 덤프트럭에 적재할 수 있다.

20 **로더의 버킷 레벨러(bucket level- ler)의 역할은?**

① 유압 실린더의 로드 행정을 제한한다.
② 유압 실린더의 유압을 일정하게 유지시킨다.
③ 컨트롤 밸브의 마모를 방지한다.
④ 거버너의 작용을 도와준다.

해설
버킷 레벨러는 유압 실린더의 로드 행정을 제한하는 역할을 한다.

21 **로더 장비에서 적재방법이 아닌 것은?**

① 프런트 엔드형
② 사이드 덤프형
③ 백호 셔블형
④ 허리 꺾기형

해설
로더의 적재 방법
① **프런트 엔드형** : 프런트 엔드형 적재 방법은 트랙터 앞쪽에 버킷이 부착되어 있어 앞에서 굴착하고 앞에서 덤프트럭에 적재할 수 있으며, 현재 주로 사용되고 있는 방법이다.
② **사이드 덤프형** : 사이드 덤프형 적재 방법은 버킷을 좌우로 어느 쪽으로든지 기울일 수 있어 좁은 장소에서 조향 조작을 하지 않고도 버킷의 흙을 덤프트럭에 적재할 수 있다.
③ **백호 셔블형** : 백호 셔블형 적재 방법은 트랙터 앞쪽에 로더형 버킷을 부착하고 뒤쪽에 백호를 부착하여 앞쪽의 버킷으로는 많은 양의 골재를 적재하고 뒤쪽의 백호로 좁고 깊은 곳의 굴착과 적재를 함께 할 수 있다.
④ **오버헤드형** : 오버 헤드형 적재 방법은 앞쪽에서 버킷으로 굴착하여 로더 자체 위를 넘어서 뒤쪽에 적재할 수 있다.

22 **로더의 동력전달 순서로 맞는 것은?**

① 엔진 → 토크컨버터 → 유압변속기 → 종 감속장치 → 구동륜
② 엔진 → 유압변속기 → 종 감속장치 → 토크컨버터 → 구동륜
③ 엔진 → 유압변속기 → 토크컨버터 → 종 감속장치 → 구동륜
④ 엔진 → 토크컨버터 → 종 감속장치 → 유압변속기 → 구동륜

23 **휠 로더의 휠 허브에 있는 유성기어 장치의 동력 전달 순서로 옳은 것은?**

① 선 기어 → 유성기어 → 유성기어 캐리어 → 바퀴
② 유성기어 캐리어 → 유성기어 → 선 기어 → 바퀴
③ 링 기어 → 유성기어 → 선 기어 → 바퀴
④ 선 기어 → 링 기어 → 유성기어 캐리어 → 바퀴

해설
휠 허브에 있는 유성기어 장치는 유성기어 감속기로 링 기어를 고정하고 선 기어를 회전시키면 유성기어 캐리어는 감속이 이루어진다.

정답 18.① 19.② 20.① 21.④ 22.① 23.①

24 **타이어식 로더에서 기관 시동 후 동력전달 과정 설명으로 틀린 것은?**

① 바퀴는 구동차축에 설치되며 허브에 링 기어가 고정된다.
② 토크변환기는 변속기 앞부분에서 동력을 받고 변속기와 함께 알맞은 회전비와 토크비율을 조정한다.
③ 종감속기어는 최종감속을 하고 구동력을 증대한다.
④ 차동기어장치의 차동제한장치는 없고 유성기어장치에 의해 차동제한을 한다.

해설
타이어식 로더의 동력 전달 장치 구조
① 종 감속기어는 각 바퀴에 부착된 유성기어장치를 사용한다.
② 차동기어장치의 동력이 차축을 통하여 유성기어장치로 전달되며 유성기어장치는 동력을 감속하여 바퀴로 전달한다.
③ 구조는 선 기어, 유성기어, 링 기어 등으로 되어 있으며 선 기어는 차축 끝에 설치되어 유성기어를 회전시키고, 유성기어는 링 기어를 회전시킨다.
④ 바퀴는 링 기어로부터 동력을 받아서 회전한다.

25 **로더의 기관을 시동 목적으로 구동라인이 연결된 상태로 밀거나 끌지 못하게 하는 이유로 틀린 것은?**

① 바퀴로부터의 동력이 회전부분의 마찰을 초래하기 때문이다.
② 토크 컨버터나 변속기 부분이 열에 의해 파손을 초래하기 때문이다.
③ 충분한 윤활작용을 할 수 없어 마찰과 열이 발생한다.
④ 구동라인을 차단하면 손상되는 부분이 없어 가능하다.

주행 장치 조종 및 기능

01 **로더의 동력전달 순서로 맞는 것은?**

① 엔진 → 토크 컨버터 → 유압 변속기 → 종감속 장치 → 구동륜
② 엔진 → 유압 변속기 → 종감속 장치 → 토크 컨버터 → 구동륜
③ 엔진 → 유압 변속기 → 토크 컨버터 → 종감속 장치 → 구동륜
④ 엔진 → 토크 컨버터 → 종감속 장치 → 유압 변속기 → 구동륜

해설
로더의 동력 전달 순서는 기관 → 토크 컨버터 → 유압 변속기 → 종감속 장치 → 구동 바퀴의 순서로 엔진의 동력이 전달된다.

02 **로더 장비에서 자동변속기가 동력전달을 하지 못한다면 그 원인으로 가장 적합한 것은?**

① 연속하여 덤프트럭에 토사 상차작업을 하였다.
② 다판 클러치가 마모되었다.
③ 오일의 압력이 과대하다.
④ 오일이 규정량 이상이다.

해설
자동변속기는 다판 클러치가 마모되면 동력을 전달하지 못한다.

03 **타이어형 로더에 차동제한 장치가 있을 때의 장점으로 맞는 것은?**

① 충격이 완화된다.
② 조향이 원활해진다.
③ 연약한 지반에서 작업이 유리하다.
④ 변속이 용이하다.

해설
종감속 장치는 종감속 기어, 차동기어 장치로 구성되어 있으며, 차동 제한장치가 있어 사지, 습지 등에서 타이어가 미끄러지는 것을 방지한다.

24.④ 25.④ / 01.① 02.② 03.③

04 **타이어식 로더에 자동제한 차동기어 장치가 있을 때의 장점으로 가장 알맞은 것은?**

① 변속이 용이하다.
② 충격이 완화된다.
③ 조향이 원활해진다.
④ 미끄러운 노면에서 운행이 용이하다.

해설
자동제한 차동기어 장치가 있으면 미끄러운 노면에서 운행이 용이하다.

05 **휠 로더의 휠 허브에 있는 유성 기어 장치에서 유성 기어가 핀과 융착 되었을 때 일어날 수 있는 현상은?**

① 바퀴의 회전속도가 빨라진다.
② 바퀴의 회전속도가 늦어진다.
③ 바퀴가 돌지 않는다.
④ 관계없다.

해설
휠 허브에 있는 유성 기어 감속기의 유성 기어 장치에서 유성 기어가 핀과 융착되면 바퀴가 돌지 않는다.

06 **타이어식 로더의 허브에 있는 유성기어장치 기능에 대한 설명으로 맞는 것은?**

① 바퀴 회전을 정지
② 바퀴 회전속도의 감속, 구동력의 감속
③ 바퀴 회전속도의 감속, 구동력의 증가
④ 바퀴 회전속도의 증속, 구동력의 증가

해설
허브에 있는 유성기어장치 기능은 바퀴 회전속도의 감속, 구동력의 증가이다.

07 **로더에서 허리 꺾기 조향식의 설명으로 가장 거리가 먼 것은?**

① 최근 많이 사용된다.
② 좁은 장소에서의 작업에 유리하다.
③ 유압 실린더를 사용하여 굴절하는 형식이다.
④ 후륜 조향식에 비해 선회 반경이 크다.

해설
허리 꺾기 조향식
① 앞·뒤 차체 사이를 핀과 조인트로 결합시켜 자유롭게 조향할 수 있다.
② 앞·뒤 차체 사이에 유압 실린더를 좌우에 1개씩 설치하고 조향 핸들을 작동하면 유압 실린더의 신축 작용으로 앞·뒤 차체 사이가 꺾여 조향 하는 방식이다.
③ 회전 반경이 작아 좁은 장소에서의 작업이 용이하다.
④ 작업 시간을 단축하여 작업 능률을 향상시킬 수 있다.
⑤ 작업할 때 안전성이 결여된다.
⑥ 핀과 조인트 부분의 고장이 빈번하다.

08 **로더에서 허리꺾기 조향식의 설명으로 가장 거리가 먼 것은?**

① 해상 구조물 설치에 주로 사용된다.
② 좁은 장소에서의 작업에 유리하다.
③ 유압 실린더를 사용하여 굴절하는 형식이다.
④ 선회 반경이 작다.

09 **허리 꺾기식(차체 굴절식) 타이어 로더의 조향장치에 대한 설명으로 올바른 것은?**

① 협소한 장소에서의 작업은 어렵다.
② 앞차체가 굴절되어 방향을 전환하여 안정성이 나쁘다.
③ 조행핸들을 작동시키면 뒷바퀴가 방향을 변환하여 선회한다.
④ 뒷바퀴는 선회축이 되고 앞바퀴가 굴절되어 작동하며 회전반경이 크다.

해설
허리 꺾기 조향 방식은 유압 실린더를 사용하여 앞 차체를 굴절하여 조향하며, 선회반경이 작아 좁은 장소에서의 작업에 유리한 장점이 있으나 안정성이 나쁘다.

04.④ 05.③ 06.③ 07.④ 08.① 09.②

10 로더의 동력 조향 장치 구성을 열거한 것이다. 적당치 않은 것은?

① 유압 펌프
② 복동 유압 실린더
③ 제어 밸브
④ 하이포이드 피니언

해설
로더의 동력 조향 장치는 유압 발생 장치(유압 펌프), 유압 제어 장치(제어 밸브), 작동 장치(유압 실린더)로 구성되어 있다.

11 로더 주행 중 동력 조향 핸들의 조작이 무거운 이유가 아닌 것은?

① 유압이 낮다.
② 호스나 부품 속에 공기가 침입했다.
③ 오일펌프의 회전이 빠르다.
④ 오일이 부족하다.

해설
동력 조향 핸들이 무거운 원인
① 유압계통 내에 공기가 유입되었다.
② 타이어의 공기 압력이 너무 낮다.
③ 오일이 부족하거나 유압이 낮다.
④ 조향 펌프(오일 펌프)의 회전속도가 느리다.
⑤ 오일 펌프의 벨트가 파손되었다.
⑥ 오일 호스가 파손되었다.

12 무한궤도에 의해 트랙터를 주행시키는 언더 캐리지 장치에 속하지 않는 것은?

① 제동 리서브 ② 평형 스프링
③ 트랙 프레임 ④ 트랙 롤러

해설
하부 주행체(언더 캐리지, 트랙 롤러)는 트랙, 상부(캐리어)·하부(트랙) 롤러, 프런트 아이들러, 스프로킷 등으로 구성되어 있다.

13 하부 구동체(under carriage)에서 장비의 중량을 지탱하고 완충작용을 하며, 대각지주가 설치된 것은?

① 트랙 ② 상부 롤러
③ 하부 롤러 ④ 트랙 프레임

해설
트랙 프레임은 하부 구동체에서 건설기계의 중량을 지탱하고 완충작용을 하며, 대각지주가 설치되어 있다.

14 무한궤도식 건설기계에서 균형 스프링의 형식으로 틀린 것은?

① 플랜지형 ② 빔형
③ 스프링형 ④ 평형

해설
균형 스프링은 강판을 겹친 판스프링(leaf spring)으로 그 양쪽 끝은 트랙 프레임에 얹혀 있고 그 중앙에 트랙터 앞부분의 중량을 받는다. 균형 스프링의 형식에는 스프링 형식과 빔 형식, 평형 스프링 형식이 있다.

15 무한궤도식 장비에서 캐리어 롤러에 대한 내용으로 맞는 것은?

① 트랙을 지지한다.
② 트랙의 장력을 조정한다.
③ 장비의 전체 중량을 지지한다.
④ 캐리어 롤러는 좌·우 10개로 구성되어 있다.

해설
캐리어 롤러(상부 롤러)는 좌우 각각 1~2개가 설치되어 프런트 아이들러와 스프로킷 사이에서 트랙이 처지는 것을 방지하는 동시에 트랙의 회전위치를 정확하게 유지한다.

16 트랙 프레임 위에 한쪽만 지지하거나 양쪽을 지지하는 브래킷에 1~2개가 설치되어 트랙 아이들러와 스프로킷 사이에서 트랙이 처지는 것을 방지하는 동시에 트랙의 회전위치를 정확하게 유지하는 역할을 하는 것은?

① 브레이스
② 아우터 스프링
③ 스프로킷
④ 캐리어 롤러

정답 10.④ 11.③ 12.① 13.④ 14.① 15.① 16.④

17 **트랙 프레임 상부 롤러에 대한 설명으로 틀린 것은?**

① 더블 플랜지형을 주로 사용한다.
② 트랙의 회전을 바르게 유지한다.
③ 트랙이 밑으로 처지는 것을 방지한다.
④ 전부 유동륜과 기동륜 사이에 1~2개가 설치된다.

해설
상부 롤러는 싱글 플랜지형(바깥쪽으로 플랜지가 있는 형식)을 사용한다.

18 **트랙에 있는 롤러에 대한 설명으로 틀린 것은?**

① 상부 롤러는 보통 1~2개가 설치되어 있다.
② 하부 롤러는 트랙프레임의 한쪽 아래에 3~7개 설치되어 있다.
③ 상부 롤러는 스프로킷과 아이들러 사이에 트랙이 처지는 것을 방지한다.
④ 하부 롤러는 트랙의 마모를 방지해 준다.

해설
하부 롤러는 건설기계의 전체 하중을 지지해 준다.

19 **무한궤도식 장비에서 프런트 아이들러의 작용에 대한 설명으로 가장 적당한 것은?**

① 회전력을 발생하여 트랙에 전달한다.
② 트랙의 진로를 조정하면서 주행 방향으로 트랙을 유도한다.
③ 구동력을 트랙으로 전달한다.
④ 파손을 방지하고 원활한 운전을 할 수 있도록 하여 준다.

해설
프런트 아이들러(전부 유동륜)는 트랙의 장력을 조정하면서 트랙의 진로 방향을 유도시켜 준다.

20 **트랙 장력을 조절하면서 트랙의 진행방향을 유도하는 언더 캐리지 부품은?**

① 하부 롤러 ② 상부 롤러
③ 장력 실린더 ④ 전부 유동륜

해설
프런트 아이들러(전부 유동륜)는 앞뒤로 미끄럼 운동할 수 있는 요크에 설치되며, 트랙의 진로를 조정하면서 주행방향으로 트랙을 유도한다. 요크 축 끝에 조정 실린더가 연결되어 트랙의 장력을 조정한다.

21 **트랙장치에서 유동륜의 작용은?**

① 트랙의 회전을 원활히 한다.
② 동력을 트랙으로 전달한다.
③ 트랙의 장력을 조정하면서 트랙의 진행방향을 유도한다.
④ 차체의 파손을 방지하고 원활한 운전을 하게 한다.

22 **무한궤도형 건설기계에서 리코일 스프링의 주된 역할로 맞는 것은?**

① 주행 중 트랙 전면에서 오는 충격 완화
② 클러치의 미끄러짐 방지
③ 트랙의 벗어짐 방지
④ 삽에 걸리는 하중 방지

해설
리코일 스프링은 주행 중 트랙 전면에서 오는 충격을 완화하여 차체의 파손을 방지하고 운전을 원활하게 해주는 장치이다.

23 **트랙장치에서 주행 중에 트랙과 아이들러의 충격을 완화시키기 위해 설치한 것은?**

① 스프로킷
② 리코일 스프링
③ 상부 롤러
④ 하부 롤러

정답 7.① 18.④ 19.② 20.④ 21.③ 22.① 23.②

24 **무한궤도형 건설기계에서 리코일 스프링을 분해해야 할 경우는?**

① 아이들 롤러 파손 시
② 트랙 파손 시
③ 스프로킷 파손 시
④ 스프링이나 샤프트 절손 시

25 **무한궤도식 장비에서 스프로킷이 한쪽으로만 마모되는 원인으로 가장 적합한 것은?**

① 트랙 장력이 늘어났다.
② 트랙 링크가 마모되었다.
③ 상부 롤러가 과다하게 마모되었다.
④ 스프로킷 및 아이들러가 직선 배열이 아니다.

해설
스프로킷이 한쪽으로만 마모되는 원인은 스프로킷 및 아이들러가 직선 배열이 아니기 때문이다.

26 **무한궤도식 건설기계에서 트랙의 구성부품으로 맞는 것은?**

① 슈, 조인트, 스프로킷, 핀, 슈 볼트
② 스프로킷, 트랙 롤러, 상부 롤러, 아이들러
③ 슈, 스프로킷, 하부 롤러, 상부 롤러, 감속기
④ 슈, 슈 볼트, 링크, 부싱, 핀

해설
트랙은 트랙 슈, 링크, 핀, 부싱, 슈 볼트 등으로 구성되어 있다.

27 **트랙 장치의 구성품 중 트랙 슈와 슈를 연결하는 부품은?**

① 부싱과 캐리어 롤러
② 트랙 링크와 핀
③ 아이들러와 스프로킷
④ 하부 롤러와 상부 롤러

해설
트랙 슈와 슈를 연결하는 부품은 트랙 링크와 핀이다.

28 **트랙 슈의 종류로 틀린 것은?**

① 단일 돌기 슈
② 습지용 슈
③ 이중 돌기 슈
④ 변하중 돌기 슈

해설
트랙 슈의 종류에는 단일돌기 슈, 2중 돌기 슈, 3중 돌기 슈, 반 이중 돌기 슈, 습지용 슈, 고무 슈, 암반용 슈, 평활 슈 등이 있다.

29 **로더의 하부 추진체와 트랙의 점검항목 및 조치 사항을 열거한 것 중 틀린 것은?**

① 구동 스프로킷의 마멸 한계를 초과하면 교환한다.
② 각부 롤러의 이상 상태 및 리이닝 장치의 기능을 점검 한다.
③ 트랙 장력을 규정값으로 조정한다.
④ 리코일 스프링의 손상 등 상하부 롤러에 균열 및 마멸 등이 있으면 교환한다.

해설
리이닝 장치는 모터 그레이더에서 앞바퀴를 20~30° 정도 경사시켜 선회시 회전 반경이 커지는 단점을 보완한다.

30 **무한궤도식 건설기계에서 트랙이 자주 벗겨지는 원인으로 가장 거리가 먼 것은?**

① 유격(긴도)이 규정보다 커 트랙이 늘어졌다.
② 트랙의 상·하부 롤러가 마모되었다.
③ 최종 구동기어가 마모되었다.
④ 트랙의 중심 정열이 맞지 않았다.

해설
트랙이 벗겨지는 원인
① 트랙의 유격(긴도)이 너무 클 때
② 트랙의 정열이 불량할 때(프런트 아이들러와 스프로킷의 중심이 일치되지 않았을 때)
③ 고속 주행 중 급선회를 하였을 때
④ 프런트 아이들러, 상·하부 롤러 및 스프로킷의 마멸이 클 때
⑤ 리코일 스프링의 장력이 부족할 때
⑥ 경사지에서 작업 할 때

24.④ 25.④ 26.④ 27.② 28.④ 29.② 30.③

31 **무한궤도식 건설기계에서 트랙의 탈선 원인과 가장 거리가 먼 것은?**

① 트랙의 유격이 너무 클 때
② 하부 롤러에 주유를 하지 않았을 때
③ 스프로킷이 많이 마모되었을 때
④ 프런트 아이들러와 스프로킷의 중심이 맞지 않을 때

32 **일반적으로 무한궤도식 장비에서 트랙을 분리하여야 할 경우가 아닌 것은?**

① 트랙 교환 시
② 트랙 상부롤러 교환 시
③ 스프로킷 교환 시
④ 아이들러 교환 시

해설

트랙을 분리하여야 하는 경우
① 트랙을 교환할 때
② 아이들 롤러를 교환할 때
③ 트랙이 벗어졌을 때
④ 스프로켓을 교환할 때

33 **무한궤도식 건설기계에서 트랙을 쉽게 분리하기 위해 설치한 것은?**

① 슈 ② 링크
③ 마스터 핀 ④ 부싱

해설

마스터 핀은 트랙의 분리를 쉽게 하기 위하여 둔 것이며, 부싱의 길이가 다른 핀에 비해 짧게 되어 있다.

정답 31.② 32.② 33.③

CHAPTER 3

로더 작업 방법

01 적하(상차) 작업

1 상차 안전 일반

① 잘 맞는 안전모, 안전화, 작업복을 착용한다.
② 작업의 특성에 따라 보안경, 마스크, 장갑, 안전 조끼, 각반, 귀마개 등 별도의 보호구를 착용한다.
③ 안전사고는 운전자의 부주의로 발생하는 경우가 많으므로 항상 안전을 생각한다.
④ 피곤하거나 음주 후에는 운전하지 않는다.
⑤ 사고, 화재 또는 전혀 예상하지 못한 사태가 발생한 경우에는 가장 가까운 곳에 있는 기구를 이용하여 신속히 처리한다.
⑥ 구급상자와 소화기의 위치 및 용도에 대하여 사전에 알도록 한다.

2 상차 작업의 분류

① **V형 적하법** : 로더가 토사를 버킷에 담고 후진한 후 덤프트럭 쪽으로 방향을 바꾸어서 전진하여 덤프트럭에 싣는 방법이다. 덤프트럭은 작업 대상물에 60°로 진입하여 정지하고, 로더만 45° 선회를 2회 하여 싣는 방식이다.
② **직진·후진법(I형)** : 로더가 버킷에 토사를 채운 후 후진하고 곧바로 덤프트럭이 토사 더미와 로더의 버킷 사이로 들어오면서 상차하는 방법으로 연약 지반에서 대형 로더가 작업할 경우 주로 사용한다.
③ **L 형 적하법** : 덤프트럭은 작업 대상물에 90°로 진입하여 정지하고, 로더만 90°선회를 2회 하여 싣는 방식이다.
④ **90° 회전법(T형)** : 좁은 장소에서 사용되며, 비교적 작업 효율이 낮다. 덤프트럭은 작업 대상물과 평행하게 진입하여 정지하고, 로더만 90°선회를 4회 하여 싣는 방식이다.

3 상차(적하) 작업 방법

① 완전히 버킷이 복귀된 후 지면에서 60~90cm 정도 버킷을 올린 후 주행한다.
② 토사를 적재할 때 로더는 덤프트럭과 토사 더미 사이에 45°를 유지하면서 적재한다.

③ 덤프트럭에 토사를 적재하려고 로더의 방향을 바꿀 때는 버킷과 트럭 옆의 거리는 3.0~3.7m 정도에서 방향을 바꾼다.

④ 토사를 적재할 때 덤프트럭은 토사 더미 가장 자리에 90° 각도로 세워둔다.

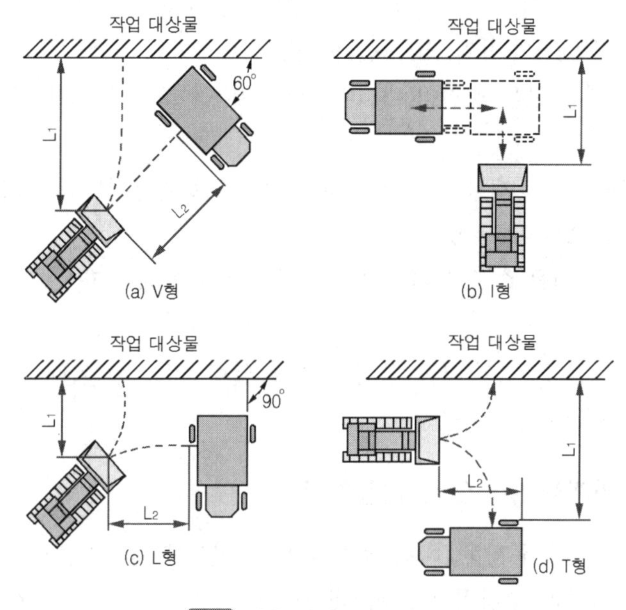

그림 적하 작업의 분류

02 운반 작업

1 버킷의 진입 각도

① 모래, 흙 : 지면과 수평이 되도록 진입시킨다.

② 암석류 : 버킷을 약간 내린 후 진입시킨다.

③ 지층 굴착 : 버킷을 내린 다음 붐도 내린다.

2 붐을 높인 상태에서 적재물 내려놓기

① 습윤 상태의 모래나 흙 같은 잔골재를 바닥으로 내릴 때 사용한다.

② 작업 속도에서 유리하다.

③ 긴조된 골재는 분진이 발생하므로 주의한다.

④ 상차 작업에서는 사용하지 않는다.

3 붐을 낮춘 상태에서 적재물 내려놓기

① 암석과 같이 밀도가 높은 적재물을 바닥으로 내릴 때 사용한다.

② 가장 안전한 작업으로 최대한 바닥에 밀착하여 적재물을 내려놓기 때문에 안전하지만

작업 속도가 느린 단점이 있다.

4 버킷을 지면과 닿게 하여 수평으로 진입하기

① 작업 대상물 앞에서 제동 후 붐 조정 레버를 밀어 붐을 내리면서 버킷을 지면으로부터 30cm까지 지면과 수평이 되도록 내린다.
② 지면 근처에서는 붐을 천천히 내리며 버킷 레버를 조정하여 버킷은 지면과 수평이 되도록 한다.
③ 1단으로 변속하고 적재물 앞에서 버킷을 지면으로 하강시키면서 가속 페달을 밟아 적재물을 버킷 속으로 밀어 넣는다.
④ 버킷이 작업 대상물 속으로 완전히 들어가면 왼쪽 브레이크를 밟은 후 버킷 조정 레버를 먼저 당긴다.
⑤ 시차를 두고 붐 조정 레버를 당겨 버킷을 틸팅(Tilting)할 때 붐을 같이 들어 올리며 가속 페달도 함께 밟는다.

5 버킷을 지면 위에서 수평으로 진입하기

① 작업 대상물 앞에서 제동 후 붐 조정 레버를 밀어 붐을 내리면서 버킷을 지면으로부터 30cm까지 지면과 수평이 되도록 내린다.
② 지면 근처에서는 붐을 천천히 내리며 버킷 레버를 조정하여 버킷은 지면과 수평이 되도록 한다.
③ 1단으로 변속하고 적재물 앞에서 버킷을 지면으로부터 10cm 정도 띄우고 가속 페달을 밟아 적재물을 버킷 속으로 밀어 넣는다.
④ 버킷이 작업 대상물 속으로 완전히 들어가면 왼쪽 브레이크를 밟은 후 버킷 조정 레버를 먼저 당긴다.
⑤ 시차를 두고 붐 조정 레버를 당겨 버킷을 틸팅하면서 붐도 같이 들어 올리면서 가속 페달도 함께 밟는다.

6 작업 대상물 내려놓기

① 가속 페달을 밟고 조향 휠을 조종하여 적재장으로 이동한다.
② 적재장에 도착하면 브레이크를 밟고 정지한 다음 붐 조정 레버를 밀어 붐을 하강시킨다.
③ 지면 근처에서 버킷 조정 레버를 밀어 버킷 속의 작업 대상물을 내려놓는다.
④ 바닥에 적재물이 쌓인다.
⑤ 붐 조정 레버를 밀어 붐을 천천히 상승시킨다.
⑥ 버킷을 틸트한 후 붐을 이동 준비 위치로 내린다.
⑦ 후진 기어를 선택하고 2속으로 변속한 후에 가속 페달을 밟아 후진한다.
⑧ 후진하여 멈추고, 전진 기어를 선택하여 가속 페달을 밟아 다시 적재물로 이동한다.

03 평탄 작업

1 작업장 안전 수칙

① 장비 후진 시에는 경고음이나 경광등이 작동될 수 있도록 조치를 한다.
② 작업 전에 후진 레버를 시운전 작동하여 경고 알람이 작동되는지 확인한다.
③ 작업 전 현장의 상황, 통행 차량 현황, 부근 작업 현황을 확인하고 위험 개소의 유무와 위급 사항을 파악한다.
④ 건설기계의 진행 방향 5m, 좌우 양측 2m 이내에 근로자가 있는 경우에는 반드시 경적을 울리는 등의 조치를 한다.
⑤ 급하게 전, 후진 및 급선회를 하지 않는다.

2 현장 안전 대책

① 장비의 전복이나 미끄럼을 방지하기 위해 경사진 지역을 주행할 때는 버킷을 지면으로부터 20~30cm(8~12inch) 띄워서 주행한다.
② 장비에 타고 내릴 때는 손잡이나 발판을 사용하고 뛰어서 타거나 뛰어내리는 것은 절대 금한다.
③ 장비를 운전하기 전에 경적을 울려 주의를 환기시킨다.
④ 작업 범위 내에 사람이나 장애물이 있는지 주의하면서 운전하고, 필요 시 안전 통제 요원을 배치한다.
⑤ 밀폐된 실내에서 엔진을 작동할 때는 가스 중독의 위험이 있으므로 환기에 유의한다.
⑥ 가스관이나 수도관 등이 매설된 작업 현장에서는 사전에 위치를 확인하여 안전 작업에 최선을 다한다.
⑦ 전력선 가까이에서의 작업은 대단히 위험하므로 최소한의 작업 범위를 정하고 작업한다.
⑧ 적재를 할 때에는 급발진, 급선회는 피하고 과적재는 위험하므로 반드시 상용 하중 이내로 한다.
⑨ 경사지에서의 작업은 위험하니 10° 이상의 경사지에서는 작업을 하지 않는다.
⑩ 불가피하게 경사지에서 작업해야 하는 경우에는 지면을 평탄하게 한 후에 작업한다.
⑪ 경사지에서의 주·정차는 금한다. 불가피하게 주·정차해야 할 경우에는 버킷을 지면에 내리고 고임목을 받쳐 준다.
⑫ 경사지에서의 횡방향 주행은 전도 및 횡방향 미끄러짐의 위험이 크므로 피한다.
⑬ 경사지에서의 주행은 위험하므로 경사지를 내려올 때는 반드시 서행하고 버킷을 지면에서 20~30cm 정도를 유지하여 긴급 시에는 브레이크로 사용한다.
⑭ 엔진 허용 운전 경사각은 30°이므로 어떤 경우라도 초과한 상태로 운전하면 엔진의 과열로 인한 손상, 주요 윤활부의 조기 마모를 초래한다.

⑮ 로더는 굴삭, 적재기이므로 인양 작업을 하면 안 된다.

3 지면 고르기 작업 방법

① 작업 전에 파여진 지면을 메운다.
② 지면은 북쪽과 남쪽, 동쪽과 서쪽 순서로 고른다.
③ 지면 고르기 작업을 한 번 마친 후 로더를 45°회전시켜서 반복한다.

04 선택 장치 작업

1 브러시 작업

(1) 작업 반경 내 이동 차량과 인원 통제

① 장비 작업 반경에는 어떤 차량도 출입을 통제한다.
② 작업장 반경에 차량이 출입할 때는 반드시 신호수를 세우고 주행 시 로더 운전원과 신호를 교감하여 충돌 사고를 예방한다.
③ 차량이 출입하는 곳에는 안전 펜스를 설치한다.
④ 출입을 허가 받은 차량은 작업장에서 사고 예방을 위하여 사전 안전 교육을 받아야 한다.
⑤ 작업장 반경 내 신호수 외 어떤 사람도 출입을 금한다.
⑥ 로더의 작업 반경은 장비의 크기에 따라 직경 5~20m 정도로 작업장 주위는 출입금지 표시와 펜스를 설치한다.

(2) 비산 먼지나 파편에 대한 위험을 방지하기 위하여 개인 보호 장구를 착용한다.

(3) 현장 청소 작업을 한다.

① 작업 현장 조건을 점검하고 작업 방향을 결정한다.
② 이물질의 종류에 따라 장비의 진행 속도와 브러시 회전수를 조정한다.
③ 청소 상태를 확인하여 장비의 속도와 브러시 회전수를 조정한다.
④ 브러시 마모 상태를 확인한다.
⑤ 브러시 교환 주기는 제작사의 추천에 따르나 작업 조건이 나쁜 지역에서의 작업할 때에는 마모 속도가 빠르므로 청소 상태와 육안으로 판단하여 교체한다.
⑥ 작업 전 비산 먼지에 대한 대책을 세우고 작업 중에는 비산 먼지와 파편의 위험이 있으므로 사람의 접근을 금지한다.
⑦ 경사지에서의 작업은 특히 안전에 유의한다.
㉮ 경사지에서의 작업은 위험 하므로 10°이상의 경사지에서는 금지한다.
㉯ 경사지에서의 주·정차는 금지하고 불가피하게 주·정차해야 할 경우에는 고임목을 받쳐 준다.
㉰ 경사지에서의 주행 중에 방향 전환은 위험하므로 완만하고 지반이 견고한 위치에서

실시한다.

㉣ 운전 허용 경사각은 30°를 초과하지 않도록 한다.

2 베일 클램프 작업

① 표준형으로 작업이 가능한지를 먼저 판단하고 작업 장치가 필요하다면 안전성과 효율성의 증대를 고려하여 결정한다.

② 작업 장치를 장착하면 장비 자체의 허용 하중이 감소하므로 장비 규격에 맞는 작업 장치를 선정하고 작업 대상물의 하중을 판단하여 작업한다.

③ 작업 장치를 장착하면 기본 장비로 사용할 때보다 전방의 시야 확보가 불리하므로 좀 더 세심하고 주의를 하면서 운행한다.

④ 작업 장치를 장착할 경우 작업 장치의 종류에 따라 장비의 과부하로 연료 소모가 많을 수도 있다.

⑤ 작업 장치는 옵션이므로 충분한 협의와 검토가 이루어져야 하며 구조가 복잡해져 유지 및 보수에 더 많은 주의를 해야 한다.

3 포크 작업

(1) 화물의 무게 중심점을 판단

① 화물의 종류에 따라 지게차 전용 컨테이너 또는 팔레트 화물은 무게의 중심이 맞는지 확인하고 서서히 인양한다.

② 포장 화물이 액체일 경우 유체 이동으로 주행 시 흔들림 발생할 수 있으므로 적재 후 약간의 전·후진 주행 동작으로 유체 이동 여부를 감지하고 작업 시 대처할 수 있다.

③ 무게가 작고 부피가 큰 화물의 경우 외부 동하중(바람)에 대처하여야 한다.

④ 길이가 긴 철근, 파이프, 목재 등은 주행 시 발생되는 동하중으로 인한 안정성을 감안하며 인양하여야 한다.

⑤ 개별 포장이거나 단위별 묶음 포장일 경우 포크의 폭 및 좌우 이동으로 화물의 무게 중심을 정확히 맞추어 인양하도록 한다.

⑥ 수출입 화물이나 업체 간 화물의 경우는 대부분 아래 내용이 명기된 패킹 리스트(Packing list)가 부착되어 있고 컨테이너의 경우도 표기가 부착되어 있으므로 적재 시 참고하여야 한다.

(2) 적재 작업을 시행

① 적재하고자 하는 대상물의 바로 앞에 도달하면 안전 속도로 감속한다.

② 포크의 간격(폭)은 컨테이너, 파렛트 등 적재물 폭에 1/2이상 3/4이하 정도 간격을 유지하여 적재한다.

③ 적재물에 포크를 꽂아 넣을 때에는 장비가 화물에 대해 똑바로 향하도록 하고 포크의 삽입 위치를 확인한 후에 천천히 넣는다.

④ 단위 포장 화물은 화물의 무게 중심에 따라 포크 폭을 조정하고 천천히 넣는다.

⑤ 지면으로부터 대상물을 들어 올릴 때는 포크를 지면으로부터 5~10cm 정도 들어 올린 후에 대상물의 안정 상태와 포크에 대한 편하중이 없는지 등을 확인한다.

⑥ 이상이 없음을 확인한 후에 포크를 천천히 내려 바닥면으로 부터 약 10~30cm의 높이를 유지한 상태에서 약간 후진하며 브레이크를 작동하여 동하중이 발생하는지 확인한다.

⑦ 작업 대상물이 컨테이너, 알루미늄, 스틸 파렛트 및 금속 화물인 경우 포크와 화물 간에 마찰 계수로 인한 미끄러짐에 유의하여야 한다.

⑧ 포크에 적재된 화물의 무게 중심점이 포크 중심 앞쪽에 있는 경우 주의하여 조작하여야 한다.

⑨ 작업 대상물을 로프나 와어어를 포크에 걸어서 운반하지 않는다.

⑩ 대상물 적재 시 무거운 대상물은 아래, 가벼운 대상물은 위에 적재한다.

(3) 적재 상태를 확인

① 팔레트는 적재하는 화물의 중량에 따른 충분한 강도를 가지고 있는 것을 사용하지만 작업 중이나 운반 중에 심한 손상이나 변형이 없는지 확인하고 적재한다.

② 팔레트에 실려 있는 화물은 안전하고 확실하게 적재되어 있는지를 확인하고 불안정한 적재나 화물이 무너질 우려가 있는 경우에는 밧줄로 묶거나 그 밖의 안전 조치를 한 후에 적재한다.

③ 단위 화물의 바닥이 불균형할 때는 포크와 화물의 사이에 고임목을 사용한다.

④ 작업 대상물이 불안정할 경우 슬링, 와이어, 로프, 체인 블록 등 결착 도구를 사용하여 결착할 수 있다.

⑤ 결착 시 대상물의 형태에 따라 결착 도구와 대상물 간에 손상 방지를 위하여 보호대를 사용 할 수 있으며 금속 대 금속의 결착 시 중간에 목재, 종이, 천 등을 사용하여 미끄러짐 방지 및 완충 역할을 하게 한다.

(4) 대상물 하역

① 하역하는 장소의 바로 앞에 오면 안전한 속도로 감속한다.

② 하역하는 장소의 앞에 접근하였을 때에는 일단 정지한다.

③ 하역하는 장소에 화물의 붕괴, 파손 등의 위험이 없는지 확인한다.

④ 포크를 수평으로 하고 내려놓을 위치보다 약간 높은 위치까지 올린다.

⑤ 내려놓을 위치를 잘 확인한 후, 천천히 전진하여 예정된 위치에 내린다.

⑥ 천천히 후진하여 포크를 10~20cm 정도 빼내고, 다시 약간 들어 올려 안전하고 올바른 하역 위치까지 밀어 넣고 내려야 한다.

⑦ 팔레트 또는 스키드로부터 포크를 빼낼 때도 넣을 때와 마찬가지로 접촉 또는 비틀리지 않도록 조작한다.

⑧ 하역하는 경우에 포크를 완전히 올린 상태에서는 거칠게 조작하지 않는다.

⑨ 하역하는 상태에서는 절대로 차에서 내리거나 이탈하여서는 안 된다.

05 기타 작업 

(1) 굴착 작업 방법

① 지면이 단단하면 버킷에 투스를 부착한다.

② 버킷에 토사를 가득 채웠을 때는 버킷을 뒤로 오므려(tilt back) 큰 힘을 받을 수 있도록 한다.

③ 굴착 작업 시작 전에 지면을 평면으로 고른다.

④ 굴착 작업은 무한궤도형 로더가 유리하다.

(2) 토사 깎기(스트리핑) 작업 방법

① 버킷 각도는 5°정도 기울여서 깎기 시작한다.

② 깎이는 깊이의 조정은 붐을 약간씩 상승시키거나 버킷을 복귀시켜서 한다.

③ 로더의 자체 중량이 버킷과 함께 작용하도록 한다.

④ 특수 상황 외에는 항상 로더가 평행 되도록 한다.

(3) 습지대, 모래땅에서 작업할 때 주의 사항

① 급회전, 급제동, 급변속 등을 피한다.

② 미끄러짐(슬립), 고속 회전 금지

③ 로더의 속도를 이용한 돌입력으로 굴착한다.

(4) 타이어 로더를 운전할 때 주의사항

① 새로 구축한 구축물 주변 부분은 연약 지반이므로 주의한다.

② 경사지를 내려갈 때는 클러치를 연결하고 변속레버를 저속에 놓는다.

③ 토양의 조건과 기관의 회전속도를 고려하여 운전한다.

④ 버킷의 움직임과 흙의 부하에 따라 변화 있게 대처하여 작업한다.

(5) 무한 궤도형 로더의 주행 방법

① 가능하면 평탄한 길을 택하여 주행한다.

② 요철이 심한 곳은 천천히 통과한다.

③ 돌 등이 스프로킷에 부딪치거나 올라타지 않도록 한다.

④ 연약한 땅은 피해서 간다.

※ 로더의 버킷에 토사를 적재한 후 이동할 때 지면으로부터 약 60~90cm 위치하고 이동한다.

(6) 퇴적 토사의 작업

① 흙을 퍼 실으면서 전진을 하면 하중이 증가하여 타이어가 헛돌기 시작할 때 버킷을 조금 올려서 하중을 줄인다.

② 버킷을 지면과 평행하게 하고 장비를 전진시키면서 퇴적 토사에 넣는다.(버킷을 수평 방향이 아닌 위치로 밀면 동력이 저하되고 버킷이 흙더미를 깊게 파낼 수 없다.)

③ 토사에 충분히 파고들면 장비를 전진시키면서 조종 레버를 상승 위치로 변환하고 조종 레버를 버킷 롤백 위치로 하여 버킷에 가득 싣는다.

④ 토사로 파고들기 어려울 때는 버킷 조종 레버를 전후로 움직여 버킷의 투스 부분을 상하로 움직인다.

⑤ 앞바퀴가 들어 올려진 상태에서의 작업은 구동력을 저하시키며 뒷바퀴에 무리가 가므로 하지 않는다.

(7) 평탄한 곳에서 굴착 작업

① 버킷 날 부분을 앞으로 약간 숙인다.

② 장비를 전진하면서 버킷 조종 레버를 이용하여 버킷을 조금 들어 올리면서 토사를 퍼내어 굴착한다.

③ 조종 레버로 굴착 깊이를 조정하면서 전진한다.

(8) 정지 작업

① 버킷에 토사를 퍼 담아 장비를 후진시키면서 버킷을 조금씩 덤핑하여 토사를 붓는다.

② 버킷을 덤핑하여 버킷 날을 접지시키고 끌듯이 후진하여 지면을 고른다.

③ 버킷에 토사를 넣어 버킷을 수평 상태로 하고 조종 레버를 붐 플로트 위치로 하여 후진하며 마무리 작업을 한다.

(9) 압토 작업

버킷의 밑면을 지면과 평행하게 되도록 하여 작업한다.

(10) 적재 작업

① 지형에 따라 선회나 이동 거리를 최소로 하여 능률적인 방법을 선정하여 작업한다.

② 버킷을 가득 채워 덤프 위치로 할 때 후방으로 떨어지는 것을 방지하기 위해 지상에서 버킷을 흔들어 적재물을 안정시키고 들어 올린다.

출제 예상 문제

01 로더가 버킷에 토사를 채운 후 후진을 하고 나면 덤프트럭이 로더와 토사 더미의 사이에 들어와서 상차하는 방법은?

① 90°회전법(T형)
② 직 진·후진법(I형)
③ 비트식 상차법
④ V형 상차법

해설

로더의 상차 방법

① **90° 회전법(T형)** : 덤프트럭은 토사 더미와 평행하게 진입하여 정지하고, 로더만 90°선회를 4회 하여 상차하는 방식이다. 주로 좁은 장소에서 사용되며, 비교적 작업효율이 낮다.
② **직진·후진법(I형)** : 로더가 버킷에 토사를 채운 후에 후진하고 곧바로 덤프트럭이 토사 더미와 로더 버킷 사이로 들어오면 상차하는 방식이다. 연약 지반에서 대형 로더가 작업할 경우 주로 이용한다.
③ **V형 상차법(V형)** : 로더가 토사를 버킷에 담고 후진을 한 후 덤프트럭 쪽으로 방향을 바꾸면서 전진하여 덤프트럭에 상차하는 방법이다. 덤프트럭은 토사 더미에 60°로 진입하여 정지하고, 로더만 45° 선회를 2회 하여 상차하는 방법이다.
④ **L형 상차법** : 덤프트럭은 토사 더미에 90°로 진입하여 정지하고, 로더만 90° 선회를 2회 하여 상차하는 방법이다.

02 로더의 상차 적재 방법 중 좁은 장소에서 주로 이용되는 관계로 비교적 효율이 낮은 상차 방법은?

① 비트 상차법
② 직진·후진 상차법(I형)
③ 90°회전법(T형)
④ V형 상차법

03 로더로 상차 작업방법이 아닌 것은?

① 좌우 옆으로 진입방법(N형)
② 직진·후진법(I형)
③ 90°회전법(T형)
④ V형 상차법(V형)

04 로더 장비에서 적재방법이 아닌 것은?

① I-방식 ② V-방식
③ T-방식 ④ M-방식

해설

로더의 상차 방법

① **T형(90° 회전법)** : 덤프트럭은 토사 더미와 평행하게 진입하여 정지하고, 로더만 90°선회를 4회 하여 상차하는 방식이다. 주로 좁은 장소에서 사용되며, 비교적 작업효율이 낮다.
② **I형(직진·후진법)** : 로더가 버킷에 토사를 채운 후에 후퇴하고 곧바로 덤프트럭이 토사 더미와 로더 버킷 사이로 들어오면 상차하는 방식이다. 연약 지반에서 대형 로더가 작업할 경우 주로 이용한다.
③ **V형(V형 상차법)** : 로더가 토사를 버킷에 담고 후진을 한 후 덤프트럭 쪽으로 방향을 바꾸면서 전진하여 덤프트럭에 상차하는 방법이다. 덤프트럭은 토사 더미에 60°로 진입하여 정지하고, 로더만 45° 선회를 2회 하여 상차하는 방법이다.
④ **L형(L형 상차법)** : 덤프트럭은 토사 더미에 90°로 진입하여 정지하고, 로더만 90° 선회를 2회 하여 상차하는 방법이다.

05 덤프트럭에 흙을 적재하려고 로더의 방향을 바꾸고자 한다. 버킷과 덤프트럭 옆의 거리는 몇 m 정도에서 방향을 바꾸어야 효과적인가?

① 4.0~4.5m
② 5.0~5.5m
③ 3.0~3.7m
④ 1.0~1.7m

정답 01.② 02.③ 03.① 04.④ 05.③

해설

상차(적하) 작업 방법
① 완전히 버킷이 복귀된 후 지면에서 60~90cm 정도 버킷을 올린 후 주행한다.
② 토사를 적재할 때 로더는 덤프트럭과 토사 더미 사이에 45°를 유지하면서 적재한다.
③ 덤프트럭에 토사를 적재하려고 로더의 방향을 바꿀 때는 버킷과 트럭 옆의 거리는 3.0~3.7m 정도에서 방향을 바꾼다.
④ 토사를 적재할 때 덤프트럭은 토사 더미 가장 자리에 90° 각도로 세워둔다.

06 기계식 스키드 로더로 덤프작업을 할 때 올바른 버킷 조종법은?

① 페달의 뒷부분을 누른다.
② 페달의 앞부분을 누른다.
③ 레버를 앞으로 민다.
④ 레버를 뒤로 당긴다.

해설

기계식 스키드 로더로 덤프 작업을 할 때에는 페달의 앞부분을 누른다. 조이스틱 H방식은 운전석에 앉아 좌측 레버는 앞으로 밀면 전진, 뒤로 당기면 후진, 9시 방향(바깥쪽)으로 밀면 좌회전, 3시 방향(안쪽)으로 당기면 우회전한다. 우측 레버는 앞으로 밀면 붐이 하강, 뒤로 당기면 붐이 상승, 9시 방향(안쪽)으로 당기면 버킷 오므림(성토), 3시 방향(바깥쪽)으로 밀면 버킷 벌림(배토)을 한다.

07 로더의 작업 방법으로 가장 적절한 것은?

① 버킷이 완전히 복귀된 다음 지면에서 약 0.5m 정도 올려서 주행한다.
② 적재하려는 흙더미 뒤에 트럭을 세워놓고 로더 작업을 한다.
③ 적재물이나 트럭에 30°의 각도를 유지하면서 접근하도록 한다.
④ 버킷이 트럭 옆 1m 이내에서 방향을 바꾸어 트럭에 적재한다.

해설

로더의 작업 방법
① 버킷을 완전히 복귀시킨 후 버킷을 지면에서 60~90cm 정도 올린 후 주행한다.
② 토사를 상차할 때 로더는 덤프트럭과 토사 더미사이에 45°를 유지하면서 작업한다.
③ 덤프트럭에 토사를 상차하려고 로더가 방향을 바꿀 때에는 버킷과 트럭과 옆의 거리는 3.0~3.7m 정도가 좋다.
④ 토사를 상차할 때 덤프트럭은 토사더미 가장자리에 90°로 세워둔다.

08 로더의 버킷에 토사를 적재 후 이동시 지면과 가장 적당한 간격은?

① 장애물의 식별을 위해 지면으로부터 약 2m 높게 하여 이동한다.
② 작업 시 화물을 적재 후, 후진할 때는 다른 물체와 접촉을 방지하기 위해 약 3m 높이로 이동한다.
③ 작업시간을 고려하여 항시 트럭적재함 높이만큼 위치하고 이동한다.
④ 안정성을 고려하여 지면으로부터 약 60~90cm에 위치하고 이동한다.

해설

덤프트럭이나 쌓여있는 흙 쪽으로 이동할 때에는 버킷을 지면에서 약 0.6~0.9m 정도 위로하는 것이 좋다.

09 로더 작업 중 이동할 때 버킷의 높이는 지면에서 약 몇 m 정도로 유지해야 하는가?

① 0.1　　② 0.6
③ 1　　④ 1.5

해설

트럭이나 쌓여있는 흙 쪽으로 이동할 때에는 버킷을 지면에서 약 0.6~0.9m 정도 위로하는 것이 좋다.

10 로더로 굴착 면에 진입하는 방법으로 틀린 것은?

① 옆으로 진입한다.
② 돌출된 부분의 진입은 피하도록 한다.
③ 직각으로 진입한다.
④ 급가속, 급선회, 급제동을 하지 않는다.

06.② 07.① 08.④ 09.② 10.①

11 **로더로 굴착 작업을 할 때의 방법으로 틀린 것은?**

① 지면이 단단하면 버킷에 투스를 부착한다.
② 버킷에 흙을 가득 채웠을 때는 뒤로 오므려 큰 힘을 받을 수 있게 한다.
③ 굴착 작업의 밑면은 평탄이 되도록 굴착한다.
④ 붐과 버킷 밑은 지렛대 장치의 받침대 역할을 하므로 오므리지 않아도 된다.

해설

굴착 작업 방법
① 지면이 단단하면 버킷에 투스를 부착한다.
② 버킷에 토사를 가득 채웠을 때는 버킷을 뒤로 오므려(tilt back) 큰 힘을 받을 수 있도록 한다.
③ 굴착 작업 시작 전에 지면을 평면으로 고른다.
④ 굴착 작업은 무한궤도형 로더가 유리하다.

12 **로더의 작업 방법으로 맞는 것은?**

① 굴착 작업 시는 버킷을 올려 세우고 작업을 하며, 적재 시는 전경각 35도를 유지해야 한다.
② 굴착 작업 시는 버킷을 수평 또는 약 5도 정도 앞으로 기울이는 것이 좋다.
③ 작업 시는 변속기의 단수를 높이면 작업효율이 좋아진다.
④ 단단한 땅을 굴착 시에는 그라인더로 버킷 끝을 날카롭게 만든 후 작업을 하며, 굴착 시에는 후경각 45도를 유지해야 한다.

해설

로더의 굴착 작업 방법
① 로더의 무게가 버킷과 함께 작용되도록 한다.
② 특수 상황 외에는 항상 로더가 평행 되도록 한다.
③ 깎이는 깊이 조정은 붐을 약간 상승시키거나 버킷을 복귀시켜서 한다.
④ 버킷을 수평 또는 약 5° 정도 앞으로 기울이는 것이 좋다.

13 **로더의 시간당 작업량 증대 방법에 대한 설명 중 옳지 않은 것은?**

① 로더의 버킷 용량이 큰 것을 사용한다.
② 굴착 작업이 수반되지 않을 때에는 무한궤도식 로더를 사용한다.
③ 현장조건에 적합한 적재방법을 선택한다.
④ 운반기계의 진입, 회전 및 로더의 적재 작업 시에 지장이 없도록 한다.

해설

굴착 작업이 수반되지 않을 때에는 주행속도가 빠른 타이어 로더를 사용하여야 시간당 작업량이 증대된다.

14 **작업할 때 안전성 및 균형을 잡아주기 위해 장비 뒤쪽에 설치되어 있는 것은?**

① 변속기　② 기관
③ 클러치　④ 카운터 웨이트

해설

작업시 안정성을 주고 장비의 밸런스를 잡아 주기 위하여 설치한 것은 카운터 웨이트(밸런스 웨이트, 평형추)이다.

15 **로더의 작업 방법으로 맞는 것은?**

① 굴착 작업 시는 버킷을 올려 세우고 작업을 하며, 적재 시는 전경각 35도를 유지해야 한다.
② 굴착 작업 시는 버킷을 수평 또는 약 5도 정도 앞으로 기울이는 것이 좋다.
③ 작업 시는 변속기의 단수를 높이면 작업효율이 좋아진다.
④ 단단한 땅을 굴삭 시에는 그라인더로 버킷 끝을 날카롭게 만든 후 작업을 하며, 굴착 시에는 후경각 45도를 유지해야 한다.

해설

로더의 굴착 작업 방법
① 로더의 무게가 버킷과 함께 작용되도록 한다.
② 특수 상황 외에는 항상 로더가 평행 되도록 한다.
③ 깎이는 깊이 조정은 붐을 약간 상승시키거나 버킷을 복귀시켜서 한다.
④ 버킷을 수평 또는 약 5도 정도 앞으로 기울이는 것이 좋다.

11.④　12.②　13.②　14.④　15.②

16 **로더의 토사 깎기 작업방법으로 잘못 된 것은?**

① 로더의 무게가 버킷과 함께 작용되도록 한다.
② 깎이는 깊이 조정은 버킷을 복귀시키면서 할 수 있다.
③ 깎이는 깊이 조정은 붐을 조금씩 상승시키면서 할 수 있다.
④ 버킷의 각도를 35°~45°로 깎기 시작하는 것이 좋다.

해설
토사 깎기(스트리핑) 작업 방법
① 버킷 각도는 5°정도 기울여서 깎기 시작한다.
② 깎이는 깊이의 조정은 붐을 약간씩 상승시키거나 버킷을 복귀시켜서 한다.
③ 로더의 자체 중량이 버킷과 함께 작용하도록 한다.
④ 특수 상황 외에는 항상 로더가 평행 되도록 한다.

17 **로더의 토사 깎기 작업방법으로 잘못 된 것은?**

① 특수상황 외에는 항상 로더가 평행되도록 한다.
② 로더의 무게가 버킷과 함께 작용되도록 한다.
③ 깎이는 깊이 조정은 붐을 약간 상승시키거나 버킷을 복귀시켜서 한다.
④ 버킷의 각도는 35°~45°로 깎기 시작하는 것이 좋다.

18 **로더의 올바른 작업 방법이 아닌 것은?**

① 장비를 운전하기 전에 경적을 울려 주의를 환기시킨다.
② 10° 이상의 경사지에서는 작업이 위험하므로 작업하지 않는다.
③ 공공도로를 주행 시 버킷을 지면에서 40~50cm 정도 위로 올리고 주행한다.
④ 경사지에서 방향전환은 경사가 완만하고 지반이 견고한 위치에서 실시한다.

19 **로더로 토사를 깎기 시작할 때 버킷을 약 몇 도 정도 기울여 깎는 것이 좋은가?**

① 5° ② 15°
③ 45° ④ 65°

해설
토사를 깎기 시작할 때 버킷의 각도는 5°로 깎기 시작하는 것이 좋다.

20 **로더 작업으로 가장 적합한 것은?**

① 지면보다 조금 높은 곳의 토량 상차에 적합하다.
② 운반거리가 먼 곳에 유리하다.
③ 상차 높이가 낮을수록 좋다.
④ 지면보다 낮은 곳의 토량 상차에 적합하다.

해설
로더로 작업할 수 있는 작업
① 지면보다 조금 높은 곳의 토량 상차
② 트럭과 호퍼에 토사 적재작업
③ 배수로 같은 홈 파내기
④ 부피가 큰 재료를 끌어 모으기

21 **로더에서 그레이딩 작업이란?**

① 트럭에의 적재작업
② 토사 깎아내기 작업
③ 토사 굴착작업
④ 지면 고르기 작업

해설
그레이딩 작업이란 지면 고르기 작업을 의미한다.

22 **로더로 지면 고르기 작업 시 한 번의 고르기를 마친 후 장비를 몇 도 회전시켜서 반복하는 것이 가장 좋은가?**

① 25° ② 45°
③ 90° ④ 180°

해설
로더로 지면 고르기 작업을 할 때 한 번의 고르기를 마친 후 장비를 45° 회전시켜서 반복하는 것이 가장 좋다.

16.④ 17.④ 18.③ 19.① 20.① 21.④ 22.②

23 **로더의 지면 고르기 작업 방법을 설명하였다. 틀린 것은?**

① 모래땅이면 지면 고르기 작업을 하지 않는다.
② 지면 고르기 작업을 하기 전에 파여진 부분을 메운다.
③ 지면 고르기 작업을 한번 마친 후 로더를 45° 회전시켜서 반복한다.
④ 지면 고르기 작업은 북쪽과 남쪽, 동쪽과 서쪽 순서로 한다.

해설

정지(지면 고르기) 작업

① 지면 고르기 작업을 하기 전에 파여진 부분을 메운다.
② 버킷에 토사를 퍼 담아 장비를 후진시키면서 버킷을 조금씩 덤핑하여 토사를 붓는다.
③ 지면 고르기 작업을 한번 마친 후 로더를 45° 회전시켜서 반복한다.
④ 버킷을 덤핑하여 버킷 날을 접지시키고 끌듯이 후진하여 지면을 고른다.
⑤ 지면 고르기 작업은 북쪽과 남쪽, 동쪽과 서쪽 순서로 한다.
⑥ 버킷에 토사를 넣어 버킷을 수평 상태로 하고 조종레버를 붐 플로트 위치로 하여 후진하며 마무리 작업을 한다.

24 **로더로 발파된 돌을 덤프트럭에 상차작업을 할 때 주의사항으로 틀린 것은?**

① 발파 후 작업 시작을 즉시 하지 말 것
② 불안정한 돌무더기는 무너뜨리고 굴착 및 상차 작업을 할 것
③ 암석지에서는 고속으로, 모래땅에서는 저속으로 진입할 것
④ 암석지에서는 고속진입을 금할 것

25 **로더 버킷에 토사를 채울 때 버킷은 지면과 어떻게 놓고 시작하는 것이 좋은가?**

① 45도 경사지게 한다.
② 평행하게 한다.
③ 상향으로 한다.
④ 하향으로 한다.

해설

로더 버킷에 토사를 채울 때 버킷은 지면과 평행하게 놓고 작업을 시작한다.

26 **로더로 퇴적 토사를 작업하는 방법으로 틀린 것은?**

① 토사에 파고들기 어려울 때는 버킷의 투스 부분을 상하로 움직이며 전진한다.
② 버킷이 토사에 충분히 파고들면 전진하면서 붐을 상승시킨다. 이때 버킷을 수평으로 유지하면서 토사를 담는다.
③ 흙을 퍼 실으면서 전진을 하면 하중이 증가하여 타이어가 헛돌기 시작한다. 이때 버킷을 조금 올려서 하중을 줄여준다.
④ 앞바퀴가 들린 상태에서는 구동력이 저하되고, 뒷바퀴 파손의 위험이 크기 때문에 이런 상태로는 작업을 진행하지 않는다.

해설

버킷이 토사에 충분히 파고들면 전진하면서 붐을 상승시키고 이때 버킷을 오므리면서 토사를 담는다.

27 **로더의 버킷이 흙속으로 깊이 파고 들어갈 때 취해야 할 조치는?**

① 붐 제어 레버를 밀면서 천천히 전진한다.
② 붐 제어 레버를 당기면서 천천히 버킷을 복귀시킨다.
③ 붐과 버킷 제어 레버를 중립에 놓고 변속레버를 1단으로 하여 전진한다.
④ 버킷 제어 레버를 당기면서 후진한다.

해설

로더의 버킷이 흙속으로 깊이 파고 들어갈 때는 붐 제어 레버를 당기면서 천천히 붐을 복귀시키면 붐을 들어올리기 때문에 부하를 줄이면서 버킷에 성토를 할 수 있다.

23.① 24.③ 25.② 26.② 27.②

28 로더로 제방이나 쌓여있는 흙더미에서 작업할 때 버킷의 날을 지면과 어떻게 유지하는 것이 가장 효과적인가?

① 20° 정도 전경시킨 각
② 30° 정도 전경시킨 각
③ 버킷과 지면이 수평으로 나란하게
④ 90° 직각을 이룬 전경각과 후경을 교차로

해설
로더로 제방이나 쌓여있는 흙더미에서 작업할 때 버킷의 날을 지면과 수평으로 나란하게 유지하는 것이 가장 좋다.

29 로더 작업 중 이동할 때 버킷의 높이는 지면에서 약 몇 m 정도로 유지해야 하는가?

① 0.1 ② 0.6
③ 1 ④ 1.5

해설
트럭이나 쌓여있는 흙 쪽으로 이동할 때에는 버킷을 지면에서 약 0.6~0.9m 정도 위로하는 것이 좋다.

30 로더 작업의 종료 후 주차 시 조치사항으로 틀린 것은?

① 주차 브레이크를 작동시킨다.
② 변속기 컨트롤 레버를 중립위치에 놓는다.
③ 버킷을 지면에서 약 40cm를 유지한다.
④ 기관을 정지시키고 반드시 시동키를 뽑는다.

해설
작업 종료 후 주차 시 조치 사항
① 건설기계를 지반이 단단하고 평탄한 장소에 주차하는 것은 물론이고, 우기 시 침수위험이 있는 곳은 피하여야 하며 버킷 등은 지면에 내려놓아야 한다.
② 주차 브레이크를 완전히 작동시킨다. 다만 부득이하여 경사면에 세울 경우에는 바퀴에 고임목을 확실하게 받쳐야 한다.
③ 기어 선택 레버를 중립(N)으로 한다.
④ 주차 브레이크 스위치를 ON 위치로 돌리고 주차 브레이크를 걸어 준다.
⑤ 유압 차단 안전 레버를 차단한다.
⑥ 엔진을 저속으로 5분 정도 공회전시켜 준다.
⑦ 시동 키를 OFF 위치로 돌려 엔진을 정지한다.
⑧ 시동 키를 빼낸다.
⑨ 운전실 문을 잠근다.

31 로더에서 복합적인 기계장치에 유압장치를 첨부하여 강력한 견인력을 구비하고 수행하는 작업이 아닌 것은?

① 지면 포장하기
② 트럭과 호퍼에 퍼 싣기
③ 배수로 같은 홈 파내기
④ 부피가 큰 재료를 끌어 모으기

해설
로더로 할 수 있는 작업
① 지면보다 조금 높은 곳의 토량 상차
② 트럭과 호퍼에 토사 적재작업
③ 배수로 같은 홈 파내기
④ 부피가 큰 재료를 끌어 모으기

32 타이어식 로더의 주차 방법으로 틀린 것은?

① 전기 장치를 OFF시킨다.
② 기어 선택 레버를 중립(N)위치로 한다.
③ 사이드 브레이크를 체결하고 고임목을 받친다.
④ 버킷을 지면에서 10cm 정도 올린 상태로 둔다.

33 로더를 트레일러에 상·하차 하는 방법으로 틀린 것은?

① 언덕을 이용한다.
② 기중기를 이용한다.
③ 상·하차대를 이용한다.
④ 타이어를 받침으로 이용한다.

해설
로더를 트레일러에 상·하차 하는 방법
① 언덕을 이용하여 자력으로 주행하여 탑승한다.
② 상·하차대를 10~15° 이내로 설치한 후 자력으로 주행하여 탑승한다.
③ 기중기를 사용하여 와이어로프로 로더를 수평으로 들어 탑승시킨다.

28.③ 29.② 30.③ 31.① 32.④ 33.④

PART 7 로더 안전 · 환경관리

CHAPTER 1

산업 안전 보건

01 안전 보호구 및 안전장치 확인

1 안전 보호구 착용

(1) 안전 보호구

안전 보호구는 산업 재해를 예방하기 위하여 작업자가 작업 전 착용하고 작업을 하는 기구나 장치를 말한다.

1) 안전 보호구의 구비조건

① 착용이 간단할 것.
② 착용 후 작업하기가 쉬워야 한다.
③ 품질이 양호해야 한다.
④ 끝마무리가 양호해야 한다.
⑤ 외관 및 디자인이 양호해야 한다.
⑥ 유해, 위험 요소로부터 보호 성능이 충분해야 한다.

2) 안전 보호구 선택 시 주의사항

① 사용 목적에 적합해야 한다.
② 품질이 좋아야 한다.
③ 사용하기가 쉬워야 한다.
④ 관리하기가 편해야 한다.
⑤ 작업자에게 잘 맞아야 한다.

3) 안전 보호구의 관리

① 책임 있는 관리자가 매 달 1회 점검한다.
② 안전 보호구는 습기가 없고 청결한 장소에 보관한다.
③ 안전 보호구 사용 후 손질하여 건조시킨 후 보관한다.

(2) 안전 보호구의 용도

1) 안전모

물체가 떨어지거나(낙하) 날아올(비래) 위험 또는 추락할 위험이 있는 작업, 물건을 운반하거나 수거・배달하기 위하여 이륜자동차를 운행하는 작업 등 위험성으로부터 머리를 보호하는 역할을 한다.

※ 안전모의 종류

① **A형(낙하 방지용)** : 합성수지 또는 금속 재질이며, 물체의 낙하 및 비래에 의한 위험을 방지 또는 경감시키는 역할을 한다.

② **AB형(낙하 추락 방지용)** : 합성수지 재질이며, 물체의 낙하 또는 비래 및 추락(높이 2m 이상의 고소 작업, 굴착 작업 및 하역 작업)에 의한 위험을 방지 또는 경감시키는 역할을 한다.

③ **AE형(낙하 감전 방지용)** : 합성수지 재질로 7000V 이하의 전압에 견디는 내전압성이며, 물체의 낙하 및 비래에 의한 위험을 방지 또는 경감하고, 머리부위 감전에 의한 위험을 방지하는 역할을 한다.

④ **ABE형(다목적용)** : 합성수지 재질로 내전압성이며, 물체의 낙하 또는 비래 및 추락에 의한 위험을 방지 또는 경감하고, 머리부위 감전에 의한 위험을 방지하는 역할을 한다.

※ 안전모의 사용 및 관리

① 작업 내용에 적합한 안전모를 착용한다.

② 안전모 착용 시 턱 끈을 바르게 한다.

③ 충격을 받은 안전모나 변형된 안전모는 폐기 처분한다.

④ 자신의 크기에 맞도록 착장제의 머리 고정대를 조절한다.

⑤ 안전모에 구멍을 내지 않도록 한다.

⑥ 합성수지는 자외선에 균열 및 노화가 되므로 자동차 뒤 창문 등에 보관을 말 것.

2) 안전화

안전화는 작업 장소의 상태가 나쁘거나, 감전 또는 정전기의 대전에 의한 위험이 있는 작업, 작업 자세가 부적합할 때 발이 미끄러져 넘어져 발생하는 사고 및 물건의 취급, 운반 시 취급하고 있는 물품에 발등이 다치는 재해로부터 작업자를 보호한다.

① **경 작업용** : 금속선별, 전기제품 조립, 화학제품 선별, 식품가공업 등 경량의 물체를 취급하는 작업장에서 착용한다.

② **보통 작업용** : 기계공업, 금속가공업, 등 공구부품을 손으로 취급하는 작업 및 차량사업장, 기계 등을 조작하는 일반작업장에서 착용한다.

③ **중 작업용** : 중량물 운반 작업 및 중량이 큰 물체를 취급하는 작업장에서 착용한다.

3) 안전 작업복

- **안전 작업복의 기본적인 요소: 기능성, 심미성, 상징성**이 작업복 스타일이 기본적인 3요소이다.
- **안전 작업복이 갖추어야 할 조건 : 보건성, 장신성, 적응성, 내구성**이 있다.

① **보건성** : 방한·방서·방우·방풍 외에 작업에 따라 생기는 열이나 땀을 흡수 발산할 수 있어야 하며, 동작을 할 때 몸이 속박 당하여 신체적으로 피로를 느끼는 일이 없어야 한다.

② **장신성** : 미감이나 용의를 저해하지 않는 정도 이상의 장식은 피해야 한다.

③ **적응성** : 신체 각부의 동작에 적응하여 작업의 능률을 높이고 신체의 생리위생에 지장이 없어야 함은 물론, 나아가서 이들의 작용을 촉진할 수 있는 형태나 재료여야 한다.

④ **내구성** : 작업복의 재료나 구조 등을 감안하여 튼튼하게 제작한다.

■ 안전 작업복을 착용하여야 하는 이유

① 작업복의 패드, 패치 및 보호구조물은 강도를 흡수하고 충격을 완화하여 부상을 예방한다.

② 날카로운 물체, 화학물질, 열 등으로부터 피부를 효과적으로 보호한다.

③ 선명한 색상과 반사 물질을 포함하여 어두운 환경에서 시각적으로 잘 인식할 수 있다.

④ 현장에서 작업 중인 사람들을 쉽게 식별할 수 있다.

⑤ 차량이나 기계와 같은 이동 물차로부터 안전거리를 유지할 수 있다.

⑥ 비, 바람, 눈과 같은 기후 요소로부터 작업자를 효과적으로 보호한다.

⑦ 폭우, 돌풍, 추위와 같은 극한 조건에서 작업할 때 편안하고 안전한 환경을 제공한다.

⑧ 통기성과 습기의 흡수 기능을 갖춰 쾌적한 작업 환경을 조성한다.

4) 안전대

안전대는 높이 또는 깊이 2m 이상의 추락할 위험이 있는 장소에서 작업을 하는 경우에 설치하여야 한다.

① **작업 제한** : 개구부 또는 측면이 개방 형태로 추락할 위험이 있는 경우 작업자의 행동반경을 제한하여 추락을 방지한다.

② **작업 자세 유지** : 전신주 작업 등에서 작업 시 작업을 할 수 있는 자세를 유지시켜 추락을 방지한다.

③ **추락 억제** : 철골 구조물 또는 비계작업 중 추락 시 충격 흡수장치가 부착된 죔줄을 사용하여 추락 하중을 신체에 고루 분산하여 추락 하중을 감소시킨다.

5) 보안경

보안경은 날아오는 물체로부터 눈을 보호하고 유해광선에 의한 시력 장해를 방지하기 위해 사용한다.

① **유리 보안경** : 고운 가루, 칩, 기타 비산물로부터 눈을 보호하기 위한 보안경이다.

② **플라스틱 보안경** : 고운 가루, 칩, 액체, 약품 등의 비산물로부터 눈을 보호하기 위한 보안경이다.

③ **도수 렌즈 보안경** : 원시 또는 난시인 작업자가 보안경을 착용해야 하는 작업장에서 유해물질로부터 눈을 보호하고 시력을 교정하기 위한 보안경이다.

6) 방음 보호구(귀마개, 귀 덮개)

소음이 발생하는 작업장에서 작업자의 청력을 보호하기 위해 사용되는데 소음의 허용 기준은 8시간 작업 시 90db이고 그 이상의 소음 작업장에서는 귀마개나 귀 덮개를 착용한다.

7) 호흡용 보호구

산소 결핍 작업, 분진 및 유독가스 발생 작업장에서 작업 시 신선한 공기 공급 및 여과를 통하여 호흡기를 보호한다.

(3) 장갑

① 장갑은 감겨들 위험이 있는 작업에는 착용을 하지 않는다.
② **착용 금지 작업** : 선반 작업, 드릴 작업, 목공기계 작업, 연삭 작업, 해머 작업, 정밀기계 작업 등

(4) 복장의 착용

① 작업복은 재해로부터 작업자의 몸을 보호하기 위해서 착용한다.
② 땀을 닦기 위한 수건이나 손수건을 허리나 목에 걸고 작업해서는 안 된다.
③ 옷소매 폭이 너무 넓지 않는 것이 좋고, 단추가 달린 것은 되도록 피한다.
④ 물체 추락의 우려가 있는 작업장에서는 안전모를 착용해야 한다.

2 안전 장치

(1) 방호 장치

1) 격리형 방호 장치

작업점 외에 직접 사람이 접촉하여 말려들거나 접촉되어 일어날 수 있는 재해를 방지하기 위해 위험 장소를 덮어씌우거나 방호망, 차단벽을 설치하는 방호 장치로 덮개형 방호 장치, 방책 방호 장치, 완전 차단형 방호 장치로 구분한다.

① **덮개형 방호 장치**: 작업점 외에 직접 사람이 접촉하여 말려들거나 다칠 위험이 있는 위험 장소를 덮어씌우는 방법으로 V벨트나 평 벨트 또는 기어가 회전하면서 접선방향으로 들어가는 장소에 많이 설치한다.
② **방책 방호 장치**: 작업점 외에 직접 사람이 접촉되어 재해를 당하지 않도록 기계 설비 외부에 방호망을 설치하는 방호 장치이다.
③ **완전 차단형 방호 장치**: 작업점 외에 직접 사람이 접촉되어 재해를 당하지 않도록 기계 설비 외부에 차단벽을 설치하는 방호 장치이다.

2) 위치 제한형 방호 장치

위험을 초래할 가능성이 있는 기계에서 작업자나 직접 그 기계와 관련되어 있는 작업자 신체 부위가 위험 한계의 밖에 있도록 의도적으로 기계의 조작 장치를 기계에서 일정거리 이상 떨어지게 설치해 놓고 조작하는 장치를 두 손 중에서 어느 하나가 떨어져도 기계의 동작을 멈춰지도록 하는 방호 장치이다.

3) 접근 거부형 방호 장치

작업자의 신체 부위가 위험 한계 내로 접근하였을 때 기계적인 작용에 의해 접근을 하지

못하도록 저지하는 방호 장치이다.

4) 접근 반응형 방호 장치

작업자의 신체 부위가 위험 한계 또는 그 인접한 거리내로 들어오면 이를 감지하여 그 즉시 기계의 동작을 정지시키거나 스위치가 꺼지도록 하는 방호 장치이다.

5) 감지형 방호 장치

고하부하, 이상 온도, 이상 기압 등 기계의 부하가 안전한 값을 초과하는 경우에 이를 감지하고 자동으로 안전 상태가 되도록 조정하거나 기계의 작동을 중지시키는 방호 장치이다.

(6) 포집형 방호 장치

위험 장소에 설치하여 위험원이 비산하거나 튀는 것을 포집하여 작업자로부터 위험원을 차단하는 방호 장치이다.

(2) 위험 기계·기구의 방호 장치

① 아세틸렌 용접 장치 또는 가스 집합 용접 장치 : 안전기
② 교류 아크 용접기 : 자동 전격 방지기
③ 롤러기 : 급정지 장치
④ 연삭기 : 덮개
⑤ 목재 가공용 둥근 톱 : 반발 예방장치와 날 접촉 예방장치
⑥ 동력식 수동 대패 : 칼날 접촉 방지 장치
⑦ 프레스 : 양수 조작식 방호 장치, 광전식 안전 방호 장치, 급정지 장치

(3) 방호 조치

① 작동 부분의 돌기부분은 묻힘형으로 하거나 덮개를 부착할 것
② 동력 전달부분 및 속도 조절부분에는 덮개를 부착하거나 방호망을 설치할 것
③ 회전기계의 물림점(롤러·기어 등)에는 덮개 또는 울을 설치할 것
④ 감전의 위험을 방지하기 위하여 전기기기에 대하여 접지 설비를 할 것

(4) 방호 장치 기계설비에 설치할 때 조사해야 하는 항목

① 방호 정도 : 어느 한계까지 믿을 수 있는지 여부
② 적용 범위 : 위험 발생을 경고 또는 방지하는 기능으로 할지 여부
③ 보수성 난이 : 점검, 분해, 조립하기 쉬운 구조일 것
④ 신뢰도 : 기계설비의 성능, 기능에 부합되는지 여부
⑤ 작업성 : 작업성을 저해하지 않을 것
⑥ 경비 : 가능한 한 가격이 저렴할 것

3 안전사고 발생의 개요.

(1) 안전관리의 목적

① 사고의 발생을 사전에 방지한다.
② 생산성의 향상과 손실을 최소화한다.
③ 재해로부터 인간의 생명과 재산을 보호할 수 있다.

(2) 하인리히 안전의 3요소와 사고 예방 원리 5단계

1) 하인리히 안전의 3요소

① 관리적 요소 ② 기술적 요소 ③ 교육적 요소

2) 하인리히 사고 예방 원리 5단계

① 1 단계 : **안전관리 조직**(안전관리 조직과 책임부여, 안전관리 규정의 제정, 안전관리 계획수립)
② 2 단계 : **사실의 발견**(자료수집, 작업공정의 분석 및 점검, 위험의 확인 검사 및 조사 실시)
③ 3 단계 : **분석 평가**(재해 조사의 분석, 안전성의 진단 및 평가, 작업 환경의 측정)
④ 4 단계 : **시정책의 선정**(기술적인 개선안, 관리적인 개선안, 제도적인 개선안)
⑤ 5 단계 : **시정책의 적용**(목표의 설정 및 실시, 재평가의 실시)

(3) 재해 예방의 4대 원칙

① 예방가능의 원칙
② 손실 우연의 원칙
③ 원인 연계의 원칙
④ 대책 선정의 원칙

(4) 재해 발생의 원인

① 안전의식 및 안전교육 부족
② 방호 장치(안전 장치, 보호 장치)의 결함
③ 정리정돈 및 조명 장치가 불량
④ 부적합한 공구의 사용
⑤ 작업 방법의 미흡
⑥ 관리 감독의 소홀

(5) 산업 재해

① 근로자가 업무에 관계되는 건설물·설비·원재료·가스·증기·분진 등에 의하거나 작업 또는 그 밖의 업무로 인하여 사망 또는 부상하거나 질병에 걸리는 것을 말한다.
② 사업장에서 우발적으로 일어나는 사고로 인한 피해로 사망이나 노동력을 상실하는 현상으로 천재지변에 의한 재해가 1%, 물리적인 재해가 14%, 불안전한 행동에 의한 재해가 85%이다.

(6) 재해 발생의 직접적인 원인

1) 불안전한 조건

① 불안전한 방법 및 공정
② 불안전한 환경

③ 불안전한 복장과 보호구
④ 위험한 배치
⑤ 불안전한 설계, 구조, 건축
⑥ 안전 방호 장치의 결함
⑦ 방호 장치 불량 상태의 방치.
⑧ 불안전한 조명

2) 불안전한 행동

① 불안전한 자세 및 행동을 하는 경우
② 잡담이나 장난을 하는 경우
③ 안전장치를 제거하는 경우
④ 불안전한 속도를 조절하는 경우
⑤ 작동중인 기계에 주유, 수리, 점검, 청소 등을 하는 경우
⑥ 불안전한 기계를 사용하는 경우
⑦ 공구 대신 손을 사용하는 경우
⑧ 안전복장을 착용하지 않은 경우
⑨ 보호구를 착용하지 않은 경우
⑩ 허가 없이 기계장치를 운전하는 경우

(7) 재해 조사의 목적

① 재해원인의 규명 및 예방자료 수집
② 적절한 예방대책을 수립하기 위하여
③ 동종 재해의 재발방지
④ 유사 재해의 재발방지

(8) 재해 조사를 하는 방법

① 재해 발생 직후에 실시한다.
② 재해 현장의 물리적 흔적을 수집한다.
③ 재해 현장을 사진 등으로 촬영하여 보관하고 기록한다.
④ 목격자, 현장 책임자 등 많은 사람들에게 사고시의 상황을 의뢰한다.
⑤ 재해 피해자로부터 재해 직전의 상황을 듣는다.
⑥ 판단하기 어려운 특수재해나 중대재해는 전문가에게 조사를 의뢰한다.

(9) 재해율의 정의

① **연천인율** : 1000명의 근로자가 1년을 작업하는 동안에 발생한 재해 빈도를 나타내는 것.

$$\text{연천인율} = \frac{\text{재해자 수}}{\text{연평균 근로자 수}} \times 1,000$$

② **강도율** : 근로시간 1000시간당 재해로 인하여 근무하지 않는 근로 손실일수로서 산업재해의 경·중의 정도를 알기 위한 재해율로 이용된다.

$$\text{강도율} = \frac{\text{근로 손실일수}}{\text{연 근로 시간}} \times 1,000$$

③ **도수율** : 연 근로시간 100만 시간 동안에 발생한 재해 빈도를 나타내는 것.

$$\text{도수율} = \frac{\text{재해 발생건수}}{\text{연 근로 시간}} \times 1,000,000$$

④ 천인율 : 평균 재적근로자 1000명에 대하여 발생한 재해자수를 나타내어 1000배한 것이다.

$$천인율 = \frac{재해자\ 수}{평균\ 근로자수} \times 1,000$$

(10) 위험예지 훈련 4단계

① 제1단계(현상 파악) : 작업현장에 어떤 위험이 잠재하고 있는지, 위험에 대한 현상을 파악한다.

② 제2단계(본질 추구) : 발견한 위험 포인트 중에서 가장 위험한 사항을 선정한다.

③ 제3단계(대책 수립) : 위험도가 높은 상황에 대하여 구체적인 대책을 수립한다.

④ 제4단계(목표 설정) : 대책을 수립한 사항 중 중점 실시 항목을 요약하여 최종적으로 목표를 설정한다.

02 위험 요소 파악

1 작업 위험 요소 확인

(1) 출입 차량 파악

① 휠 로더가 작업하는 작업장 범위에는 모든 차량의 출입을 통제한다. 필요시 작업 현장에 통행하는 차량에 대하여 시공사에서 출입 허가증을 발급하고 이동 경로를 정한다.

② 시공사는 휠 로더의 작업 범위 내에 차량의 출입을 허가할 때에는 반드시 신호수를 세우고 사전 교육을 통하여 휠 로더 운전원과 교감하도록 하여 충돌 사고를 예방한다.

③ 시공사는 차량이 이동하는 경로에 출입 금지 표시, 안전 펜스 등을 설치하도록 한다.

④ 작업장 내 차량 주행 시에는 비산 먼지로 휠 로더의 작업에 방해가 되지 않도록 살수 작업을 정기적으로 실시하여 비산 먼지를 방지한다.

⑤ 작업 시작 전에 작업장에서 출입이 허가된 차량과 휠 로더 운전원이 함께 수신호, 호각 신호 등 안전 교육을 받는다.

(2) 방문객 출입 통제

① 휠 로더의 작업장에는 신호수 외의 방문객이나 작업자의 출입을 통제한다.

② 휠 로더의 작업 범위는 장비의 크기에 따라 다르므로 최소 회전 반경을 고려하여 안전 펜스를 설치한다.

③ 사전에 출입을 허가받은 방문객이라도 작업 중에는 작업 범위 내에 접근을 통제한다.

④ 휠 로더 작업장의 방문객 등 관련자에 대하여는 사전에 시공 업체 안전 담당자로부터 신호수와 함께 안전 교육을 이수한다.

(3) 작업 지반 및 작업 여건 파악

① 양호한 운전 시계를 확보하고 또한 차량의 안전성을 유지하기 위해서 버킷을 지상으로부터 0.6~0.9m(또는 40~50cm) 위치로 하여 운반한다.
② 대기 시간을 이용하여 작업 장소를 청소하고 평탄 작업을 한다.
③ 버킷에 과대한 하향의 힘이 걸리지 않도록 견인력을 유지한다.
④ 작업 대상물이 단단할 때는 투스 타입이나 커팅 에지 타입의 버킷을 사용한다.
⑤ 덤프 작업을 하기 위해서는 조종 레버를 '덤프' 위치로 한 후 원위치로 되돌린다. 덤프가 완료될 때까지 작동한다.
⑥ 먼지가 엔진으로 오지 않도록 바람을 등지고 작업한다.
⑦ 사용하는 버킷이 작업 대상물의 비중을 고려하여 적절한지 확인하여야 한다.

2 작업장 여건 확인

① 작업장의 경사도를 확인한다.
② 작업장의 다짐도를 확인한다.
③ 작업 장소가 강가나 습지가 아닌지 확인한다.
④ 지반이 연약한 낭떠러지나 노면의 끝단 등에서는 전도의 위험이 있으므로 확인 한다. 특히 우천 시나 발파 후의 지반은 연약하므로 특별히 확인한다.
⑤ 어두운 곳에서의 작업이 아닌지 확인한다.

3 작업 시 안전 유의 사항을 확인한다.

① 도로에서 작업할 때에는 반드시 수신호자를 세워야 한다.
② 장비를 후진 시에는 후진 경고음(Back alarm)이 작동하는지 확인하고 주변의 작업자를 사전에 파악한다.
③ 작업장에 흐트러진 흙이나 모래 언덕이 있으면 전복의 위험이 있으므로 작업 전 에 정리 다짐을 하고 작업한다.
④ 우천 후나 지반이 미끄러울 때 추락하지 않도록 사고에 주의한다.
⑤ 장비가 작업장으로 이동할 때 언덕이나 절벽, 도랑 근처 붕괴 위험은 없는지 확인한다.
⑥ 장마철이나 눈이 녹은 후에는 지반의 약화로 붕괴의 위험이 있으므로 사전에 지반을 확인한다.
⑦ 절벽 절개 구간 운행할 때 낙석의 위험은 없는지 사전에 확인하고 조치를 한다.

4 위험 요소

① **접착** : 중량물을 들어 올리거나 내릴 때 손이나 발이 중량물과 지면 등에 끼어 발생하는 재해를 말한다.
② **전도** : 사람이 평면상으로 넘어져 발생하는 재해를 말한다.(과속, 미끄러짐 포함).

③ **낙하** : 물체가 높은 곳에서 낮은 곳으로 떨어져 사람을 가해한 경우나, 자신이 들고 있는 물체를 놓침으로서 발에 떨어져 발생된 재해 등을 말한다.

④ **비래** : 날아오는 물건, 떨어지는 물건 등이 주체가 되어서 사람에 부딪쳐 발생하는 재해를 말한다.

⑤ **협착** : 왕복 운동을 하는 동작부분과 움직임이 없는 고정부분 사이에 끼어 발생하는 위험으로 사업장의 기계 설비에서 많이 볼 수 있다.

03 안전표시 및 수칙 확인 

1 안전 표지

작업장의 안전 표지는 작업자가 판단이나 행동의 실수가 발생하기 쉬운 장소나 중대한 재해를 일으킬 우려가 있는 장소에 안전을 확보하기 위해 표시하는 표지이다.

(1) 금지 표지(8종)

① 색채 : 바탕은 흰색, 기본 모형은 빨간색, 관련 부호 및 그림은 검은색

② 종류 : 출입 금지, 보행 금지, 차량 통행 금지, 사용 금지, 탑승 금지, 금연, 화기 금지, 물체 이동 금지

출입 금지	보행 금지	차량 통행 금지	사용 금지
탑승 금지	금연	화기 금지	물체 이동 금지

(2) 경고 표지(6종)

① 색채 : 바탕은 무색, 기본 모형은 빨간색(검은색도 가능), 관련 부호 및 그림은 검은색

② 종류 : 인화성 물질 경고, 산화성 물질 경고, 폭발성 물질 경고, 급성 독성 물질 경고, 부식성 물질 경고, 발암성 · 변이원성 · 생식독성 · 전신독성 · 호흡기 과민성 물질 경고

(3) 경고 표지(9종)

① 색채 : 바탕은 노란색, 기본 모형은 검은색, 관련 부호 및 그림은 검은색

② 종류 : 방사성 물질 경고, 고압 전기 경고, 매달린 물체 경고, 낙하물 경고, 고온 경고, 저온 경고, 몸 균형 상실 경고, 레이저 광선 경고, 위험 장소 경고

(4) 지시 표지(9종)

① 색채 : 바탕은 파란색, 관련 그림은 흰색

② 종류 : 보안경 착용, 방독 마스크 착용, 방진 마스크 착용, 보안면 착용, 안전모 착용, 귀마개 착용, 안전화 착용, 안전 장갑 착용, 안전복 착용 지시

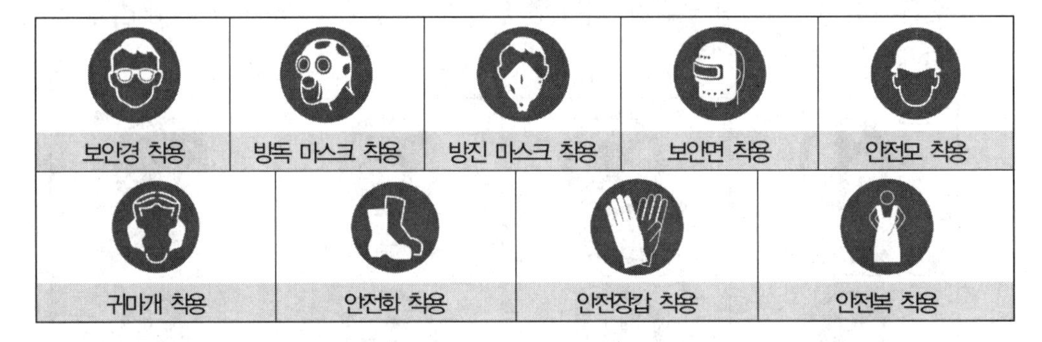

(5) 안내 표지(8종)

① 색채 : 바탕은 흰색, 기본 모형 및 관련 부호는 녹색(바탕은 녹색, 기본 모형 및 관련 부호는 흰색)

② 종류 : 녹십자 표지. 응급구호 표지, 들것, 세안장치, 비상용기구, 비상구, 좌측 비상구, 우측 비상구

녹십자 표지	응급 구호 표지	들것	세안 장치
비상용 기구	비상구	좌측 비상구	우측 비상구

2 안전 수칙

(1) 로더 작업 전 안전 수칙

① 로더를 주차할 때에는 버킷을 지면에 내려놓고 주차 브레이크를 체결한다.

② 로더를 이동할 때에는 지상 작업자의 유무를 확인하고 이동한다.

③ 시동 전·후에 안전 점검을 실시하고 유압 장치들을 작동시켜 정상 작동여부와 누유를 확인한다.

④ 버킷에 사람을 태워서 이동하지 않는다.

⑤ 로더의 버킷을 사다리로 이용하지 않는다.

⑥ 사용자 지침서를 주의 깊게 숙독하여 조종 장치, 각종 계기 및 경고 장치의 사용법을 익힌다.

⑦ 엔진 오일, 연료, 냉각수, 작동유 등의 점검 방법을 익힌다.

⑧ 작업을 실시하기 전에 문제점이 발견되면 작업 감독자에게 보고하고 적절한 조치를 취한 후 작업하도록 한다.

⑨ 연료를 주입하거나 윤활유를 교환할 때에는 엔진을 정지시킨다.

⑩ 엔진실에 종이나 기름걸레가 있으면 화재의 원인이 되므로 제거한다.

⑪ 운전실 내부 공간에 공구나 부품을 놓아두지 말고 지정된 장소에 보관하고, 운전실 내부는 잘 정리정돈 되어야 한다.

⑫ 운전실 바닥이나 승·하차 사다리 및 각종 조종 레버 등에 오일, 진흙 등이 묻어 있으면 미끄러져 위험하므로 닦아낸다.

⑬ 타이어의 공기압을 확인한다. 특히, 앞 타이어는 버킷에 적재물을 실을 때 하중이 많이 걸려, 공기압이 적을 경우 사이드 월(Sidewall)에 피로가 반복적으로 겹쳐 파손의 원인이 된다.

⑭ 좌·우 타이어의 트레드 마모를 확인한다. 트레드 마모에 편차가 생기면 접지력의 차이로 인해 슬립이 발생한다.

⑮ 버킷의 용량을 무리하게 확장했는지 확인한다. 적재량이 늘어남에 따라 작업 장치와 유압 장치에 손상이 발생한다.

⑯ 버킷의 블레이드나 투스가 마모되면 즉시 교환한다.

⑰ 수로 등 습지에서 작업을 한 후에는 그리스를 주입한다.

(2) 로더 엔진 시동 전 주의 사항

① 모든 조정 레버가 중립에 있는지 확인한다.

② 밀폐된 곳이나 실내에서 엔진을 시동하면 가스 중독의 위험이 있으므로 환기가 잘되도록 창문이나 출입문을 열어 놓는다.

③ 시동하거나 장비를 이동할 때에는 주위 사람들에게 주의를 주기 위하여 경적을 울리고 특히 후진 때에는 뒤쪽에 장애물이 있는지 확인한다.

(3) 로더 작업 중 주의 사항

① 변속기, 브레이크, 조향 장치, 유압 장치 등이 정상적으로 작동되는지 점검하고, 비정상적인 소음이나 진동 또는 계기판의 각종 게이지의 정상 작동 여부를 점검한다.
② 장비의 운전은 항상 운전석에 앉아 조종하며 운전자 외 다른 사람은 탑승시키지 않는다.
③ 장비의 능력을 항상 숙지하고 능력 범위 내에서만 작업하여 장비의 손상이나 예기치 못한 사고를 방지한다.
④ 계기판, 음향, 진동, 배기가스의 색깔 및 조종 레버의 작동 반응 등으로 결함을 점검한다.
⑤ 사소한 결함이라도 발견될 때에는 곧바로 안전한 장소에 장비를 주차하고 적절한 조치를 취한다.
⑥ 인가받지 않은 사람은 작업장 출입을 금지한다.
⑦ 차량 통행이 많은 곳에서는 천천히 운전하고, 좁은 도로에서는 화물을 적재한 차량에게 우선 통행권을 준다.
⑧ 비상사태를 제외하고는 버킷으로 제동하지 않는다.
⑨ 주행 시 엔진이 정지되면 방향 전환이 어려우므로 즉시 정지한다.
⑩ 장비는 정상적으로 조종될 수 있는 속도로 작동되어야 한다.
⑪ **절대 금지 사항** : 과속, 급제동, 급출발, 급회전, 지그재그 운전, 미끄럼 운전
⑫ 경사면을 내려올 때와 오를 때에는 같은 속도를 사용하고 절대로 변속기를 중립 위치로 놓지 않는다.
⑬ 경사면에서 장비를 주차할 때에는 브레이크를 사용하여 정지시키고, 버킷을 완전히 지면에 내린 후 주차 브레이크를 작동한다.
⑭ 철판 위나 널빤지 위를 지날 때에는 미끄럼에 주의한다.
⑮ 브레이크나 조향 장치가 고장 난 장비는 견인하지 않는다.
⑯ 주차는 작업장 밖의 안전하고 평탄한 곳에 한다.
⑰ 장비를 떠날 때에는 작업 장치를 지면에 내리고, 모든 조종 레버는 중립 위치로 하여 잠근 다음 주차 브레이크를 작동시키고 타이어 밑에 고임목을 받친다.

(4) 운반을 위한 작업장 내에서의 안전 수칙

① 버킷(Bucket) 안에 사람을 태워서 이동하지 않는다.
② 버킷 안에 사람이 들어가 높은 곳에서 작업하지 않는다.
③ 적재물을 평적으로 적재하여 낙하물이 발생하지 않도록 주의한다.
④ 지상의 가설물(송전선, 통신선, 전주)과 충돌하지 않도록 주의한다.
⑤ 적재장까지의 이동 경로를 사전에 파악하고, 다른 장비의 진·출입 경로도 확인하여 운행이 방해되지 않도록 한다.
⑥ 작업장 내의 규정 운행 속도를 준수한다.
⑦ 살수 작업으로 인한 미끄럼 길, 빙판 도로의 운행 시 주의한다.

(5) 로더 주행 시 안전을 주의한다.

① 비포장 및 좁은 통로, 굴곡이 있는 곳 등에서는 급출발이나 급브레이크, 급선회 등을 하지 않는다.

② 탑재한 화물이 시야를 심하게 방해할 때에는 신호수를 배치하여야 하고 후진으로 진행한다.

③ 적재 상태에서 지상에서부터 30cm 이상 들어 올리지 않는다.

④ 선회 시에는 감속하고 대상물의 안전과 장비가 주변에 접촉되지 않도록 주의한다.

⑤ 후진 시에는 경광등과 경적을 사용한다.

⑥ 도로 상을 주행할 때에는 포크의 선단에 표식을 부착하는 등 보행자와 작업자가 식별할 수 있도록 한다.

⑦ 사람을 태우고 주행하지 않는다.

⑧ 적재 하중이 무거워 전륜의 뒤쪽이 들리는 듯한 상태로 주행해서는 안 된다.

⑨ 포크 밑으로 사람을 출입하게 하여서는 안 된다.

⑩ 작업장에는 충분한 조명 시설을 한다.

⑪ 전조등, 후진등 그 밖의 조명 시설이 고장 난 상태에서 작업해서는 안 된다.

⑫ 야간에는 원근감이나 지면의 고저가 불명확하고, 착각을 일으키기 쉬우므로 주변의 작업원이나 장애물에 주의하면서 안전한 속도로 운전한다.

(6) 안전 사항 준수

① 작업 전 포크 손상 여부를 확인한다.

② 경보 장치의 작동 여부를 확인한다.

③ 제한 속도를 유지한다.

④ 편하중 상태에서의 운행을 금한다.

⑤ 운행 중 사람 탑승을 금한다.

⑥ 주차 시 포크를 바닥에 완전히 내려놓는다.

⑦ 포크 폭 및 이동 장치의 정상 유무를 확인한다.

⑧ 작동 후 유압 작동유 누유를 확인하고 장치 부분에 마모 상태를 확인한다.

⑨ 유압 호스와 실린더 연결 부위를 확인하고 누유 여부를 확인한다.

⑩ 포크에 장착된 추가 작업 장치가 있는 경우 장착물에 균열, 마모 등 정상 작동 상태를 확인한다.

⑪ 포크는 단조강으로 절곡 부위에 하중을 가장 많이 받기 때문에 육안으로 수시로 점검하여 균열이 의심되면 발생 부위에 형광 탐색 검사로 확인하여야 한다.

04 환경오염 방지

1 건설 현장 환경 보존

(1) 비산 먼지

① 주행 도로를 평탄하게 정지하고 수시로 살수차로 살수하여 비산 먼지를 방지한다.

② 작업장은 소음과 비산이 밖으로 넘어가지 않도록 방음벽을 시공하고 자동 또는 수동으로 살수 작업을 하여 현장 내 비산 먼지 발생을 규정치 이내로 한다.

③ 환경 관리자는 로더 작업장에 적재차 출입하는 덤프트럭에 대한 비산 먼지를 방지하기 위해 세륜기를 설치하고 세륜기의 수질 관리를 하여야 한다.

④ 모든 차량은 운행 시 반드시 세륜기로 바퀴를 청소하고 운행 하여야 한다.

(2) 폐기물 처리

① 장비로부터 폐기물을 뽑을 경우 용기로 받아야 한다.

② 지정장소 이외에 두는 경우 절대로 음식이나 음료 용기를 사용하면 안 된다.

③ 폐유는환경을 파괴하므로 자연에 유출시키지 말고 정해진 폐유 수집소에 저장한다.

④ 기름, 연료, 냉각수, 브레이크액, 용제, 필터, 배터리, 기타 유해물질은 폐기물관리법에 따른 지정 폐기물로서 지정 보관 장소에 폐기한다.

⑤ 수집된 폐오일 등의 지정 폐기물은 등록된 폐유 수거업체에 위탁 처리하여야 한다.

⑥ 화재의 위험성이 높으므로 위험반경 내 용접 등 화기 사용을 제한하고, 주변에 소화기를 비치한다.

출제 예상 문제

안전보호구 착용 및 안전장치

01 보호구의 구비조건으로 틀린 것은?

① 착용이 간편해야 한다.
② 작업에 방해가 안 되어야 한다.
③ 구조와 끝마무리가 양호해야 한다.
④ 유해 위험 요소에 대한 방호 성능이 경미해야 한다.

보호구의 구비조건
① 착용이 간단할 것.
② 착용 후 작업하기가 쉬워야 한다.
③ 품질이 양호해야 한다.
④ 끝마무리가 양호해야 한다.
⑤ 외관 및 디자인이 양호해야 한다.
⑥ 유해, 위험 요소로부터 보호 성능이 충분해야 한다.

02 다음 중 보호구를 선택할 때의 유의사항으로 틀린 것은?

① 작업 행동에 방해되지 않을 것
② 사용 목적에 구애받지 않을 것
③ 보호구 성능기준에 적합하고 보호 성능이 보장될 것
④ 착용이 용이하고 크기 등 사용자에게 편리할 것

해설

안전 보호구 선택 시 주의사항
① 사용 목적에 적합해야 한다.
② 품질이 좋아야 한다.
③ 사용하기가 쉬워야 한다.
④ 관리하기가 편해야 한다.
⑤ 작업자에게 잘 맞아야 한다.

03 다음 중 올바른 보호구 선택 방법으로 가장 적합하지 않은 것은?

① 잘 맞는지 확인하여야 한다.
② 사용 목적에 적합하여야 한다.
③ 사용 방법이 간편하고 손질이 쉬워야 한다.
④ 품질보다는 식별 기능 여부를 우선해야 한다.

04 물체가 떨어지거나 날아올 위험 또는 추락의 위험성이 있는 작업을 할 경우에 머리를 보호하기 위한 보호구는?

① 안전대 ② 안전모
③ 안전화 ④ 안전장갑

해설

안전모는 물체가 떨어지거나(낙하) 날아올(비래) 위험 또는 추락할 위험이 있는 작업, 물건을 운반하거나 수거·배달하기 위하여 이륜자동차를 운행하는 작업 등 위험성으로부터 머리를 보호하는 역할을 한다.

05 다음 중 안전모의 사용 및 관리에 대한 설명으로 거리가 먼 것은?

① 작업 관계없이 작업자에 적합한 안전모를 착용한다.
② 안전모를 착용할 때 턱 끈을 바르게 한다.
③ 자신의 크기에 맞도록 착장제의 머리 고정대를 조절한다.
④ 충격을 받은 안전모나 변형된 안전모는 폐기 처분한다.

01.④ 02.② 03.④ 04.② 05.①

06 **안전모의 관리 및 착용 방법으로 틀린 것은?**

① 큰 충격을 받은 것은 사용을 피한다.
② 사용 후 뜨거운 스팀으로 소독하여야 한다.
③ 정해진 방법으로 착용하고 사용하여야 한다.
④ 통풍을 목적으로 모체에 구멍을 뚫어서는 안 된다.

해설

안전모의 사용 및 관리
① 정해진 방법으로 작업 내용에 적합한 안전모를 착용한다.
② 안전모 착용 시 턱 끈을 바르게 한다.
③ 충격을 받은 안전모나 변형된 안전모는 폐기 처분한다.
④ 자신의 크기에 맞도록 착장제의 머리 고정대를 조절한다.
⑤ 통풍을 목적으로 안전모에 구멍을 내지 않도록 한다.
⑥ 합성수지는 자외선에 균열 및 노화가 되므로 자동차 뒤 창문 등에 보관을 말 것.

07 **안전모에 대한 설명으로 적합하지 않은 것은?**

① 혹한기에 착용하는 것이다.
② 안전모의 상태를 점검하고 착용한다.
③ 안전모의 착용으로 불안전한 상태를 제거한다.
④ 올바른 착용으로 안전도를 증가시킬 수 있다.

해설

안전모는 산업현장 또는 건축현장 등지에서 낙하물, 파편, 비, 전기 충격 등으로부터 머리를 보호하기 위해 쓰는 헬멧으로 안전모 내부의 착장체와 충격 흡수재 등을 통해 머리 위로 가해지는 충격을 분산한다. 안전모 상태를 점검하고 착용하며, 불안전한 상태 제거 및 올바른 착용으로 안전도를 증가시킨다.

08 **물체의 낙하 및 비래에 의한 위험으로부터 근로자의 머리를 보호하기 위하여 착용하여야 하는 안전모는?**

① A형　② B형
③ C형　④ BE형

해설

안전모의 용도
① **A형(낙하 방지용)** : 물체의 낙하 및 비래에 의한 위험을 방지 또는 경감.
② **AB형(낙하 추락 방지용)** : 물체의 낙하 또는 비래 및 추락(높이 2m 이상의 고소 작업, 굴착 작업 및 하역 작업)에 의한 위험을 방지 또는 경감.
③ **AE형(낙하 감전 방지용)** : 7000V 이하의 전압에 견디는 내전압성이며, 물체의 낙하 및 비래에 의한 위험을 방지 또는 경감하고, 머리부위 감전에 의한 위험을 방지.
④ **ABE형(다목적용)** : 내전압성이며, 물체의 낙하 또는 비래 및 추락에 의한 위험을 방지 또는 경감하고, 머리부위 감전에 의한 위험을 방지.

09 **높이 2m 이상의 고소 작업, 굴착 작업 및 하역 작업을 하는 경우 근로자가 선택하여야 할 안전모는?**

① A형　② AB형
③ AE형　④ AD형

10 **7000V 이하의 전압으로부터 근로자의 머리를 보호하기 위해 사용하여야 할 안전모는?**

① A형　② AB형
③ AE형　④ AD형

11 **물체의 낙하, 비래, 추락, 감전에 의한 근로자의 머리를 보호하기 위해 선택하여야 하는 안전모는?**

① A형　② AB형
③ AD형　④ ABE형

정답　06.②　07.①　08.①　09.②　10.③　11.④

12 중량물 운반 작업 시 착용해야 할 안전화는?

① 중 작업용 ② 보통작업용
③ 경 작업용 ④ 절연용

해설

안전화의 용도
① **경 작업용** : 금속선별, 전기제품 조립, 화학제품 선별, 식품가공업 등 경량의 물체를 취급하는 작업장에서 착용한다.
② **보통 작업용** : 기계공업, 금속가공업, 등 공구부품을 손으로 취급하는 작업 및 차량 사업장, 기계 등을 조작하는 일반 작업장에서 착용한다.
③ **중 작업용** : 중량물 운반 작업 및 중량이 큰 물체를 취급하는 작업장에서 착용한다.

13 액체 약품 취급시 비산물로부터 눈을 보호하기 위한 보안경은?

① 고글형 ② 스펙타클형
③ 프런트형 ④ 일반형

해설

보안경의 용도
① **고글형 보안경** : 액체 약품 취급 시 비산물로부터 눈을 보호
② **스펙타클형 보안경** : 분진, 칩, 유해광선으로부터 눈을 보호
③ **프런트형 보안경** : 스펙타클형 일반 안경에 차광 유리가 있는 프런트형 안경 부착
④ **일반형 보안경** : 작업 중 발생되는 비산물로부터 눈을 보호

14 시력을 교정하고 비산물로부터 눈을 보호하기 위한 보안경은?

① 고글형 보안경
② 도수 렌즈 보안경
③ 유리 보안경
④ 플라스틱 보안경

해설

보안경의 용도
① **유리 보안경** : 고운 가루, 칩, 기타 비산물로부터 눈을 보호하기 위한 보안경이다.
② **플라스틱 보안경** : 고운 가루, 칩, 액체, 약품 등의 비산물로부터 눈을 보호하기 위한 보안경이다.
③ **도수 렌즈 보안경** : 원시 또는 난시인 작업자가 보안경을 착용해야 하는 작업장에서 유해물질로부터 눈을 보호하고 시력을 교정하기 위한 보안경이다.

15 아크 용접에서 눈을 보호하기 위한 보안경 선택으로 맞는 것은?

① 도수 안경
② 방진 안경
③ 차광용 안경
④ 실험실용 안경

해설

차광용 보안경은 자외선, 적외선 및 강렬한 가시광선 등으로부터 눈을 보호하기 위한 보안경이다.

16 용접 작업과 같이 불티나 유해 광선이 나오는 작업에 착용해야 할 보호구는?

① 차광 안경
② 방진 안경
③ 산소 마스크
④ 보호 마스크

해설

보호구의 용도
① **차광 안경** : 자외선, 적외선 및 강렬한 가시광선 등으로부터 눈을 보호
② **방진 안경** : 외부의 미세한 입자나 바이러스로부터 눈을 보호
③ **산소 마스크** : 공기가 희박한 조건에서 호흡을 원활하게 할 수 있도록 하는 호흡 보호구
④ **보호 마스크** : 미세먼지 입자나 공기 전파 세균 바이러스 등으로부터 착용자를 보호하기 위한 호흡용 보호구

17 다음 중 사용 구분에 따른 차광 보안경의 종류에 해당하지 않는 것은?

① 자외선용 ② 적외선용
③ 용접용 ④ 비산방지용

해설

차광 보안경의 종류
① **자외선용** : 자외선이 발생하는 장소에서 사용
② **적외선용** : 적외선이 발생하는 장소에서 사용
③ **복합용** : 자외선 및 적외선이 발생하는 장소에서 사용
④ **용접용** : 산소 용접 등과 같이 자외선, 적외선 및 강력한 가시광선이 발생하는 장소에서 사용

12.① 13.① 14.② 15.③ 16.① 17.④

18 먼지가 많은 장소에서 착용하여야 하는 마스크는?

① 방독 마스크
② 산소 마스크
③ 방진 마스크
④ 일반 마스크

해설

마스크의 용도

① **방독 마스크** : 작업장에서 발생하는 분진 또는 미스트 등의 입자가 호흡기를 통해 체내에 유입되는 것을 방지하기 위하여 사용하는 호흡 보호구
② **산소 마스크** : 공기가 희박한 조건에서 호흡을 원활하게 할 수 있도록 하는 호흡 보호구
③ **방진 마스크** : 작업장에 발생하는 유해가스 증기 및 미세한 입자물질을 흡입해서 인체에 장해를 유발할 경우에 사용하는 호흡 보호구
④ **일반 마스크** : 주로 입과 코를 덮어 기본적인 보호 기능을 제공하는 마스크

19 다음 중 산소 결핍의 우려가 있는 장소에서 착용하여야 하는 마스크의 종류는?

① 방독 마스크
② 방진 마스크
③ 송기 마스크
④ 가스 마스크

해설

송기 마스크(air supplied respirator)는 작업자가 가스, 증기, 공기 중에 부유하는 미립자상 물질 또는 산소 결핍의 공기를 흡입하므로 발생할 수 있는 건강장해 예방을 위해 사용하는 마스크

20 귀마개가 갖추어야 할 조건으로 틀린 것은?

① 내습, 내유성을 가질 것
② 적당한 세척 및 소독에 견딜 수 있을 것
③ 가벼운 귓병이 있어도 착용할 수 있을 것
④ 안경이나 안전모와 함께 착용을 하지 못하게 할 것

해설

귀마개가 갖추어야 할 조건

① 사용 중 재료에 변형이 생기지 않을 것
② 적당한 세척 및 소독에 견딜 수 있을 것
③ 안경이나 안전모와 함께 착용할 수 있을 것
④ 내습, 내유성을 가질 것
⑤ 가벼운 귓병이 있어도 착용할 수 있을 것
⑥ 귀(외이도)에 잘 맞을 것
⑦ 사용 중 심한 불쾌함이 없을 것
⑧ 사용 중에 쉽게 빠지지 않을 것

21 다음 중 안전 보호구와 거리가 먼 것은?

① 안전화
② 안전대
③ 안전모
④ 안전 가드레일

해설

보호구의 기능

① **안전화** : 안전화는 작업 장소의 상태가 나쁘거나, 감전 또는 정전기의 대전에 의한 위험이 있는 작업, 작업 자세가 부적합할 때 발이 미끄러져 넘어져 발생하는 사고 및 물건의 취급, 운반 시 취급하고 있는 물품에 발등이 다치는 재해로부터 작업자를 보호한다.
② **안전대** : 안전대는 높이 또는 깊이 2m 이상의 추락할 위험이 있는 장소에서 작업을 하는 경우에 설치하여야 한다.
③ **안전모** : 물체가 떨어지거나(낙하) 날아올(비래) 위험 또는 추락할 위험이 있는 작업, 물건을 운반하거나 수거·배달하기 위하여 이륜자동차를 운행하는 작업 등 위험성으로부터 머리를 보호하는 역할을 한다.

22 다음 중 일반적으로 장갑을 끼고 작업할 경우 안전상 가장 적합하지 않은 작업은?

① 전기 용접 작업
② 타이어 교체 작업
③ 건설기계 운전 작업
④ 선반 등의 절삭가공 작업

해설

장갑 착용 금지 작업 : 선반 작업, 드릴 작업, 목공기계 작업, 연삭 작업, 해머 작업, 정밀기계 작업 등

정답 18.③ 19.③ 20.④ 21.④ 22.④

23 **작업장에서 작업복을 착용하는 주된 이유는?**

① 작업속도를 높이기 위해서
② 작업자의 복장통일을 위해서
③ 작업장의 질서를 확립시키기 위해서
④ 재해로부터 작업자의 몸을 보호하기 위해서

해설

작업복을 착용하는 이유
① 작업복은 재해로부터 작업자의 몸을 보호하기 위해서 착용한다.
② 땀을 닦기 위한 수건이나 손수건을 허리나 목에 걸고 작업해서는 안 된다.
③ 옷소매 폭이 너무 넓지 않는 것이 좋고, 단추가 달린 것은 되도록 피한다.
④ 물체 추락의 우려가 있는 작업장에서는 안전모를 착용해야 한다.
⑤ 복장을 단정하게 하여야 한다.

24 **안전 작업은 복장의 착용상태에 따라 달라진다. 다음에서 권장사항이 아닌 것은?**

① 땀을 닦기 위한 수건이나 손수건을 허리나 목에 걸고 작업해서는 안 된다.
② 옷소매 폭이 너무 넓지 않는 것이 좋고, 단추가 달린 것은 되도록 피한다.
③ 물체 추락의 우려가 있는 작업장에서는 안전모를 착용해야 한다.
④ 복장을 단정하게 하기 위해 넥타이를 꼭 매야 한다.

25 **고압 충전 전선로 근방에서 작업을 할 경우 작업자가 감전되지 않도록 사용하는 안전장구로 가장 적합한 것은?**

① 절연용 방호구
② 방수복
③ 보호용 가죽장갑
④ 안전대

해설

고압 충전 전선로에 접근해서 공작물의 건설, 해체, 점검수리, 도장 등의 작업을 하거나, 항타기, 항발기, 이동식 크레인 등을 사용해서 작업하고 있을 때 전선로에 접촉해서 감전되는 경우가 있기 때문에 산업안전보건기준에 관한 규칙에서는 방지대책의 하나로서 충전 전로에 절연용 방호구를 장착하도록 규정하고 있다.

26 **작업점 외에 직접 사람이 접촉하여 말려들거나 다칠 위험이 있는 장소를 덮어씌우는 방호 장치는?**

① 격리형 방호 장치
② 위치 제한형 방호 장치
③ 포집형 방호 장치
④ 접근 거부형 방호 장치

해설

방호 장치의 기능
① **격리형 방호 장치** : 작업점 외에 직접 사람이 접촉하여 말려들거나 접촉되어 일어날 수 있는 재해를 방지하기 위해 위험 장소를 덮어씌우거나 방호망, 차단벽을 설치하는 방호 장치로 덮개형 방호 장치, 방책 방호 장치, 완전 차단형 방호 장치로 구분한다.
② **위치 제한형 방호 장치** : 위험을 초래할 가능성이 있는 기계에서 작업자나 직접 그 기계와 관련되어 있는 작업자 신체 부위가 위험 한계의 밖에 있도록 의도적으로 기계의 조작 장치를 기계에서 일정거리 이상 떨어지게 설치해 놓고 조작하는 장치를 두 손 중에서 어느 하나가 떨어져도 기계의 동작을 멈춰지도록 하는 방호 장치이다.
③ **포집형 방호 장치** : 위험 장소에 설치하여 위험원이 비산하거나 튀는 것을 포집하여 작업자로부터 위험원을 차단하는 방호 장치이다.
④ **접근 거부형 장호 장치** : 작업자의 신체 부위가 위험 한계 내로 접근하였을 때 기계적인 작용에 의해 접근을 하지 못하도록 저지하는 방호 장치이다.

27 **전기기기에 의한 감전 사고를 막기 위하여 필요한 설비로 가장 중요한 것은?**

① 고압계 설비
② 접지 설비
③ 방폭등 설비
④ 대지 전위 상승장치 설비

해설

전기 기계 · 기구의 금속제 외함, 금속제 외피 및 철대 등 누전에 의한 감전의 위험을 방지하기 위하여 접지 설비를 해야 한다.

23.④ 24.④ 25.① 26.① 27.②

28 **방호장치를 기계설비에 설치할 때 철저히 조사해야 하는 항목이 맞게 연결된 것은?**

① 방호 정도 : 어느 한계까지 믿을 수 있는지 여부
② 적용 범위 : 위험 발생을 경고 또는 방지하는 기능으로 할지 여부
③ 유지 관리 : 유지관리를 하는데 편의성과 적정성
④ 신뢰도 : 기계설비의 성능, 기능에 부합되는지 여부

해설
방호 장치 설치 시 조사하는 항목
① **방호 정도** : 어느 한계까지 믿을 수 있는지 여부
② **적용 범위** : 위험 발생을 경고 또는 방지하는 기능으로 할지 여부
③ **보수성 난이** : 점검, 분해, 조립하기 쉬운 구조일 것
④ **신뢰도** : 기계설비의 성능, 기능에 부합되는지 여부
⑤ **작업성** : 작업성을 저해하지 않을 것
⑥ **경비** : 가능한 한 가격이 저렴할 것

29 **방호장치 및 방호조치에 대한 설명으로 틀린 것은?**

① 충전회로 인근에서 차량, 기계장치 등의 작업이 있는 경우 충전부로부터 3m 이상 이격시킨다.
② 지반 붕괴의 위험이 있는 경우 흙막이 지보공 및 방호망을 설치해야 한다.
③ 발파 작업 시 피난장소는 좌우측을 견고하게 방호한다.
④ 직접 접촉이 가능한 벨트에는 덮개를 설치해야 한다.

해설
발파 작업 시 근로자가 안전한 거리로 피난할 수 없는 경우에는 앞면과 상부를 견고하게 방호한 피난장소를 설치하여야 한다.

30 **안전관리의 근본 목적으로 가장 적합한 것은?**

① 생산의 경제적 운용
② 근로자의 생명 및 신체 보호
③ 생산과정의 시스템화
④ 생산량 증대

해설
안전관리의 근본 목적은 재해로부터 인간의 생명과 재산을 보호할 수 있다.

31 **안전제일에서 가장 먼저 선행되어야 하는 이념으로 맞는 것은?**

① 재산 보호
② 생산성 향상
③ 신뢰성 향상
④ 인명 보호

해설
안전제일의 이념은 인도주의가 바탕이 된 인간존중 즉, 인명보호이다.

32 **산업 안전을 통한 기대 효과로 옳은 것은?**

① 기업의 생산성이 저하된다.
② 근로자의 생명만 보호된다.
③ 기업의 재산만 보호된다.
④ 근로자와 기업의 발전이 도모된다.

해설
산업 안전은 인간의 존엄성을 유지하고 나아가 품질향상 및 생산성 향상을 위한 중요한 토대가 된다. 즉, 근로자와 기업의 발전이 도모된다.

33 **하인리히가 말한 안전의 3요소에 속하지 않는 것은?**

① 교육적 요소 ② 자본적 요소
③ 기술적 요소 ④ 관리적 요소

해설
하인리히 안전의 3요소
① 관리적 요소
② 기술적 요소
③ 교육적 요소

28.③ 29.③ 30.② 31.④ 32.④ 33.②

34 **산업체에서 안전을 지킴으로서 얻을 수 있는 이점과 가장 거리가 먼 것은?**

① 직장의 신뢰도를 높여준다.
② 직장 상·하 동료 간 인간관계 개선 효과도 기대된다.
③ 기업의 투자 경비가 늘어난다.
④ 사내 안전수칙이 준수되어 질서유지가 실현된다.

해설

안전을 지킴으로서 얻을 수 있는 이점
① 직장에서 발생할 수 있는 사고 및 재해를 예방할 수 있다.
② 기업의 불필요한 비용을 절감할 수 있다.
③ 기업의 생산성을 향상시킬 수 있다.
④ 직장 상·하 동료 간 인간관계 개선 효과도 기대된다.
⑤ 사내 안전수칙이 준수되어 질서유지가 실현된다.
⑥ 상·하 동료 간 협력을 촉진하여 화합과 효율성을 높일 수 있다.

35 **하인리히의 사고 예방 원리 5단계를 순서대로 나열한 것은?**

① 조직, 사실의 발견, 평가분석, 시정책의 선정, 시정책의 적용
② 시정책의 적용, 조직, 사실의 발견, 평가분석, 시정책의 선정
③ 사실의 발견, 평가분석, 시정책의 선정, 시정책의 적용, 조직
④ 시정책의 선정, 시정책의 적용, 조직, 사실의 발견, 평가분석

해설

하인리히의 사고 예방 원리 5단계
① 1 단계 : 안전관리 조직
② 2 단계 : 사실의 발견
③ 3 단계 : 분석 평가
④ 4 단계 : 시정책의 선정
⑤ 5 단계 : 시정책의 적용

36 **인간 공학적 안전 설정으로 페일 세이프에 관한 설명 중 가장 적절한 것은?**

① 안전도 검사 방법을 말한다.
② 안전 통제의 실패로 인하여 원상 복귀가 가장 쉬운 사고의 결과를 말한다.
③ 안전사고 예방을 할 수 없는 물리적 불안전 조건과 불안전 인간의 행동을 말한다.
④ 인간 또는 기계에 과오나 동작상의 실패가 있어도 안전사고를 발생시키지 않도록 하는 통제책을 말한다.

해설

인간 또는 기계의 실수나 오류가 동작상의 실수가 있어도 안전사고로 이어지지 않도록 2중 3중으로 통제하는 것

37 **산업안전보건법상 산업 재해의 정의로 옳은 것은?**

① 고의로 물적 시설을 파손한 것을 말한다.
② 운전 중 본인의 부주의로 교통사고가 발생된 것을 말한다.
③ 일상 활동에서 발생하는 사고로서 인적 피해에 해당하는 부분을 말한다.
④ 근로자가 업무에 관계되는 건설물・설비・원재료・가스・증기・분진 등에 의하거나 작업 또는 그 밖의 업무로 인하여 사망 또는 부상하거나 질병에 걸리게 되는 것을 말한다.

해설

근로자가 업무에 관계되는 건설물·설비·원재료·가스·증기·분진 등에 의하거나 작업 또는 그 밖의 업무로 인하여 사망 또는 부상하거나 질병에 걸리는 것을 말한다.

38 **생산 활동 중 신체장애와 유해물질에 의한 중독 등으로 직업성 질환에 걸려 나타난 장애를 무엇이라 하는가?**

① 안전관리　② 산업 재해
③ 산업안전　④ 안전사고

34.③　35.①　36.④　37.④　38.②

39 산업 재해는 생산 활동을 행하는 중에 에너지와 충돌하여 생명의 기능이나 ( )을 상실하는 현상을 말한다. ( )에 알맞은 말은?

① 작업상 업무 ② 작업 조건
③ 노동 능력 ④ 노동 환경

해설
산업 재해는 사업장에서 우발적으로 일어나는 사고로 인한 피해로 사망이나 노동 능력을 상실하는 현상으로 천재지변에 의한 재해가 1%, 물리적인 재해가 14%, 불안전한 행동에 의한 재해가 85%이다.

40 다음 중 재해발생 원인이 아닌 것은?

① 작업 장치 회전반경 내 출입금지
② 방호장치의 기능 제거
③ 작업방법 미흡
④ 관리감독 소홀

해설
재해 발생의 원인
① 안전의식 및 안전교육 부족
② 방호장치(안전장치, 보호장치)의 결함
③ 정리정돈 및 조명장치가 불량
④ 부적합한 공구의 사용
⑤ 작업 방법의 미흡
⑥ 관리 감독의 소홀

41 불안전한 조명, 불안전한 환경, 방호장치의 결함으로 인하여 오는 산업재해 요인은?

① 지적 요인
② 물적 요인
③ 신체적 요인
④ 정신적 요인

해설
산업 재해의 물적 요인
① 물질 자체의 결함
② 안전 방호 장치의 결함
③ 물질의 보관 및 작업 장소의 결함
④ 보호구·복장 등의 결함
⑤ 작업 환경의 결함(조명, 온도, 습도, 배기, 소음 등 생산 공정의 결함)
⑥ 작업 방법의 결함(안전장치 불비, 작업 순서 잘못 등)

42 재해의 원인 중 생리적인 원인에 해당되는 것은?

① 작업자의 피로
② 작업복의 부적당
③ 안전장치의 불량
④ 안전수칙의 미 준수

해설
작업자의 체력 부족, 작업자의 신체적 결함, 작업자의 수면 부족, 작업자의 피로, 작업자의 음주 등은 재해 원인 중 생리적인 원인에 해당한다.

43 사고를 많이 발생시키는 원인 순서로 나열한 것은?

① 불안전 행위 〉 불가항력 〉 불안전 조건
② 불안전 조건 〉 불안전 행위 〉 불가항력
③ 불안전 행위 〉 불안전 조건 〉 불가항력
④ 불가항력 〉 불안전 조건 〉 불안전 행위

해설
불안전한 행위는 산업 재해의 85%, 불안전란 조건은 산업 재해의 14%, 불가항력은 1%를 차지한다.

44 사고의 원인 중 가장 많은 부분을 차지하는 것은?

① 불가항력
② 불안전한 환경
③ 불안전한 행동
④ 불안전한 지시

해설
불안전한 행동
① 위험한 장소 접근
② 안전장치의 기능 제거
③ 복장, 보호구의 잘못 사용
④ 기계·기구의 잘못 사용
⑤ 운전 중인 기계장치의 손질
⑥ 불안전한 속도 조작
⑦ 위험물 취급 부주의
⑧ 불안전한 상태 방치
⑨ 불안전한 자세 동작
⑩ 감독 및 연락 불충분

정답 39.③ 40.① 41.② 42.① 43.③ 44.③

45 산업 재해 발생원인 중 직접원인에 해당되는 것은?

① 유전적 요소
② 사회적 환경
③ 불안전한 행동
④ 인간의 결함

46 재해 발생 원인 중 직접원인이 아닌 것은?

① 기계 배치의 결함
② 교육 훈련 미숙
③ 불량 공구 사용
④ 작업 조명의 불량

해설

재해 발생의 직접적인 원인에는 불안전 행동에 의한 것과 불안전한 상태에 의한 것이 있다.

1. 불안전한 행동

① 불안전한 자세 및 행동을 하는 경우
② 잡담이나 장난을 하는 경우
③ 안전장치를 제거하는 경우
④ 불안전한 속도를 조절하는 경우
⑤ 작동중인 기계에 주유, 수리, 점검, 청소 등을 하는 경우
⑥ 불안전한 기계를 사용하는 경우
⑦ 공구 대신 손을 사용하는 경우
⑧ 안전복장을 착용하지 않은 경우
⑨ 보호구를 착용하지 않은 경우
⑩ 허가 없이 기계장치를 운전하는 경우

2. 불안전한 상태

① 불안전한 방법 및 공정
② 불안전한 환경
③ 불안전한 복장과 보호구
④ 위험한 배치
⑤ 불안전한 설계, 구조, 건축
⑥ 안전 방호 장치의 결함
⑦ 방호 장치 불량 상태의 방치.
⑧ 불안전한 조명

47 산업 재해의 직접원인 중 인적 불안전 행위가 아닌 것은?

① 작업복의 부적당
② 작업 태도 불안전
③ 위험한 장소의 출입
④ 기계 공구의 결함

해설

산업 재해의 인적 요인

① 위험 장소의 접근　② 안전장치의 기능 제거
③ 복장, 보호구의 잘못 사용
④ 기계, 기구의 잘못 사용
⑤ 운전 중인 기계 장치 접촉
⑥ 불안전한 속도 조작
⑦ 위험물 취급 부주의
⑧ 불안전한 상태 방치

48 산업재해 원인은 직접원인과 간접원인으로 구분되는데 다음 직접원인 중에서 불안전한 행동에 해당되지 않는 것은?

① 허가 없이 장치를 운전
② 불충분한 경보 시스템
③ 결함 있는 장치를 사용
④ 개인 보호구 미사용

해설

직접적인 원인의 불안전한 행동

① 불안전한 자세 및 행동을 하는 경우
② 잡담이나 장난을 하는 경우
③ 안전장치를 제거하는 경우
④ 불안전한 속도를 조절하는 경우
⑤ 작동중인 기계에 주유, 수리, 점검, 청소 등을 하는 경우
⑥ 불안전한 기계를 사용하는 경우
⑦ 공구 대신 손을 사용하는 경우
⑧ 안전복장을 착용하지 않은 경우
⑨ 보호구를 착용하지 않은 경우
⑩ 허가 없이 기계장치를 운전하는 경우

49 불안전한 행동으로 인하여 오는 산업 재해가 아닌 것은?

① 불안전한 자세
② 안전구의 미착용
③ 방호 장치의 결함
④ 안전장치의 기능 제거

해설

직접적인 원인의 불안전한 상태

① 불안전한 방법 및 공정　② 불안전한 환경
③ 불안전한 복장과 보호구　④ 위험한 배치
⑤ 불안전한 설계, 구조, 건축
⑥ 안전 방호 장치의 결함
⑦ 방호 장치 불량 상태의 방치.
⑧ 불안전한 조명

정답　45.③　46.②　47.④　48.②　49.③

50 다음 중 산업재해 조사의 목적에 대한 설명으로 가장 적절한 것은?

① 적절한 예방 대책을 수립하기 위하여
② 작업능률 향상과 근로 기강 확립을 위하여
③ 재해 발생에 대한 통계를 작성하기 위하여
④ 재해를 유발한 자의 책임을 추궁하기 위하여

해설
재해 조사의 목적
① 재해원인의 규명 및 예방자료 수집
② 적절한 예방대책을 수립하기 위하여
③ 동종 재해의 재발방지
④ 유사 재해의 재발방지

51 다음 중 일반적인 재해 조사 방법으로 적절하지 않은 것은?

① 현장의 물리적 흔적을 수집한다.
② 재해 조사는 사고 종결 후에 실시한다.
③ 재해 현장은 사진 등으로 촬영하여 보관하고 기록한다.
④ 목격자, 현장 책임자 등 많은 사람들에게 사고 시의 상황을 듣는다.

해설
재해 조사를 하는 방법
① 재해 발생 직후에 실시한다.
② 재해 현장의 물리적 흔적을 수집한다.
③ 재해 현장을 사진 등으로 촬영하여 보관하고 기록한다.
④ 목격자, 현장 책임자 등 많은 사람들에게 사고시의 상황을 의뢰한다.
⑤ 재해 피해자로부터 재해 직전의 상황을 듣는다.
⑥ 판단하기 어려운 특수재해나 중대재해는 전문가에게 조사를 의뢰한다.

52 ILO(국제노동기구)의 구분에 의한 근로 불능 상해의 종류 중 응급조치 상해는 며칠간 치료를 받은 다음부터 정상작업에 임할 수 있는 정도의 상해를 의미하는가?

① 1일 미만　② 3~5일
③ 10일 미만　④ 2주 미만

해설
응급조치 상해란 1일 미만의 치료를 받고 다음부터 정상 작업에 임할 수 있는 정도의 상해이다.

53 안전사고와 부상의 종류에서 재해의 분류상 중상해는?

① 부상으로 1주 이상의 노동 손실을 가져온 상해 정도
② 부상으로 2주 이상의 노동 손실을 가져온 상해 정도
③ 부상으로 3주 이상의 노동 손실을 가져온 상해 정도
④ 부상으로 4주 이상의 노동 손실을 가져온 상해 정도

해설
부상의 종류
① **경상해** : 부상으로 1일 이상 14일 이하의 노동 손실을 가져온 상해 정도
② **중상해** : 부상으로 인하여 2주 이상의 노동 손실을 가져온 상해 정도

54 재해율 중 연천인율 계산식으로 옳은 것은?

① (재해자 수/연평균 근로자 수)×1000
② (재해율×근로자 수)/1000
③ 강도율×1000
④ 재해자 수÷연평균 근로자 수

해설
연천인율
1000명의 근로자가 1년을 작업하는 동안에 발생한 재해 빈도를 나타내는 것.

$$연천인율 = \frac{재해자\ 수}{연평균\ 근로자\ 수} \times 1,000$$

정답 50.① 51.② 52.① 53.② 54.①

55 **근로자 1,000명 당 1년간에 발생하는 재해자 수를 나타낸 것은?**

① 도수율　　② 강도율
③ 연천인율　　④ 사고율

해설
재해율
① **도수율** : 연 근로시간 100만 시간 동안에 발생한 재해 빈도를 나타내는 것.
② **강도율** : 근로시간 1000시간당 재해로 인하여 근무하지 않는 근로 손실일수로서 산업재해의 경·중의 정도를 알기 위한 재해율로 이용된다.
③ **연천인율** : 1000명의 근로자가 1년을 작업하는 동안에 발생한 재해 빈도를 나타내는 것.

56 **작업장 안전을 위해 작업장의 시설을 정기적으로 안전점검을 하여야 하는데 그 대상이 아닌 것은?**

① 설비의 노후화 속도가 빠른 것
② 노후화의 결과로 위험성이 큰 것
③ 작업자가 출퇴근 시 사용하는 것
④ 변조에 현저한 위험을 수반하는 것

위험 요소 파악

57 **재해 유형에서 중량물을 들어 올리거나 내릴 때 손 또는 발이 취급 중량물과 물체에 끼어 발생하는 것은?**

① 전도　　② 낙하
③ 감전　　④ 접착

해설
재해의 용어
① **전도** : 사람이 평면상으로 넘어져 발생하는 재해를 말한다.(과속, 미끄러짐 포함).
② **낙하** : 물체가 높은 곳에서 낮은 곳으로 떨어져 사람을 가해한 경우나, 자신이 들고 있는 물체를 놓침으로서 발에 떨어져 발생된 재해 등을 말한다.
③ **감전** : 전기 기기의 취급 부주의 등으로 전기가 우리 몸에 흘러 근육이 수축하고 화상을 입으며, 심장이 불규칙하게 멈춤으로써 일어나는 사고를 말한다.
④ **접착** : 중량물을 들어 올리거나 내릴 때 손이나 발이 중량물과 지면 등에 끼어 발생하는 재해를 말한다.

58 **안전관리상 인력 운반으로 중량물을 운반하거나 들어 올릴 때 발생할 수 있는 재해와 가장 거리가 먼 것은?**

① 낙하　　② 협착(압상)
③ 단전(정전)　　④ 충돌

해설
재해의 용어
① **낙하** : 물체가 높은 곳에서 낮은 곳으로 떨어져 사람을 가해한 경우나, 자신이 들고 있는 물체를 놓침으로서 발에 떨어져 발생된 재해 등을 말한다.
② **협착** : 왕복 운동을 하는 동작부분과 움직임이 없는 고정부분 사이에 끼어 발생하는 위험으로 사업장의 기계 설비에서 많이 볼 수 있다.
③ **단전(정전)** : 단전은 보통 전기의 공급을 중단하는 것을 의미, 즉 통제하에 중단하는 것. 정전은 보통 갑작스럽게 전기 공급이 끊긴 것을 의미, 정격 전류나 정격 전력을 초과하여 과도하게 사용하거나 기상 악화, 지진 등 외부적인 요인으로 전기 공급이 끊긴 것을 의미한다.
④ **충돌** : 움직이는 두 물체가 서로 접촉하여 맞부딪치는 사고를 의미한다.

정답　55.③　56.③　57.④　58.③

안전표시 및 수칙 확인

01 산업안전보건법상 안전·보건 표지의 종류가 아닌 것은?

① 위험 표지　② 경고 표지
③ 지시 표지　④ 금지 표지

해설
안전 보건 표지의 종류는 금지 표지, 경고 표지, 지시 표지, 안내 표지로 분류되어 있다.

02 산업안전보건법령상 안전·보건 표지의 분류 명칭이 아닌 것은?

① 금지 표지　② 경고 표지
③ 통제 표지　④ 안내 표지

03 적색 원형으로 만들어지는 안전 표지판은?

① 경고 표지　② 안내 표지
③ 지시 표지　④ 금지 표지

04 산업안전보건법령상 안전·보건 표지에서 색채와 용도가 틀리게 짝지어진 것은?

① 파란색 : 지시
② 녹색 : 안내
③ 노란색 : 위험
④ 빨간색 : 금지, 경고

해설
안전 보건 표지의 용도와 색채
① **금지 표지** : 바탕은 흰색, 기본 모형은 빨간색, 관련 부호 및 그림은 검은색
② **경고 표지** : 바탕은 노란색, 기본 모형, 관련 부호 및 그림은 검은색 다만, 인화성 물질 경고, 산화성 물질 경고, 폭발성 물질 경고, 급성 독성 물질 경고, 부식성 물질 경고 및 발암성·변이원성·생식독성·전신독성·호흡기 과민성 물질 경고의 경우 바탕은 무색, 기본모형은 빨간색(검은색도 가능)
③ **지시 표지** : 바탕은 파란색, 관련 그림은 흰색
④ **안내 표지** : 바탕은 흰색, 기본 모형 및 관련 부호는 녹색, 바탕은 녹색, 관련 부호 및 그림은 흰색

05 안전·보건표지의 종류별 용도·사용 장소·형태 및 색채에서 바탕은 흰색, 기본모형은 빨간색, 관련부호 및 그림은 검정색으로 된 표지는?

① 보조 표지　② 지시 표지
③ 주의 표지　④ 금지 표지

해설
금지 표지의 색채는 바탕은 흰색, 기본 모형은 빨간색으로 되어 있다., 관련 부호 및 그림은 검은색

06 안전·보건 표지의 종류와 형태에서 그림과 같은 표지는?

① 인화성 물질 경고
② 금연
③ 화기 금지
④ 산화성 물질 경고

07 다음 그림과 같은 안전 표지판이 나타내는 것은?

① 비상구　② 출입 금지
③ 인화성 물질 경고　④ 보안경 착용

08 안전표지의 종류 중 경고 표지가 아닌 것은?

① 인화성 물질
② 방사성 물질
③ 방독 마스크 착용
④ 산화성 물질

해설
경고 표지는 출입 금지, 보행 금지, 차량 통행 금지, 사용 금지, 탑승 금지, 금연, 화기 금지, 물체 이동 금지 등으로 8종이다.

정답　01.①　02.③　03.④　04.③　05.④　06.③　07.②　08.③

09 산업안전보건법령상 안전·보건 표지의 종류 중 다음 그림에 해당하는 것은?

① 산화성 물질 경고
② 인화성 물질 경고
③ 폭발성 물질 경고
④ 급성독성 물질 경고

10 산업안전 보건표지에서 그림이 표시하는 것으로 맞는 것은?

① 독극물 경고 ② 폭발물 경고
③ 고압 전기 경고 ④ 낙하물 경고

11 보안경 착용, 방독 마스크 착용, 방진 마스크 착용, 안전모자 착용, 귀마개 착용 등을 나타내는 표지의 종류는?

① 금지 표지 ② 지시 표지
③ 안내 표지 ④ 경고 표지

해설

지시 표지는 보안경 착용 지시, 방독 마스크 착용 지시, 방진 마스크 착용 지시, 보안면 착용 지시, 안전모 착용 지시, 귀마개 착용 지시, 안전화 착용 지시, 안전 장갑 착용 지시, 안전복 착용 지시 등을 나타내는 표지이다.

12 다음 그림은 안전표지의 어떠한 내용을 나타내는가?

① 지시 표지 ② 금지 표지
③ 경고 표지 ④ 안내 표지

13 안전표지의 종류 중 안내표지에 속하지 않는 것은?

① 녹십자 표지 ② 응급구호 표지
③ 비상구 ④ 출입 금지

해설

안내 표지는 녹십자 표지, 응급구호 표지, 들것, 세안장치, 비상용기구, 비상구, 좌측 비상구, 우측 비상구 등을 나타내는 표지이다.

14 안전표지의 색채 중에서 대피장소 또는 비상구의 표지에 사용되는 것으로 맞는 것은?

① 빨간색 ② 주황색
③ 녹색 ④ 청색

해설

안전 표지의 색채는 바탕은 흰색, 기본 모형 및 관련 부호는 녹색(바탕은 녹색, 기본 모형 및 관련 부호는 흰색)이다.

15 안전·보건표지 종류와 형태에서 그림의 안전 표지판이 나타내는 것은?

① 병원 표지 ② 비상구 표지
③ 녹십자 표지 ④ 안전지대 표지

16 타이어식 로더 사용에 따른 주의사항으로 틀린 것은?

① 장비의 주차 시에는 버킷을 반드시 지면에 내려놓는다.
② 경사지에서는 작동 중에 변속기 레버를 중립에 놓는다.
③ 버킷에 적재 후 주행 시에는 버킷을 가능한 낮게 한다.
④ 버킷에 사람을 태우지 않는다.

해설

타이어식 로더로 경사지를 내려갈 때에는 중립 상태로 주행하지 말고 반드시 저속 기어를 넣고 주행한다. 버킷을 지면에서 20~30cm 정도로 하고 운행하여 긴급 시에는 브레이크 역할을 할 수 있도록 한다.

정답 09.② 10.③ 11.② 12.① 13.④ 14.③ 15.③ 16.②

17 **로더의 조종 및 작업 시 안전수칙 중 틀린 것은?**

① 로더에는 운전자 이외는 승차를 금지시킨다.
② 연속으로 사용하는 로더는 일상점검을 생략하도록 한다.
③ 로더를 사용하지 않을 때에는 버킷을 지면에 내려놓는다.
④ 타이어나 차축을 정비할 때에는 고임장치를 확실하게 한다.

해설

로더의 조종 및 작업 시 안전수칙
① 로더를 주차할 때에는 버킷을 지면에 내려놓고 주차 브레이크를 체결한다.
② 로더를 이동할 때에는 지상 작업자의 유무를 확인하고 이동한다.
③ 시동 전·후에 안전 점검을 실시하고 유압 장치들을 작동시켜 정상 작동여부와 누유를 확인한다.
④ 버킷에 사람을 태워서 이동하지 않는다.
⑤ 로더의 버킷을 사다리로 이용하지 않는다.

18 **로더를 사용하여 적재물을 운반할 때의 유의사항으로 옳은 것은?**

① 버킷을 1.5m 이상 올려 운행한다.
② 하중을 버킷의 한 곳에 집중시킨다.
③ 고압선 아래에서는 버킷을 최대한 올려 차실을 보호하며 운행한다.
④ 장비가 전방으로 전도되면 즉시 버킷을 하강시켜 균형을 유지하도록 한다.

해설

적재물을 운반할 때의 유의사항
① 적재물을 운반할 때 안전성을 고려하여 지면으로부터 버킷을 60~90cm 올려 운행한다.
② 하중을 버킷의 전체에 분산시킨 후 운행한다.
③ 고압선 아래에서는 버킷을 내려 차실을 보호하며 운행한다.

19 **로더를 이용하여 모래 지반에서 작업할 때 주의사항으로 틀린 것은?**

① 급선회, 급가속을 하지 말 것
② 급제동을 하지 말 것
③ 슬립 및 고속회전 금지
④ 주행속도를 이용한 돌입력으로 굴착금지

해설

모래땅에서 작업할 때 주의 사항
① 급회전, 급제동을 피한다.
② 급변속 등을 피한다.
③ 미끄러짐(슬립)을 피한다.
④ 고속 회전을 금지한다.
⑤ 주행속도를 이용한 돌입력으로 굴착한다.

20 **로더를 경사지에서 주행할 때 주의해야 할 사항으로 틀린 것은?**

① 방향 전환을 위해 급선회하지 않는다.
② 주행속도 스위치를 저속으로 하여 서행한다.
③ 불가피한 정차 시 버킷을 지면에 내리고 고임목을 받쳐 준다.
④ 경사지에서의 작업은 위험하므로 작업 허용 운전 경사각 30°를 초과하면 안 된다.

해설

로더를 경사지에서 주행할 때 주의해야 할 사항
① 10° 이상의 경사지에서는 작업하지 말아야 하며, 불가피하게 경사지에서 작업해야 하는 경우에는 지면을 평탄하게 한 후에 작업한다.
② 경사지에서 내려올 때 주 브레이크를 지나치게 자주 사용하면 브레이크가 과열되어 손상될 우려가 있으므로 변속 레버를 저속 위치로 하고 엔진 브레이크를 충분히 활용하여 주행해야 한다.
③ 변속 레버의 속도 단이 바르지 않을 때 토크 컨버터 윤활유가 과열될 수 있으므로 1단의 저속 기어로 변속하여 과열을 방지해야 한다.
④ 경사진 곳을 운행할 때에는 작업 장치를 내려 중심을 낮게 하고 경사지에서의 회전은 위험하므로 삼가야 한다.

21 **타이어식 로더로 바위가 있는 현장에서 작업할 때 주의사항 중 틀린 것은?**

① 슬립이 일어나지 않도록 한다.
② 타이어 공기 압력을 높여준다.
③ 컷 방지용 타이어를 사용한다.
④ 홈이 깊은 타이어를 사용한다.

해설

타이어식 로더로 바위가 있는 현장에서 작업할 때는 타이어의 공기 압력을 낮춰 접지력을 확보하여야 한다.

17.② 18.④ 19.④ 20.④ 21.②

CHAPTER 2

작업 장비 안전관리

01 작업 안전관리 및 교육

1 로더 안전 교육

① 로더의 종류 및 능력, 운행 경로, 작업 방법 등의 작업 계획을 수립
② 로더의 주용도 외 사용을 제한
③ 전도, 전락 방지를 위한 노폭의 유지, 지반의 침하 방지 조치
④ 기계의 작업 반경 내에 작업 관계자 외 출입을 금지
⑤ 유도자를 배치하고, 일정한 방법으로 신호
⑥ 유자격 운전자 배치
⑦ 지정된 제한 속도 준수
⑧ 악천후 시 작업 중지
⑨ 작업 전 운전자 및 근로자 안전 교육 실시
⑩ 운전원 외 근로자 탑승 금지
⑪ 운전석 이탈 시 엔진을 정지시키고 브레이크 작동 등 이탈 방지 조치
⑫ 정비·수리 시 작업 지휘자를 배치하며, 안전 받침목 및 안전 블록을 사용
⑬ 로더 장비 이력 카드 작성 관리
⑭ 운전실 헤드 가드 설치

2 운전 안전 규칙

① 로더의 운전과 유지 보수원은 일정 자격과 교육을 이수한 숙련된 자가 해야 한다.
② 로더의 운전과 시스템 유지 관리는 안전 지침서에 따라 안전 규칙을 지켜야 한다.
③ 운전원이나 보수원이 음주 또는 약물 중독 시 안전사고를 일으킬 수 있으므로 현장 작업 시 음주 및 약물 검사에 적극 협조해야 한다.
④ 로더 운전원이나 점검 보수원은 현장 신호수의 지시를 따라야 한다.
⑤ 로더 운전 또는 유지 보수 중 장비의 이상 징후가 있으면 담당자에게 연락하고 완전 수리가 될 때까지 작동하지 말아야 한다.

3 의류 및 개인 보호 장구 착용

① 헐렁한 옷과 액세서리는 조작 레버 또는 다른 돌출 부품에 걸릴 위험이 있으니 착용하지 말아야 한다.
② 긴 머리의 경우 머리카락이 부품이나 레버에 걸릴 수가 있으니 안전 헬멧을 쓰고 머리카락이 밖으로 나오지 않도록 묶고 단정히 한다.
③ 현장 출입 시 안전 헬멧과 안전화를 착용한다.
④ 운전 중에는 안전벨트를 착용하고 현장 조건에 따라 보완 안경, 마스크, 장갑, 귀마개를 한다.
⑤ 안전 보호 장구를 착용하기 전에 보호 장구 상태를 확인한다.

4 안전장치 기능 숙지

① 로더의 모든 커버와 가드가 정 위치에 부착되었는지 확인한다. 만약 손상이 되었거나 헐거우면 즉시 수리한다.
② 안전장치의 기능과 사용 방법을 이해하고 적절하게 사용한다.
③ 모든 안전장치 기능을 분리하지 말고 항상 정상 작동 상태를 유지한다.

5 깨끗한 장비 상태 유지

① 장비 청소 세차 시 물이 전기 시스템에 들어간 경우, 고장 또는 오작동의 원인이 된다. 전기 시스템(센서, 커넥터)은 물이나 스팀을 사용하지 않는다.
② 장비에 눈이나 진흙이 더럽게 묻어 있으면 운전 및 보수 시 추락하거나 미끄러지는 사고가 발생하므로 장비를 깨끗이 유지한다.

6 현장 작업 수신호 숙지

① 신호 방법은 노동부 고시 건설기계 표준 신호 지침 에 의한다.
② 건설기계의 운전 신호는 작업장의 책임자가 지명한 자 이외에는 하여서는 안 된다.
③ 신호수는 운전원과 긴밀한 연락을 취하여야 한다.
④ 신호수는 1인으로 하여 수신호, 경적 등을 정확하게 사용하여야 한다.
⑤ 신호수의 부근에서 혼동되기 쉬운 경적, 음성, 동작 등이 있어서는 안 된다.
⑥ 신호수는 운전자의 중간 시야가 차단되지 않는 위치에 있어야 한다.
⑦ 신호수는 장비의 성능, 작동 등을 충분히 이해하고 비상시 응급 처치가 가능하도록 항시 현장의 상황을 확인하여야 한다.

02 기계 · 기기 및 공구에 관한 안전사항

1 기계 · 기구에 관한 안전

(1) 기계 및 기계장치 취급 시 사고 발생원인

① 안전장치 및 보호 장치가 잘 되어 있지 않을 경우
② 정리정돈 및 조명 장치가 잘 되어 있지 않을 경우
③ 불량한 공구를 사용할 경우

(2) 일반 기계를 사용할 때 주의 사항

① 원동기의 기동 및 정지는 서로 신호에 의거한다.
② 고장 중인 기기에는 반드시 표식을 한다.
③ 정전이 된 경우에는 반드시 표식을 한다.
④ 기계 운전 중 정전 시는 즉시 주 스위치를 끈다.

(3) 연삭기 사용 시 유의사항

① 숫돌 커버를 벗겨 놓고 사용하지 않는다.
② 연삭 작업 중에는 반드시 보안경을 착용하여야 한다.
③ 날이 있는 공구를 다룰 때에는 다치지 않도록 주의한다.
④ 숫돌바퀴에 공작물은 적당한 압력으로 접촉시켜 연삭한다.
⑤ 숫돌바퀴의 측면을 이용하여 공작물을 연삭해서는 안된다.
⑥ 숫돌바퀴와 받침대의 간격은 3mm 이하로 유지시켜야 한다.
⑦ 숫돌바퀴의 설치가 완료되면 3분 이상 시험 운전을 하여야 한다.
⑧ 숫돌바퀴를 설치할 경우에는 균열이 있는지 확인한 후 설치하여야 한다.
⑨ 연삭기의 스위치를 ON 시키기 전에 보안판과 숫돌 커버의 이상 유무를 점검한다.
⑩ 숫돌바퀴의 정면에 서지 말고 정면에서 약간 벗어난 곳에 서서 연삭 작업을 하여야 한다.

(4) 동력 기계의 안전 수칙

① 기어가 회전하고 있는 곳을 뚜껑으로 잘 덮어 위험을 방지한다.
② 천천히 움직이는 벨트라도 손으로 잡지 말 것
③ 회전하고 있는 벨트나 기어에 필요 없는 점검을 금한다.
④ 동력 전달을 빨리시키기 위해서 벨트를 회전하는 풀리에 걸어서는 안 된다.
⑤ 동력 압축기나 절단기를 운전할 때 위험을 방지하기 위해서는 안전장치를 한다.
⑥ 벨트의 이음쇠는 돌기가 없는 구조로 한다.
⑦ 벨트를 걸거나 벗길 때에는 기계를 정지한 상태에서 실시한다.
⑧ 벨트가 풀리에 감겨 돌아가는 부분은 커버나 덮개를 설치한다.

(5) 가스 용접 안전 수칙

① 통풍이나 환기가 불충분한 장소에 설치·저장 또는 방치하지 않도록 할 것
② 화기를 사용하는 장소 및 그 부근에 설치·저장 또는 방치하지 않도록 할 것
③ 위험물 또는 인화성 액체를 취급하는 장소 및 그 부근에 설치·저장 또는 방치하지 않도록 할 것
④ 용기의 온도를 섭씨 40℃ 이하로 유지할 것
⑤ 전도의 위험이 없도록 할 것
⑥ 충격을 가하지 않도록 할 것
⑦ 운반하는 경우에는 캡을 씌울 것
⑧ 사용하는 경우에는 용기의 마개에 부착되어 있는 유류 및 먼지를 제거할 것
⑨ 밸브의 개폐는 서서히 할 것
⑩ 사용 전 또는 사용 중인 용기와 그 밖의 용기를 명확히 구별하여 보관할 것
⑪ 용해아세틸렌의 용기는 세워 둘 것
⑫ 용기의 부식 · 마모 또는 변형상태를 점검한 후 사용할 것
⑬ 아세틸렌 밸브를 먼저 열고 점화한 후 산소 밸브를 연다.
⑭ 아세틸렌 용접장치의 설치장소에는 적당한 소화설비를 갖출 것

2 소화기

화재의 극히 초기 단계에서 소화제가 갖는 냉각 또는 공기의 차단 등의 효과를 이용하여 소화하는 기구를 말한다. 사용하는 약제 또는 그 구조에 따라 여러 종류가 있으나 현재 사용되고 있는 소화기는 포말 소화기 · 분말 소화기 · 할론 소화기 · 이산화탄소 소화기 등이다.

(1) 자연발화가 일어나기 쉬운 조건

① 발열량이 클 경우　　② 주위 온도가 높을 경우
③ 착화점이 낮을 경우

(2) 자연 발화성 및 금속성 물질

① **나트륨**(sodium, Natrium) : 전기적 양성이 매우 강한 1가의 금속 이온이다. 공기 중에서는 산화되어 신속히 광택을 상실하며, 습기 및 이산화탄소 때문에 탄산나트륨 피막으로 덮인다. 상온에서는 자연 발화는 하지 않지만 녹는점 이상으로 가열하면 황색 불꽃을 내며 타서 과산화나트륨이 된다.
② **칼륨**(kalium) : 무르며 녹는점이 낮고, 화학 반응성이 매우 큰 은백색 고체금속이다. 공기 중에서 쉽게 산화되고, 물과는 많은 열과 수소기체를 내면서 격렬히 반응하고 폭발하기도 한다.
③ **알킬나트륨**(alkyl sodium, Alkyl Natrium) : 무색의 비휘발성 고체인데 석유, 벤젠 등에 녹지 않으며 가열하면 용융되지 않고 분해된다. 공기 중에서는 곧 발화한다. 알킬

기가 고급으로 되는 데 따라 열에 대해 불안정하게 된다.

(3) 화재의 종류 및 소화기 표식

① A급 화재 : 일반 가연물의 화재로 냉각소화의 원리에 의해서 소화되며, 소화기에 표시된 원형 표식은 백색으로 되어 있다.

② B급 화재 : 가솔린, 알코올, 석유 등의 유류 화재로 질식소화의 원리에 의해서 소화되며, 소화기에 표시된 원형의 표식은 황색으로 되어 있다.

③ C급 화재 : 전기 기계, 전기 기구 등에서 발생되는 화재로 질식소화의 원리에 의해서 소화되며, 소화기에 표시된 원형의 표식은 청색으로 되어 있다.

④ D급 화재 : 마그네슘 등의 금속 화재로 질식소화의 원리에 의해서 소화시켜야 한다.

(4) 소화 방법

① **가연물 제거** : 가연물을 연소구역에서 멀리 제거하는 방법으로, 연소방지를 위해 파괴하거나 폭발물을 이용한다.

② **산소의 차단** : 산소의 공급을 차단하는 질식소화 방법으로 이산화탄소 등의 불연성 가스를 이용하거나 발포제 또는 분말소화제에 의한 냉각효과 이외에 연소 면을 덮는 직접적 질식효과와 불연성 가스를 분해·발생시키는 간접적 질식효과가 있다.

③ **열량의 공급 차단** : 냉각시켜 신속하게 연소열을 빼앗아 연소물의 온도를 발화점 이하로 낮추는 소화방법이며, 일반적으로 사용되고 있는 보통 화재 때의 주수 소화(注水消火)는 물이 다른 것보다 열량을 많이 흡수하고, 증발할 때에도 주위로부터 많은 열을 흡수하는 성질을 이용한다.

(5) 소화기 사용법

① 안전핀을 뽑는다. 이때 손잡이를 누른 상태로는 잘 빠지지 않으니 침착하도록 한다.

② 호스 걸이에서 호스를 벗겨내어 잡고 끝을 불쪽으로 향한다.

③ 가위질 하듯 손잡이를 힘껏 잡아 누른다.

④ 불의 아래쪽에서 비를 쓸 듯이 차례로 덮어 나간다.

⑤ 불이 꺼지면 손잡이를 놓는다.

3 공구에 관한 안전

(1) 수공구 사용 시 안전 수칙

① 수공으로 만든 공구는 사용하지 않는다.

② 작업에 알맞은 공구를 선택하여 사용할 것.

③ 공구는 사용 전에 기름 등을 닦은 후 사용할 것.

④ 공구를 보관할 때에는 지정된 장소에 보관할 것.

⑤ 공구를 취급할 때에는 올바른 방법으로 사용할 것.

⑥ 공구 사용 전에 점검한 후 파손된 공구는 교환할 것

⑦ 사용한 공구는 항상 깨끗이 한 후 보관할 것

(2) 렌치 사용 시 주의사항

① 힘이 가해지는 방향을 확인하여 사용하여야 한다.
② 렌치를 잡아 당겨 볼트나 너트를 죄거나 풀어야 한다.
③ 사용 후에는 건조한 헝겊으로 닦아서 보관하여야 한다.
④ 볼트나 너트를 풀 때 렌치를 해머로 두들겨서는 안 된다.
⑤ 렌치에 파이프 등의 연장대를 끼워 사용하여서는 안 된다.
⑥ 산화 부식된 볼트나 너트는 오일이 스며들게 한 후 푼다.
⑦ 조정 렌치를 사용할 경우에는 조정 조에 힘이 가해지지 않도록 주의한다.
⑧ 볼트나 너트를 죄거나 풀 때에는 볼트나 너트의 머리에 꼭 맞는 것을 사용하여야 한다.

(3) 스패너 사용 시 주의사항

① 스패너에 연장대를 끼워 사용하여서는 안 된다.
② 작업 자세는 발을 약간 벌리고 두 다리에 힘을 준다.
③ 스패너의 입이 볼트나 너트의 치수에 맞는 것을 사용한다.
④ 스패너를 해머로 두드리거나 스패너를 해머 대신 사용해서는 안 된다.
⑤ 볼트나 너트에 스패너를 깊이 물리고 조금씩 몸 쪽으로 당겨 풀거나 조인다.
⑥ 높거나 좁은 장소에서는 몸의 일부를 충분히 기대고 스패너가 빠져도 몸의 균형을 잃지 않도록 한다.

(4) 해머 사용 시 주의사항

① 해머를 휘두르기 전에 반드시 주위를 살핀다.
② 해머의 타격면이 찌그러진 것을 사용하지 않는다.
③ 장갑을 끼거나 기름 묻은 손으로 작업하여서는 안 된다.
④ 사용 중에 해머와 손잡이를 자주 점검하면서 작업한다.
⑤ 쐐기를 박아서 손잡이가 튼튼하게 박힌 것을 사용하여야 한다.
⑥ 처음에는 작게 휘두르고 점차 크게 휘두른다.

03 작업 안전 및 기타 안전사항

1 작업 안전

(1) 작업장 안전 수칙

① 작업 중 입은 부상은 즉시 응급조치를 하고 보고한다.
② 밀폐된 실내에서는 시동을 걸지 않는다.
③ 작업 후 바닥의 오일 등을 깨끗이 청소한다.

④ 모든 사용 공구는 제자리에 정리정돈 한다.
⑤ 무거운 물건은 이동기구를 이용하여 운반한다.
⑥ 폐기물은 정해진 위치에 모아 둔다.
⑦ 통로나 창문 등에 물건을 세워 놓지 않는다.

(2) 작업자의 준수사항

① 작업자는 안전 작업 방법을 준수한다.
② 작업자는 감독자의 명령에 복종한다.
③ 자신의 안전은 물론 동료의 안전도 생각한다.
④ 작업에 임해서는 보다 좋은 방법을 찾는다.
⑤ 작업자는 작업 중에 불필요한 행동을 하지 않는다.
⑥ 작업장의 환경 조성을 위해서 적극적으로 노력한다.

(3) 작업장에서의 통행 규칙

① 문은 조용히 열고 닫는다.
② 기중기 작업 중에는 접근하지 않는다.
③ 짐을 가진 사람과 마주치면 길을 비켜 준다.
④ 자재 위에 앉거나 자재 위를 걷지 않도록 한다.
⑤ 통로와 궤도를 건널 때 좌우를 살핀 후 건넌다.
⑥ 함부로 뛰지 않으며, 좌·우측통행의 규칙을 지킨다.
⑦ 지름길로 가려고 위험한 장소를 횡단하여서는 안된다.
⑧ 보행 중에는 발밑이나 주위의 상황 또는 작업에 주의한다.
⑨ 주머니에 손을 넣지 않고 두 손을 자연스럽게 하고 걷는다.
⑩ 높은 곳에서 작업하고 있으면 그 곳에 주의하며, 통과한다.

(4) 사다리식 통로 구조

① 견고한 구조로 할 것
② 심한 손상·부식 등이 없는 재료를 사용할 것
③ 발판의 간격은 일정하게 할 것
④ 발판과 벽과의 사이는 15cm 이상의 간격을 유지할 것
⑤ 통로의 폭은 30cm 이상으로 할 것
⑥ 사다리가 넘어지거나 미끄러지는 것을 방지하기 위한 조치를 할 것
⑦ 사다리의 상단은 걸쳐놓은 지점으로부터 60cm 이상 올라가도록 할 것
⑧ 사다리식 통로의 길이가 10m 이상인 경우에는 5m 이내마다 계단참을 설치할 것
⑨ 사다리식 통로의 기울기는 75도 이하로 할 것. 다만, 고정식 사다리식 통로의 기울기는 90도 이하로 하고, 그 높이가 7m 이상인 경우에는 바닥으로부터 높이가 2.5m 되는 지점부터 등받이 울을 설치할 것

⑩ 접이식 사다리 기둥은 사용 시 접혀지거나 펼쳐지지 않도록 철물 등을 사용하여 견고하게 조치할 것

2 감전되었을 때 위험을 결정하는 요소

① 인체에 흐른 전류의 크기
② 인체에 전류가 흐른 시간
③ 전류가 인체에 통과한 경로

3 인력에 의한 운반 시 주의사항

(1) 물건을 들어 올릴 때 주의사항

① 긴 물건은 앞을 조금 높여서 운반한다.
② 무거운 물건은 여러 사람과 협동으로 운반하거나 운반차를 이용한다.
③ 물품을 몸에 밀착시켜 몸의 평형을 유지하여 비틀거리지 않도록 한다.
④ 물품을 운반하고 있는 사람과 마주치면 그 발밑을 방해하지 않게 피한다.
⑤ 몸의 평형을 유지하도록 발을 어깨너비 만큼 벌리고 허리를 충분히 낮추고 물품을 수직으로 들어올린다.

(2) 2사람 이상의 협동 운반 작업 시 주의사항

① 육체적으로 고르고 키가 큰 사람으로 조를 편성한다.
② 정해진 지휘자의 구령 또는 호각 등에 따라 동작한다.
③ 운반물의 하중이 여러 사람에게 평균적으로 걸리도록 한다.
④ 지휘자를 정하고 지휘자는 작업자를 보고 지휘할 수 있는 위치에 선다.
⑤ 긴 물건을 어깨에 메고 운반하는 경우에는 각 작업자와 같은 쪽의 어깨에 메고서 보조를 맞춘다.
⑥ 물건을 들어 올리거나 내릴 때는 서로 같은 소리를 내는 등의 방법으로 동작을 맞춘다.

4 중량물 운반할 때 주의 사항

① 체인블록이나 호이스트를 사용한다.
② 무거운 물건을 운반할 경우 주위 사람에게 인지하게 한다.
③ 규정 용량을 초과하여 운반하지 않는다.
④ 무거운 물건을 상승시킨 채 오랫동안 방치하지 않는다.
⑤ 화물을 운반할 경우에는 운전반경 내를 확인한다.

출제 예상 문제

기계 · 기기 및 공구에 관한 안전사항

01 기계 및 기계장치 취급 시 사고 발생 원인이 아닌 것은?

① 불량 공구를 사용할 때
② 안전장치 및 보호 장치가 잘 되어 있지 않을 때
③ 정리정돈 및 조명장치가 잘 되어 있지 않을 때
④ 기계 및 기계장치가 넓은 장소에 설치되어 있을 때

해설
기계 및 기계장치 취급 시 사고 발생원인
① 안전장치 및 보호 장치가 잘 되어 있지 않을 경우
② 정리정돈 및 조명 장치가 잘 되어 있지 않을 경우
③ 불량한 공구를 사용할 경우

02 기계 시설의 안전 유의 사항에 맞지 않은 것은?

① 회전부분(기어, 벨트, 체인) 등은 위험하므로 반드시 커버를 씌워둔다.
② 발전기, 용접기, 엔진 등 장비는 한 곳에 모아서 배치한다.
③ 작업장의 통로는 근로자가 안전하게 다닐 수 있도록 정리정돈을 한다.
④ 작업장의 바닥은 보행에 지장을 주지 않도록 청결하게 유지한다.

해설
유류의 증기가 발생하는 발전기와 엔진, 압력 용기나 전기를 사용하는 용접기는 폭발 및 화재의 예방을 위해 서로 분리하여 배치하여야 한다.

03 작업장에서 전기가 예고 없이 정전되었을 경우 전기로 작동하던 기계·기구의 조치방법으로 가장 적합하지 않은 것은?

① 즉시 스위치를 끈다.
② 안전을 위해 작업장을 정리해 놓는다.
③ 퓨즈의 단락 유·무를 검사한다.
④ 전기가 들어오는 것을 알기 위해 스위치를 켜 둔다.

해설
정전 시 기계·기구의 조치 방법
① 즉시 스위치를 끈다.
② 퓨즈의 단락 유·무를 검사한다.
③ 안전을 위해 작업장을 정리해 놓는다.
④ 정전이 된 경우에는 반드시 표식을 한다.

04 기계 취급에 관한 안전수칙 중 잘못된 것은?

① 기계 운전 중에는 자리를 지킨다.
② 기계의 청소는 작동 중에 수시로 한다.
③ 기계 운전 중 정전 시는 즉시 주 스위치를 끈다.
④ 기계 공장에서는 반드시 작업복과 안전화를 착용한다.

해설
기계의 정비·청소·검사·수리 또는 그 밖에 이와 유사한 작업을 하는 경우에는 기계의 운전을 정지하여야 한다.

05 연삭기의 워크 레스트와 숫돌과의 틈새는 몇 mm 로 조정하는 것이 적합한가?

① 3mm 이내　② 5mm 이내
③ 7mm 이내　④ 10mm 이내

해설
연삭기의 숫돌바퀴와 받침대(워크 레스트)의 간격은 3mm 이하로 유지시켜야 한다.

01.④　02.②　03.④　04.②　05.①

06 연삭 작업 시 주의사항으로 틀린 것은?

① 숫돌 측면을 사용하지 않는다.
② 작업은 반드시 보안경을 쓰고 작업한다.
③ 연삭작업은 숫돌차의 정면에 서서 작업한다.
④ 연삭숫돌에 일감을 세게 눌러 작업하지 않는다.

해설
연삭 작업 시 숫돌바퀴의 정면에 서지 말고 정면에서 약간 벗어난 곳에 서서 연삭 작업을 하여야 한다.

07 연삭기에서 연삭 칩의 비산을 막기 위한 안전 방호 장치는?

① 안전 덮개
② 광전식 안전 방호장치
③ 급정지 장치
④ 양수 조작식 방호장치

해설
위험 기계·기구의 방호 장치
① **아세틸렌 용접 장치 또는 가스 집합 용접 장치** : 안전기
② **교류 아크 용접기** : 자동 전격 방지기
③ **롤러기** : 급정지 장치
④ **연삭기** : 안전 덮개
⑤ **목재 가공용 둥근 톱** : 반발 예방장치와 날 접촉 예방장치
⑥ **동력식 수동 대패** : 칼날 접촉 방지 장치
⑦ **프레스** : 양수 조작식 방호 장치, 광전식 안전 방호장치, 급정지 장치

08 가스 용접 시 사용되는 산소용 호스는 어떤 색인가?

① 적색 ② 황색
③ 녹색 ④ 청색

해설
가스용접에서 사용되는 산소용 호스는 녹색이며, 아세틸렌용 호스는 황색 또는 적색이다.

09 동력 전달장치에서 안전수칙으로 잘못된 것은?

① 동력 전달을 빨리시키기 위해서 벨트를 회전하는 풀리에 걸어 작동시킨다.
② 회전하고 있는 벨트나 기어에 불필요한 점검을 하지 않는다.
③ 기어가 회전하고 있는 곳을 커버로 잘 덮어 위험을 방지한다.
④ 동력 압축기나 절단기를 운전할 때 위험을 방지하기 위해서는 안전장치를 한다.

해설
벨트는 재해를 방지하기 위하여 동력 기계가 정지된 상태에서 걸어야 한다.

10 벨트에 대한 안전사항으로 틀린 것은?

① 벨트의 이음쇠는 돌기가 없는 구조로 한다.
② 벨트를 걸거나 벗길 때에는 기계를 정지한 상태에서 실시한다.
③ 벨트가 풀리에 감겨 돌아가는 부분은 커버나 덮개를 설치한다.
④ 바닥면으로부터 2m 이내에 있는 벨트는 덮개를 제거한다.

해설
높이에 관계없이 벨트가 풀리에 감겨 돌아가는 부분은 커버나 덮개를 설치하여야 한다.

11 벨트 취급 시 안전에 대한 주의사항으로 틀린 것은?

① 벨트에 기름이 묻지 않도록 한다.
② 벨트의 적당한 유격을 유지하도록 한다.
③ 벨트 교환 시 회전을 완전히 멈춘 상태에서 한다.
④ 벨트의 회전을 정지시킬 때 손으로 잡아 정지시킨다.

해설
벨트 회전을 정지시킬 때는 동력 기계가 자연이 정지될 때까지 기다려야 한다.

06.③ 07.① 08.③ 09.① 10.④ 11.④

12 가스 용접 시 사용하는 봄베의 안전수칙으로 틀린 것은?

① 봄베를 넘어뜨리지 않는다.
② 봄베를 던지지 않는다.
③ 산소 봄베는 40℃ 이하에서 보관한다.
④ 봄베 몸통에는 녹슬지 않도록 그리스를 바른다.

해설

가스 용기(봄베)의 안전수칙
① 산소 용기의 온도를 섭씨 40도 이하로 유지할 것
② 전도의 위험이 없도록 할 것
③ 충격을 가하지 않도록 할 것
④ 운반하는 경우에는 캡을 씌울 것
⑤ 사용하는 경우에는 용기의 마개에 부착되어 있는 유류 및 먼지를 제거할 것

13 교류 아크 용접기의 감전 방지용 방호장치에 해당하는 것은?

① 2차 권선장치
② 자동 전격 방지기
③ 전류 조절 장치
④ 전자 계전기

해설

자동 전격 방지 장치(automatic electric shock prevention apparatus)는 교류 아크 용접기의 출력측 무부하 전압(교류 아크 용접기의 아크 발생을 정지시켰을 경우에서 용접봉과 피용접물 사이의 전압을 말한다)이 1.5초 이내에 30V 이하가 되도록 교류 아크 용접기에 장착하는 감전 방지용 안전장치를 말한다.

14 다음 중 가열, 마찰, 충격 또는 다른 화학물질과의 접촉 등으로 인하여 산소나 산화재 등의 공급이 없더라도 폭발 등 격렬한 반응을 일으킬 수 있는 물질이 아닌 것은?

① 질산에스테르류
② 니트로 화합물
③ 무기 화합물
④ 니트로소 화합물

해설

가열, 마찰, 충격 또는 다른 화학물질과의 접촉 등으로 인하여 산소나 산화재 등의 공급이 없더라도 폭발 등 격렬한 반응을 일으킬 수 있는 물질에는 질산에스테르류, 유기과산화물, 니트로 화합물, 니트로소 화합물, 아조화합물, 디아조 화합물, 히드라진 유도체, 히드록실아민, 히드록실아민 염류 등이 있다.

15 가연성 가스 저장실에 안전 사항으로 옳은 것은?

① 기름걸레를 가스통 사이에 끼워 충격을 적게 한다.
② 휴대용 전등을 사용한다.
③ 담뱃불을 가지고 출입한다.
④ 조명은 백열등으로 하고 실내에 스위치를 설치한다.

해설

가연성 가스 저장실에서는 휴대용 전등 외의 등화를 휴대하여서는 안 된다.

16 자연발화가 일어나기 쉬운 조건으로 틀린 것은?

① 발열량이 클 때
② 주위 온도가 높을 때
③ 착화점이 낮을 때
④ 표면적이 작을 때

해설

자연발화가 일어나기 쉬운 조건
① 발열량이 클 경우
② 주위 온도가 높을 경우
③ 착화점이 낮을 경우

17 화재예방 조치로서 적합하지 않은 것은?

① 가연성 물질을 인화 장소에 두지 않는다.
② 유류 취급 장소에는 방화수를 준비한다.
③ 흡연은 정해진 장소에서만 한다.
④ 화기는 정해진 장소에서만 취급한다.

해설

유류 취급 장소에는 소화기 및 방화사(모래)를 준비해 두어야 한다.

12.④ 13.② 14.③ 15.② 16.④ 17.②

18 다음 중 자연 발화성 및 금속성 물질이 아닌 것은?

① 탄소　② 나트륨
③ 칼륨　④ 알킬나트륨

해설

탄소는 동소체로 비결정성 탄소, 결정성인 흑연, 다이아몬드가 있다. 수소, 산소 또는 질소 등과 공유결합을 안정적으로 쉽게 형성할 수 있어 생체분자의 기본요소로 사용되며 석탄과 석유의 주성분이다.

19 화재 발생 시 연소 조건이 아닌 것은?

① 점화원
② 산소(공기)
③ 발화시기
④ 가연성 물질

해설

화재 발생시 연소 조건은 연료(가연성 물질), 열(점화원), 산소(공기) 등 3가지 조건이 갖추어 져야만 불의 발생이 가능한 것이다. 그래서 우리는 이 3가지를 불의 3요소라 부른다.

20 화재의 분류가 옳게 된 것은?

① A급 화재 : 일반 가연물 화재
② B급 화재 : 금속 화재
③ C급 화재 : 유류 화재
④ D급 화재 : 전기 화재

해설

화재의 종류
① A급 화재 : 일반 가연물
② B급 화재 : 유류 화재
③ C급 화재 : 전기 화재
④ D급 화재 : 금속 화재

21 보통 화재라고 하며 목재, 종이 등 일반 가연물의 화재로 분류되는 것은?

① A급 화재　② B급 화재
③ C급 화재　④ D급 화재

해설

A급 화재는 일반 가연물의 화재로 냉각소화의 원리에 의해서 소화되며, 소화기에 표시된 원형 표식은 백색으로 되어 있다.

22 B급 화재에 대한 설명으로 옳은 것은?

① 목재, 섬유류 등의 화재로서 일반적으로 냉각소화를 한다.
② 유류 등의 화재로서 일반적으로 질식효과(공기차단)로 소화한다.
③ 전기기기의 화재로서 일반적으로 전기절연성을 갖는 소화제로 소화한다.
④ 금속나트륨 등의 화재로서 일반적으로 건조사를 이용한 질식효과로 소화한다.

해설

B급 화재는 가솔린, 알코올, 석유 등의 유류 화재로 질식소화의 원리에 의해서 소화되며, 소화기에 표시된 원형의 표식은 황색으로 되어 있다.

23 작업장에서 휘발유 화재가 일어났을 경우 가장 적합한 소화방법은?

① 물 호스의 사용
② 불의 확대를 막는 덮개의 사용
③ 소다 소화기의 사용
④ 탄산가스 소화기의 사용

해설

탄산가스는 가스 소화제로 산소를 배출하고 화재 영역에 진공을 만들어 연소 반응을 억제한다. CO_2소화기는 전기기기나 유류 화재에 효과적이다.

24 유류로 인하여 발생한 화재에 가장 부적합한 소화기는?

① 포말 소화기
② 이산화탄소 소화기
③ 물소화기
④ 탄산수소염류 소화기

해설

유류 화재의 경우에는 물을 뿌릴 경우 화재가 일시적으로 더 확산된다.

정답　18.①　19.③　20.①　21.①　22.②　23.④　24.③

25 전기 시설과 관련된 화재로 분류되는 것은?

① A급 화재　　② B급 화재
③ C급 화재　　④ D급 화재

해설
C급 화재는 전기 기계, 전기 기구 등에서 발생되는 화재로 질식소화의 원리에 의해서 소화되며, 소화기에 표시된 원형의 표식은 청색으로 되어 있다.

26 다음 중 전기설비 화재 시 가장 적합하지 않은 소화기는?

① 포말 소화기
② 이산화탄소 소화기
③ 무상 강화액 소화기
④ 할로겐 화합물 소화기

해설
소화기의 용도
① **포말 소화기** : 약제의 화합으로 포말(거품)을 발생시켜 공기의 공급을 차단하여 소화한다. 사용되는 약제는 탄산수소나트륨(중조)·카세인·젤라틴·사포닌·소다회 및 황산알루미늄이며 목재·섬유 등 일반화재에도 사용되지만, 특히 가솔린과 같은 타기 쉬운 유류나 화학약품의 화재에 적당하며, 전기화재는 부적당하다.
② **이산화탄소 소화기** : 이산화탄소(탄산가스)를 축압하고 액화하여 충전한 것이며, 이산화탄소를 연소면에 방사하면 가스의 질식작용에 의해 소화되며 동시에 드라이 아이스에 의한 냉각효과가 있기 때문에 유류(B급) 화재에 적합하며, 이산화탄소는 전기에 대해 절연성이 우수하기 때문에 전기(C급) 화재에도 적합하다.
③ **무상 강화액 소화기** : 강화액은 탄산칼륨(탄산카리) 등의 수용액을 주성분으로 하여 일반적으로 담황색의 알칼리성으로 탈수, 탄화작용으로 목재, 종이 등을 불연화하고 재연 방지의 효과도 있어서 A급 화재, 무상일 때는 A, B, C급 화재에도 적용된다.
④ 할로겐 화합물 소화기 : 소화제에 탄산수소의 할로겐화합물(비소, 취소(브롬), 염소 등)을 사용한 것이며, 연소물에 방사하면 신속하게 기화해서 불연성의 무거운 기체가 되어, 연소물 주위에 체류해서 냉각, 질식, 억제에 의한 소화를 한다. B, C급 화재에 적합하다.

27 전기 화재의 원인과 관련이 없는 것은?

① 단락(합선)　　② 과절연
③ 전기불꽃　　④ 과전류

해설
전기 화재의 원인
① 전로나 전기기계기구의 이상과열(과부하, 과전류, 단락)
② 누전 또는 전기 불꽃에 의해서 발생한다.
③ 배선 접속 개소의 불량

28 화재 발생으로 부득이 화염이 있는 곳을 통과할 때의 요령으로 틀린 것은?

① 몸을 낮게 엎드려서 통과한다.
② 물수건으로 입을 막고 통과한다.
③ 머리카락, 얼굴, 발, 손 등을 불과 닿지 않게 한다.
④ 뜨거운 김은 입으로 마시면서 통과한다.

해설
화염이 있는 곳을 통과할 때의 요령
① 수건 등을 물에 적셔서 입과 코를 막고 숨을 짧게 쉬며 통과한다.
② 몸을 낮은 자세로 엎드려 신속하게 통과한다.
③ 머리카락, 얼굴, 발, 손 등을 불과 닿지 않게 한다.

29 소화설비 선택 시 고려하여야 할 사항이 아닌 것은?

① 작업의 성질　　② 작업자의 성격
③ 화재의 성질　　④ 작업장의 환경

해설
소화설비 선택 시 고려하여야 할 사항
① 작업장의 용도와 규모
② 작업장의 환경
③ 작업장의 인원 수
④ 화재의 성질(위험도)
⑤ 작업의 성질
⑥ 작업장의 구조

정답　25.③　26.①　27.②　28.④　29.②

30 **소화 설비를 설명한 내용으로 맞지 않는 것은?**

① 포말 소화 설비는 저온 압축한 질소가스를 방사시켜 화재를 진화한다.
② 분말 소화 설비는 미세한 분말 소화재를 화염에 방사시켜 진화시킨다.
③ 물 분무 소화 설비는 연소물의 온도를 인화점 이하로 냉각시키는 효과가 있다.
④ 이산화탄소 소화 설비는 질식작용에 의해 화염을 진화시킨다.

해설
포말 소화 설비는 연소 면을 거품으로 피복하여 산소의 공급을 차단하는 질식작용과 거품에 포함된 수분의 냉각작용으로 소화시키는 설비이다. 물이나 약제에 의한 소화법으로는 효과를 기대하기 어려운 가연성이나 인화성 액체의 소화에 사용되고 있다.

31 **화상을 입었을 때 응급조치로 가장 적합한 것은?**

① 옥도정기를 바른다.
② 메틸알코올에 담근다.
③ 아연화연고를 바르고 붕대를 감는다.
④ 찬물에 담갔다가 아연화연고를 바른다.

해설
화상을 입은 직후에는 우선 미지근한 온도의 생리식염수나 흐르는 수돗물로 열을 충분히(최소 10분 정도) 식혀야 한다. 화상 응급처치에서 중요한 점은 환부 노출로 인한 감염을 막기 위해 항생제 성분 연고(아연화연고)를 필수로 도포한 후 드레싱을 부착해야 한다.

32 **화재발생 시 소화기를 사용하여 소화 작업을 하고 할 때 올바른 방법은?**

① 바람을 안고 우측에서 좌측을 향해 실시한다.
② 바람을 등지고 좌측에서 우측을 향해 실시한다.
③ 바람을 안고 아래쪽에서 위쪽을 향해 실시한다.
④ 바람을 등지고 위쪽에서 아래쪽을 향해 실시한다.

해설
소화기 사용 방법
① 손잡이의 안전핀을 뽑는다.
② 노즐을 잡고 불쪽으로 향한다.
③ 소화기의 손잡이를 움켜쥔다.
④ 바람을 등지고 골고루 분사한다.

33 **흡연으로 인한 화재를 예방하기 위한 것으로 옳은 것은?**

① 금연 구역으로 지정된 장소에서 흡연한다.
② 흡연 장소 부근에 인화성 물질을 비치한다.
③ 배터리를 충전할 때 흡연은 가능한 삼가 하되 배터리의 셀 캡을 열고 했을 때는 관계없다.
④ 담배꽁초는 반드시 지정된 용기에 버려야 한다.

해설
흡연으로 인한 화재 예방
① 휘발유, 가스 등 인화성이 강한 물질이 있는 장소나 실내에서는 금연을 하며, 이러한 곳에는 금연구역 표시판을 붙여 주의를 환기시켜 준다.
② 보행 중에는 흡연을 삼가고 꽁초는 아무데나 버리지 않는다.
③ 흡연은 지정된 장소에서 하고 담배꽁초는 반드시 재떨이에 버린다.
④ 작업장에서는 지정된 장소에서만 담배를 피우고 쓰레기더미 등에 꽁초를 버리지 않는다.

34 **건설기계를 운전 중 터널 내에서 화재가 났을 경우 조치해야 할 행동으로 가장 옳은 것은?**

① 건설기계에서 내려 이동할 경우 시동을 켜 놓은 채 하차한다.
② 소화기로 불을 끌 경우 바람을 등지고 서야 한다.
③ 터널 밖으로 이동이 어려운 경우 차량은 최대한 중앙선 쪽으로 정차시킨다.
④ 건설기계를 두고 대피할 경우는 키를 뽑아 가지고 이동한다.

30.① 31.④ 32.④ 33.④ 34.②

해설

터널 내 화재 시 행동 요령
① 화재 발생 시 건설기계와 함께 터널 밖으로 신속히 이동한다.
② 터널 밖으로 이동이 불가능한 경우 양 옆으로 정차시킨다.
③ 시동을 끈 후 키를 둔 채 연기 반대 방향으로 대피한다.
④ 자세를 낮추고 손으로 코, 입을 막아 연기 흡입을 최소화 한다.
⑤ 피난 유도등을 보고 터널 탈출 또는 비상 대피소로 이동한다.
⑥ 대피 후 비상벨, 비상 전화로 터널 내 화재 상황을 전파한다.

35 일반 공구 사용에 있어 안전관리에 적합하지 않은 것은?

① 작업 특성에 맞는 공구를 선택하여 사용할 것
② 공구는 사용 전에 점검하여 불안전한 공구는 사용하지 말 것
③ 작업 진행 중 옆 사람에서 공구를 줄 때는 가볍게 던져 줄 것
④ 손이나 공구에 기름이 묻었을 때에는 완전히 닦은 후 사용할 것

해설

수공구 사용 시 안전 수칙
① 수공으로 만든 공구는 사용하지 않는다.
② 작업에 알맞은 공구를 선택하여 사용할 것.
③ 공구는 사용 전에 기름 등을 닦은 후 사용할 것.
④ 공구를 보관할 때에는 지정된 장소에 보관할 것.
⑤ 공구를 취급할 때에는 올바른 방법으로 사용할 것.
⑥ 공구 사용 전에 점검한 후 파손된 공구는 교환할 것
⑦ 사용한 공구는 항상 깨끗이 한 후 보관할 것

36 작업장에서 수공구 재해 예방 대책으로 잘못된 사항은?

① 결함이 없는 안전한 공구 사용
② 공구의 올바른 사용과 취급
③ 공구는 항상 오일을 바른 후 보관
④ 작업에 알맞은 공구 사용

해설

사용한 공구는 항상 깨끗이 한 후 보관하여야 한다.

37 다음 중 수공구인 렌치를 사용할 때 지켜야 할 안전사항으로 옳은 것은?

① 볼트를 풀 때는 지렛대 원리를 이용하여, 렌치를 밀어서 힘이 받도록 한다.
② 볼트를 조일 때는 렌치를 해머로 쳐서 조이면 강하게 조일 수 있다.
③ 렌치 작업 시 큰 힘으로 조일 경우 연장대를 끼워서 작업한다.
④ 볼트를 풀 때는 렌치 손잡이를 당길 때 힘을 받도록 한다.

해설

렌치 사용 시 주의사항
① 힘이 가해지는 방향을 확인하여 사용하여야 한다.
② 렌치를 잡아 당겨 볼트나 너트를 죄거나 풀어야 한다.
③ 사용 후에는 건조한 헝겊으로 닦아서 보관하여야 한다.
④ 볼트나 너트를 풀 때 렌치를 해머로 두들겨서는 안 된다.
⑤ 렌치에 파이프 등의 연장대를 끼워 사용하여서는 안 된다.
⑥ 산화 부식된 볼트나 너트는 오일이 스며들게 한 후 푼다.
⑦ 조정 렌치를 사용할 경우에는 조정 조에 힘이 가해지지 않도록 주의한다.
⑧ 볼트나 너트를 죄거나 풀 때에는 볼트나 너트의 머리에 꼭 맞는 것을 사용하여야 한다.

38 조정 렌치 사용 및 관리 요령으로 적합지 않는 것은?

① 볼트를 풀 때는 렌치에 연결대 등을 이용한다.
② 적당한 힘을 가하여 볼트, 너트를 죄고 풀어야 한다.
③ 잡아당길 때 힘을 가하면서 작업한다.
④ 볼트, 너트를 풀거나 조일 때는 볼트머리나 너트에 꼭 끼워져야 한다.

해설

스패너 사용 시 주의사항
① 스패너에 연장대를 끼워 사용하여서는 안 된다.
② 작업 자세는 발을 약간 벌리고 두 다리에 힘을 준다.
③ 스패너의 입이 볼트나 너트의 치수에 맞는 것을 사용한다.
④ 스패너를 해머로 두드리거나 스패너를 해머 대신 사용해서는 안 된다.

정답 35.③ 36.③ 37.④ 38.①

⑤ 볼트나 너트에 스패너를 깊이 물리고 조금씩 몸 쪽으로 당겨 풀거나 조인다.
⑥ 높거나 좁은 장소에서는 몸의 일부를 충분히 기대고 스패너가 빠져도 몸의 균형을 잃지 않도록 한다.

39 스패너 사용 시 주의 사항으로 잘못된 것은?

① 스패너의 입이 폭과 맞는 것을 사용한다.
② 필요 시 두 개를 이어서 사용할 수 있다.
③ 스패너를 너트에 정확하게 장착하여 사용한다.
④ 스패너의 입이 변형된 것은 폐기한다.

해설
스패너에 연장대를 이어서 사용해서는 안 된다.

40 해머 사용 시의 주의사항이 아닌 것은?

① 쐐기를 박아서 자루가 단단한 것을 사용한다.
② 기름 묻은 손으로 자루를 잡지 않는다.
③ 타격면이 닳아 경사진 것은 사용하지 않는다.
④ 처음에는 크게 휘두르고 차차 작게 휘두른다.

해설
해머 사용 시 주의사항
① 해머를 휘두르기 전에 반드시 주위를 살핀다.
② 해머의 타격면이 찌그러진 것을 사용하지 않는다.
③ 장갑을 끼거나 기름 묻은 손으로 작업하여서는 안 된다.
④ 사용 중에 해머와 손잡이를 자주 점검하면서 작업한다.
⑤ 쐐기를 박아서 손잡이가 튼튼하게 박힌 것을 사용하여야 한다.
⑥ 처음에는 작게 휘두르고 점차 크게 휘두른다.

41 해머 작업의 안전 수칙으로 틀린 것은?

① 목장갑을 끼고 작업한다.
② 해머를 사용하기 전 주위를 살핀다.
③ 해머 머리가 손상된 것은 사용하지 않는다.
④ 불꽃이 생길 수 있는 작업에는 보호 안경을 착용한다.

해설
해머 작업은 장갑을 끼거나 기름 묻은 손으로 작업하여서는 안 된다.

장비 안전관리

01 작업장에서 지켜야할 안전수칙이 아닌 것은?

① 작업 중 입은 부상은 즉시 응급조치를 하고 보고한다.
② 밀폐된 실내에서는 시동을 걸지 않는다.
③ 통로나 마룻바닥에 공구나 부품을 방치하지 않는다.
④ 기름걸레나 인화물질은 나무 상자에 보관한다.

해설
기름 또는 인쇄용 잉크류 등이 묻은 천조각이나 휴지 등은 뚜껑이 있는 불연성 용기에 담아 두는 등 화재예방을 위한 조치를 하여야 한다.

02 작업장의 안전수칙 중 틀린 것은?

① 공구는 오래 사용하기 위하여 기름을 묻혀서 사용한다.
② 작업복과 안전장구는 반드시 착용한다.
③ 각종 기계를 불필요하게 공회전 시키지 않는다.
④ 기계의 청소나 손질은 운전을 정지시킨 후 실시한다.

해설
공구에 기름이 묻어 있으면 손에서 미끄러져 사고의 위험이 있으므로 사용하기 전에 닦아낸 후 사용하여야 한다.

03 작업장에서 지킬 안전사항 중 틀린 것은?

① 안전모는 반드시 착용한다.
② 고압전기, 유해가스 등에 적색 표지판을 부착한다.
③ 해머 작업을 할 때는 장갑을 착용한다.
④ 기계의 주유 시는 동력을 차단한다.

정답 39.② 40.④ 41.① / 01.④ 02.① 03.③

04 일반 작업 환경에서 지켜야 할 안전사항으로 틀린 것은?

① 안전모를 착용한다.
② 해머는 반드시 장갑을 끼고 작업한다.
③ 주유 시는 시동을 끈다.
④ 정비나 청소작업은 기계를 정지 후 실시한다.

해설
장갑을 끼고 해머 작업을 하는 경우 손에서 빠져나가 사고의 위험이 있으므로 장갑을 끼고 작업해서는 안 된다.

05 작업 중 기계장치에서 이상한 소리가 날 경우 작업자가 해야 할 조치로 가장 적합한 것은?

① 진행 중인 작업은 계속하고 작업종료 후에 조치한다.
② 장비를 멈추고 열을 식힌 후 계속 작업한다.
③ 속도를 조금 줄여 작업한다.
④ 즉시, 작동을 멈추고 점검한다.

해설
작업 중 기계장치에서 이상한 소리가 날 경우 작업자는 즉시, 작동을 멈추고 점검하여야 한다.

06 보기에서 작업자의 올바른 안전 자세로 모두 짝지어진 것은?

[보기]
a. 자신의 안전과 타인의 안전을 고려한다.
b. 작업에 임해서는 아무런 생각 없이 작업한다.
c. 작업장 환경조성을 위해 노력한다.
d. 작업 안전 사항을 준수한다.

① a, b, c　② a, c, d
③ a, b, d　④ a, b, c, d

해설
작업자의 준수사항
① 작업자는 안전 작업 방법을 준수한다.
② 작업자는 감독자의 명령에 복종한다.
③ 자신의 안전은 물론 동료의 안전도 생각한다.
④ 작업에 임해서는 보다 좋은 방법을 찾는다.
⑤ 작업자는 작업 중에 불필요한 행동을 하지 않는다.
⑥ 작업장의 환경 조성을 위해서 적극적으로 노력한다.

07 다음 중 현장에서 작업자가 작업 안전상 꼭 알아두어야 할 사항은?

① 장비의 가격
② 종업원의 작업환경
③ 종업원의 기술정도
④ 안전규칙 및 수칙

해설
현장에서 작업자는 안전규칙 및 수칙을 준수하여 작업에 임하여야 한다.

08 작업장에서의 통행 규칙을 설명한 것으로 틀린 것은?

① 보행 중에는 발밑이나 주위의 상황 또는 작업에 주의한다.
② 지름길로 빠르게 가려고 위험한 장소를 횡단하여도 된다.
③ 주머니에 손을 넣지 않고 두 손을 자연스럽게 하고 걷는다.
④ 높은 곳에서 작업하고 있으면 그 곳에 주의하며, 통과한다.

해설
작업장에서의 통행 규칙
① 문은 조용히 열고 닫는다.
② 기중기 작업 중에는 접근하지 않는다.
③ 짐을 가진 사람과 마주치면 길을 비켜 준다.
④ 자재 위에 앉거나 자재 위를 걷지 않도록 한다.
⑤ 통로와 궤도를 건널 때 좌우를 살핀 후 건넌다.
⑥ 함부로 뛰지 않으며, 좌 · 우측통행의 규칙을 지킨다.
⑦ 지름길로 가려고 위험한 장소를 횡단하여서는 안된다.
⑧ 보행 중에는 발밑이나 주위의 상황 또는 작업에 주의한다.
⑨ 주머니에 손을 넣지 않고 두 손을 자연스럽게 하고 걷는다.
⑩ 높은 곳에서 작업하고 있으면 그 곳에 주의하며, 통과한다.

정답　04.②　05.④　06.②　07.④　08.②

09 작업장의 사다리식 통로를 설치하는 관련법상 틀린 것은?

① 견고한 구조로 할 것
② 발판의 간격은 일정하게 할 것
③ 사다리가 넘어지거나 미끄러지는 것을 방지하기 위한 조치를 할 것
④ 사다리식 통로의 길이가 10m 이상인 때에는 접이식으로 설치할 것

해설

사다리식 통로의 길이가 10m 이상인 경우에는 5m 이내마다 계단참을 설치하도록 규제하고 있다.

10 다음은 건설기계를 조정하던 중 감전되었을 때 위험을 결정하는 요소이다. 틀린 것은?

① 전압의 차체 충격 경로
② 인체에 흐르는 전류의 크기
③ 인체에 전류가 흐른 시간
④ 전류의 인체 통과경로

해설

감전되었을 때 위험을 결정하는 요소
① 인체에 흐른 전류의 크기
② 인체에 전류가 흐른 시간
③ 전류가 인체에 통과한 경로

11 전기 작업에서 안전작업상 적합하지 않은 것은?

① 저압 전력선에는 감전 우려가 없으므로 안심하고 작업할 것
② 퓨즈는 규정된 알맞은 것을 끼울 것
③ 전선이나 코드의 접속부는 절연물로서 완전히 피복하여 둘 것
④ 전기장치는 사용 후 스위치를 OFF할 것

해설

감전 재해
① 인체가 전기 에너지에 의해 직접 접촉하여 발생한다.
② 감전 재해의 결과로 인한 재해는 대부분 사람이 사망하거나 부상을 하는 경우이다.
③ 전기 재해는 저압(100V, 220V)의 경우에 사고 발생이 가장 높다.

12 다음 중 감전 재해의 대표적인 발생 형태로 틀린 것은?

① 전선이나 전기기기의 노출된 충전부의 양단간에 인체가 접촉되는 경우
② 전기기기의 충전부와 대지사이에 인체가 접촉되는 경우
③ 누전상태의 전기기기에 인체가 접촉되는 경우
④ 고압 전력선에 안전거리 이상 이격한 경우

13 인력으로 운반 작업을 할 때 틀린 것은?

① 긴 물건은 앞쪽을 위로 올린다.
② 드럼통과 LPG 봄베는 굴려서 운반한다.
③ 무리한 몸가짐으로 물건을 들지 않는다.
④ 공동 운반에서는 서로 협조를 하여 작업한다.

해설

드럼통과 LPG 봄베는 운반차를 이용하여 운반하여야 한다.

14 운반 작업시의 안전수칙으로 틀린 것은?

① 화물 적재 시 될 수 있는 대로 중심고를 높게 한다.
② 길이가 긴 물건은 앞쪽을 높여서 운반한다.
③ 인력으로 운반 시 어깨보다 높이 들지 않는다.
④ 무거운 짐을 운반할 때는 보조구들을 사용한다.

해설

운반 작업에서 화물을 적재하는 경우 될 수 있는 대로 중심고를 낮추어야 안전하다.

정답 09.④ 10.① 11.① 12.④ 13.② 14.①

15 운반 작업 시 지켜야 할 사항으로 옳은 것은?

① 운반 작업은 장비를 사용하기 보다는 가능한 많은 인력을 동원하여 하는 것이 좋다.

② 인력으로 운반 시 무리한 자세로 장시간 취급하지 않는다.

③ 인력으로 운반 시 보조구를 사용하되 몸에서 멀리 떨어지게 하고, 가슴위치에서 하중이 걸리게 한다.

④ 통로 및 인도에 가까운 곳에서는 빠른 속도로 벗어나는 것이 좋다.

해설

운반 작업 시 지켜야 할 사항

① 하물의 운반은 수평거리 운반을 원칙으로 한다.
② 여러 번 들어 움직이거나 중계 운반, 반복 운반을 하여서는 아니 된다.
③ 운반시의 시선은 진행방향을 향하고 뒷걸음 운반을 하여서는 아니 된다.
④ 어깨높이보다 높은 위치에서 하물을 들고 운반하여서는 아니 된다.
⑤ 쌓여 있는 하물을 운반할 때에는 중간 또는 하부에서 뽑아내어서는 아니 된다.

16 길이가 긴 물건을 공동으로 운반 작업을 할 때의 주의사항과 거리가 먼 것은?

① 작업 지휘자를 반드시 정한다.

② 두 사람이 운반할 때는 힘 센 사람이 하중을 더 많이 분담한다.

③ 물건을 들어 올리거나 내릴 때는 서로 같은 소리를 내는 등의 방법으로 동작을 맞춘다.

④ 체력과 신장이 서로 잘 어울리는 사람끼리 작업한다.

해설

공동으로 운반 작업 시 주의사항

① 육체적으로 고르고 키가 큰 사람으로 조를 편성한다.
② 정해진 지휘자의 구령 또는 호각 등에 따라 동작한다.
③ 운반물의 하중이 여러 사람에게 평균적으로 걸리도록 한다.
④ 지휘자를 정하고 지휘자는 작업자를 보고 지휘할 수 있는 위치에 선다.
⑤ 긴 물건을 어깨에 메고 운반하는 경우에는 각 작업자와 같은 쪽의 어깨에 메고서 보조를 맞춘다.
⑥ 물건을 들어 올리거나 내릴 때는 서로 같은 소리를 내는 등의 방법으로 동작을 맞춘다.

17 중량물 운반에 대한 설명으로 틀린 것은?

① 흔들리는 중량물은 사람이 붙잡아서 이동한다.

② 무거운 물건을 운반할 경우 주위 사람에게 인지하게 한다.

③ 규정 용량을 초과하여 운반하지 않는다.

④ 무거운 물건을 상승시킨 채 오랫동안 방치하지 않는다.

해설

중량물 운반할 때 주의 사항

① 체인블록이나 호이스트를 사용한다.
② 무거운 물건을 운반할 경우 주위 사람에게 인지하게 한다.
③ 규정 용량을 초과하여 운반하지 않는다.
④ 무거운 물건을 상승시킨 채 오랫동안 방치하지 않는다.
⑤ 화물을 운반할 경우에는 운전반경 내를 확인한다.

정답 15.② 16.② 17.①

PART 8 건설기계관리법규

CHAPTER 1

건설기계관리법규

건설기계 용어의 정의 및 등록

01 건설기계관리법령상 건설기계의 범위로 옳은 것은?

① 덤프트럭 : 적재용량 10톤 이상인 것
② 기중기 : 무한궤도식으로 레일식인 것
③ 불도저 : 무한궤도식 또는 타이어식인 것
④ 공기압축기 : 공기토출량이 매분 당 10세제곱미터 이상의 이동식 인 것

해설
건설기계의 범위
① **덤프트럭** : 적재용량 12톤 이상인 것. 다만, 적재용량 12톤 이상 20톤 미만의 것으로 화물운송에 사용하기 위하여 자동차관리법에 의한 자동차로 등록된 것을 제외한다.
② **기중기** : 무한궤도 또는 타이어식으로 강재의 지주 및 선회장치를 가진 것. 다만 궤도(레일)식인 것을 제외한다.
③ **공기압축기** : 공기배출량이 매분 당 2.83세제곱미터(매제곱센티미터당 7킬로그램 기준)이상의 이동식인 것

02 건설기계의 범위에 속하지 않는 것은?

① 공기배출량이 매분 당 2.83세제곱미터 이상의 이동식인 공기압축기
② 노상안정장치를 가진 자주식인 노상안정기
③ 정지장치를 가진 자주식인 모터그레이더
④ 전동식 솔리드 타이어를 부착한 것 중 도로가 아닌 장소에서만 운행하는 지게차

해설
지게차의 범위
타이어식으로 들어 올림 장치와 조종석을 가진 것. 다만, 전동식으로 솔리드타이어를 부착한 것 중 도로가 아닌 장소에서만 운행하는 것은 제외한다.

03 건설기계 범위에 해당되지 않는 것은?

① 준설선
② 3톤 지게차
③ 항타 및 항발기
④ 자체중량 1톤 미만의 굴착기

해설
굴착기의 범위: 무한궤도 또는 타이어식으로 굴착장치를 가진 자체중량 1톤 이상인 것

04 건설기계관리법에서 정의한 건설기계 형식을 가장 잘 나타낸 것은?

① 엔진 구조 및 성능을 말한다.
② 형식 및 규격을 말한다.
③ 성능 및 용량을 말한다.
④ 구조 · 규격 및 성능 등에 관하여 일정하게 정한 것을 말한다.

해설
건설기계형식이란 건설기계의 구조 · 규격 및 성능 등에 관하여 일정하게 정한 것을 말한다.

05 국가비상사태하가 아닐 때 건설기계 등록신청은 건설기계관리법령상 건설기계를 취득한 날부터 얼마의 기간 이내에 하여야 되는가?

① 5일 ② 15일
③ 1월 ④ 2월

정답 01.③ 02.④ 03.④ 04.④ 05.④

06 **건설기계 등록 신청은 누구에게 하는가?**

① 소유자의 주소지 또는 건설기계 사용본거지를 관할하는 시·도지사
② 안전행정부 장관
③ 소유자의 주소지 또는 건설기계 소재지를 관할하는 검사소장
④ 소유자의 주소지 또는 건설기계 소재지를 관할하는 경찰서장

해설
건설기계소유자의 주소지 또는 건설기계의 사용본거지를 관할하는 특별시장·광역시장·특별자치시장·도지사 또는 특별자치도지사에게 건설기계 등록 신청을 하여야 한다.

07 **건설기계 등록신청에 대한 설명으로 맞는 것은?(단, 전시·사변 등 국가비상사태 하의 경우 제외)**

① 시·군·구청장에게 취득한 날로부터 10일 이내 등록신청을 한다.
② 시·도지사에게 취득한 날로부터 15일 이내 등록신청을 한다.
③ 시·군·구청장에게 취득한 날로부터 1개월 이내 등록신청을 한다.
④ 시·도지사에게 취득한 날로부터 2개월 이내 등록신청을 한다.

해설
건설기계 등록신청은 건설기계를 취득한 날(판매를 목적으로 수입된 건설기계의 경우에는 판매한 날을 말한다)부터 2월 이내에 하여야 한다.

08 **건설기계 등록신청 시 첨부하지 않아도 되는 서류는?**

① 호적등본
② 건설기계 소유자임을 증명하는 서류
③ 건설기계 제작증
④ 건설기계 제원표

해설
건설기계 등록신청 첨부서류
① 건설기계 등록신청서(전자문서로 된 신청서를 포함한다)
② 건설기계 출처를 증명하는 서류
㉮ 국내에서 제작한 건설기계 : 건설기계 제작증
㉯ 수입한 건설기계 : 수입면장 등 수입 사실을 증명하는 서류(타워크레인의 경우 건설기계 제작증 추가로 제출)
㉰ 행정기관으로부터 매수한 건설기계 : 매수증서
③ 건설기계 소유자임을 증명하는 서류
④ 건설기계 제원표
⑤ 자동차손해배상 보장법 제5조에 따른 보험 또는 공제의 가입을 증명하는 서류

09 **건설기계관리법령상 건설기계 소유자에게 건설기계 등록증을 교부할 수 없는 단체장은?**

① 전주시장
② 강원도지사
③ 대전광역시장
④ 세종특별자치시장

해설
건설기계소유자의 주소지 또는 건설기계의 사용본거지를 관할하는 특별시장·광역시장·특별자치시장·도지사 또는 특별자치도지사(이하 "시·도지사"라 한다)에게 건설기계 등록 신청을 하여야 한다. 시·도지사는 건설기계 등록신청을 받으면 신규 등록검사를 한 후 건설기계 등록원부에 필요한 사항을 적고, 그 소유자에게 건설기계 등록증을 발급하여야 한다.

10 **건설기계 등록·검사증이 헐어서 못쓰게 된 경우 어떻게 하여야 되는가?**

① 신규등록 신청
② 등록말소 신청
③ 정기검사 신청
④ 재교부 신청

해설
건설기계 소유자가 건설기계 등록증·검사증을 잃어버리거나 헐어 못쓰게 되어 재교부 받으려는 경우에는 건설기계 등록증 재교부 신청서(전자문서로 된 신청서를 포함한다)를 시·도지사에게 제출하거나 전산정보처리조직을 통해 신청해야 한다.

06.① 07.④ 08.① 09.① 10.④

11 **건설기계 소유자가 건설기계의 등록 전 일시적으로 운행할 수 없는 경우는?**

① 등록신청을 하기 위하여 건설기계를 등록지로 운행하는 경우
② 신규등록검사 및 확인검사를 받기 위하여 검사장소로 운행하는 경우
③ 간단한 작업을 위하여 건설기계를 일시적으로 운행하는 경우
④ 신개발 건설기계를 시험 · 연구의 목적으로 운행하는 경우

해설

미등록 건설기계의 임시운행
① 등록신청을 하기 위하여 건설기계를 등록지로 운행하는 경우
② 신규등록검사 및 확인검사를 받기 위하여 건설기계를 검사장소로 운행하는 경우
③ 수출하기 위하여 건설기계를 선적지로 운행하는 경우
④ 수출하기 위하여 등록말소 한 건설기계를 점검 · 정비의 목적으로 운행하는 경우
⑤ 신개발 건설기계를 시험 · 연구의 목적으로 운행하는 경우
⑥ 판매 또는 전시를 위하여 건설기계를 일시적으로 운행하는 경우

12 **건설기계관리법령상 미등록 건설기계의 임시운행 사유에 해당되지 않는 것은?**

① 등록신청을 하기 위하여 건설기계를 등록지로 운행하는 경우
② 등록신청 전에 건설기계 공사를 하기 위하여 임시로 사용하는 경우
③ 수출을 하기 위하여 건설기계를 선적지로 운행하는 경우
④ 신개발 건설기계를 시험·연구의 목적으로 운행하는 경우

13 **신개발 건설기계의 시험 · 연구 목적 운행을 제외한 건설기계의 임시운행 기간은 며칠 이내인가?**

① 5일 ② 10일
③ 15일 ④ 20일

해설

건설기계의 임시운행 기간
① **임시운행 기간** : 15일 이내로 한다.
② **신개발 건설기계를 시험 · 연구의 목적으로 운행하는 경우** : 3년 이내

14 **건설기계 등록사항의 변경 신고 대상이 아닌 것은?**

① 소유자 변경
② 소유자의 주소지 변경
③ 건설기계 소재지 변동
④ 건설기계의 사용본거지 변경

해설

건설기계의 소유자는 건설기계 등록사항에 변경이 있는 때에는 그 변경이 있은 날부터 30일(상속의 경우에는 상속개시일부터 6개월)이내에 건설기계 등록사항 변경신고서(전자문서로 된 신고서를 포함한다)에 변경내용을 증명하는 서류, 건설기계등록증, 건설기계검사증(전자문서를 포함한다) 첨부하여 등록을 한 시 · 도지사에게 제출해야 한다.

15 **건설기계관리법령상 건설기계의 등록말소 사유에 해당하지 않는 것은?**

① 건설기계를 도난당한 경우
② 건설기계를 변경할 목적으로 해체한 경우
③ 건설기계를 교육 · 연구 목적으로 사용한 경우
④ 건설기계의 차대가 등록 시의 차대와 다를 경우

해설

건설기계 등록말소의 사유
① 거짓이나 그 밖의 부정한 방법으로 등록을 한 경우
② 건설기계가 천재지변 또는 이에 준하는 사고 등으로 사용할 수 없게 되거나 멸실된 경우
③ 건설기계의 차대(車臺)가 등록 시의 차대와 다른 경우
④ 건설기계가 건설기계 안전기준에 적합하지 아니하게 된 경우
⑤ 정기검사 명령, 수시검사 명령 또는 정비 명령에 따르지 아니한 경우
⑥ 건설기계를 수출하는 경우
⑦ 건설기계를 도난당한 경우
⑧ 건설기계를 폐기한 경우

11.③ 12.② 13.③ 14.③ 15.②

⑨ 건설기계 해체재활용업자에게 폐기를 요청한 경우
⑩ 구조적 제작 결함 등으로 건설기계를 제작자 또는 판매자에게 반품한 경우
⑪ 건설기계를 교육·연구 목적으로 사용하는 경우
⑫ 대통령령으로 정하는 내구연한을 초과한 건설기계. 다만, 정밀진단을 받아 연장된 경우는 그 연장기간을 초과한 건설기계
⑬ 건설기계를 횡령 또는 편취당한 경우

16 **건설기계 소유자는 등록한 성명 또는 주소가 변경된 경우 어떤 신고를 해야 하는가?**

① 등록사항 변경신고를 하여야 한다.
② 등록이전 신고를 하여야 한다.
③ 건설기계 소재지 변동신고를 한다.
④ 등록지의 변경 시에는 아무 신고도 하지 않는다.

해설
건설기계소유자의 성명 또는 주소가 변경된 경우 건설기계소유자가 주민등록법에 따른 성명 또는 주소의 정정신고, 전입신고를 한 경우에는 등록사항의 변경신고를 한 것으로 본다.

17 **건설기계등록 말소등록 신청 시의 첨부서류가 아닌 것은?**

① 건설기계 검사증
② 건설기계 등록증
③ 건설기계 제작증
④ 등록말소사유를 확인할 수 있는 서류

해설
건설기계 말소등록 신청서류
① 건설기계 등록말소 신청서
② 건설기계 등록증
③ 건설기계 검사증
④ 멸실·도난·수출·폐기·폐기요청·반품 및 교육·연구목적 사용 등 등록말소사유를 확인할 수 있는 서류

18 **건설기계 소유자는 건설기계를 도난당한 날로 부터 얼마 이내에 등록말소를 신청해야 하는가?**

① 30일 이내 ② 2개월 이내
③ 3개월 이내 ④ 6개월 이내

해설
건설기계를 도난당한 경우: 사유가 발생한 날부터 2개월 이내에 등록말소를 신청하여야 한다.

19 **시·도지사는 건설기계 등록원부를 건설기계의 등록을 말소한 날부터 몇 년간 보존하여야 하는가?**

① 1년 ② 3년
③ 5년 ④ 10년

해설
시·도지사는 건설기계 등록원부를 건설기계의 등록을 말소한 날부터 10년간 보존하여야 한다.

20 **건설기계관리법령상 자가용 건설기계 등록번호표의 색상으로 옳은 것은?**

① 청색 바탕에 흰색 문자
② 적색 바탕에 흰색 문자
③ 흰색 바탕에 황색 문자
④ 흰색 바탕에 검은색 문자

해설
등록번호표의 색상 및 등록 번호
① 건설기계 등록번호표에는 용도·기종 및 등록번호를 표시해야 한다.
② 등록번호표는 압형으로 제작한다.
③ 임시번호판 : 흰색 페인트판에 검은색 문자
④ 관용 : 흰색 바탕에 검은색 문자 0001~0999
⑤ 자가용 : 흰색 바탕에 검은색 문자 1000~5999
⑥ 대여사업용 : 주황색 바탕에 검은색 문자 6000~9999

21 **대여사업용 건설기계 등록번호표의 색상으로 맞는 것은?**

① 흰색 바탕에 검은색 문자
② 녹색 바탕에 흰색 문자
③ 청색 바탕에 흰색 문자
④ 주황색 바탕에 검은색 문자

정답 16.① 17.③ 18.② 19.④ 20.④ 21.④

22 기중기의 기종별 기호 표시로 옳은 것은?

① 01 ② 03
③ 05 ④ 07

해설

기종별 기호표시
- 01 : 불도저
- 02 : 굴삭기
- 03 : 로더
- 04 : 지게차
- 05 : 스크레이퍼
- 06 : 덤프트럭
- 07 : 기중기
- 08 : 모터그레이더
- 09 : 롤러
- 10 : 노상안정기

23 건설기계의 등록번호표가 06-6543인 것은?

① 로더 - 영업용
② 덤프트럭 - 영업용
③ 지게차 - 자가용
④ 덤프트럭 - 관용

해설

등록 번호표의 06은 기종번호로 덤프트럭이며, 6543은 등록번호로 6000부터 9999에 해당하는 대여사업용을 나타낸다.

24 건설기계 등록번호표의 봉인이 떨어졌을 경우에 조치방법으로 올바른 것은?

① 운전자가 즉시 수리한다.
② 관할 시·도지사에게 봉인을 신청한다.
③ 관할 검사소에 봉인을 신청한다.
④ 가까운 카센터에서 신속하게 봉인한다.

해설

건설기계 소유자가 등록번호표나 봉인이 없어지거나 헐어 못쓰게 되어 이를 다시 부착하거나 봉인하려는 경우에는 건설기계 등록번호표 제작등 신청서에 등록번호표(헐어 못쓰게 된 경우에 한한다)를 첨부하여 시·도지사에게 제출해야 한다.

25 건설기계 등록을 말소한 때에는 등록번호표를 며칠이내 시·도지사에게 반납하여야 하는가?

① 10일 ② 15일
③ 20일 ④ 30일

26 건설기계 소유자가 관련법에 의하여 등록번호표를 반납하고자 하는 때에는 누구에게 하여야 하는가?

① 국토교통부장관
② 구청장
③ 시·도지사
④ 동장

해설

등록된 건설기계의 소유자는 등록번호표를 반납하여야 하는 사유가 발생한 경우에는 10일 이내에 등록번호표의 봉인을 떼어낸 후 그 등록번호표를 시·도지사에게 반납하여야 한다.

27 건설기계 안전기준에 관한 규칙상 건설기계 높이의 정의로 옳은 것은?

① 앞 차축의 중심에서 건설기계의 가장 윗부분까지의 최단거리
② 작업 장치를 부착한 자체중량 상태의 건설기계의 가장 위쪽 끝이 만드는 수평면으로부터 지면까지의 최단거리
③ 뒷바퀴의 윗부분에서 건설기계의 가장 윗부분까지의 수직 최단거리
④ 지면에서부터 적재할 수 있는 최고의 최단거리

해설

건설기계 높이란 작업 장치를 부착한 자체중량 상태의 건설기계의 가장 위쪽 끝이 만드는 수평면으로부터 지면까지의 최단거리를 말한다.

28 건설기계 운전 중량 산정 시 조종사 1명의 체중으로 맞는 것은?

① 50kg ② 55kg
③ 60kg ④ 65kg

해설

운전중량이란 자체중량에 건설기계의 조종에 필요한 최소의 조종사가 탑승한 상태의 중량을 말하며, 조종사 1명의 체중은 65킬로그램으로 본다.

정답 22.④ 23.② 24.② 25.① 26.③ 27.② 28.④

29 특별표지판을 부착하지 않아도 되는 건설기계는?

① 최소회전 반경이 13m인 건설기계
② 길이가 17m인 건설기계
③ 너비가 3m인 건설기계
④ 높이가 3m인 건설기계

해설

특별표지판 설치 대상 건설기계
① 길이가 16.7미터를 초과하는 건설기계
② 너비가 2.5미터를 초과하는 건설기계
③ 높이가 4.0미터를 초과하는 건설기계
④ 최소 회전반경이 12미터를 초과하는 건설기계
⑤ 총중량이 40톤을 초과하는 건설기계. 다만, 굴착기, 로더 및 지게차는 운전중량이 40톤을 초과하는 경우를 말한다.
⑥ 총중량 상태에서 축하중이 10톤을 초과하는 건설기계. 다만, 굴착기, 로더 및 지게차는 운전중량 상태에서 축하중이 10톤을 초과하는 경우를 말한다.
⑦ 특별표지판의 바탕은 검은색으로, 문자 및 테두리는 흰색으로 도색할 것.
⑧ 특별표지판은 등록번호가 표시되어 있는 면에 부착할 것.

30 대형건설기계의 특별표지 중 경고표지판 부착 위치는?

① 작업 인부가 쉽게 볼 수 있는 곳
② 조종실 내부의 조종사가 보기 쉬운 곳
③ 교통경찰이 쉽게 볼 수 있는 곳
④ 특별 번호판 옆

해설

대형건설기계 경고표지판
① 조종실 내부의 조종사가 보기 쉬운 곳에 경고표지판을 부착하여야 한다.
② 경고표지판의 바탕은 검은색, 문자 및 테두리선은 흰색으로 도색하고, 문자는 고딕체로 할 것
③ 경고표지판의 재질은 두께 0.2밀리미터의 합성수지로 할 것.

건설기계 검사

01 건설기계 관리법상 건설기계를 검사 유효기간이 끝난 후에 계속 사용하고자 할 때는 어느 검사를 받아야 하는가?

① 신규등록 검사 ② 계속 검사
③ 수시 검사 ④ 정기 검사

해설

교통부장관이 실시하는 검사
① **신규 등록검사** : 건설기계를 신규로 등록할 때 실시하는 검사
② **정기검사** : 건설공사용 건설기계로서 3년의 범위에서 검사유효기간이 끝난 후에 계속하여 운행하려는 경우에 실시하는 검사와 대기환경보전법 제62조 및 소음·진동관리법 제37조에 따른 운행차의 정기검사
③ **구조변경검사** : 건설기계의 주요 구조를 변경하거나 개조한 경우 실시하는 검사
④ **수시검사** : 성능이 불량하거나 사고가 자주 발생하는 건설기계의 안전성 등을 점검하기 위하여 수시로 실시하는 검사와 건설기계 소유자의 신청을 받아 실시하는 검사

02 건설기계 관리법령상 건설기계에 대하여 실시하는 검사가 아닌 것은?

① 신규 등록검사
② 예비 검사
③ 구조 변경 검사
④ 수시 검사

03 건설기계의 수시검사 대상이 아닌 것은?

① 소유자가 수시검사를 신청한 건설기계
② 사고가 자주 발생하는 건설기계
③ 성능이 불량한 건설기계
④ 구조를 변경한 건설기계

해설

수시검사는 성능이 불량하거나 사고가 자주 발생하는 건설기계의 소유자가 수시검사를 신청한 경우나 관할 시·도지사가 수시검사 명령을 한 경우에만 받을 수 있다.

정답 29.④ 30.② / 01.④ 02.② 03.④

04 **정기 검사대상 건설기계의 정기검사 신청기간으로 옳은 것은?**

① 건설기계의 정기검사 유효기간 만료일 전후 45일 이내에 신청한다.
② 건설기계의 정기검사 유효기간 만료일 전 90일 이내에 신청한다.
③ 건설기계의 정기검사 유효기간 만료일 전후 각각 31일 이내에 신청한다.
④ 건설기계의 정기검사 유효기간 만료일 후 60일 이내에 신청한다.

해설
정기검사 신청은 검사유효기간의 만료일 전후 각각 31일 이내에 정기검사신청서를 시·도지사에게 제출해야 한다.

05 **정기검사 신청을 받은 검사대행자는 며칠 이내 검사일시 및 장소를 신청인에게 통지하여야 하는가?**

① 20일 ② 15일
③ 5일 ④ 3일

해설
검사신청을 받은 시·도지사 또는 검사대행자는 신청을 받은 날부터 5일 이내에 검사일시와 검사장소를 지정하여 신청인에게 통지해야 한다.

06 **건설기계로 등록한지 10년 된 덤프트럭의 검사유효기간은?**

① 6월 ② 1년
③ 2년 ④ 3년

해설
건설기계로 등록한지 20년 이하인 덤프트럭의 검사유효기간은 1년, 20년 초과된 덤프트럭의 검사유효기간은 6개월이다.

07 **기중기의 정기검사 유효기간으로 옳은 것은?**

① 1년 ② 2년
③ 3년 ④ 4년

해설
타이어식 굴착기, 기중기, 아스팔트살포기, 천공기, 항타 및 항발기의 정기검사 유효기간은 1년이다.

08 **건설기계 관리법령상 건설기계의 정기검사 유효기간이 잘못된 것은?**

① 항타 및 항발기 : 1년
② 타워크레인 : 6개월
③ 아스팔트 살포기 : 1년
④ 지게차 1톤 이상 20년 이하 : 3년

해설
1톤 이상 지게차를 건설기계로 등록한지 20년 이하인 경우 검사유효기간은 2년, 20년 초과된 경우 검사유효기간은 1년이다.

09 **건설기계관리법령상 건설기계가 정기검사 신청기간 내에 정기검사를 받은 경우, 다음 정기검사 유효기간의 산정방법으로 옳은 것은?**

① 정기검사를 받은 날부터 기산한다.
② 정기검사를 받은 날의 다음 날부터 기산한다.
③ 종전 검사유효기간 만료일부터 기산한다.
④ 종전 검사유효기간 만료일의 다음 날부터 기산한다.

해설
정기검사 유효기간의 산정은 정기검사 신청기간까지 정기검사를 신청한 경우에는 종전 검사유효기간 만료일의 다음 날부터, 그 외의 경우에는 검사를 받은 날의 다음 날부터 기산한다.

10 **건설기계 관리 법령에서 건설기계의 주요 구조변경 및 개조의 범위에 해당하지 않는 것은?**

① 기종 변경
② 원동기의 형식변경
③ 유압장치의 형식변경
④ 동력전달장치의 형식변경

해설
건설기계의 기종변경, 육상작업용 건설기계 규격의 증가 또는 적재함의 용량증가를 위한 구조변경은 할 수 없다.

정답 04.③ 05.③ 06.② 07.① 08.④ 09.④ 10.①

11 건설기계의 주요구조 변경 범위에 포함되지 않는 사항은?

① 원동기의 형식변경
② 제동장치의 형식변경
③ 조종장치의 형식변경
④ 충전장치의 형식변경

해설

구조변경 범위
① 원동기 및 전동기의 형식변경
② 동력전달장치의 형식변경
③ 제동장치의 형식변경
④ 주행장치의 형식변경
⑤ 유압장치의 형식변경
⑥ 조종장치의 형식변경
⑦ 조향장치의 형식변경
⑧ 작업장치의 형식변경. 다만, 가공작업을 수반하지 아니하고 작업장치를 선택 부착하는 경우에는 작업장치의 형식변경으로 보지 아니한다.
⑨ 건설기계의 길이 · 너비 · 높이 등의 변경
⑩ 수상작업용 건설기계의 선체의 형식변경
⑪ 타워크레인 설치기초 및 전기장치의 형식변경

12 건설기계관리법령상 건설기계의 구조변경 검사 신청은 주요구조를 변경 또는 개조한 날부터 며칠이내에 하여야 하는가?

① 5일 이내 ② 15일 이내
③ 20일 이내 ④ 30일 이내

해설

주요구조를 변경 또는 개조한 날부터 20일 이내에 건설기계 구조변경 검사신청서를 시·도지사에게 제출해야 한다.

13 건설기계의 구조변경검사 신청서에 첨부할 서류가 아닌 것은?

① 변경 전·후의 건설기계 외관도
② 변경 전·후의 주요제원 대비표
③ 변경한 부분의 도면
④ 변경한 부분의 사진

해설

구조변경검사 신청 시 첨부서류
① 변경전·후의 주요 제원 대비표
② 변경전·후의 건설기계의 외관도(외관의 변경이 있는 경우에 한한다)
③ 변경한 부분의 도면
④ 선급법인 또는 한국해양교통안전공단이 발행한 안전도검사증명서(수상작업용 건설기계에 한한다)
⑤ 건설기계를 제작하거나 조립하는 자 또는 건설기계정비업자의 등록을 한 자가 발행하는 구조변경 사실을 증명하는 서류

14 건설기계 검사소에서 검사를 받아야 하는 건설기계는?

① 콘크리트 살포기
② 트럭적재식 콘크리트 펌프
③ 지게차
④ 스크레이퍼

해설

검사소에서 검사를 받아야 하는 건설기계
① 덤프트럭
② 콘크리트믹서트럭
③ 콘크리트펌프(트럭적재식)
④ 아스팔트살포기
⑤ 트럭지게차(특수 건설기계인 트럭 지게차를 말한다)

15 건설기계를 이동하지 않고 검사하는 경우의 건설기계가 아닌 것은?

① 너비가 2.5미터를 초과는 경우
② 도서지역에 있는 경우
③ 건설기계 중량이 20톤인 경우
④ 최고속도가 시간당 25킬로미터인 경우

해설

건설기계가 위치한 장소에서 검사하여야 하는 건설기계
① 도서지역에 있는 경우
② 자체중량이 40톤을 초과하거나 축중이 10톤을 초과하는 경우
③ 너비가 2.5m를 초과하는 경우
④ 최고속도가 시간당 35km 미만인 경우

정답 11.④ 12.③ 13.④ 14.② 15.③

건설기계 조종사 면허

01 건설기계 조종사 면허에 관한 사항으로 틀린 것은?

① 자동차운전면허로 운전할 수 있는 건설기계도 있다.
② 면허를 받고자 하는 자는 국·공립병원, 시·도지사가 지정하는 의료기관의 적성검사에 합격하여야 한다.
③ 특수건설기계 조종은 국토교통부장관이 지정하는 면허를 소지하여야 한다.
④ 특수건설기계 조종은 특수조종면허를 받아야 한다.

해설
특수건설기계 중 국토교통부장관이 지정하는 건설기계는 제1종 대형운전면허가 있어야 한다.

02 건설기계 조종사 면허증 발급신청 시 첨부하는 서류와 가장 거리가 먼 것은?

① 신체검사서
② 국가기술자격증 정보
③ 주민등록표 등본
④ 소형건설기계 조종교육 이수증

해설
조종사 면허증 발급신청 시 첨부서류
① 신체검사서
② 소형건설기계 조종교육 이수증(소형건설기계 조종사 면허증 발급에 한함)
③ 건설기계 조종사 면허증(건설기계 조종사 면허의 종류 추가에 한함)
④ 신청일 전 6개월 이내에 촬영한 천연색 상반신 정면 사진 1장
⑤ 국가기술자격증 정보(소형건설기계 조종사 면허증을 발급 신청의 경우 제외)
⑥ 자동차운전면허 정보(3톤 미만의 지게차를 조종하려는 경우에 한정한다)
※ ⑤항 및 ⑥항은 신청인이 행정정보의 공동이용을 통하여 정보의 확인에 동의하지 아니하는 경우에는 해당 서류의 사본을 첨부하도록 하여야 한다.

03 제1종 대형 자동차 면허로 조종할 수 없는 건설기계는?

① 콘크리트펌프
② 노상안정기
③ 아스팔트살포기
④ 타이어식 기중기

해설
제1종 대형면허로 조종하여야 하는 건설기계
① 덤프트럭
② 아스팔트살포기
③ 노상안정기
④ 콘크리트믹서트럭
⑤ 콘크리트펌프
⑥ 천공기(트럭적재식을 말한다)
⑦ 특수건설기계 중 국토교통부장관이 지정하는 건설기계

04 제1종 대형운전면허로 조종할 수 있는 건설기계는?

① 콘크리트살포기
② 콘크리트피니셔
③ 아스팔트살포기
④ 아스팔트 피니셔

05 건설기계를 조종할 때 적용받는 법령에 대한 설명으로 가장 적합한 것은?

① 건설기계관리법에 대한 적용만 받는다.
② 건설기계관리법 외에 도로상을 운행할 때에는 도로교통법 중 일부를 적용받는다.
③ 건설기계관리법 및 자동차관리법의 전체 적용을 받는다.
④ 도로교통법에 대한 적용만 받는다.

정답 01.④ 02.③ 03.④ 04.③ 05.②

06 건설기계관리법령상 자동차 1종 대형면허로 조종할 수 없는 건설기계는?

① 5톤 굴착기 ② 노상안정기
③ 콘크리트 펌프 ④ 아스팔트 살포기

07 건설기계관리법상 소형 건설기계에 포함되지 않는 것은?

① 3톤 미만의 굴착기
② 5톤 미만의 불도저
③ 천공기
④ 공기압축기

해설

국토교통부령으로 정하는 소형 건설기계
① 5톤 미만의 불도저
② 5톤 미만의 로더
③ 5톤 미만의 천공기. 다만, 트럭적재식은 제외한다.
④ 3톤 미만의 지게차(제1종 대형면허, 제1종 보통면허)
⑤ 3톤 미만의 굴착기
⑥ 3톤 미만의 타워크레인
⑦ 공기압축기
⑧ 콘크리트펌프. 다만, 이동식에 한정한다.
⑨ 쇄석기
⑩ 준설선

08 시·도지사가 지정한 교육기관에서 당해 건설기계의 조종에 관한 교육과정을 이수한 경우 건설기계 조종사 면허를 받은 것으로 보는 소형 건설기계는?

① 5톤 미만의 불도저
② 5톤 미만의 지게차
③ 5톤 미만의 굴착기
④ 5톤 미만의 롤러

09 다음 중 소형 건설기계 조종 교육 이수만으로 면허를 취득할 수 있는 건설기계는?

① 5톤 미만 기중기
② 5톤 미만의 롤러
③ 5톤 미만의 로더
④ 5톤 미만의 지게차

10 소형 건설기계 조종교육의 내용으로 틀린 것은?

① 건설기계관리법규 및 자동차관리법
② 건설기계 기관, 전기 및 작업 장치
③ 유압 일반
④ 조종 실습

해설

소형 건설기계 조종 교육 내용
① 건설기계 기관, 전기 및 작업장치
② 유압 일반
③ 건설기계관리법규 및 도로통행방법
④ 조종실습

11 3톤 미만 지게차의 소형 건설기계 조종 교육 시간은?

① 이론 6시간, 실습 6시간
② 이론 4시간, 실습 8시간
③ 이론 12시간, 실습 12시간
④ 이론 10시간, 실습 14시간

해설

3톤 이상 5톤 미만 로더, 불도저 및 콘크리트 펌프(이동식으로 한정한다)의 교육시간은 이론 6시간, 조종실습 12시간이며, 3톤 미만 굴착기, 지게차, 로더의 교육시간은 이론 6시간, 조종실습 6시간이다.

12 소형 건설기계 교육기관에서 실시하는 공기압축기, 쇄석기 및 준설선에 대한 교육 이수시간은 몇 시간인가?

① 이론 8시간, 실습 12시간
② 이론 7시간, 실습 5시간
③ 이론 5시간, 실습 7시간
④ 이론 5시간, 실습 5시간

해설

공기압축기, 쇄석기 및 준설선 조종교육 내용
① 건설기계기관, 전기, 유압 및 작업장치 2시간(이론)
② 건설기계관리법규 및 작업 안전 4시간(이론)
③ 장비 취급 및 관리 요령 2시간(이론)
④ 조종실습 12시간

정답 06.① 07.③ 08.① 09.③ 10.① 11.① 12.①

13 건설기계관리법령상 기중기를 조종할 수 있는 면허는?

① 공기압축기 면허
② 모터그레이더 면허
③ 기중기 면허
④ 타워크레인 면허

14 건설기계 관리 법령상 롤러운전 건설기계 조종사 면허로 조종할 수 없는 건설기계는?

① 골재 살포기
② 콘크리트 살포기
③ 콘크리트 피니셔
④ 아스팔트 믹싱플랜트

해설

롤러 조종 면허로 조종할 수 있는 건설기계
롤러, 모터그레이더, 스크레이퍼, 아스팔트 피니셔, 콘크리트 피니셔, 콘크리트 살포기 및 골재 살포기이다. 아스팔트 믹싱플랜트는 쇄석기 조종 면허로 조종할 수 있다.

15 건설기계 조종사의 적성검사 기준으로 가장 거리가 먼 것은?

① 두 눈을 동시에 뜨고 잰 시력이 0.7 이상이고, 두 눈의 시력이 각각 0.3 이상일 것
② 시각은 150° 이상일 것
③ 언어 분별력이 80% 이상일 것
④ 교정시력의 경우는 시력이 2.0 이상일 것

해설

건설기계 조종사의 적성검사 기준
① 두 눈을 동시에 뜨고 잰 시력(교정시력을 포함한다.)이 0.7이상
② 두 눈의 시력이 각각 0.3이상일 것
③ 55데시벨(보청기를 사용하는 사람은 40데시벨)의 소리를 들을 수 있을 것
④ 언어 분별력이 80퍼센트 이상일 것
⑤ 시각은 150도 이상일 것

16 건설기계 조종사의 면허 취소 사유가 아닌 것은?

① 거짓 또는 부정한 방법으로 건설기계 면허를 받은 때
② 면허 정지 처분을 받은 자가 그 정지 기간 중 건설기계를 조종한 때
③ 건설기계의 조종 중 고의로 중대한 사고를 일으킨 때
④ 정기검사를 받지 않은 건설기계를 조종한 때

해설

조종사 면허 취소 사유
① 거짓이나 그 밖의 부정한 방법으로 건설기계 조종사 면허를 받은 경우
② 건설기계 조종사 면허의 효력정지 기간 중 건설기계를 조종한 경우
③ 건설기계 조종 상의 위험과 장해를 일으킬 수 있는 정신질환자 또는 뇌전증환자로서 국토교통부령으로 정하는 사람
④ 앞을 보지 못하는 사람, 듣지 못하는 사람, 그 밖에 국토교통부령으로 정하는 장애인
⑤ 건설기계 조종 상의 위험과 장해를 일으킬 수 있는 마약·대마·향정신성의약품 또는 알코올 중독자로서 국토교통부령으로 정하는 사람
⑥ 고의로 인명피해(사망·중상·경상 등을 말한다)를 입힌 경우
⑦ 과실로 중대 재해(사망자가 1명 이상 발생한 재해, 3개월 이상의 요양이 필요한 부상자가 동시에 2명 이상 발생한 재해, 부상자 또는 직업성 질병자가 동시에 10명 이상 발생한 재해)가 발생한 경우
⑧ 국가기술자격법에 따른 해당 분야의 기술자격이 취소된 경우
⑨ 건설기계 조종사 면허증을 다른 사람에게 빌려 준 경우
⑩ 정기적성검사를 받지 아니하고 1년이 지난 경우
⑪ 정기적성검사 또는 수시적성검사에서 불합격한 경우
⑫ 술에 취한 상태에서 건설기계를 조종하다가 사고로 사람을 죽게 하거나 다치게 한 경우
⑬ 술에 만취한 상태(혈중알코올농도 0.08% 이상)에서 건설기계를 조종한 경우
⑭ 2회 이상 술에 취한 상태에서 건설기계를 조종하여 면허 효력 정지를 받은 사실이 있는 사람이 다시 술에 취한 상태에서 건설기계를 조종한 경우
⑮ 약물(마약, 대마, 향정신성 의약품 및 환각물질을 말한다)을 투여한 상태에서 건설기계를 조종한 경우

13.③ 14.④ 15.④ 16.④

17 건설기계 운전면허의 효력정지 사유가 발생한 경우 건설기계관리법상 효력정지 기간으로 옳은 것은?

① 1년 이내 ② 6월 이내
③ 5년 이내 ④ 3년 이내

해설
시장·군수 또는 구청장은 건설기계 조종사가 면허 취소·면허 효력 정지에 해당하는 경우에는 국토교통부령으로 정하는 바에 따라 건설기계 조종사 면허를 취소하거나 1년 이내의 기간을 정하여 건설기계 조종사 면허의 효력을 정지시킬 수 있다.

18 건설기계관리법령상 건설기계 조종사 면허 취소 또는 효력정지를 시킬 수 있는 자는?

① 대통령
② 경찰서장
③ 시·군·구청장
④ 국토교통부 장관

19 건설기계 관리 법령상 건설기계 조종사 면허의 취소 사유가 아닌 것은?

① 건설기계의 조종 중 고의로 3명에게 경상을 입힌 경우
② 건설기계의 조종 중 고의로 중상의 인명피해를 입힌 경우
③ 등록이 말소된 건설기계를 조종한 경우
④ 부정한 방법으로 건설기계 조종사 면허를 받은 경우

20 건설기계 조종 중 고의로 인명 피해를 입힌 때 면허의 처분 기준으로 옳은 것은?

① 면허 취소
② 면허 효력정지 15일
③ 면허 효력정지 30일
④ 면허 효력정지 45일

21 건설기계 조종사 면허를 취소하거나 정지시킬 수 있는 사유에 해당하지 않는 것은?

① 면허증을 타인에게 대여한 때
② 조종 중 과실로 중대한 사고를 일으킨 때
③ 면허를 부정한 방법으로 취득하였음이 밝혀졌을 때
④ 여행을 목적으로 1개월 이상 해외로 출국하였을 때

22 건설기계 조종사 면허의 취소·정지 사유가 아닌 것은?

① 등록번호표 식별이 곤란한 건설기계를 조종한 때
② 건설기계 조종사 면허증을 타인에게 대여한 때
③ 고의 또는 과실로 건설기계에 중대한 사고를 발생케 한 때
④ 부정한 방법으로 조종사 면허를 받은 때

23 고의 또는 과실로 가스공급 시설을 손괴하거나 기능에 장애를 입혀 가스의 공급을 방해한 때의 건설기계 조종사 면허 효력정지 기간은?

① 240일 ② 180일
③ 90일 ④ 45일

해설
면허 효력정지 사유
① 효력정지 180일 : 건설기계의 조종 중 고의 또는 과실로 가스 공급 시설을 손괴하거나 가스 공급 시설의 기능에 장애를 입혀 가스의 공급을 방해한 경우
② 효력정지 60일 : 술에 취한 상태(혈중알콜농도 0.03% 이상 0.08% 미만을 말한다)에서 건설기계를 조종한 경우
③ 효력정지 45일 : 건설기계 조종 중 고의 또는 과실로 인명피해 사망 1명마다
④ 효력정지 15일 : 건설기계 조종 중 고의 또는 과실로 인명피해 중상 1명마다
⑤ 효력정지 5일 : 건설기계 조종 중 고의 또는 과실로 인명피해 경상 1명마다
⑥ 효력정지 1일(90일을 넘지 못함) : 재산피해 금액 50만원마다

정답 17.① 18.③ 19.③ 20.① 21.④ 22.① 23.②

24 술에 만취한 상태(혈중 알코올 농도 0.08퍼센트 이상)에서 건설기계를 조종한 자에 대한 면허의 취소·정지처분 내용은?

① 면허 취소
② 면허 효력정지 60일
③ 면허 효력정지 50일
④ 면허 효력정지 70일

25 음주 상태(혈중 알코올농도 0.03% 이상 0.08% 미만)에서 건설기계를 조종한 자에 대한 면허 효력정지 처분기준은?

① 20일　② 30일
③ 40일　④ 60일

26 건설기계의 조종 중 과실로 사망 1명의 인명피해를 입힌 때 조종사 면허 처분기준은?

① 면허 취소
② 면허 효력정지 60일
③ 면허 효력정지 45일
④ 면허 효력정지 30일

27 건설기계 조종사 면허증의 반납 사유에 해당하지 않는 것은?

① 면허가 취소된 때
② 면허의 효력이 정지된 때
③ 건설기계 조종을 하지 않을 때
④ 면허증의 재교부를 받은 후 잃어버린 면허증을 발견한 때

해설

조종사 면허증 반납 사유
① 면허가 취소된 때
② 면허의 효력이 정지된 때
③ 면허증의 재교부를 받은 후 잃어버린 면허증을 발견한 때

28 건설기계 관리 법규상 과실로 경상 14명의 인명피해를 냈을 때 면허 효력정지 처분기준은?

① 30일　② 40일
③ 60일　④ 70일

해설

경상 1명마다 면허 효력정지가 5일이므로
14명 × 5일 = 70일

29 건설기계 조종사 면허를 받은 자는 면허증을 반납하여야 할 사유가 발생한 날로부터 며칠 이내에 반납하여야 하는가?

① 5일　② 10일
③ 15일　④ 30일

해설

건설기계 조종사 면허증의 반납 사유가 발생한 날부터 10일 이내에 시장·군수 또는 구청장에게 그 면허증을 반납해야 한다.

건설기계 사업

01 건설기계 사업을 영위하고자 하는 자는 누구에게 등록하여야 하는가?

① 시장·군수·구청장
② 전문 건설기계 정비업자
③ 국토교통부장관
④ 건설기계 해체재활용업자

해설

건설기계사업을 하려는 자(지방자치단체는 제외한다)는 대통령령으로 정하는 바에 따라 사업의 종류별로 특별자치시장·특별자치도지사·시장·군수 또는 자치구의 구청장(이하 "시장·군수·구청장"이라 한다)에게 등록하여야 한다.

정답 24.① 25.④ 26.③ 27.③ 28.④ 29.② / 01.①

02 **건설기계관리법령상 건설기계 사업의 종류가 아닌 것은?**

① 건설기계 매매업
② 건설기계 대여업
③ 건설기계 해체재활용업
④ 건설기계 수리업

해설
건설기계 사업은 건설기계 대여업, 건설기계 정비업, 건설기계 매매업 및 건설기계 해체재활용업을 말한다.

03 **건설기계 대여업을 하고자 하는 자는 누구에게 등록을 하여야 하는가?**

① 고용노동부장관
② 행정안전부장관
③ 국토교통부장관
④ 시장 · 군수 · 구청장

해설
건설기계 대여업의 등록을 하려는 자는 건설기계 대여업 등록신청서에 국토교통부령이 정하는 서류를 첨부하여 시장 · 군수 또는 구청장에게 제출하여야 한다.

04 **건설기계 대여업 등록 신청서에 첨부하여야 할 서류가 아닌 것은?**

① 건설기계 소유 사실을 증명하는 서류
② 사무실의 소유권 또는 사용권이 있음을 증명하는 서류
③ 주민등록표등본
④ 주기장 소재지를 관할하는 시장 · 군수 · 구청장이 발급한 주기장 시설보유 확인서

해설
대여업 등록 시 첨부서류
① 건설기계 소유사실을 증명하는 서류
② 사무실의 소유권 또는 사용권이 있음을 증명하는 서류
③ 주기장 소재지를 관할하는 시장 · 군수 · 구청장이 발급한 주기장 시설보유 확인서
④ 2인 이상의 법인 또는 개인이 공동으로 건설기계 대여업을 영위하려는 경우에는 각 구성원은 그 영업에 관한 권리 · 의무에 관한 계약서 사본

05 **건설기계 관리 법령상 다음 설명에 해당하는 건설기계 사업은?**

> 건설기계를 분해 · 조립 또는 수리하고 그 부분품을 가공제작 · 교체하는 등 건설기계를 원활하게 사용하기 위한 모든 행위를 업으로 하는 것

① 건설기계 정비업
② 건설기계 제작업
③ 건설기계 매매업
④ 건설기계 해체재활용업

해설
건설기계 정비업은 건설기계를 분해 · 조립 또는 수리하고 그 부분품을 가공 제작 · 교체하는 등 건설기계를 원활하게 사용하기 위한 모든 행위(경미한 정비행위 등 국토교통부령으로 정하는 것은 제외한다)를 업으로 하는 것을 말한다.

06 **건설기계 관리 법령상 건설기계 정비업의 등록 구분으로 옳은 것은?**

① 종합 건설기계 정비업, 부분 건설기계 정비업, 전문 건설기계 정비업
② 종합 건설기계 정비업, 단종 건설기계 정비업, 전문 건설기계 정비업
③ 부분 건설기계 정비업, 전문 건설기계 정비업, 개별 건설기계 정비업
④ 종합 건설기계 정비업, 특수 건설기계 정비업, 전문 건설기계 정비업

해설
건설기계 정비업의 등록 구분은 종합 건설기계 정비업, 부분 건설기계 정비업, 전문 건설기계 정비업으로 한다.

07 **건설기계 정비업 등록을 하지 아니한 자가 할 수 있는 정비 범위가 아닌 것은?**

① 오일의 보충
② 창유리 교환
③ 제동장치 수리
④ 트랙의 장력 조정

정답 02.④ 03.④ 04.③ 05.① 06.① 07.③

해설

건설기계 정비업의 범위에서 제외되는 행위
① 오일의 보충
② 에어클리너 엘리먼트 및 필터류의 교환
③ 배터리·전구의 교환
④ 타이어의 점검·정비 및 트랙의 장력 조정
⑤ 창유리의 교환

08 부분 건설기계 정비업의 사업 범위로 옳은 것은?

① 프레임 조정, 롤러, 링크, 트랙슈의 재생을 제외한 차체부분의 정비
② 원동기부의 완전 분해 정비
③ 차체부의 완전 분해 정비
④ 실린더 헤드의 탈착 정비

해설

건설기계 부분 정비업의 사업 범위
① 실린더 헤드 탈착 정비, 실린더·피스톤, 크랭크 샤프트·캠 샤프트, 연료 펌프 분해·정비를 제외한 원동기부분의 정비
② 유압 장치의 탈부착 및 분해·정비
③ 변속기 탈부착
④ 전후차축 및 제동장치 정비(타이어식으로 된 것)
⑤ 프레임 조정, 롤러·링크·트랙슈의 재생을 제외한 차체부분의 정비
⑥ 이동정비 응급조치
⑦ 이동정비 원동기의 탈·부착
⑧ 이동정비 유압장치의 탈·부착
⑨ 이동정비 원동기의 탈·부착, 유압장치의 탈·부착 외의 부분의 탈·부착

09 건설기계 소유자가 건설기계의 정비를 요청하여 그 정비가 완료된 후 장기간 해당 건설기계를 찾아가지 아니하는 경우, 정비사업자가 할 수 있는 조치사항은?

① 건설기계를 말소시킬 수 있다.
② 건설기계의 보관·관리에 드는 비용을 받을 수 있다.
③ 건설기계의 폐기 인수증을 발부할 수 있다.
④ 과태료를 부과할 수 있다.

해설

건설기계의 보관·관리비용 징수
건설기계사업자는 건설기계의 정비를 요청한 자가 정비가 완료된 후 장기간 건설기계를 찾아가지 아니하는 경우에는 국토교통부령으로 정하는 바에 따라 건설기계의 정비를 요청한 자로부터 건설기계의 보관·관리에 드는 비용을 받을 수 있다.

10 건설기계 매매업의 등록을 하고자 하는 자의 구비 서류로 맞는 것은?

① 건설기계 매매업 등록필증
② 건설기계 보험증서
③ 건설기계 등록증
④ 5천만 원 이상의 하자보증금 예치증서 또는 보증보험증서

해설

건설기계 매매업 등록 시 첨부 서류
① 사무실의 소유권 또는 사용권이 있음을 증명하는 서류
② 주기장 소재지를 관할하는 시장·군수·구청장이 발급한 주기장 시설보유 확인서
③ 5천만 원 이상의 하자보증금 예치증서 또는 보증보험증서

11 건설기계 관리 법령상 자동차 손해배상보장법에 따른 자동차 보험에 반드시 가입하여야 하는 건설기계가 아닌 것은?

① 타이어식 지게차
② 타이어식 굴착기
③ 타이어식 기중기
④ 덤프트럭

해설

자동차 보험에 반드시 가입하여야 하는 건설기계
① 덤프트럭
② 타이어식 기중기
③ 콘크리트 믹서트럭
④ 트럭적재식 콘크리트펌프
⑤ 트럭적재식 아스팔트살포기
⑥ 타이어식 굴착기
⑦ 트럭지게차
⑧ 도로보수트럭
⑨ 노면측정장비(노면측정장치를 가진 자주식인 것을 말한다)

08.① 09.② 10.④ 11.①

건설기계 벌칙

01 등록되지 아니하거나 등록 말소된 건설기계를 사용한 자에 대한 벌칙은?

① 100만 원 이하 벌금
② 300만 원 이하 벌금
③ 1년 이하의 징역 또는 1000만 원 이하 벌금
④ 2년 이하의 징역 또는 2000만 원 이하 벌금

해설

2년 이하의 징역 또는 2천만 원 이하의 벌금

① 등록되지 아니한 건설기계를 사용하거나 운행한 자
② 등록이 말소된 건설기계를 사용하거나 운행한 자
③ 시·도지사의 지정을 받지 아니하고 등록번호표를 제작하거나 등록번호를 새긴 자
④ 검사대행자 또는 그 소속 직원에게 재물이나 그 밖의 이익을 제공하거나 제공 의사를 표시하고 부정한 검사를 받은 자
⑤ 건설기계의 주요 구조나 원동기, 동력전달장치, 제동장치 등 주요 장치를 변경 또는 개조한 자
⑥ 무단 해체한 건설기계를 사용·운행하거나 타인에게 유상·무상으로 양도한 자
⑦ 제작 결함의 시정명령을 이행하지 아니한 자
⑧ 건설기계사업을 등록을 하지 아니하고 건설기계사업을 하거나 거짓으로 등록을 한 자
⑨ 건설기계사업의 등록이 취소되거나 사업의 전부 또는 일부가 정지된 건설기계사업자로서 계속하여 건설기계사업을 한 자

02 2년 이하의 징역 또는 2천만 원 이하의 벌금에 해당하는 것은?

① 매매용 건설기계의 운행하거나 사용한 자
② 등록번호표를 지워 없애거나 그 식별을 곤란하게 한 자
③ 건설기계 사업을 등록하지 않고 건설기계 사업을 하거나 거짓으로 등록을 한 자
④ 사후관리에 관한 명령을 이해하지 아니한 자

03 건설기계관리법령상 건설기계 조종사 면허를 받지 아니하고 건설기계를 조종한 자에 대한 벌칙은?

① 3년 이하의 징역 또는 3천만 원 이하의 벌금
② 2년 이하의 징역 또는 2천만 원 이하의 벌금
③ 1년 이하의 징역 또는 1천만 원 이하의 벌금
④ 1년 이하의 징역 또는 500만 원 이하의 벌금

해설

1년 이하의 징역 또는 1천만 원 이하의 벌금

① 거짓이나 그 밖의 부정한 방법으로 등록을 한 자
② 등록번호를 지워 없애거나 그 식별을 곤란하게 한 자
③ 구조변경검사 또는 수시검사를 받지 아니한 자
④ 정비명령을 이행하지 아니한 자
⑤ 사용·운행 중지 명령을 위반하여 사용·운행한 자
⑥ 사업 정지명령을 위반하여 사업 정지기간 중에 검사를 한 자
⑦ 형식승인, 형식변경 승인 또는 확인검사를 받지 아니하고 건설기계의 제작 등을 한 자
⑧ 사후관리에 관한 명령을 이행하지 아니한 자
⑨ 내구연한을 초과한 건설기계 또는 건설기계 장치 및 부품을 운행하거나 사용한 자
⑩ 내구연한을 초과한 건설기계 또는 건설기계 장치 및 부품의 운행 또는 사용을 알고도 말리지 아니하거나 운행 또는 사용을 지시한 고용주
⑪ 부품인증을 받지 아니한 건설기계 장치 및 부품을 사용한 자
⑫ 부품인증을 받지 아니한 건설기계 장치 및 부품을 건설기계에 사용하는 것을 알고도 말리지 아니하거나 사용을 지시한 고용주
⑬ 매매용 건설기계를 운행하거나 사용한 자
⑭ 폐기인수 사실을 증명하는 서류의 발급을 거부하거나 거짓으로 발급한 자
⑮ 폐기요청을 받은 건설기계를 폐기하지 아니하거나 등록번호표를 폐기하지 아니한 자
⑯ 건설기계 조종사 면허를 받지 아니하고 건설기계를 조종한 자
⑰ 건설기계 조종사 면허를 거짓이나 그 밖의 부정한 방법으로 받은 자
⑱ 소형 건설기계의 조종에 관한 교육과정의 이수에 관한 증빙서류를 거짓으로 발급한 자
⑲ 술에 취하거나 마약 등 약물을 투여한 상태에서 건설기계를 조종한 자와 그러한 자가 건설기계를 조

정답 01.④ 02.③ 03.③

종하는 것을 알고도 말리지 아니하거나 건설기계를 조종하도록 지시한 고용주

⑳ 건설기계 조종사 면허가 취소되거나 건설기계 조종사 면허의 효력정지 처분을 받은 후에도 건설기계를 계속하여 조종한 자

㉑ 건설기계를 도로나 타인의 토지에 버려둔 자

04 건설기계 조종사 면허가 취소된 상태로 건설기계를 계속하여 조종한 자에 대한 벌칙은?

① 2년 이하의 징역 또는 2000만 원 이하의 벌금
② 1년 이하의 징역 또는 1000만 원 이하의 벌금
③ 200만 원 이하의 벌금
④ 100만 원 이하의 벌금

05 건설기계 소유자 또는 점유자가 건설기계를 도로에 계속하여 버려두거나 정당한 사유 없이 타인의 토지에 버려둔 경우의 처벌은?

① 1년 이하의 징역 또는 500만 원 이하의 벌금
② 1년 이하의 징역 또는 400만 원 이하의 벌금
③ 1년 이하의 징역 또는 1000만 원 이하의 벌금
④ 1년 이하의 징역 또는 200만 원 이하의 벌금

06 건설기계 관리법상 건설기계가 국토교통부장관이 실시하는 검사에 불합격하여 정비명령을 받았을 경우, 건설기계 소유자가 이 명령을 이행하지 않았을 때의 벌칙으로 맞는 것은?

① 100만 원 이하의 벌금
② 300만 원 이하의 벌금
③ 500만 원 이하의 벌금
④ 1000만 원 이하의 벌금

07 건설기계 등록번호를 지워 없애거나 그 식별을 곤란하게 한 자에 대한 벌칙은?

① 1000만 원 이하의 벌금
② 50만 원 이하의 벌금
③ 30만 원 이하의 벌금
④ 2년 이하의 징역

08 건설기계 관리 법령상 국토교통부령으로 정하는 바에 따라 등록번호표를 부착 및 봉인하지 않은 건설기계를 운행한 자의 과태료는?(단, 임시번호표를 부착한 경우는 제외한다.)

① 10만 원　② 50만 원
③ 100만 원　④ 300만 원

해설

300만 원 이하의 과태료
① 등록번호표를 부착하지 아니하거나 봉인하지 아니한 건설기계를 운행한 자
② 정기검사를 받지 아니한 자
③ 건설기계 임대차 등에 관한 계약서를 작성하지 아니한 자
④ 정기적성검사 또는 수시적성검사를 받지 아니한 자
⑤ 시설 또는 업무에 관한 보고를 하지 아니하거나 거짓으로 보고한 자
⑥ 소속 공무원의 검사·질문을 거부·방해·기피한 자
⑦ 직원의 출입을 거부하거나 방해한 자

09 건설기계를 주택가 주변에 세워 두어 교통 소통을 방해하거나 소음 등으로 주민의 생활환경을 침해한 자에 대한 벌칙은?

① 200만 원 이하의 벌금
② 100만 원 이하의 벌금
③ 100만 원 이하의 과태료
④ 50만 원 이하의 과태료

해설

건설기계를 주택가 주변에 세워 두어 교통 소통을 방해하거나 소음 등으로 주민의 생활환경을 침해한 자에 대한 벌칙은 50만 원 이하의 과태료

정답　04.②　05.③　06.①　07.①　08.④　09.④

PART 9 CBT 실전모의고사

로더운전기능사
CBT 실전모의고사

수험번호:
수험자명:

제한시간: 60분
남은시간:

01 퓨즈에 대한 설명 중 틀린 것은?

① 퓨즈는 정격 용량을 사용한다.
② 퓨즈 용량은 A로 표시한다.
③ 퓨즈는 가는 구리선으로 대용된다.
④ 퓨즈는 표면이 산화되면 끊어지기 쉽다.

해설
퓨즈
① 퓨즈는 단락 및 누전에 의해 과대 전류가 흐르면 차단되어 과대 전류의 흐름을 방지한다.
② 퓨즈는 회로에 직렬로 설치된다.
③ 퓨즈 용량은 암페어(A)로 표시한다.
④ 퓨즈는 용융점(68℃)이 극히 낮은 합금으로 되어 있다.
⑤ 퓨즈는 표면이 산화되면 끊어지기 쉽다.
⑥ 퓨즈는 정격 용량을 사용하여야 한다.

02 실린더와 피스톤 사이에 유막을 형성하여 압축 및 연소가스가 누설되지 않도록 기밀을 유지하는 작용으로 옳은 것은?

① 밀봉 작용 ② 감마 작용
③ 냉각 작용 ④ 방청 작용

해설
밀봉 작용은 기밀유지 작용이라고도 하며, 실린더와 피스톤 사이에 유막을 형성하여 압축 및 연소가스가 누설되지 않도록 기밀을 유지한다.

03 건설기계운전 작업 후 탱크에 연료를 가득 채워주는 이유와 가장 관련이 적은 것은?

① 다음의 작업을 준비하기 위해서
② 연료의 기포방지를 위해서
③ 연료탱크에 수분이 생기는 것을 방지하기 위해서
④ 연료의 압력을 높이기 위해서

해설
작업 후 탱크에 연료를 가득 채워주는 이유는 다음의 작업을 준비하기 위해서, 연료의 기포방지를 위해서, 연료탱크 내의 공기 중의 수분이 응축되어 물이 생기는 것을 방지하기 위함이다.

04 축전지 내부의 충방전작용으로 가장 알맞은 것은?

① 화학 작용 ② 탄성 작용
③ 물리 작용 ④ 기계 작용

해설
축전지 내부의 충방전 작용은 화학 작용을 이용한다.

05 가압식 라디에이터의 장점으로 틀린 것은?

① 방열기를 적게 할 수 있다.
② 냉각수의 비등점을 높일 수 있다.
③ 냉각수의 순환속도가 빠르다.
④ 냉각장치의 효율을 높일 수 있다.

해설
가압방식(압력 순환방식) 라디에이터의 장점
① 라디에이터(방열기)를 작게 할 수 있다.
② 냉각수의 비등점을 높여 비등에 의한 손실을 줄일 수 있다.
③ 냉각수 손실이 적어 보충횟수를 줄일 수 있다.
④ 기관의 열효율이 향상된다.

06 기관의 동력을 전달하는 계통의 순서를 바르게 나타낸 것은?

① 피스톤 → 커넥팅 로드 → 클러치 → 크랭크축
② 피스톤 → 클러치 → 크랭크축 → 커넥팅 로드
③ 피스톤 → 크랭크축 → 커넥팅 로드 → 클러치
④ 피스톤 → 커넥팅 로드 → 크랭크축 → 클러치

해설
실린더 내에서 폭발이 일어나면 피스톤 → 커넥팅 로드 → 크랭크축 → 플라이휠(클러치)순서로 전달된다.

07 기관에 사용되는 여과장치가 아닌 것은?

① 공기 청정기
② 오일 필터
③ 오일 스트레이너
④ 인젝션 타이머

해설
인젝션 타이머는 기계식 디젤 엔진의 연료 분사 펌프에 설치되어 있으며, 연료 분사시기를 조절하는 역할을 한다.

08 교류 발전기의 부품이 아닌 것은?

① 다이오드 ② 슬립링
③ 스테이터 코일 ④ 전류 조정기

해설
교류 발전기는 전류를 발생하는 스테이터(stator), 전류가 흐르면 전자석이 되는(자계를 발생하는) 로터(rotor), 스테이터 코일에서 발생한 교류를 직류로 정류하는 다이오드, 여자 전류를 로터 코일에 공급하는 슬립링과 브러시, 엔드 프레임 등으로 구성되어 있다.

09 4행정 사이클 기관의 행정순서로 맞는 것은?

① 압축 → 동력 → 흡입 → 배기
② 흡입 → 동력 → 압축 → 배기
③ 압축 → 흡입 → 동력 → 배기
④ 흡입 → 압축 → 동력 → 배기

해설
4행정 사이클 엔진은 크랭크축이 2회전하여 흡입 → 압축 → 동력(폭발) → 배기의 순서로 1사이클을 완성하는 기관이다.

10 건설기계에 주로 사용되는 시동 전동기로 맞는 것은?

① 직류분권 전동기
② 직류직권 전동기
③ 직류복권 전동기
④ 교류 전동기

해설
기관 시동으로 사용하는 전동기는 회전력이 큰 직류직권 전동기이다.

11 건설기계의 정기검사 유효기간이 1년이 되는 것은 신규등록일로 부터 몇 년 이상 경과되었을 때인가?

① 5년 ② 10년
③ 15년 ④ 20년

해설
건설기계의 정기검사 유효기간이 1년이 되는 것은 신규등록일로부터 20년 이상 경과되었을 때이다.

12 소유자의 신청이나 시·도지사의 직권으로 건설기계의 등록을 말소할 수 있는 경우가 아닌 것은?

① 건설기계를 수출하는 경우
② 건설기계를 도난당한 경우
③ 건설기계 정기검사에 불합격된 경우
④ 건설기계의 차대가 등록 시의 차대와 다른 경우

해설
건설기계 등록의 말소사유
① 거짓이나 그 밖의 부정한 방법으로 등록을 한 경우
② 건설기계가 천재지변 또는 이에 준하는 사고 등으로 사용할 수 없게 되거나 멸실된 경우
③ 건설기계의 차대(車臺)가 등록 시의 차대와 다른 경우
④ 건설기계가 건설기계 안전기준에 적합하지 아니하게 된 경우
⑤ 정기검사 명령, 수시검사 명령 또는 정비 명령에 따르지 아니한 경우
⑥ 건설기계를 수출하는 경우
⑦ 건설기계를 도난당한 경우
⑧ 건설기계를 폐기한 경우
⑨ 건설기계 해체재활용업자에게 폐기를 요청한 경우
⑩ 구조적 제작 결함 등으로 건설기계를 제작자 또는 판매자에게 반품한 경우
⑪ 건설기계를 교육·연구 목적으로 사용하는 경우
⑫ 대통령령으로 정하는 내구연한을 초과한 건설기계. 다만, 정밀진단을 받아 연장된 경우는 그 연장기간을 초과한 건설기계
⑬ 건설기계를 횡령 또는 편취당한 경우

13 건설기계의 정기검사 신청기간 내에 정기검사를 받은 경우, 다음 정기검사 유효기간의 산정방법으로 옳은 것은?

① 정기검사를 받은 날부터 기산한다.
② 정기검사를 받은 날의 다음날부터 기산한다.
③ 종전 검사유효기간 만료일부터 기산한다.
④ 종전 검사유효기간 만료일의 다음날부터 기산한다.

해설
정기검사 유효기간의 산정은 정기검사 신청기간까지 정기검사를 신청한 경우에는 종전 검사유효기간 만료일의 다음 날부터, 그 외의 경우에는 검사를 받은 날의 다음 날부터 기산한다.

14 건설기계 조종사의 면허 취소 사유에 해당되는 것은?

① 고의로 인명피해를 입힌 때
② 과실로 1명 이상을 사망하게 한때
③ 과실로 3명 이상에게 중상을 입힌 때
④ 과실로 10명 이상에게 경상을 입힌 때

해설
조종사의 면허 취소 사유
① 거짓이나 그 밖의 부정한 방법으로 건설기계 조종사 면허를 받은 경우
② 건설기계 조종사 면허의 효력정지 기간 중 건설기계를 조종한 경우
③ 건설기계 조종 상의 위험과 장해를 일으킬 수 있는 정신질환자 또는 뇌전증환자로서 국토교통부령으로 정하는 사람
④ 앞을 보지 못하는 사람, 듣지 못하는 사람, 그 밖에 국토교통부령으로 정하는 장애인
⑤ 건설기계 조종 상의 위험과 장해를 일으킬 수 있는 마약•대마•향정신성의약품 또는 알코올 중독자로서 국토교통부령으로 정하는 사람
⑥ 고의로 인명피해(사망•중상•경상 등을 말한다)를 입힌 경우
⑦ 과실로 중대 재해(사망자가 1명 이상 발생한 재해, 3개월 이상의 요양이 필요한 부상자가 동시에 2명 이상 발생한 재해, 부상자 또는 직업성 질병자가 동시에 10명 이상 발생한 재해)가 발생한 경우
⑧ 국가기술자격법에 따른 해당 분야의 기술자격이 취소된 경우
⑨ 건설기계 조종사 면허증을 다른 사람에게 빌려 준 경우
⑩ 정기적성검사를 받지 아니하고 1년이 지난 경우
⑪ 정기적성검사 또는 수시적성검사에서 불합격한 경우
⑫ 술에 취한 상태에서 건설기계를 조종하다가 사고로 사람을 죽게 하거나 다치게 한 경우
⑬ 술에 만취한 상태(혈중알코올농도 0.08% 이상)에서 건설기계를 조종한 경우
⑭ 2회 이상 술에 취한 상태에서 건설기계를 조종하여 면허 효력 정지를 받은 사실이 있는 사람이 다시 술에 취한 상태에서 건설기계를 조종한 경우
⑮ 약물(마약, 대마, 향정신성 의약품 및 환각물질을 말한다)을 투여한 상태에서 건설기계를 조종한 경우

15 건설기계관리법령상 특별 표지판을 부착하여야 할 건설기계의 범위에 해당하지 않는 것은?

① 높이가 4미터를 초과하는 건설기계
② 길이가 10미터를 초과하는 건설기계
③ 총중량이 40톤을 초과하는 건설기계
④ 최소 회전반경이 12미터를 초과하는 건설기계

해설
특별 표지판 설치 대상 건설기계
① 길이가 16.7미터를 초과하는 건설기계
② 너비가 2.5미터를 초과하는 건설기계
③ 높이가 4.0미터를 초과하는 건설기계
④ 최소 회전반경이 12미터를 초과하는 건설기계
⑤ 총중량이 40톤을 초과하는 건설기계. 다만, 굴착기, 로더 및 지게차는 운전중량이 40톤을 초과하는 경우를 말한다.
⑥ 총중량 상태에서 축하중이 10톤을 초과하는 건설기계. 다만, 굴착기, 로더 및 지게차는 운전중량 상태에서 축하중이 10톤을 초과하는 경우를 말한다.
⑦ 특별표지판의 바탕은 검은색으로, 문자 및 테두리는 흰색으로 도색할 것.
⑧ 특별표지판은 등록번호가 표시되어 있는 면에 부착할 것.

16 건설기계 등록사항 변경이 있을 때, 소유자는 건설기계등록사항 변경신고서를 누구에게 제출하여야 하는가?

① 관할검사소장
② 고용노동부장관
③ 행정자치부장관
④ 시·도지사

해설
건설기계의 소유자는 건설기계 등록사항에 변경(주소지 또는 사용본거지가 변경된 경우를 제외한다)이 있는

때에는 그 변경이 있은 날부터 30일(상속의 경우에는 상속개시일부터 6개월)이내에 건설기계 등록사항 변경 신고서(전자문서로 된 신고서를 포함한다)에 변경내용을 증명하는 서류, 건설기계등록증(자가용 건설기계 소유자의 주소지 또는 사용본거지가 변경된 경우는 제외한다), 건설기계검사증(자가용 건설기계 소유자의 주소지 또는 사용본거지가 변경된 경우는 제외한다)의 서류(전자문서를 포함한다)를 첨부하여 등록을 한 시·도지사에게 제출하여야 한다. 다만, 전시·사변 기타 이에 준하는 국가비상사태하에 있어서는 5일 이내에 하여야 한다.

17 건설기계관리법령상 구조 변경 검사를 받지 아니한 자에 대한 처벌은?

① 1000만 원 이하의 벌금
② 150만 원 이하의 벌금
③ 200만 원 이하의 벌금
④ 250만 원 이하의 벌금

해설

1년 이하의 징역 또는 1천만 원 이하의 벌금

① 거짓이나 그 밖의 부정한 방법으로 등록을 한 자
② 등록번호를 지워 없애거나 그 식별을 곤란하게 한 자
③ 구조변경검사 또는 수시검사를 받지 아니한 자
④ 정비명령을 이행하지 아니한 자
⑤ 사용·운행 중지 명령을 위반하여 사용·운행한 자
⑥ 사업 정지명령을 위반하여 사업 정지기간 중에 검사를 한 자
⑦ 형식승인, 형식변경 승인 또는 확인검사를 받지 아니하고 건설기계의 제작 등을 한 자
⑧ 사후관리에 관한 명령을 이행하지 아니한 자
⑨ 내구연한을 초과한 건설기계 또는 건설기계 장치 및 부품을 운행하거나 사용한 자
⑩ 내구연한을 초과한 건설기계 또는 건설기계 장치 및 부품의 운행 또는 사용을 알고도 말리지 아니하거나 운행 또는 사용을 지시한 고용주
⑪ 부품인증을 받지 아니한 건설기계 장치 및 부품을 사용한 자
⑫ 부품인증을 받지 아니한 건설기계 장치 및 부품을 건설기계에 사용하는 것을 알고도 말리지 아니하거나 사용을 지시한 고용주
⑬ 매매용 건설기계를 운행하거나 사용한 자
⑭ 폐기인수 사실을 증명하는 서류의 발급을 거부하거나 거짓으로 발급한 자
⑮ 폐기요청을 받은 건설기계를 폐기하지 아니하거나 등록번호표를 폐기하지 아니한 자
⑯ 건설기계 조종사 면허를 받지 아니하고 건설기계를 조종한 자
⑰ 건설기계 조종사 면허를 거짓이나 그 밖의 부정한 방법으로 받은 자
⑱ 소형 건설기계의 조종에 관한 교육과정의 이수에 관한 증빙서류를 거짓으로 발급한 자
⑲ 술에 취하거나 마약 등 약물을 투여한 상태에서 건설기계를 조종한 자와 그러한 자가 건설기계를 조종하는 것을 알고도 말리지 아니하거나 건설기계를 조종하도록 지시한 고용주
⑳ 건설기계 조종사 면허가 취소되거나 건설기계 조종사 면허의 효력정지 처분을 받은 후에도 건설기계를 계속하여 조종한 자
㉑ 건설기계를 도로나 타인의 토지에 버려둔 자

18 건설기계관리법령상 건설기계의 구조를 변경할 수 있는 범위에 해당되는 것은?

① 원동기의 형식변경
② 건설기계의 기종변경
③ 육상작업용 건설기계의 규격을 증가시키기 위한 구조변경
④ 육상작업용 건설기계의 적재함 용량을 증가시키기 위한 구조변경

해설

구조 변경 범위

① 원동기 및 전동기의 형식변경
② 동력전달장치의 형식변경
③ 제동장치의 형식변경
④ 주행장치의 형식변경
⑤ 유압장치의 형식변경
⑥ 조종장치의 형식변경
⑦ 조향장치의 형식변경
⑧ 작업장치의 형식변경. 다만, 가공작업을 수반하지 아니하고 작업장치를 선택 부착하는 경우에는 작업장치의 형식변경으로 보지 아니한다.
⑨ 건설기계의 길이·너비·높이 등의 변경
⑩ 수상작업용 건설기계의 선체의 형식변경
⑪ 타워크레인 설치기초 및 전기장치의 형식변경

19 건설기계 조종사 면허가 취소되었을 경우 그 사유가 발생한 날 부터 며칠 이내에 면허증을 반납하여야 하는가?

① 7일 이내 ② 10일 이내
③ 14일 이내 ④ 30일 이내

해설

건설기계 조종사 면허가 취소된 경우, 면허의 효력이 정지된 경우, 면허증의 재교부를 받은 후 잃어버린 면허증이 발견한 경우에는 그 사유가 발생한 날부터 10일 이내에 시장·군수 또는 구청장에게 그 면허증을 반납해야 한다.

20 **건설기계 조종사 면허를 받지 아니하고 건설기계를 조종한 자에 대한 벌칙 기준은?**

① 2년 이하의 징역 또는 1천만 원 이하의 벌금
② 1년 이하의 징역 또는 1천만 원 이하의 벌금
③ 200만 원 이하의 벌금
④ 100만 원 이하의 벌금

해설

1년 이하의 징역 또는 1천만 원 이하의 벌금
① 거짓이나 그 밖의 부정한 방법으로 등록을 한 자
② 등록번호를 지워 없애거나 그 식별을 곤란하게 한 자
③ 구조변경검사 또는 수시검사를 받지 아니한 자
④ 정비명령을 이행하지 아니한 자
⑤ 사용·운행 중지 명령을 위반하여 사용·운행한 자
⑥ 사업 정지명령을 위반하여 사업 정지기간 중에 검사를 한 자
⑦ 형식승인, 형식변경 승인 또는 확인검사를 받지 아니하고 건설기계의 제작 등을 한 자
⑧ 사후관리에 관한 명령을 이행하지 아니한 자
⑨ 내구연한을 초과한 건설기계 또는 건설기계 장치 및 부품을 운행하거나 사용한 자
⑩ 내구연한을 초과한 건설기계 또는 건설기계 장치 및 부품의 운행 또는 사용을 알고도 말리지 아니하거나 운행 또는 사용을 지시한 고용주
⑪ 부품인증을 받지 아니한 건설기계 장치 및 부품을 사용한 자
⑫ 부품인증을 받지 아니한 건설기계 장치 및 부품을 건설기계에 사용하는 것을 알고도 말리지 아니하거나 사용을 지시한 고용주
⑬ 매매용 건설기계를 운행하거나 사용한 자
⑭ 폐기인수 사실을 증명하는 서류의 발급을 거부하거나 거짓으로 발급한 자
⑮ 폐기요청을 받은 건설기계를 폐기하지 아니하거나 등록번호표를 폐기하지 아니한 자
⑯ 건설기계 조종사 면허를 받지 아니하고 건설기계를 조종한 자
⑰ 건설기계 조종사 면허를 거짓이나 그 밖의 부정한 방법으로 받은 자
⑱ 소형 건설기계의 조종에 관한 교육과정의 이수에 관한 증빙서류를 거짓으로 발급한 자
⑲ 술에 취하거나 마약 등 약물을 투여한 상태에서 건설기계를 조종한 자와 그러한 자가 건설기계를 조종하는 것을 알고도 말리지 아니하거나 건설기계를 조종하도록 지시한 고용주
⑳ 건설기계 조종사 면허가 취소되거나 건설기계 조종사 면허의 효력정지 처분을 받은 후에도 건설기계를 계속하여 조종한 자
㉑ 건설기계를 도로나 타인의 토지에 버려둔 자

21 **축압기(어큐뮬레이터)의 기능과 관계가 없는 것은?**

① 충격 압력 흡수
② 유압 에너지 축적
③ 릴리프 밸브 제어
④ 유압 펌프 맥동 흡수

해설

어큐뮬레이터(축압기)의 용도는 압력 보상, 체적 변화 보상, 유압 에너지 축적, 유압 회로 보호, 맥동 감쇠, 충격 압력 흡수, 일정 압력 유지, 보조 동력원으로 사용 등이다.

22 **유압유 관내에 공기가 혼입되었을 때 일어날 수 있는 현상이 아닌 것은?**

① 공동 현상 ② 기화 현상
③ 열화 현상 ④ 숨 돌리기 현상

해설

관로에 공기가 침입하면 실린더 숨 돌리기 현상, 열화 촉진, 공동 현상 등이 발생한다.

23 **유압장치 내부에 국부적으로 높은 압력이 발생하여 소음과 진동이 발생하는 현상은?**

① 노이즈 ② 벤트
③ 캐비테이션 ④ 오리피스

해설

공동 현상(캐비테이션)은 유압이 진공에 가까워짐으로서 기포가 발생하며, 기포가 파괴되어 국부적인 고압이나 소음과 진동이 발생하고, 양정과 효율이 저하되는 현상이다.

24 **유압 장치에서 오일 여과기에 걸러지는 오염 물질의 발생 원인으로 가장 거리가 먼 것은?**

① 유압 장치의 조립과정에서 먼지 및 이물질 혼입
② 작동중인 기관의 내부 마찰에 의하여 생긴 금속가루 혼입
③ 유압 장치를 수리하기 위하여 해체하였을 때 외부로부터 이물질 혼입
④ 유압유를 장기간 사용함에 있어 고온·고압 하에서 산화 생성물이 생김

해설

유압 장치에서 오일 여과기에 걸러지는 오염 물질은 유압 장치 내의 먼지 및 이물질 혼입, 외부로부터 이물질 혼입, 고온·고압 하에서 발생된 산화 생성물 등이다.

25 유압유 온도가 과열되었을 때 유압 계통에 미치는 영향으로 틀린 것은?

① 온도변화에 의해 유압기기가 열 변형되기 쉽다.
② 오일의 점도저하에 의해 누유 되기 쉽다.
③ 유압펌프의 효율이 높아진다.
④ 오일의 열화를 촉진한다.

해설

유압유가 과열되면
① 작동유의 열화를 촉진한다.
② 작동유의 점도의 저하에 의해 누출되기 쉽다.
③ 유압장치의 효율이 저하한다.
④ 온도변화에 의해 유압기기가 열 변형되기 쉽다.
⑤ 작동유의 산화작용을 촉진한다.
⑥ 유압장치의 작동불량 현상이 발생한다.
⑦ 기계적인 마모가 발생할 수 있다.

26 유압 장치에서 일일 점검사항이 아닌 것은?

① 필터의 오염여부 점검
② 탱크의 오일량 점검
③ 호스의 손상여부 점검
④ 이음부분의 누유 점검

해설

유압 장치에서 필터의 오염 여부 점검은 정기 점검에서 시행한다.

27 유압 장치에 주로 사용하는 펌프 형식이 아닌 것은?

① 베인 펌프
② 플런저 펌프
③ 분사 펌프
④ 기어펌프

해설

유압 펌프의 종류에는 기어 펌프, 베인 펌프, 피스톤(플런저) 펌프, 나사 펌프, 트로코이드 펌프 등이 있다.

28 유체 에너지를 이용하여 외부에 기계적인 일을 하는 유압기기는?

① 유압 모터　② 근접 스위치
③ 유압 탱크　④ 시동 전동기

해설

유압 실린더, 유압 모터는 유체 에너지를 기계적인 일을 하는 유압기기이며, 유압 펌프는 기계적인 에너지를 유체 에너지로 변환하는 유압기기이다.

29 유압실린더 등의 중력에 의한 자유낙하를 방지하기 위해 배압을 유지하는 압력제어 밸브는?

① 감압 밸브
② 시퀀스 밸브
③ 언로드 밸브
④ 카운터 밸런스 밸브

해설

카운터 밸런스 밸브는 유압 실린더 등이 중력 및 자체 중량에 의한 자유낙하를 방지하기 위해 배압을 유지하는 역할을 한다.

30 유압유의 압력을 제어하는 밸브가 아닌 것은?

① 릴리프 밸브　② 체크 밸브
③ 리듀싱 밸브　④ 시퀀스 밸브

해설

압력 제어 밸브의 종류에는 릴리프 밸브, 리듀싱(감압) 밸브, 시퀀스(순차) 밸브, 언로드(무부하) 밸브, 카운터 밸런스 밸브 등이 있다.

31 중량물 운반 작업 시 착용하여야 할 안전화로 가장 적절한 것은?

① 중 작업용　② 보통 작업용
③ 경 작업용　④ 절연용

해설

안전화의 용도
① **경 작업용** : 보통 금속 취급이나 전기제품 조립, 화학품 취급 등 경량 물체를 취급하는 경우에 작용한다.
② **보통 작업용** : 보통 기계공업, 금속 가공업, 건축 등 공구를 취급하는 작업의 경우에 착용한다.
③ **중 작업용** : 보통 채광업, 철강업, 강재취급, 건설업과 같은 중량물 취급 환경과 중량이 큰 물체를 취급하는 경우에 작용한다.

32 **작업 시 보안경 착용에 대한 설명으로 틀린 것은?**

① 가스용접을 할 때는 보안경을 착용해야 한다.
② 절단하거나 깎는 작업을 할 때는 보안경을 착용해서는 안 된다.
③ 아크용접을 할 때는 보안경을 착용해야 한다.
④ 특수용접을 할 때는 보안경을 착용해야 한다.

해설

보안경은 날아오는 물체로부터 눈을 보호하고 유해광선에 의한 시력 장해를 방지하기 위해 사용한다. 절단하거나 깎는 작업을 할 때는 고운 가루, 칩, 기타 비산물로부터 눈을 보호하기 위래 보안경을 착용하여야 한다.

33 **작업장에서 작업복을 착용하는 이유로 가장 옳은 것은?**

① 작업장의 질서를 확립시키기 위해서
② 작업자의 직책과 직급을 알리기 위해서
③ 재해로부터 작업자의 몸을 보호하기 위해서
④ 작업자의 복장통일을 위해서

해설

작업복을 착용하는 이유
① 작업복은 재해로부터 작업자의 몸을 보호하기 위해서 착용한다.
② 땀을 닦기 위한 수건이나 손수건을 허리나 목에 걸고 작업해서는 안 된다.
③ 옷소매 폭이 너무 넓지 않는 것이 좋고, 단추가 달린 것은 되도록 피한다.
④ 물체 추락의 우려가 있는 작업장에서는 안전모를 착용해야 한다.
⑤ 복장을 단정하게 하여야 한다.

34 **다음 중 재해 발생 원인이 아닌 것은?**

① 잘못된 작업 방법
② 관리 감독 소홀
③ 방호 장치의 기능 제거
④ 작업 장치 회전반경 내 출입금지

해설

재해 발생의 원인
① 안전의식 및 안전교육 부족
② 방호 장치(안전장치, 보호장치)의 결함
③ 정리정돈 및 조명 장치가 불량
④ 부적합한 공구의 사용
⑤ 작업 방법의 미흡
⑥ 관리 감독의 소홀

35 **안전모에 대한 설명으로 바르지 못한 것은?**

① 알맞은 규격으로 성능시험에 합격품이어야 한다.
② 구멍을 뚫어서 통풍이 잘되게 하여 착용한다.
③ 각종 위험으로부터 보호할 수 있는 종류의 안전모를 선택해야 한다.
④ 가볍고 성능이 우수하며 머리에 꼭 맞고 충격 흡수성이 좋아야 한다.

해설

안전모의 선택 방법
① 작업 성질에 따라 머리에 가해지는 각종 위험으로부터 보호할 수 있는 종류의 안전모를 선택해야 한다.
② 규격에 알맞고 한국산업안전공단에서 실시하는 성능 검사에 합격품이어야 한다.
③ 가볍고 성능이 우수하며 머리에 꼭 맞고 충격 흡수성이 좋아야 한다.

36 **안전수칙을 지킴으로 발생될 수 있는 효과로 가장 거리가 먼 것은?**

① 기업의 신뢰도를 높여준다.
② 기업의 이직률이 감소된다.
③ 기업의 투자경비가 늘어난다.
④ 상하 동료 간의 인간관계가 개선된다.

해설

안전을 지킴으로서 얻을 수 있는 이점
① 직장에서 발생할 수 있는 사고 및 재해를 예방할 수 있다.
② 기업의 불필요한 비용을 절감할 수 있다.
③ 기업의 생산성을 향상시킬 수 있다.
④ 기업의 신뢰도를 높여준다.
⑤ 기업의 이직률이 감소된다.
⑥ 사내 안전수칙이 준수되어 질서유지가 실현된다.
⑦ 직장 상·하 동료 간 인간관계 개선 효과도 기대된다.
⑧ 상·하 동료 간 협력을 촉진하여 화합과 효율성을 높일 수 있다.

37 다음 중 로더에 관한 설명으로 옳은 것은?

① 붐 리프트 레버는 전경과 후경의 2가지 위치가 있다.
② 버킷 틸트 레버는 전진과 후진 2가지 위치가 있다.
③ 버킷 레버에는 버킷 벌림양이 적당하도록 미리 설정해 두는 포지션 장치가 있다.
④ 붐 실린더에는 자동적으로 상승의 위치에서 유지위치로 돌아가도록 하는 퀵 아웃 장치가 있다.

해설

로더 작업 장치의 기능

① 붐 리프트 레버에는 상승, 유지, 하강, 부동의 4가지 위치가 있다.
② 버킷 틸트 레버에는 전경, 후경, 유지의 3가지 위치가 있다.
③ 버킷 틸트 레버에는 버킷을 지면에 내려놓았을 때 굴착각도가 적당히 되도록 설정해 주는 포지션 장치가 있다.

38 공구 및 장비 사용에 대한 설명으로 틀린 것은?

① 공구는 사용 후 공구상자에 넣어 보관한다.
② 볼트와 너트는 가능한 소켓 렌치로 작업한다.
③ 토크 렌치는 볼트와 너트를 푸는데 사용한다.
④ 마이크로미터를 보관할 때는 직사광선에 노출시키지 않는다.

해설

토크 렌치는 볼트와 너트를 규정의 토크로 균일하게 조이는데 사용하는 공구이다.

39 구동 벨트를 점검할 때 기관의 상태는?

① 공회전 상태 ② 급가속 상태
③ 정지 상태 ④ 급감속 상태

해설

구동 벨트의 점검, 탈착, 장착 등은 안전을 위해 기관이 정지된 상태에서 시행하여야 한다.

40 안전하게 공구를 취급하는 방법으로 적합하지 않은 것은?

① 공구를 사용한 후 제자리에 정리하여 둔다.
② 끝 부분이 예리한 공구 등을 주머니에 넣고 작업을 하여서는 안 된다.
③ 공구를 사용 전에 손잡이에 묻은 기름 등은 닦아내어야 한다.
④ 숙달이 되면 옆 작업자에게 공구를 던져서 전달하여 작업능률을 올린다.

해설

공구 사용 시 안전 수칙

① 수공으로 만든 공구는 사용하지 않는다.
② 작업에 알맞은 공구를 선택하여 사용할 것
③ 공구는 사용 전에 기름 등을 닦은 후 사용할 것
④ 공구를 보관할 때에는 지정된 장소에 보관할 것
⑤ 공구를 취급할 때에는 올바른 방법으로 사용할 것
⑥ 공구 사용 전에 점검한 후 파손된 공구는 교환할 것
⑦ 사용한 공구는 항상 깨끗이 한 후 보관할 것
⑧ 끝 부분이 예리한 공구 등을 주머니에 넣고 작업을 하여서는 안 된다.

41 사고를 일으킬 수 있는 직접적인 재해의 원인은?

① 기술적 원인
② 교육적 원인
③ 작업관리의 원인
④ 불안전한 행동의 원인

해설

재해 발생의 직접적인 원인에는 불안전 행동에 의한 것과 불안전한 상태에 의한 것이 있다.

42 로더를 경사지에서 주행할 때 주의해야 할 사항으로 틀린 것은?

① 방향전환을 위해 급선회하지 않는다.
② 주행속도 스위치를 저속으로 하여 서행한다.
③ 불가피한 정차 시 버킷을 지면에 내리고 고임목을 받쳐 준다.
④ 경사지에서의 작업은 위험하므로 작업 허용 운전 경사각 30°를 초과하면 안 된다.

해설

로더를 경사지에서 주행할 때 주의해야 할 사항

① 10° 이상의 경사지에서는 작업하지 말아야 하며, 불가피하게 경사지에서 작업해야 하는 경우에는 지면을 평탄하게 한 후에 작업한다.
② 경사지에서 내려올 때 주 브레이크를 지나치게 자주 사용하면 브레이크가 과열되어 손상될 우려가 있으므로 변속 레버를 저속 위치로 하고 엔진 브레이크를 충분히 활용하여 주행해야 한다.
③ 변속 레버의 속도 단이 바르지 않을 때 토크 컨버터 윤활유가 과열될 수 있으므로 1단의 저속 기어로 변속하여 과열을 방지해야 한다.
④ 경사진 곳을 운행할 때에는 작업 장치를 내려 중심을 낮게 하고 경사지에서의 회전은 위험하므로 삼가야 한다.

43 로더가 버킷에 토사를 채운 후 후진을 하고 나면 덤프트럭이 로더와 토사 더미의 사이에 들어와서 상차하는 방법은?

① 90°회전법(T형)
② 직진·후진법(I형)
③ 비트식 상차법
④ V형 상차법

해설

로더의 상차 방법

① **90° 회전법(T형)** : 덤프트럭은 토사 더미와 평행하게 진입하여 정지하고, 로더만 90°선회를 4회 하여 상차하는 방식이다. 주로 좁은 장소에서 사용되며, 비교적 작업효율이 낮다.
② **직진·후진법(I형)** : 로더가 버킷에 토사를 채운 후에 후퇴하고 곧바로 덤프트럭이 토사 더미와 로더 버킷 사이로 들어오면 상차하는 방식이다. 연약 지반에서 대형 로더가 작업할 경우 주로 이용한다.
③ **V형 상차법(V형)** : 로더가 토사를 버킷에 담고 후진을 한 후 덤프트럭 쪽으로 방향을 바꾸면서 전진하여 덤프트럭에 상차하는 방법이다. 덤프트럭은 토사 더미에 60°로 진입하여 정지하고, 로더만 45° 선회를 2회 하여 상차하는 방법이다.
④ **L형 상차법** : 덤프트럭은 토사 더미에 90°로 진입하여 정지하고, 로더만 90° 선회를 2회 하여 상차하는 방법이다.

44 로더를 트레일러에 상·하차 하는 방법으로 틀린 것은?

① 언덕을 이용한다.
② 기중기를 이용한다.
③ 상·하차대를 이용한다.
④ 타이어를 받침으로 이용한다.

해설

로더를 트레일러에 상·하차 하는 방법

① 언덕을 이용하여 자력으로 주행하여 탑승한다.
② 상·하차대를 10~15° 이내로 설치한 후 자력으로 주행하여 탑승한다.
③ 기중기를 사용하여 와이어로프로 로더를 수평으로 들어 탑승시킨다.

45 하부 구동장치의 점검 및 정비 조치사항으로 적합하지 않은 것은?

① 슈의 마모가 심하면 교환해야 한다.
② 스프로킷에 균열이 있을 시 교환해야 한다.
③ 트랙의 장력이 느슨하면 그리스를 주입하여 조절한다.
④ 트랙의 장력이 너무 팽팽하면 벗겨질 위험이 있기 때문에 조정해야 한다.

해설

트랙의 장력이 너무 느슨하면 벗겨질 위험이 있기 때문에 조정해야 한다.

46 허리 꺾기식(차체 굴절식) 타이어 로더의 조향장치에 대한 설명으로 올바른 것은?

① 협소한 장소에서의 작업은 어렵다.
② 앞차체가 굴절되어 방향을 전환하여 안정성이 나쁘다.
③ 조행핸들을 작동시키면 뒷바퀴가 방향을 변환하여 선회한다.
④ 뒷바퀴는 선회축이 되고 앞바퀴가 굴절되어 작동하며 회전반경이 크다.

해설

허리 꺾기 조향방식은 유압 실린더를 사용하여 앞 차체를 굴절하여 조향하며, 선회 반경이 작아 좁은 장소에서의 작업에 유리한 장점이 있으나 안정성이 나쁘다.

47 타이어의 과마모를 일으키는 운전방법이 아닌 것은?

① 부하를 걸지 않은 주행
② 빈번한 급출발과 급제동
③ 과도한 브레이크를 사용
④ 도랑 등 홈이 파여진 곳에 타이어 측면이 닿은 상태로 작업

해설

타이어의 과마모를 일으키는 운전
① 과부하를 하중을 가해 주행
② 도랑 등 홈이 파여진 곳에 타이어 측면이 닿은 상태로 작업
③ 빈번한 급출발과 급제동 주행
④ 과도한 브레이크를 사용하는 주행

48 로더의 토사 깎기 작업방법으로 잘못 된 것은?

① 로더의 무게가 버킷과 함께 작용되도록 한다.
② 깎이는 깊이 조정은 버킷을 복귀시키면서 할 수 있다.
③ 깎이는 깊이 조정은 붐을 조금씩 상승시키면서 할 수 있다.
④ 버킷의 각도를 35°~45°로 깎기 시작하는 것이 좋다.

해설

토사 깎기(스트리핑) 작업 방법
① 버킷 각도는 5°정도 기울여서 깎기 시작한다.
② 깎이는 깊이의 조정은 붐을 약간씩 상승시키거나 버킷을 복귀시켜서 한다.
③ 로더의 자체 중량이 버킷과 함께 작용하도록 한다.
④ 특수 상황 외에는 항상 로더가 평행 되도록 한다.

49 타이어식 로더의 운전 전 점검사항이 아닌 것은?

① 유압 작동유 레벨 점검
② 타이어 공기압 점검
③ 트랜스미션 오일압력 점검
④ 버킷 투스 상태 점검

해설

자동변속기의 오일 압력 점검은 변속기의 성능을 점검할 때 검사한다.

50 로더를 사용하는 작업으로 거리가 먼 것은?

① 적재 작업 ② 굴착 작업
③ 송토 작업 ④ 브레이커 작업

해설

로더는 주로 각종 토사, 자갈, 골재 등을 퍼서 다른 곳으로 운반하거나 덤프(Dump) 트럭에 적재 및 굴착 작업과 송토 작업을 하는 장비이다.

51 무한궤도식 로더의 운전특성을 설명한 것 중 틀린 것은?

① 조향은 허리 꺾기식이다.
② 레버를 당겨 방향 전환을 한다.
③ 기동성이 낮아 장거리 작업에는 불리하다.
④ 강력한 견인력과 접지압이 낮아 습지 작업이 가능하다.

해설

무한궤도 로더는 환향 클러치 방식이고 타이어식 로더는 허리 꺾기식(차체 굴절식)과 뒷바퀴 조향식이 있으며, 주로 유압식(동력 조향식)으로 작동된다.

52 로더의 일일점검 항목이 아닌 것은?

① 종감속기어 오일량
② 연료탱크 연료량
③ 엔진 오일량
④ 냉각수량

해설

일상 점검 항목
① 작동유(유압유)의 유량을 점검하고 부족하면 보충한다.
② 라디에이터의 냉각수량을 점검하고 부족하면 보충한다.
③ 엔진 오일의 유량을 점검하고 부족하면 보충한다.
④ 연료량을 점검하고 부족하면 보충한다.
⑤ 각부 연결 핀의 그리스 상태를 점검하고 부족하면 보충한다.
⑥ 팬벨트 상태를 살피고 장력을 점검한다. 장력은 장력 조정기로 자동 조절된다.
⑦ 연료 라인에 설치되어 있는 연료 필터와 수분 분리기를 점검한다.
⑧ 에어클리너를 점검한다. 엘리먼트의 청소는 압축공기로 안쪽에서 바깥쪽으로 불어낸다.)
⑨ 타이어 공기압(냉각 시 약 3.5kg/cm²)을 점검하고 부족하면 보충한다.
⑩ 버킷의 투스 상태를 점검한다.

53 버킷을 조작하는 틸트 레버(tilt lever)의 3가지 위치가 아닌 것은?

① 유지 ② 가속
③ 전경 ④ 후경

해설

로더 버킷의 틸트 레버에는 전경, 후경, 유지의 3가지 위치가 있다.

54 로더의 전경각은?

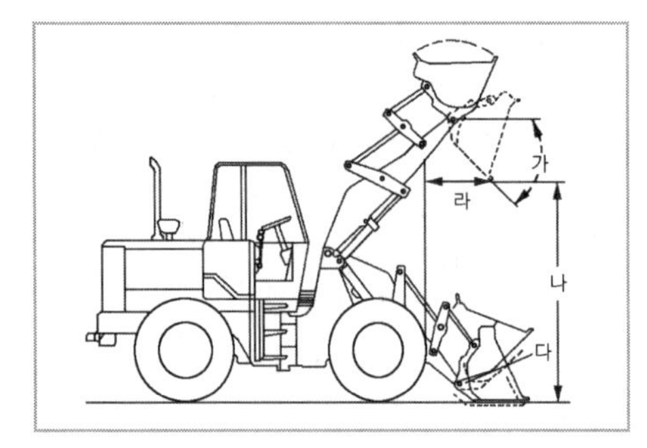

① 가 ② 나
③ 다 ④ 라

55 로더의 버킷을 상승시켰을 때 버킷 투스 하단과 지면과의 거리를 무엇이라 하는가?

① 덤핑 클리어런스 ② 덤핑 리치
③ 전경각 ④ 후경각

해설
덤핑 클리어런스란 버킷을 상승시켰을 때 버킷 투스 하단과 지면과의 거리이며, 덤핑 리치란 적재할 수 있는 길이를 말한다.

56 타이어식 로더의 주차방법으로 틀린 것은?

① 전기장치를 OFF시킨다.
② 기어 선택레버를 중립(N)위치로 한다.
③ 사이드 브레이크를 체결하고 고임목을 받친다.
④ 버킷을 지면에서 10cm 정도 올린 상태로 둔다.

해설
작업 종료 후 주차 시 조치 사항
① 건설기계를 지반이 단단하고 평탄한 장소에 주차하는 것은 물론이고, 우기 시 침수위험이 있는 곳은 피하여야 하며 버킷 등은 지면에 내려놓아야 한다.
② 주차 브레이크를 완전히 작동시킨다. 다만 부득이하여 경사면에 세울 경우에는 바퀴에 고임목을 확실하게 받쳐야 한다.
③ 기어 선택 레버를 중립(N)으로 한다.
④ 주차 브레이크 스위치를 ON 위치로 돌리고 주차 브레이크를 걸어 준다.
⑤ 유압 차단 안전 레버를 차단한다.
⑥ 엔진을 저속으로 5분 정도 공회전시켜 준다.
⑦ 시동 키를 OFF 위치로 돌려 엔진을 정지한다.
⑧ 시동 키를 빼낸다.
⑨ 운전실 문을 잠근다.

57 브레이크 페달을 밟으면 변속 클러치가 떨어져 엔진의 동력이 차축까지 전달되지 않게 하는 것은?

① 브레이크 밸브
② 메인 컨트롤 밸브
③ 프라이어리티 밸브
④ 클러치 컷 오프 밸브

해설
클러치 컷 오프 밸브의 기능은 브레이크 페달을 밟으면 변속 클러치가 떨어져 엔진의 동력이 차축까지 전달되지 않도록 하는 장치이다.

58 무한궤도식 로더의 장점이 아닌 것은?

① 강력한 견인력을 가지고 있다.
② 출력이 높아 장거리 이동성이 좋다.
③ 노면 상태가 험한 지형에서 이동이 용이하다.
④ 접지면적이 넓어서 습지, 사지에서의 이동이 용이하다.

해설
무한궤도식 로더는 강력한 견인력을 가지고 있으며, 노면 상태가 험한 지형에서 이동이 용이하고, 접지면적이 넓어서 습지, 사지에서의 이동이 용이한 장점이 있으나 이동성이 낮은 단점이 있다.

59 타이어식 로더에 자동제한 차동기어장치가 있을 때의 장점으로 가장 알맞은 것은?

① 변속이 용이하다.
② 충격이 완화된다.
③ 조향이 원활해진다.
④ 미끄러운 노면에서 운행이 용이하다.

60 로더의 작업 장치에 해당하지 않는 것은?

① 백호 셔블 ② 아우트리거
③ 스켈리턴 버킷 ④ 사이드 덤프 버킷

해설
아우트리거는 타이어식 기중기의 전후, 좌우 방향에 안정성을 주어 기중 작업을 할 때 전도 사고를 방지하는 역할을 하며, 아우트리거는 평탄하고 굳은 지면에 설치하고 빔을 완전히 펴서 바퀴가 지면에서 뜨도록 하여야 한다. 안정기(stabilizer)라고도 한다.
※

2회 로더운전기능사

CBT 실전모의고사

수험번호:
수험자명:

제한시간: 60분
남은시간:

01 기관에 사용되는 시동 모터가 회전이 안 되거나 회전력이 약한 원인이 아닌 것은?

① 시동 스위치의 접촉이 불량하다.
② 배터리 단자와 터미널의 접촉이 나쁘다.
③ 브러시가 정류자에 잘 밀착되어 있다.
④ 축전지 전압이 낮다.

해설

시동 전동기(시동 모터)가 회전이 안 되는 원인
① 시동 스위치의 접촉이 불량하다.
② 축전지가 과다 방전되었다.
③ 축전지 단자와 케이블의 접촉이 불량하거나 단선되었다.
④ 시동 전동기 브러시 스프링 장력이 약해 정류자의 밀착이 불량하다.
⑤ 시동 전동기 전기자 코일 또는 계자 코일이 단락되었다.

02 예열플러그를 빼서 보았더니 심하게 오염되어 있다. 그 원인으로 가장 적합한 것은?

① 불완전 연소 또는 노킹
② 기관의 과열
③ 플러그의 용량과다
④ 냉각수 부족

해설

불완전 연소 또는 노킹이 발생하면 예열 플러그가 심하게 오염된다.

03 교류 발전기에서 교류를 직류로 바꾸어주는 것은?

① 계자　　② 슬립링
③ 브러시　　④ 다이오드

해설

다이오드 역할은 교류 발전기에서 발생되는 교류를 직류로 변환하여 배터리나 전장품에 공급하는 정류 작용을 하고, 배터리로부터 발전기로 전류가 역류를 방지한다.

04 기관의 크랭크축 베어링의 구비조건으로 틀린 것은?

① 마찰계수가 클 것
② 내피로성이 클 것
③ 매입성이 있을 것
④ 추종유동성이 있을 것

해설

크랭크축 베어링의 구비조건
① 하중 부담능력 및 매입성이 있을 것
② 내부식성 및 내피로성이 있을 것
③ 마찰계수가 적고, 추종유동성이 있을 것
④ 길들임성이 좋을 것

05 전압(voltage)에 대한 설명으로 적당한 것은?

① 자유전자가 도선을 통하여 흐르는 것을 말한다.
② 전기적인 높이 즉 전기적인 압력을 말한다.
③ 물질에 전류가 흐를 수 있는 정도를 나타낸다.
④ 도체의 저항에 의해 발생되는 열을 나타낸다.

해설

전압이란 도체에 전류를 흐르게 하는 전기적인 압력, 즉 전하가 적은 쪽으로 이동하려는 압력을 말한다.

06 디젤기관 냉각 장치에서 냉각수의 비등점을 높여주기 위해 설치된 부품으로 알맞은 것은?

① 코어　　② 냉각핀
③ 보조탱크　　④ 압력식 캡

해설

압력식 캡은 냉각 계통을 밀폐시켜 내부의 온도 및 압력을 조정한다. 냉각 장치 내의 압력을 0.2 ~ 1.05 kg/cm² 정도로 유지하여 냉각수의 비등점을 112℃ 로 상승시켜 냉각 범위를 넓히기 위해 사용한다.

07 축전지의 구비조건으로 가장 거리가 먼 것은?

① 축전지의 용량이 클 것
② 전기적 절연이 완전할 것
③ 가급적 크고, 다루기 쉬울 것
④ 전해액의 누출방지가 완전할 것

해설
축전지의 구비조건
① 소형·경량이고, 수명이 길어야 한다.
② 심한 진동에 견딜 수 있어야 하며, 다루기 쉬워야 한다.
③ 용량이 크고, 가격이 싸야 한다.
④ 전기적 절연이 완전하여야 한다.
⑤ 전해액의 누출방지가 완전하여야 한다.

08 기관의 오일펌프 유압이 낮아지는 원인이 아닌 것은?

① 윤활유 점도가 너무 높을 때
② 베어링의 오일 간극이 클 때
③ 윤활유의 양이 부족할 때
④ 오일 스트레이너가 막힐 때

해설
기관의 오일압력이 낮은 원인
① 아래 크랭크 케이스(오일 팬)에 오일이 적다.
② 크랭크축 오일 간극이 크다.
③ 오일펌프가 불량하다.
④ 유압 조절 밸브(릴리프 밸브)가 열린 상태로 고장이 났다.
⑤ 기관 각부의 마모가 심하다.
⑥ 기관 오일에 경유가 혼입되었다.
⑦ 커넥팅 로드 대단부 베어링과 핀 저널의 간극이 크다.

09 디젤기관의 노킹발생 원인과 가장 거리가 먼 것은?

① 착화기간 중 분사량이 많다.
② 노즐의 분무 상태가 불량하다.
③ 세탄가가 높은 연료를 사용하였다.
④ 기관이 과도하게 냉각 되어있다.

해설
디젤기관 노킹발생의 원인
① 연료의 세탄가가와 분사 압력이 낮다.
② 착화지연기간 중 연료 분사량이 많다.
③ 연소실의 온도가 낮고, 착화지연 시간이 길다.
④ 압축비가 낮고, 기관이 과냉 되었다.
⑤ 분사 노즐의 분무 상태가 불량하다.

10 일상점검 내용에 속하지 않는 것은?

① 기관 윤활유량
② 브레이크 오일량
③ 라디에이터 냉각수량
④ 연료 분사량

해설
연료 분사량은 커먼레일 엔진의 인젝터 점검이나, 기계식의 디젤 엔진의 연료 분사 펌프 정비 시에 시행하는 점검사항이다.

11 반드시 건설기계 정비업체에서 정비하여야 하는 것은?

① 오일의 보충
② 배터리의 교환
③ 창유리의 교환
④ 엔진 탈·부착 정비

해설
건설기계 정비업체에서 정비하는 항목
① 실린더 헤드의 탈착 정비
② 실린더·피스톤의 분해·정비
③ 크랭크샤프트·캠샤프트의 분해·정비
④ 연료(연료공급 및 분사) 펌프의 분해·정비
⑤ 엔진 탈·부착 정비
⑥ 유압장치의 탈·부착 및 분해·정비
⑦ 변속기 탈·부착
⑧ 변속기의 분해·정비
⑨ 타이어식 전·후 차축 및 제동장치 정비
⑩ 프레임 조정
⑪ 롤러·링크·트랙 슈의 재생

12 건설기계관리법상 건설기계의 소유자는 건설기계를 취득한 날부터 얼마 이내에 건설기계 등록신청을 해야 하는가?

① 2개월 이내　② 3개월 이내
③ 6개월 이내　④ 1년 이내

해설
건설기계등록신청은 건설기계를 취득한 날(판매를 목적으로 수입된 건설기계의 경우에는 판매한 날을 말한다)부터 2월 이내에 하여야 한다. 다만, 전시·사변 기타 이에 준하는 국가비상사태하에 있어서는 5일 이내에 신청하여야 한다.

13 건설기계의 제동장치에 대한 정기검사를 면제받기 위한 건설기계 제동장치 정비 확인서를 발행 받을 수 있는 곳은?

① 건설기계 대여회사
② 건설기계 정비업자
③ 건설기계 부품업자
④ 건설기계 매매업자

해설
건설기계의 제동장치에 대한 정기검사를 면제받으려는 자는 정기검사 신청 시에 해당 건설기계 정비업자가 발행한 건설기계 제동장치 정비확인서를 시·도지사 또는 검사대행자에게 제출해야 한다.

14 건설기계의 조종 중 고의 또는 과실로 가스공급시설을 손괴할 경우 조종사면허의 처분기준은?

① 면허효력정지 10일
② 면허효력정지 15일
③ 면허효력정지 25일
④ 면허효력정지 180일

해설
건설기계의 조종 중 고의 또는 과실로 가스공급시설을 손괴하거나 가스공급시설의 기능에 장애를 입혀 가스의 공급을 방해한 경우에는 면허효력정지는 180일이다.

15 건설기계관리법령상 조종사 면허를 받은 자가 면허의 효력이 정지된 때에는 그 사유가 발생한 날부터 며칠 이내에 주소지를 관할하는 시장·군수 또는 구청장에게 그 면허증을 반납해야 하는가?

① 10일 이내
② 30일 이내
③ 60일 이내
④ 100일 이내

해설
건설기계 조종사 면허가 취소된 경우, 면허의 효력이 정지된 경우, 면허증의 재교부를 받은 후 잃어버린 면허증이 발견한 경우에는 그 사유가 발생한 날부터 10일 이내에 시장·군수 또는 구청장에게 그 면허증을 반납해야 한다.

16 건설기계에서 구조변경 및 개조를 할 수 없는 항목은?

① 원동기의 형식변경
② 제동장치의 형식변경
③ 유압장치의 형식변경
④ 적재함의 용량증가를 위한 구조변경

해설
구조 변경 범위
① 원동기 및 전동기의 형식변경
② 동력전달장치의 형식변경
③ 제동장치의 형식변경
④ 주행장치의 형식변경
⑤ 유압장치의 형식변경
⑥ 조종장치의 형식변경
⑦ 조향장치의 형식변경
⑧ 작업장치의 형식변경. 다만, 가공작업을 수반하지 아니하고 작업장치를 선택 부착하는 경우에는 작업장치의 형식변경으로 보지 아니한다.
⑨ 건설기계의 길이·너비·높이 등의 변경
⑩ 수상작업용 건설기계의 선체의 형식변경
⑪ 타워크레인 설치기초 및 전기장치의 형식변경

17 건설기계의 검사를 연장 받을 수 있는 기간을 잘못 설명한 것은?

① 해외임대를 위하여 일시 반출된 경우 : 반출기간 이내
② 압류된 건설기계의 경우 : 압류기간 이내
③ 건설기계 대여업을 휴업한 경우 : 사업의 개시신고를 하는 때까지
④ 장기간 수리가 필요한 경우 : 소유자가 원하는 기간

해설
남북경제협력 등으로 북한지역의 건설공사에 사용되는 건설기계와 해외임대를 위하여 일시 반출되는 건설기계의 경우에는 반출기간, 압류된 건설기계의 경우에는 그 압류기간, 타워크레인 또는 천공기(터널 보링식 및 실드 굴진식으로 한정한다)가 해체된 경우에는 해체되어 있는 기간, 건설기계의 소유자가 해당 건설기계를 사용하는 사업을 영위하는 경우로서 해당 사업의 휴업을 신고한 경우에는 해당 사업의 개시신고를 하는 때까지 검사유효기간이 연장된 것으로 본다.

18 건설기계 등록신청 시 첨부하지 않아도 되는 서류는?

① 호적등본
② 건설기계 소유자임을 증명하는 서류
③ 건설기계 제작증
④ 건설기계 제원표

해설

건설기계 등록신청 첨부서류
① 건설기계 등록신청서(전자문서로 된 신청서를 포함한다)
② 건설기계 출처를 증명하는 서류
㉮ 국내에서 제작한 건설기계 : 건설기계 제작증
㉯ 수입한 건설기계 : 수입면장 등 수입 사실을 증명하는 서류(타워크레인의 경우 건설기계 제작증 추가로 제출)
㉰ 행정기관으로부터 매수한 건설기계 : 매수증서
③ 건설기계 소유자임을 증명하는 서류
④ 건설기계 제원표
⑤ 자동차손해배상 보장법 제5조에 따른 보험 또는 공제의 가입을 증명하는 서류

19 폐기요청을 받은 건설기계를 폐기하지 아니하거나 등록번호표를 폐기하지 아니한 자에 대한 벌칙은?

① 2년 이하의 징역 또는 2천만 원 이하의 벌금
② 1년 이하의 징역 또는 1천만 원 이하의 벌금
③ 2백만 원 이하의 벌금
④ 1백만 원 이하의 벌금

해설

1년 이하의 징역 또는 1천만 원 이하의 벌금
① 거짓이나 그 밖의 부정한 방법으로 등록을 한 자
② 등록번호를 지워 없애거나 그 식별을 곤란하게 한 자
③ 구조변경검사 또는 수시검사를 받지 아니한 자
④ 정비명령을 이행하지 아니한 자
⑤ 사용·운행 중지 명령을 위반하여 사용·운행한 자
⑥ 사업 정지명령을 위반하여 사업 정지기간 중에 검사를 한 자
⑦ 형식승인, 형식변경 승인 또는 확인검사를 받지 아니하고 건설기계의 제작 등을 한 자
⑧ 사후관리에 관한 명령을 이행하지 아니한 자
⑨ 내구연한을 초과한 건설기계 또는 건설기계 장치 및 부품을 운행하거나 사용한 자
⑩ 내구연한을 초과한 건설기계 또는 건설기계 장치 및 부품의 운행 또는 사용을 알고도 말리지 아니하거나 운행 또는 사용을 지시한 고용주
⑪ 부품인증을 받지 아니한 건설기계 장치 및 부품을 사용한 자
⑫ 부품인증을 받지 아니한 건설기계 장치 및 부품을 건설기계에 사용하는 것을 알고도 말리지 아니하거나 사용을 지시한 고용주
⑬ 매매용 건설기계를 운행하거나 사용한 자
⑭ 폐기인수 사실을 증명하는 서류의 발급을 거부하거나 거짓으로 발급한 자
⑮ 폐기요청을 받은 건설기계를 폐기하지 아니하거나 등록번호표를 폐기하지 아니한 자
⑯ 건설기계 조종사 면허를 받지 아니하고 건설기계를 조종한 자
⑰ 건설기계 조종사 면허를 거짓이나 그 밖의 부정한 방법으로 받은 자
⑱ 소형 건설기계의 조종에 관한 교육과정의 이수에 관한 증빙서류를 거짓으로 발급한 자
⑲ 술에 취하거나 마약 등 약물을 투여한 상태에서 건설기계를 조종한 자와 그러한 자가 건설기계를 조종하는 것을 알고도 말리지 아니하거나 건설기계를 조종하도록 지시한 고용주
⑳ 건설기계 조종사 면허가 취소되거나 건설기계 조종사 면허의 효력정지 처분을 받은 후에도 건설기계를 계속하여 조종한 자
㉑ 건설기계를 도로나 타인의 토지에 버려둔 자

20 건설기계 등록이 말소되는 사유에 해당하지 않은 것은?

① 건설기계를 폐기한 때
② 건설기계의 구조변경을 했을 때
③ 건설기계가 멸실되었을 때
④ 건설기계를 수출할 때

해설

건설기계 등록말소의 사유
① 거짓이나 그 밖의 부정한 방법으로 등록을 한 경우
② 건설기계가 천재지변 또는 이에 준하는 사고 등으로 사용할 수 없게 되거나 멸실된 경우
③ 건설기계의 차대(車臺)가 등록 시의 차대와 다른 경우
④ 건설기계가 건설기계 안전기준에 적합하지 아니하게 된 경우
⑤ 정기검사 명령, 수시검사 명령 또는 정비 명령에 따르지 아니한 경우
⑥ 건설기계를 수출하는 경우
⑦ 건설기계를 도난당한 경우
⑧ 건설기계를 폐기한 경우
⑨ 건설기계 해체재활용업자에게 폐기를 요청한 경우
⑩ 구조적 제작 결함 등으로 건설기계를 제작자 또는 판매자에게 반품한 경우
⑪ 건설기계를 교육•연구 목적으로 사용하는 경우

⑫ 대통령령으로 정하는 내구연한을 초과한 건설기계. 다만, 정밀진단을 받아 연장된 경우는 그 연장기간을 초과한 건설기계
⑬ 건설기계를 횡령 또는 편취당한 경우

21 유압유의 점도에 대한 설명으로 틀린 것은?

① 온도가 상승하면 점도는 낮아진다.
② 점성의 정도를 표시하는 값이다.
③ 점도가 낮아지면 유압이 떨어진다.
④ 점성계수를 밀도로 나눈 값이다.

해설

유압유의 점도
① 점성의 정도를 나타내는 척도이다.
② 온도가 상승하면 점도는 낮아진다.
③ 온도가 내려가면 점도는 높아진다.
④ 점도가 낮아지면 유압이 낮아진다.
⑤ 점도가 높으면 유압은 높아진다.

22 유압 실린더에서 숨 돌리기 현상이 생겼을 때 일어나는 현상이 아닌 것은?

① 작동지연 현상이 생긴다.
② 피스톤 동작이 정지된다.
③ 오일의 공급이 과대해진다.
④ 작동이 불안정하게 된다.

해설

유압 실린더에서 숨 돌리기(공동) 현상이 발생되면 오일의 공급 부족으로 인해 피스톤의 작동이 불안정하게 되고, 작동의 지연이 생기며, 서지 압력이 발생한다.

23 유압장치 내의 압력을 일정하게 유지하고 최고 압력을 제한하여 회로를 보호해주는 밸브는?

① 릴리프 밸브
② 체크 밸브
③ 제어밸브
④ 로터리 밸브

해설

릴리프 밸브는 유압장치 내의 압력을 일정하게 유지하고, 최고 압력을 제한하여 회로를 보호하며, 과부하 방지와 유압기기의 보호를 위하여 최고 압력을 규제한다.

24 유압 실린더를 교환 후 우선적으로 시행하여야 할 사항은?

① 엔진을 저속 공회전 시킨 후 공기빼기 작업을 실시한다.
② 엔진을 고속 공회전 시킨 후 공기빼기 작업을 실시한다.
③ 유압장치를 최대한 부하상태로 유지한다.
④ 시험작업을 실시한다.

해설

유압 실린더를 교환하면 우선적으로 엔진을 저속 공회전 시킨 후 공기빼기 작업을 실시하여야 유압 라인에 작동유의 공급이 원활하게 이루어진다.

25 건설기계 유압회로에서 유압유 온도를 알맞게 유지하기 위해 오일을 냉각하는 부품은?

① 어큐뮬레이터
② 오일 쿨러
③ 방향 제어 밸브
④ 유압 밸브

해설

오일 쿨러(오일 냉각기)는 유압회로에서 유압유의 온도를 정상 작동 온도 범위인 40~80℃로 유지하기 위해 오일을 냉각하는 역할을 한다.

26 그림의 유압 기호는 무엇을 표시하는가?

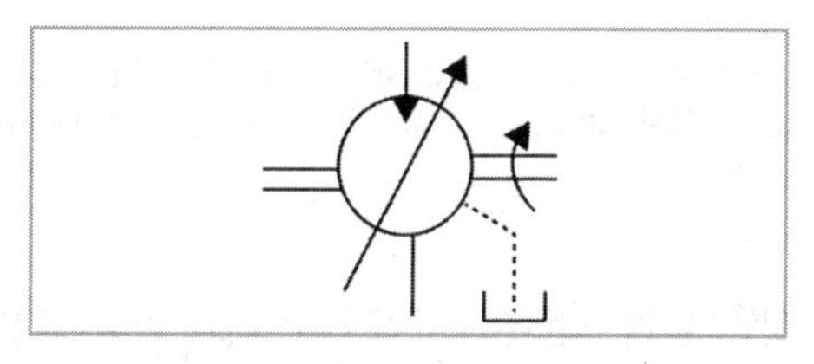

① 가변 유압 모터
② 유압 펌프
③ 가변 토출 밸브
④ 가변 흡입 밸브

해설

가변 유압 모터는 1회전마다 유입량이 변하는 모터이다.

27 **유압 장치의 단점에 대한 설명 중 틀린 것은?**

① 관로를 연결하는 곳에서 작동유가 누출될 수 있다.
② 고압사용으로 인한 위험성이 존재한다.
③ 작동유 누유로 인해 환경오염을 유발할 수 있다.
④ 전기·전자의 조합으로 자동제어가 곤란하다.

해설

유압 장치의 단점

① 고압사용으로 인한 위험성 및 이물질에 민감하다.
② 유온의 영향에 따라 정밀한 속도와 제어가 곤란하다.
③ 폐유에 의한 주변 환경이 오염될 수 있다.
④ 오일은 가연성이 있어 화재에 위험하다.
⑤ 회로의 구성이 어렵고 누설되는 경우가 있다.
⑥ 오일의 온도에 따라서 점도가 변하므로 기계의 속도가 변한다.
⑦ 에너지의 손실이 크며, 관로를 연결하는 곳에서 유체가 누출될 우려가 있다.

28 **유압모터의 속도를 감속하는데 사용하는 밸브는?**

① 체크 밸브
② 디셀러레이션 밸브
③ 변환 밸브
④ 압력 스위치

해설

디셀러레이션 밸브는 캠(cam)으로 조작되는 유압 밸브이며 액추에이터의 속도를 서서히 감속시킬 때 사용한다.

29 **유압 작동부에서 오일이 새고 있을 때 일반적으로 먼저 점검하여야 하는 것은?**

① 밸브(valve)
② 기어(gear)
③ 플런저(plunger)
④ 실(seal)

해설

오일 실의 기능은 유압 작동부에 유압유가 누출되는 것을 방지하는 역할을 한다. 따라서 유압 작동부분에서 오일이 누유 되면 가장 먼저 실(seal)을 점검하여야 한다.

30 **유압 장치의 구성 요소가 아닌 것은?**

① 제어 밸브　② 오일 탱크
③ 유압 펌프　④ 차동 장치

해설

차동 장치는 타이어식 건설기계에서 래크와 피니언 기어의 원리를 이용하여 좌우 바퀴의 회전수를 변화시켜 선회할 때 바깥쪽 바퀴의 회전수를 빠르게 하여 선회가 원활하게 이루어지도록 한다.

31 **운전자가 작업 전에 장비 점검과 관련된 내용 중 거리가 먼 것은?**

① 타이어 및 궤도 차륜상태
② 브레이크 및 클러치의 작동상태
③ 낙석, 낙하물 등의 위험이 예상되는 작업 시 견고한 헤드 가이드 설치상태
④ 정격 용량보다 높은 회전으로 수차례 모터를 구동시켜 내구성 상태 점검

해설

정격 용량보다 낮은 회전으로 모터를 구동시켜 난기 운전을 실시하여야 한다.

32 **작업복에 대한 설명으로 적합하지 않은 것은?**

① 작업복은 몸에 알맞고 동작이 편해야 한다.
② 착용자의 연령, 성별 등에 관계없이 일률적인 스타일을 선정해야 한다.
③ 작업복은 항상 깨끗한 상태로 입어야 한다.
④ 주머니가 너무 많지 않고, 소매가 단정한 것이 좋다.

해설

작업복의 조건

① 작업복은 몸에 알맞고 동작이 편해야 한다.
② 단추가 달린 것은 되도록 피한다.
③ 주머니가 적고 팔이나 발이 노출되지 않은 것이 좋다.
④ 소매의 폭이 넓지 않고 조여질 수 있는 것이 좋다.
⑤ 작업복은 항상 깨끗한 상태로 입어야 한다.

33 공기(air)기구 사용 작업에서 적당치 않은 것은?

① 공기기구의 섭동 부위에 윤활유를 주유하면 안 된다.
② 규정에 맞는 토크를 유지하면서 작업한다.
③ 공기를 공급하는 고무호스가 꺾이지 않도록 한다.
④ 공기기구의 반동으로 생길 수 있는 사고를 미연에 방지한다.

해설
공기기구의 섭동 부위에는 윤활유를 주유하여 마찰 및 마모를 방지하여야 한다.

34 크레인으로 물건을 운반할 때 주의사항으로 틀린 것은?

① 규정 무게보다 약간 초과할 수 있다.
② 적재물이 떨어지지 않도록 한다.
③ 로프 등의 안전여부를 항상 점검한다.
④ 선회작업 시 사람이 다치지 않도록 한다.

해설
크레인으로 물건 운반 시 주의 사항
① 제한 하중을 초과해서는 안 된다.
② 적재물이 떨어지지 않도록 하여야 한다.
③ 운반 중 사람이 다치지 않도록 하여야 한다.
④ 로프 등의 안전여부를 항상 점검하여야 한다.

35 산소가스 용기의 도색으로 맞는 것은?

① 녹색 ② 노란색
③ 흰색 ④ 갈색

해설
충전가스 용기의 도색
① 산소 용기 : 녹색
② 수소 용기 : 주황색,
③ 아세틸렌 용기 : 황색
④ 암모니아 용기 : 백색
⑤ 탄산가스 용기 : 청색
⑥ 염소 용기 : 갈색
⑦ 프로판 용기 : 회색
⑧ 아르곤 용기 : 회색

36 원목처럼 길이가 긴 화물을 외줄 달기 슬링 용구를 사용하여 크레인으로 물건을 안전하게 달아 올리는 방법으로 가장 거리가 먼 것은?

① 화물의 중량이 많이 걸리는 방향을 아래쪽으로 향하게 들어올린다.
② 제한용량 이상을 달지 않는다.
③ 수평으로 달아 올린다.
④ 신호에 따라 움직인다.

해설
원목처럼 길이가 긴 화물을 외줄 달기 슬링 용구를 사용하여 달아 올릴 때는 슬링을 거는 위치를 안쪽으로 약간 치우치게 묶고 화물의 중량이 많이 걸리는 방향을 아래쪽으로 향하게 하고 신호에 따라 들어 올려야 한다.

37 산업공장에서 재해의 발생을 줄이기 위한 방법으로 틀린 것은?

① 폐기물은 정해진 위치에 모아둔다.
② 공구는 소정의 장소에 보관한다.
③ 소화기 근처에 물건을 적재한다.
④ 통로나 창문 등에 물건을 세워 놓아서는 안 된다.

해설
재해의 발생을 줄이기 위한 방법
① 통로나 창문 등에 물건을 세워 놓아서는 안 된다.
② 공구는 소정의 장소에 보관한다.
③ 폐기물은 정해진 위치에 모아둔다.
④ 소화기 근처에는 물건을 적재해서는 안 된다.

38 금속나트륨이나 금속칼륨 화재의 소화재로서 가장 적합한 것은?

① 물
② 포소화기
③ 건조사
④ 이산화탄소 소화기

해설
금속나트륨, 금속칼륨 등의 D급 화재는 일반적으로 건조사를 이용한 질식효과로 소화를 한다.

39 사고 원인으로서 작업자의 불안전한 행위는?

① 안전조치 불이행
② 작업장의 환경 불량
③ 물적 위험 상태
④ 기계의 결함 상태

해설

불안전한 행동(안전조치 불이행)
① 불안전한 자세 및 행동을 하는 경우
② 잡담이나 장난을 하는 경우
③ 안전장치를 제거하는 경우
④ 불안전한 속도를 조절하는 경우
⑤ 작동중인 기계에 주유, 수리, 점검, 청소 등을 하는 경우
⑥ 불안전한 기계를 사용하는 경우
⑦ 공구 대신 손을 사용하는 경우
⑧ 안전복장을 착용하지 않은 경우
⑨ 보호구를 착용하지 않은 경우
⑩ 허가 없이 기계장치를 운전하는 경우

40 작업장에 대한 안전관리상 설명으로 틀린 것은?

① 항상 청결하게 유지한다.
② 작업대 사이 또는 기계사이의 통로는 안전을 위한 일정한 너비가 필요하다.
③ 공장바닥은 폐유를 뿌려, 먼지가 일어나지 않도록 한다.
④ 전원 콘센트 및 스위치 등에 물을 뿌리지 않는다.

해설

작업장 안전관리
① 작업대 사이의 통로는 안전을 위한 일정한 너비가 필요하다.
② 기계 사이의 통로는 안전을 위한 일정한 너비가 필요하다.
③ 작업장은 항상 청결하게 유지한다.
④ 전원 콘센트 및 스위치 등에 물을 뿌리지 않는다.
⑤ 공장 바닥은 먼지 발생을 방지하기 위해 폐유를 뿌리지 않는다.

41 타이어식 로더의 추진축 구성부품이 아닌 것은?

① 요크 ② 실린더
③ 평형추 ④ 센터 베어링

해설

추진축은 슬립 조인트, 요크, 유니버설 조인트, 평형추, 센터 베어링으로 구성되어 있다.

42 로더를 경사지에서 주행할 때 주의해야 할 사항으로 틀린 것은?

① 방향 전환을 위해 급선회하지 않는다.
② 주행속도 스위치를 저속으로 하여 서행한다.
③ 불가피한 정차 시 버킷을 지면에 내리고 고임목을 받쳐 준다.
④ 경사지에서의 작업은 위험하므로 작업 허용 운전 경사각 30°를 초과하면 안 된다.

해설

로더를 경사지에서 주행할 때 주의해야 할 사항
① 10° 이상의 경사지에서는 작업하지 말아야 하며, 불가피하게 경사지에서 작업해야 하는 경우에는 지면을 평탄하게 한 후에 작업한다.
② 경사지에서 내려올 때 주 브레이크를 지나치게 자주 사용하면 브레이크가 과열되어 손상될 우려가 있으므로 변속 레버를 저속 위치로 하고 엔진 브레이크를 충분히 활용하여 주행해야 한다.
③ 변속 레버의 속도 단이 바르지 않을 때 토크 컨버터 윤활유가 과열될 수 있으므로 1단의 저속 기어로 변속하여 과열을 방지해야 한다.
④ 경사진 곳을 운행할 때에는 작업 장치를 내려 중심을 낮게 하고 경사지에서의 회전은 위험하므로 삼가야 한다.

43 기계식 스키드 로더로 덤프작업을 할 때 올바른 버킷 조종법은?

① 페달의 뒷부분을 누른다.
② 페달의 앞부분을 누른다.
③ 레버를 앞으로 민다.
④ 레버를 뒤로 당긴다.

해설

기계식 스키드 로더로 덤프 작업을 할 때에는 페달의 앞부분을 누른다. 조이스틱 H방식은 운전석에 앉아 좌측 레버는 앞으로 밀면 전진, 뒤로 당기면 후진, 9시 방향(바깥쪽)으로 밀면 좌회전, 3시 방향(안쪽)으로 당기면 우회전한다. 우측 레버는 앞으로 밀면 붐이 하강, 뒤로 당기면 붐이 상승, 9시 방향(안쪽)으로 당기면 버킷 오므림(성토), 3시 방향(바깥쪽)으로 밀면 버킷 벌림(배토)을 한다.

44 타이어식 로더로 바위가 있는 현장에서 작업할 때 주의사항 중 틀린 것은?

① 슬립이 일어나지 않도록 한다.
② 타이어 공기압력을 높여준다.
③ 컷 방지용 타이어를 사용한다.
④ 홈이 깊은 타이어를 사용한다.

해설
타이어식 로더로 바위가 있는 현장에서 작업할 때는 타이어의 공기 압력을 낮춰 접지력을 확보하여야 한다.

45 로더를 사용하여 적재물을 운반할 때의 유의사항으로 옳은 것은?

① 버킷을 1.5m 이상 올려 운행한다.
② 하중을 버킷의 한 곳에 집중시킨다.
③ 고압선 아래에서는 버킷을 최대한 올려 차실을 보호하며 운행한다.
④ 장비가 전방으로 전도되면 즉시 버킷을 하강시켜 균형을 유지하도록 한다.

해설
적재물을 운반할 때의 유의사항
① 적재물을 운반할 때 안전성을 고려하여 지면으로부터 버킷을 60~90cm 올려 운행한다.
② 하중을 버킷의 전체에 분산시킨 후 운행한다.
③ 고압선 아래에서는 버킷을 내려 차실을 보호하며 운행한다.
④ 장비가 전방으로 전도되면 즉시 버킷을 하강시켜 균형을 유지하도록 한다.

46 타이어식 로더의 허브에 있는 유성기어 장치 기능에 대한 설명으로 맞는 것은?

① 바퀴 회전을 정지
② 바퀴 회전속도의 감속, 구동력의 감속
③ 바퀴 회전속도의 감속, 구동력의 증가
④ 바퀴 회전속도의 증속, 구동력의 증가

해설
타이어식 로더의 허브에 있는 유성기어 장치는 차체에 링 기어를 고정하고 구동축으로 선 기어를 회전시키면 바퀴에 연결되어 있는 유성기어 캐리어는 바퀴의 회전속도를 감속하여 바퀴의 구동력을 증가시킨다.

47 로더의 시동 시 유의사항으로 잘못된 것은?

① 붐 및 버킷은 중립위치에 놓는다.
② 연료, 타이어 등을 점검 후 시동을 건다.
③ 각부의 윤활유 누출 상태를 점검 후 시동을 건다.
④ 가속 페달을 완전히 밟고 시동 스위치를 작동시킨다.

해설
로더의 시동 시 유의 사항
① 로더의 시동하기 전 반드시 일상 점검을 먼저 한다.
② 주차 브레이크는 잠금(주차 스위치 ON) 위치에 있는지 확인한다.
③ 기어 선택 레버는 중립(N)에 있는지 확인한다.
④ 유압 차단 안전 레버는 차단되어 있는지 확인한다.
⑤ 붐 및 버킷은 중립위치에 있는지 확인한다.
⑥ 각부의 윤활유 누출 상태를 점검한다.
⑦ 연료, 타이어 등을 점검한다.

48 작업 장치에 투스를 부착하여 사용하는 건설기계는?

① 로더와 천공기
② 굴착기와 로더
③ 불도저와 지게차
④ 기중기와 모터그레이더

해설
투스(tooth)는 버킷 끝에 장착하여 심한 마멸에도 견딜 수 있도록 사용하며 이 투스가 마멸될 경우에는 이를 교환하여 사용한다. 굴착기 버킷과 로더 버킷에는 투스가 설치되어 있다.

49 타이어식 로더의 조향방식과 관계가 없는 것은?

① 전륜 조향식
②후륜 조향식
③ 피벗 회전식
④ 허리 꺾기식

해설
타이어식 로더의 조향 방식은 전륜 조향식, 후륜 조향식, 허리 꺾기식이고 무한궤도식 조향 방식은 크러치 조향 방식을 사용한다.

50 무한궤도식 로더의 특징에 대한 설명으로 틀린 것은?

① 비교적 기동성이 떨어진다.
② 접지압이 낮아 습지나 모래지형에서 작업하기 힘들다.
③ 먼 거리 이동 시 트레일러와 같은 운반 장비가 필요하다.
④ 견인력이 크고 트랙 깊이의 수중에서도 작업이 가능하다.

해설

무한궤도형 로더의 특징

① 타이어 대신에 무한궤도를 장착하여 구동하는 형식의 로더이다.
② 강력한 견인력과 접지압력이 낮아 연약지반이나 습지, 사지에서도 작업이 용이하다.
③ 기동성이 낮아 작업효율이 저하되어 많이 사용하지 않는다.
④ 자체 이동할 때 포장도로를 파손할 수 있다.
⑤ 장거리 이동할 때는 운반 차량에 적재하여 이동해야 한다.
⑥ 주로 탄광, 터널 등 좁은 공간에서 사용된다.

51 로더의 치수(제원)에서 버킷을 최고 올림 상태에서 45° 앞으로 기울인 경우 지면에서 버킷 투스 끝단까지를 무엇이라고 하는가?

① 덤프 거리
② 덤핑 리치
③ 버킷 상승 전높이
④ 덤프 높이

해설

덤프 높이는 로더 버킷을 최고 올림 상태에서 45° 앞으로 기울인 경우 지면에서 버킷 투스 끝단까지의 거리를 말한다.

52 로더 작업의 종료 후, 주차 시 조치사항으로 틀린 것은?

① 주차 브레이크를 작동시킨다.
② 변속기 컨트롤 레버를 중립위치에 놓는다.
③ 버킷을 지면에서 약 40cm를 유지한다.
④ 기관을 정지시키고 반드시 시동키를 뽑는다.

해설

작업 종료 후 주차 시 조치 사항

① 건설기계를 지반이 단단하고 평탄한 장소에 주차하는 것은 물론이고, 우기 시 침수위험이 있는 곳은 피하여야 하며 버킷 등은 지면에 내려놓아야 한다.
② 주차 브레이크를 완전히 작동시킨다. 다만 부득이하여 경사면에 세울 경우에는 바퀴에 고임목을 확실하게 받쳐야 한다.
③ 기어 선택 레버를 중립(N)으로 한다.
④ 주차 브레이크 스위치를 ON 위치로 돌리고 주차 브레이크를 걸어 준다.
⑤ 유압 차단 안전 레버를 차단한다.
⑥ 엔진을 저속으로 5분 정도 공회전시켜 준다.
⑦ 시동 키를 OFF 위치로 돌려 엔진을 정지한다.
⑧ 시동 키를 빼낸다.
⑨ 운전실 문을 잠근다.

53 버킷에 표준하중을 적재한 상태에서 지표 기준면에서 최대 높이로 올리는데 필요한 시간을 무엇이라고 하는가?

① 표준 작동 시간 ② 덤프 시간
③ 기준 시간 ④ 상승 시간

해설

상승 시간이란 버킷에 표준하중을 적재한 상태에서 지표 기준면에서 최대 높이로 올리는데 필요한 시간이다.

54 로더로 퇴적 토사를 작업하는 방법으로 틀린 것은?

① 토사에 파고들기 어려울 때는 버킷의 투스 부분을 상하로 움직이며 전진한다.
② 버킷이 토사에 충분히 파고들면 전진하면서 붐을 상승시킨다. 이때 버킷을 수평으로 유지하면서 토사를 담는다.
③ 흙을 퍼 실으면서 전진을 하면 하중이 증가하여 타이어가 헛돌기 시작한다. 이때 버킷을 조금 올려서 하중을 줄여 준다.
④ 앞바퀴가 들린 상태에서는 구동력이 저하되고, 뒷바퀴 파손의 위험이 크기 때문에 이런 상태로는 작업을 진행하지 않는다.

해설

버킷이 토사에 충분히 파고들면 전진하면서 붐을 상승시키고 이때 버킷을 오므리면서 토사를 담는다.

55 로더 작업으로 가장 적합한 것은?

① 지면보다 조금 높은 곳의 토량 상차에 적합하다.
② 운반거리가 먼 곳에 유리하다.
③ 상차 높이가 낮을수록 좋다.
④ 지면보다 낮은 곳의 토량 상차에 적합하다.

해설

로더로 작업할 수 있는 작업
① 지면보다 조금 높은 곳의 토량 상차
② 트럭과 호퍼에 토사 적재작업
③ 배수로 같은 홈 파내기
④ 부피가 큰 재료를 끌어 모으기

56 로더의 작업 시작 전 점검 및 준비사항이 아닌 것은?

① 운전자 매뉴얼의 숙지
② 공사의 내용 및 절차파악
③ 엔진오일 교환 및 연료의 보충
④ 작동유 누유와 냉각수 누수 점검

해설

작업 시작 전 점검 및 준비 사항
① 운전자는 장비 시동 전에 장비 사용 설명서 내용을 숙지하여야 한다.
② 공사의 내용 및 절차를 파악한다.
③ 유압 장치에서 작동유의 누유가 있는지 점검한다.
④ 냉각수의 누수가 있는지 점검한다.
⑤ 일상 점검을 시행한다.

57 로더로 제방이나 쌓여있는 흙더미에서 작업할 때 버킷의 날을 지면과 어떻게 유지하는 것이 가장 효과적인가?

① 20°정도 전경시킨 각
② 30°정도 전경시킨 각
③ 버킷과 지면이 수평으로 나란하게
④ 90°직각을 이룬 전경각과 후경을 교차로

해설

로더로 제방이나 쌓여있는 흙더미에서 작업할 때 버킷의 날을 지면과 수평으로 나란하게 유지하는 것이 가장 좋다.

58 타이어식 로더의 엔진 시동순서로 맞는 것은?

① 파일럿 컷 오프 스위치 잠금 확인 → 주차 브레이크 위치 확인 → 기어레버 중립 확인 → 시동
② 기어레버 중립 확인 → 파일럿 컷 오프 스위치 잠금 확인 → 주차 브레이크 위치 확인 → 시동
③ 주차 브레이크 위치 확인 → 파일럿 컷 오프 스위치 잠금 확인 → 기어레버 중립 확인 → 시동
④ 주차 브레이크 위치 확인 → 기어레버 중립 확인 → 파일럿 컷 오프 스위치 잠금 확인 → 시동

59 로더의 올바른 작업방법이 아닌 것은?

① 장비를 운전하기 전에 경적을 울려 주의를 환기시킨다.
② 10° 이상의 경사지에서는 작업이 위험하므로 작업하지 않는다.
③ 공공도로를 주행 시 버킷을 지면에서 40~50cm 정도 위로 올리고 주행한다.
④ 경사지에서 방향전환은 경사가 완만하고 지반이 견고한 위치에서 실시한다.

해설

로더는 공공도로를 주행할 수 없기 때문에 트레일러를 이용하여 이동하여야 한다.

60 로더 작업 장치에 대한 설명으로 틀린 것은?

① 붐 실린더는 붐의 상승·하강 작용을 해준다.
② 버킷 실린더는 버킷의 오므림·벌림 작용을 해준다.
③ 로더의 규격은 표준 버킷의 산적용량(m^3)으로 표시한다.
④ 작업 장치를 작동하게 하는 실린더 형식은 주로 단동식이다.

해설

작업 장치를 작동시키는 유압 실린더는 복동식을 사용한다.

3회 로더운전기능사

CBT 실전모의고사

수험번호:
수험자명:

제한시간: 60분
남은시간:

01 디젤엔진에서 피스톤 링의 3대 작용과 거리가 먼 것은?

① 응력 분산 작용
② 기밀 작용
③ 오일 제어 작용
④ 열전도 작용

해설
피스톤 링의 작용은 기밀유지 작용(밀봉작용), 오일제어 작용(엔진오일을 실린더 벽에서 긁어내리는 작용), 열전도 작용(냉각작용)이다.

02 기관에서 크랭크축의 역할은?

① 원활한 직선운동을 하는 장치이다.
② 기관의 진동을 줄이는 장치이다.
③ 직선운동을 회전운동으로 변환시키는 장치이다.
④ 상하운동을 좌우운동으로 변환시키는 장치이다.

해설
크랭크축은 피스톤의 직선운동을 회전운동으로 변환시키는 장치이다.

03 디젤기관의 점화(착화) 방법으로 옳은 것은?

① 전기 점화
② 자기 점화
③ 마그넷 점화
④ 전기 착화

해설
디젤기관은 흡입행정에서 공기만을 실린더 내로 흡입하여 고압축비로 압축한 후 압축열에 연료를 분사하는 자기 착화(압축 착화) 기관이다.

04 압력식 라디에이터 캡의 사용에 주된 목적은?

① 엔진의 빙결을 방지한다.
② 냉각효과를 높인다.
③ 냉각수의 비점을 높인다.
④ 냉각수의 누수를 방지한다.

해설
압력식 캡은 냉각 계통을 밀폐시켜 내부의 온도 및 압력을 조정한다. 냉각 장치 내의 압력을 0.2 ~ 1.05 kg/cm^2 정도로 유지하여 냉각수의 비등점을 112℃ 로 상승시켜 냉각 범위를 넓히기 위해 사용한다.

05 4행정 사이클 기관의 행정순서로 맞는 것은?

① 압축 → 동력 → 흡입 → 배기
② 흡입 → 동력 → 압축 → 배기
③ 압축 → 흡입 → 동력 → 배기
④ 흡입 → 압축 → 동력 → 배기

해설
4행정 사이클 엔진은 크랭크축이 2회전하여 흡입 → 압축 → 동력(폭발) → 배기의 순서로 1사이클을 완성하는 기관이다.

06 디젤기관에서 공기 유량 센서(AFS)의 방식은?

① 맵 센서 방식
② 베인 방식
③ 열막 방식
④ 칼만와류 방식

해설
공기 유량 센서(air flow sensor)는 열막(hot film)방식을 사용하며, 이 센서의 주 기능은 EGR 피드백 제어이며, 또 다른 기능은 스모그 리미트 부스트 압력제어(매연 발생을 감소시키는 제어)이다.

07 축전지의 구비조건으로 가장 거리가 먼 것은?

① 축전지의 용량이 클 것
② 전기적 절연이 완전할 것
③ 가급적 크고, 다루기 쉬울 것
④ 전해액의 누출방지가 완전할 것

해설

축전지의 구비조건
① 소형·경량이고, 수명이 길어야 한다.
② 심한 진동에 견딜 수 있어야 하며, 다루기 쉬워야 한다.
③ 용량이 크고, 가격이 싸야 한다.
④ 전기적 절연이 완전하여야 한다.
⑤ 전해액의 누출방지가 완전하여야 한다.

08 건설기계에 주로 사용되는 시동 전동기로 맞는 것은?

① 직류분권 전동기
② 직류직권 전동기
③ 직류복권 전동기
④ 교류 전동기

해설

기관 시동으로 사용하는 전동기는 회전력이 큰 직류직권 전동기이다.

09 교류 발전기의 구성품으로 교류를 직류로 변환하는 구성품은?

① 스테이터 ② 로터
③ 정류기 ④ 콘덴서

해설

교류 발전기는 전류를 발생하는 스테이터, 전류가 흐르면 전자석이 되는 로터, 스테이터 코일에서 발생한 교류를 직류로 정류하는 정류기(실리콘 다이오드), 여자 전류를 로터 코일에 공급하는 슬립링과 브러시, 불꽃 발생원에 병렬로 접속하여 고주파 전류를 흡수하는 콘덴서, 엔드 프레임 등으로 구성되어 있다.

10 건설기계관리법령상 시·도지사는 건설기계 등록원부를 건설기계의 등록을 말소한 날부터 몇 년간 보존하여야 하는가?

① 3년 ② 5년
③ 7년 ④ 10년

해설

시·도지사는 건설기계 등록원부를 건설기계의 등록을 말소한 날부터 10년간 보존하여야 한다.

11 다음의 등화장치 설명 중 내용이 잘못된 것은?

① 후진등은 변속기 시프트 레버를 후진 위치로 넣으면 점등된다.
② 방향지시등은 방향지시등의 신호가 운전석에서 확인되지 않아도 된다.
③ 번호등은 단독으로 점멸되는 회로가 있어서는 안 된다.
④ 제동등은 브레이크 페달을 밟았을 때 점등된다.

해설

방향지시등의 신호를 운전석에서 확인할 수 있는 파일럿 램프가 설치되어 있다.

12 대형 건설기계의 특별표지 중 경고 표지판 부착 위치는?

① 작업인부가 쉽게 볼 수 있는 곳
② 조종실 내부의 조종사가 보기 쉬운 곳
③ 교통경찰이 쉽게 볼 수 있는 곳
④ 특별 번호판 옆

해설

대형 건설기계에는 조종실 내부의 조종사가 보기 쉬운 곳에 경고 표지판을 부착하여야 한다.

13 건설기계의 제동장치에 대한 정기검사를 면제받기 위한 건설기계 제동장치 정비 확인서를 발행 받을 수 있는 곳은?

① 건설기계 대여회사
② 건설기계 정비업자
③ 건설기계 부품업자
④ 건설기계 매매업자

해설

건설기계의 제동장치에 대한 정기검사를 면제받으려는 자는 정기검사 신청 시에 해당 건설기계 정비업자가 발행한 건설기계 제동장치 정비확인서를 시·도지사 또는 검사대행자에게 제출해야 한다.

14 건설기계의 조종 중 고의 또는 과실로 가스공급시설을 손괴할 경우 조종사 면허의 처분기준은?

① 면허효력정지 10일
② 면허효력정지 15일
③ 면허효력정지 25일
④ 면허효력정지 180일

해설

건설기계의 조종 중 고의 또는 과실로 가스공급시설을 손괴하거나 가스공급시설의 기능에 장애를 입혀 가스의 공급을 방해한 경우에는 면허효력정지는 180일이다.

15 건설기계 등록이 말소되는 사유에 해당하지 않은 것은?

① 건설기계를 폐기한 때
② 건설기계의 구조변경을 했을 때
③ 건설기계가 멸실되었을 때
④ 건설기계를 수출할 때

해설

건설기계 등록말소의 사유

① 거짓이나 그 밖의 부정한 방법으로 등록을 한 경우
② 건설기계가 천재지변 또는 이에 준하는 사고 등으로 사용할 수 없게 되거나 멸실된 경우
③ 건설기계의 차대(車臺)가 등록 시의 차대와 다른 경우
④ 건설기계가 건설기계 안전기준에 적합하지 아니하게 된 경우
⑤ 정기검사 명령, 수시검사 명령 또는 정비 명령에 따르지 아니한 경우
⑥ 건설기계를 수출하는 경우
⑦ 건설기계를 도난당한 경우
⑧ 건설기계를 폐기한 경우
⑨ 건설기계 해체재활용업자에게 폐기를 요청한 경우
⑩ 구조적 제작 결함 등으로 건설기계를 제작자 또는 판매자에게 반품한 경우
⑪ 건설기계를 교육•연구 목적으로 사용하는 경우
⑫ 대통령령으로 정하는 내구연한을 초과한 건설기계. 다만, 정밀진단을 받아 연장된 경우는 그 연장기간을 초과한 건설기계
⑬ 건설기계를 횡령 또는 편취당한 경우

16 건설기계관리법령상 특별 표지판을 부착하여야 할 건설기계의 범위에 해당하지 않는 것은?

① 높이가 4미터를 초과하는 건설기계
② 길이가 10미터를 초과하는 건설기계
③ 총중량이 40톤을 초과하는 건설기계
④ 최소회전반경이 12미터를 초과하는 건설기계

해설

특별 표지판 설치 대상 건설기계

① 길이가 16.7미터를 초과하는 건설기계
② 너비가 2.5미터를 초과하는 건설기계
③ 높이가 4.0미터를 초과하는 건설기계
④ 최소 회전반경이 12미터를 초과하는 건설기계
⑤ 총중량이 40톤을 초과하는 건설기계. 다만, 굴착기, 로더 및 지게차는 운전중량이 40톤을 초과하는 경우를 말한다.
⑥ 총중량 상태에서 축하중이 10톤을 초과하는 건설기계. 다만, 굴착기, 로더 및 지게차는 운전중량 상태에서 축하중이 10톤을 초과하는 경우를 말한다.
⑦ 특별표지판의 바탕은 검은색으로, 문자 및 테두리는 흰색으로 도색할 것.
⑧ 특별표지판은 등록번호가 표시되어 있는 면에 부착할 것.

17 건설기계 조종사의 면허취소 사유에 해당되는 것은?

① 고의로 인명피해를 입힌 때
② 과실로 1명 이상을 사망하게 한때
③ 과실로 3명 이상에게 중상을 입힌 때
④ 과실로 10명 이상에게 경상을 입힌 때

해설

조종사의 면허 취소 사유

① 거짓이나 그 밖의 부정한 방법으로 건설기계 조종사면허를 받은 경우
② 건설기계 조종사 면허의 효력정지 기간 중 건설기계를 조종한 경우
③ 건설기계 조종 상의 위험과 장해를 일으킬 수 있는 정신질환자 또는 뇌전증환자로서 국토교통부령으로 정하는 사람
④ 앞을 보지 못하는 사람, 듣지 못하는 사람, 그 밖에 국토교통부령으로 정하는 장애인
⑤ 건설기계 조종 상의 위험과 장해를 일으킬 수 있는 마약•대마•향정신성의약품 또는 알코올 중독자로서 국토교통부령으로 정하는 사람
⑥ 고의로 인명피해(사망•중상•경상 등을 말한다)를 입힌 경우
⑦ 과실로 중대 재해(사망자가 1명 이상 발생한 재해,

3개월 이상의 요양이 필요한 부상자가 동시에 2명 이상 발생한 재해, 부상자 또는 직업성 질병자가 동시에 10명 이상 발생한 재해)가 발생한 경우
⑧ 국가기술자격법에 따른 해당 분야의 기술자격이 취소된 경우
⑨ 건설기계 조종사 면허증을 다른 사람에게 빌려 준 경우
⑩ 정기적성검사를 받지 아니하고 1년이 지난 경우
⑪ 정기적성검사 또는 수시적성검사에서 불합격한 경우
⑫ 술에 취한 상태에서 건설기계를 조종하다가 사고로 사람을 죽게 하거나 다치게 한 경우
⑬ 술에 만취한 상태(혈중알코올농도 0.08% 이상)에서 건설기계를 조종한 경우
⑭ 2회 이상 술에 취한 상태에서 건설기계를 조종하여 면허 효력 정지를 받은 사실이 있는 사람이 다시 술에 취한 상태에서 건설기계를 조종한 경우
⑮ 약물(마약, 대마, 향정신성 의약품 및 환각물질을 말한다)을 투여한 상태에서 건설기계를 조종한 경우

18 건설기계 운전면허의 효력정지 사유가 발생한 경우 건설기계관리법상 효력정지 기간으로 옳은 것은?

① 1년 이내 ② 6월 이내
③ 5년 이내 ④ 3년 이내

해설
시장·군수 또는 구청장은 건설기계 조종사가 건설기계 운전면허의 효력정지 사유가 발생한 경우에는 국토교통부령으로 정하는 바에 따라 건설기계 조종사 면허를 1년 이내의 기간을 정하여 건설기계 조종사 면허의 효력을 정지시킬 수 있다.

19 건설기계 조종사 면허에 관한 사항으로 틀린 것은?

① 자동차 운전면허로 운전할 수 있는 건설기계도 있다.
② 면허를 받고자 하는 자는 국·공립병원, 시·도지사가 지정하는 의료기관의 적성검사에 합격하여야 한다.
③ 특수 건설기계 조종은 국토교통부장관이 지정하는 면허를 소지하여야 한다.
④ 특수 건설기계 조종은 특수조종면허를 받아야 한다.

해설
건설기계 조종사 면허
① 건설기계를 조종하려는 사람은 시장·군수 또는 구청장에게 건설기계 조종사 면허를 받아야 한다.
② 국토교통부령으로 정하는 건설기계를 조종하려는 사람은 자동차 운전면허를 받아야 한다.
③ 건설기계 운전면허를 받고자 하는 자는 국·공립병원, 시·도지사가 지정하는 의료기관의 적성검사에 합격하여야 한다.
④ 특수 건설기계 조종은 국토교통부장관이 지정하는 면허를 소지하여야 한다.

20 건설기계의 수시검사 대상이 아닌 것은?

① 소유자가 수시검사를 신청한 건설기계
② 사고가 자주 발생하는 건설기계
③ 성능이 불량한 건설기계
④ 구조를 변경한 건설기계

해설
수시검사는 성능이 불량하거나 사고가 자주 발생하는 건설기계의 안전성 등을 점검하기 위하여 수시로 실시하는 검사와 건설기계 소유자의 수시검사 신청을 받아 실시하는 검사이다.

21 유압장치에서 오일 여과기에 걸러지는 오염 물질의 발생 원인으로 가장 거리가 먼 것은?

① 유압장치의 조립 과정에서 먼지 및 이물질 혼입
② 작동중인 기관의 내부 마찰에 의하여 생긴 금속가루 혼입
③ 유압장치를 수리하기 위하여 해체 하였을 때 외부로부터 이물질 혼입
④ 유압유를 장기간 사용함에 있어 고온·고압 하에서 산화 생성물이 생김

해설
유압 장치에서 오일 여과기에 걸러지는 오염 물질은 유압 장치 내의 먼지 및 이물질 혼입, 외부로부터 이물질 혼입, 고온·고압 하에서 발생된 산화 생성물 등이다.

22 유체 에너지를 이용하여 외부에 기계적인 일을 하는 유압기기는?

① 유압 모터 ② 근접 스위치
③ 유압 탱크 ④ 기동 전동기

해설
유압 실린더, 유압 모터는 유체 에너지를 기계적인 일을 하는 유압기기이며, 유압 펌프는 기계적인 에너지를 유체 에너지로 변환하는 유압기기이다.

23 유압 모터의 속도를 감속하는데 사용하는 밸브는?

① 체크 밸브
② 디셀러레이션 밸브
③ 변환 밸브
④ 압력 스위치

해설
디셀러레이션 밸브는 캠(cam)으로 조작되는 유압 밸브이며 액추에이터의 속도를 서서히 감속시킬 때 사용한다.

24 유압 장치의 단점에 대한 설명 중 틀린 것은?

① 관로를 연결하는 곳에서 작동유가 누출될 수 있다.
② 고압 사용으로 인한 위험성이 존재한다.
③ 작동유 누유로 인해 환경오염을 유발할 수 있다.
④ 전기·전자의 조합으로 자동 제어가 곤란하다.

해설
유압 장치의 단점
① 고압 사용으로 인한 위험성 및 이물질에 민감하다.
② 유온의 영향에 따라 정밀한 속도와 제어가 곤란하다.
③ 폐유에 의한 주변 환경이 오염될 수 있다.
④ 오일은 가연성이 있어 화재에 위험하다.
⑤ 회로 구성이 어렵고 누설되는 경우가 있다.
⑥ 오일의 온도에 따라서 점도가 변하므로 기계의 속도가 변한다.
⑦ 에너지의 손실이 크며, 관로를 연결하는 곳에서 유체가 누출될 우려가 있다.

25 유압 장치의 구성요소가 아닌 것은?

① 제어 밸브 ② 오일 탱크
③ 유압 펌프 ④ 차동 장치

해설
차동 장치는 타이어식 건설기계에서 래크와 피니언 기어의 원리를 이용하여 좌우 바퀴의 회전수를 변화시켜 선회할 때 바깥쪽 바퀴의 회전수를 빠르게 하여 선회가 원활하게 이루어지도록 한다.

26 압력을 표현한 식으로 옳은 것은?

① 압력=힘÷면적
② 압력=면적×힘
③ 압력=면적÷힘
④ 압력=힘−면적

해설
압력=힘÷면적

27 유압 도면 기호에서 여과기의 기호 표시는?

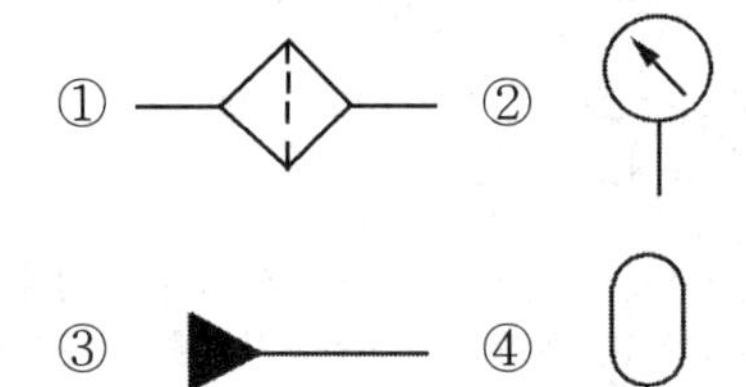

해설
②번의 기호는 압력계, ③번의 기호는 유압 동력원, ④번의 기호는 어큐뮬레이터이다.

28 유압회로의 최고 압력을 제어하는 밸브로서 회로의 압력을 일정하게 유지시키는 밸브는?

① 감압 밸브(reducing valve)
② 카운터 밸런스 밸브(counter balancing valve)
③ 릴리프 밸브(relief valve)
④ 언로드 밸브(unload valve)

해설
릴리프 밸브는 유압장치 내의 압력을 일정하게 유지하고, 최고 압력을 제한하며 회로를 보호하며, 과부하 방지와 유압기기의 보호를 위하여 최고 압력을 규제한다.

29 유압유의 유체 에너지(압력, 속도)를 기계적인 일로 변환시키는 유압장치는?

① 유압 펌프
② 유압 액추에이터
③ 어큐뮬레이터
④ 유압 밸브

해설
유압 액추에이터는 압력(유압) 에너지를 기계적 에너지(일)로 바꾸는 장치이다.

30 유압 펌프의 기능을 설명한 것으로 가장 적합한 것은?

① 유압회로 내의 압력을 측정하는 기구이다.
② 어큐뮬레이터와 동일한 기능을 한다.
③ 유압 에너지를 동력으로 변환한다.
④ 원동기의 기계적 에너지를 유압 에너지로 변환한다.

해설
유압 펌프는 원동기의 기계적 에너지를 유압 에너지로 변환한다.

31 다음 중 재해발생 원인이 아닌 것은?

① 잘못된 작업방법
② 관리 감독 소홀
③ 방호장치의 기능제거
④ 작업 장치 회전반경 내 출입금지

해설
재해 발생의 원인
① 안전의식 및 안전교육 부족
② 방호장치(안전장치, 보호장치)의 결함
③ 정리정돈 및 조명장치가 불량
④ 부적합한 공구의 사용
⑤ 작업 방법의 미흡
⑥ 관리 감독의 소홀

32 공구 및 장비 사용에 대한 설명으로 틀린 것은?

① 공구는 사용 후 공구 상자에 넣어 보관한다.
② 볼트와 너트는 가능한 소켓 렌치로 작업한다.
③ 토크 렌치는 볼트와 너트를 푸는데 사용한다.
④ 마이크로미터를 보관할 때는 직사광선에 노출시키지 않는다.

해설
토크 렌치는 볼트와 너트를 규정 토크로 균일하게 조이는데 사용한다.

33 작업복에 대한 설명으로 적합하지 않은 것은?

① 작업복은 몸에 알맞고 동작이 편해야 한다.
② 착용자의 연령, 성별 등에 관계없이 일률적인 스타일을 선정해야 한다.
③ 작업복은 항상 깨끗한 상태로 입어야 한다.
④ 주머니가 너무 많지 않고, 소매가 단정한 것이 좋다.

해설
작업복의 조건
① 작업복은 몸에 알맞고 동작이 편해야 한다.
② 단추가 달린 것은 되도록 피한다.
③ 주머니가 적고 팔이나 발이 노출되지 않은 것이 좋다.
④ 소매의 폭이 넓지 않고 조여질 수 있는 것이 좋다.
⑤ 작업복은 항상 깨끗한 상태로 입어야 한다.

34 원목처럼 길이가 긴 화물을 외줄 달기 슬링 용구를 사용하여 크레인으로 물건을 안전하게 달아 올리는 방법으로 가장 거리가 먼 것은?

① 화물의 중량이 많이 걸리는 방향을 아래쪽으로 향하게 들어올린다.
② 제한 용량 이상을 달지 않는다.
③ 수평으로 달아 올린다.
④ 신호에 따라 움직인다.

해설
원목처럼 길이가 긴 화물을 외줄 달기 슬링 용구를 사용하여 달아 올릴 때는 슬링을 거는 위치를 안쪽으로 약간 치우치게 묶고 화물의 중량이 많이 걸리는 방향을 아래쪽으로 향하게 하고 신호에 따라 들어 올려야 한다.

35 벨트 전동장치에 내재된 위험적 요소로 의미가 다른 것은?

① 트랩(Trap)
② 충격(Impact)
③ 접촉(Contact)
④ 말림(Entanglement)

해설
벨트 전동장치에 내재된 위험적 요소는 트랩(Trap), 접촉(Contact), 말림(Entanglement)이다.

36 사고 원인으로서 작업자의 불안전한 행위는?

① 안전조치 불이행
② 작업장의 환경 불량
③ 물적 위험상태
④ 기계의 결함상태

해설

불안전한 행동(안전조치 불이행)
① 불안전한 자세 및 행동을 하는 경우
② 잡담이나 장난을 하는 경우
③ 안전장치를 제거하는 경우
④ 불안전한 속도를 조절하는 경우
⑤ 작동중인 기계에 주유, 수리, 점검, 청소 등을 하는 경우
⑥ 불안전한 기계를 사용하는 경우
⑦ 공구 대신 손을 사용하는 경우
⑧ 안전복장을 착용하지 않은 경우
⑨ 보호구를 착용하지 않은 경우
⑩ 허가 없이 기계장치를 운전하는 경우

37 무거운 물건을 들어 올릴 때의 주의사항에 관한 설명으로 가장 적합하지 않은 것은?

① 장갑에 기름을 묻히고 든다.
② 가능한 이동식 크레인을 이용한다.
③ 힘센 사람과 약한 사람과의 균형을 잡는다.
④ 약간씩 이동하는 것은 지렛대를 이용할 수도 있다.

해설

무거운 물건을 들어 올릴 때 장갑에 기름을 묻히고 들어 올리면 미끄러져 재해 사고가 발생한다.

38 사고의 원인 중 불안전한 행동이 아닌 것은?

① 허가 없이 기계장치 운전
② 사용 중인 공구에 결함 발생
③ 작업 중 안전장치 기능 제거
④ 부적당한 속도로 기계장치 운전

해설

불안전한 행동
① 위험한 장소 접근
② 안전장치의 기능 제거
③ 복장, 보호구의 잘못 사용
④ 기계·기구의 잘못 사용
⑤ 운전 중인 기계장치의 손질
⑥ 불안전한 속도 조작
⑦ 위험물 취급 부주의
⑧ 불안전한 상태 방치
⑨ 불안전한 자세 동작
⑩ 감독 및 연락 불충분
⑪ 허가 없이 기계장치 운전

39 산업안전보건법상 산업 재해의 정의로 옳은 것은?

① 고의로 물적 시설을 파손한 것을 말한다.
② 운전 중 본인의 부주의로 교통사고가 발생된 것을 말한다.
③ 일상 활동에서 발생하는 사고로서 인적 피해에 해당하는 부분을 말한다.
④ 근로자가 업무에 관계되는 건설물, 설비, 원재료, 가스, 증기, 분진 등에 의하거나 작업 또는 그 밖의 업무로 인하여 사망 또는 부상하거나 질병에 걸리게 되는 것을 말한다.

해설

근로자가 업무에 관계되는 건설물·설비·원재료·가스·증기·분진 등에 의하거나 작업 또는 그 밖의 업무로 인하여 사망 또는 부상하거나 질병에 걸리는 것을 말한다.

40 전기 용접의 아크 빛으로 인해 눈이 혈안이 되고 눈이 붓는 경우가 있다. 이럴 때 응급조치 사항으로 가장 적절한 것은?

① 안약을 넣고 계속 작업한다.
② 눈을 잠시 감고 안정을 취한다.
③ 소금물로 눈을 세정한 후 작업한다.
④ 냉습포를 눈 위에 올려놓고 안정을 취한다.

해설

전기 용접의 아크 빛으로 인해 눈이 혈안이 되고 눈이 붓는 경우에는 냉습포를 눈 위에 올려놓고 안정을 취한다.

41 로더를 트레일러에 상·하차 하는 방법으로 틀린 것은?

① 언덕을 이용한다.
② 기중기를 이용한다.
③ 상·하차대를 이용한다.
④ 타이어를 받침으로 이용한다.

해설

로더를 트레일러에 상·하차 하는 방법

① 언덕을 이용하여 자력으로 주행하여 탑승한다.
② 상·하차대를 10~15° 이내로 설치한 후 자력으로 주행하여 탑승한다.
③ 기중기를 사용하여 와이어로프로 로더를 수평으로 들어 탑승시킨다.

42 로더의 토사 깎기 작업방법으로 잘못 된 것은?

① 로더의 무게가 버킷과 함께 작용되도록 한다.
② 깎이는 깊이 조정은 버킷을 복귀시키면서 할 수 있다.
③ 깎이는 깊이 조정은 붐을 조금씩 상승시키면서 할 수 있다.
④ 버킷의 각도를 35°~45°로 깎기 시작하는 것이 좋다.

해설

토사 깎기(스트리핑) 작업 방법

① 버킷 각도는 5°정도 기울여서 깎기 시작한다.
② 깎이는 깊이의 조정은 붐을 약간씩 상승시키거나 버킷을 복귀시켜서 한다.
③ 로더의 자체 중량이 버킷과 함께 작용하도록 한다.
④ 특수 상황 외에는 항상 로더가 평행 되도록 한다.

43 로더의 일일점검 항목이 아닌 것은?

① 종감속 기어 오일량
② 연료 탱크 연료량
③ 엔진 오일량
④ 냉각수량

해설

일일점검 항목

① 작동유(유압유)의 유량을 점검하고 부족하면 보충한다.
② 라디에이터의 냉각수량을 점검하고 부족하면 보충한다.
③ 엔진 오일의 유량을 점검하고 부족하면 보충한다.
④ 연료량을 점검하고 부족하면 보충한다.
⑤ 각부 연결 핀의 그리스 상태를 점검하고 부족하면 보충한다.
⑥ 팬벨트 상태를 살피고 장력을 점검한다. 장력은 장력 조정기로 자동 조절된다.
⑦ 연료 라인에 설치되어 있는 연료 필터와 수분 분리기를 점검한다.
⑧ 에어클리너를 점검한다. 엘리먼트의 청소는 압축공기로 안쪽에서 바깥쪽으로 불어낸다.)
⑨ 타이어 공기압(냉각 시 약 3.5kg/cm²)을 점검하고 부족하면 보충한다.

44 타이어식 로더의 주차방법으로 틀린 것은?

① 전기장치를 OFF시킨다.
② 기어 선택 레버를 중립(N)위치로 한다.
③ 사이드 브레이크를 체결하고 고임목을 받친다.
④ 버킷을 지면에서 10cm 정도 올린 상태로 둔다.

해설

작업 종료 후 주차 시 조치 사항

① 건설기계를 지반이 단단하고 평탄한 장소에 주차하는 것은 물론이고, 우기 시 침수위험이 있는 곳은 피하여야 하며 버킷 등은 지면에 내려놓아야 한다.
② 주차 브레이크를 완전히 작동시킨다. 다만 부득이하여 경사면에 세울 경우에는 바퀴에 고임목을 확실하게 받쳐야 한다.
③ 기어 선택 레버를 중립(N)으로 한다.
④ 주차 브레이크 스위치를 ON 위치로 돌리고 주차 브레이크를 걸어 준다.
⑤ 유압 차단 안전 레버를 차단한다.
⑥ 엔진을 저속으로 5분 정도 공회전시켜 준다.
⑦ 시동 키를 OFF 위치로 돌려 엔진을 정지한다.
⑧ 시동 키를 빼낸다.
⑨ 운전실 문을 잠근다.

45 로더의 작업 장치에 해당하지 않는 것은?

① 백호 셔블
② 아우트리거
③ 스켈리턴 버킷
④ 사이드 덤프 버킷

해설

아우트리거는 타이어식 기중기의 전후, 좌우 방향에 안정성을 주어 기중 작업을 할 때 전도 사고를 방지하는 역할을 하며, 아우트리거는 평탄하고 굳은 지면에 설치하고 빔을 완전히 펴서 바퀴가 지면에서 뜨도록 하여야 한다. 안정기(stabilizer)라고도 한다.

46 타이어식 로더의 허브에 있는 유성기어 장치 기능에 대한 설명으로 맞는 것은?

① 바퀴 회전을 정지
② 바퀴 회전속도의 감속, 구동력의 감속
③ 바퀴 회전속도의 감속, 구동력의 증가
④ 바퀴 회전속도의 증속, 구동력의 증가

해설
타이어식 로더의 허브에 있는 유성기어 장치는 차체에 링 기어를 고정하고 구동축으로 선 기어를 회전시키면 바퀴에 연결되어 있는 유성기어 캐리어는 바퀴의 회전속도를 감속하여 바퀴의 구동력을 증가시킨다.

47 무한궤도식 로더의 특징에 대한 설명으로 틀린 것은?

① 비교적 기동성이 떨어진다.
② 접지압이 낮아 습지나 모래 지형에서 작업하기 힘들다.
③ 먼 거리 이동 시 트레일러와 같은 운반 장비가 필요하다.
④ 견인력이 크고 트랙 깊이의 수중에서도 작업이 가능하다.

해설
무한궤도형 로더의 특징
① 타이어 대신에 무한궤도를 장착하여 구동하는 형식의 로더이다.
② 강력한 견인력과 접지압력이 낮아 연약지반이나 습지, 사지에서도 작업이 용이하다.
③ 기동성이 낮아 작업효율이 저하되어 많이 사용하지 않는다.
④ 자체 이동할 때 포장도로를 파손할 수 있다.
⑤ 장거리 이동할 때는 운반 차량에 적재하여 이동해야 한다.
⑥ 주로 탄광, 터널 등 좁은 공간에서 사용된다.

48 버킷에 표준하중을 적재한 상태에서 지표 기준면에서 최대 높이로 올리는데 필요한 시간을 무엇이라고 하는가?

① 표준 작동시간 ② 덤프시간
③ 기준 시간 ④ 상승 시간

해설
상승 시간이란 버킷에 표준하중을 적재한 상태에서 지표 기준면에서 최대 높이로 올리는데 필요한 시간이다.

49 타이어식 로더의 엔진 시동순서로 맞는 것은?

① 파일럿 컷 오프 스위치 잠금 확인→주차 브레이크 위치 확인→기어레버 중립 확인→시동
② 기어레버 중립 확인→파일럿 컷 오프 스위치 잠금 확인→주차 브레이크 위치 확인→시동
③ 주차 브레이크 위치 확인→파일럿 컷 오프 스위치 잠금 확인→기어레버 중립 확인→시동
④ 주차 브레이크 위치 확인→기어레버 중립 확인→파일럿 컷 오프 스위치 잠금 확인→시동

해설
타이어식 로더의 엔진 시동 순서는 주차 브레이크 위치 확인→기어레버 중립 확인→파일럿 컷 오프 스위치 잠금 확인→시동이다.

50 휠 형식 로더의 동력 전달장치에서 슬립 이음이 변화를 가능하게 하는 것은?

① 축의 길이 ② 회전속도
③ 드라이브 각 ④ 축의 진동

해설
슬립이음을 사용하는 이유는 추진축의 길이 변화를 주기 위함이다.

51 기계식 변속기가 설치된 건설기계에서 출발 시 진동을 일으키는 원인으로 가장 적합한 것은?

① 릴리스 레버가 마멸되었다.
② 릴리스 레버의 높이가 같지 않다.
③ 페달 리턴 스프링이 강하다.
④ 클러치 스프링이 강하다.

해설
릴리스 레버의 높이가 다르면 출발할 때 진동이 발생한다.

52 토크 컨버터에 대한 설명으로 맞는 것은?

① 구성품 중 펌프(임펠러)는 변속기 입력축과 기계적으로 연결되어 있다.
② 펌프, 터빈, 스테이터 등이 상호 운동하여 회전력을 변환시킨다.
③ 엔진 속도가 일정한 상태에서 장비의 속도가 줄어들면 토크는 감소한다.
④ 구성품 중 터빈은 기관의 크랭크축과 기계적으로 연결되어 구동된다.

해설
토크 컨버터의 구조 및 작용
① 펌프(임펠러), 터빈(러너), 스테이터 등이 상호운동하여 회전력을 변환시킨다.
② 펌프는 기관의 크랭크축에, 터빈은 변속기 입력축과 연결되어 있다.
③ 스테이터는 펌프와 터빈사이의 오일 흐름 방향을 바꾸어 회전력을 증대시킨다.
④ 토크 컨버터의 회전력 변환율은 2~3 : 1 이다.
⑤ 오일의 충돌에 의한 효율 저하 방지를 위하여 가이드링이 둔다.
⑥ 엔진 회전속도가 일정한 상태에서 건설기계의 속도가 줄어들면 회전력은 증가한다.
⑦ 일정 이상의 과부하가 걸려도 엔진이 정지하지 않는다.
⑧ 마찰 클러치에 비해 연료 소비율이 더 높다.

53 타이어형 로더에 차동제한 장치가 있을 때의 장점으로 맞는 것은?

① 충격이 완화된다.
② 조향이 원활해진다.
③ 연약한 지반에서 작업이 유리하다.
④ 변속이 용이하다.

해설
차동제한 장치가 있으면 연약한 지반에서 빠지지 않고 작업을 할 수 있다.

54 타이어식 로더의 앞 타이어를 손쉽게 교환할 수 있는 방법은?

① 뒤 타이어를 빼고 장비를 기울여서 교환한다.
② 버킷을 들고 작업을 한다.
③ 잭으로만 고인다.
④ 버킷을 이용하여 차체를 들고 잭을 고인다.

해설
앞 타이어를 교환할 때에는 버킷을 이용하여 차체를 들고 잭을 고인 후 작업한다.

55 로더의 시간당 작업량 증대 방법에 대한 설명 중 옳지 않은 것은?

① 로더의 버킷 용량이 큰 것을 사용한다.
② 굴삭작업이 수반되지 않을 때에는 무한 궤도식 로더를 사용한다.
③ 현장 조건에 적합한 적재 방법을 선택한다.
④ 운반기계의 진입, 회전 및 로더의 적재 작업 시에 지장이 없도록 한다.

해설
굴착 작업이 수반되지 않을 때에는 주행속도가 빠른 타이어 로더를 사용하여야 시간당 작업량이 증대된다.

56 로더 작업 중 이동할 때 버킷의 높이는 지면에서 약 몇 m 정도로 유지해야 하는가?

① 0.1m ② 0.6m
③ 1m ④ 1.5m

해설
트럭이나 쌓여있는 흙 쪽으로 이동할 때에는 버킷을 지면에서 약 0.6~0.9m 정도 위로하는 것이 좋다.

57 타이어식 로더 사용에 따른 주의사항으로 틀린 것은?

① 장비의 주차 시에는 버킷을 반드시 지면에 내려놓는다.
② 경사지에서는 작동 중에 변속기 레버를 중립에 놓는다.
③ 버킷에 적재 후 주행 시에는 버킷을 가능한 낮게 한다.
④ 버킷에 사람을 태우지 않는다.

해설
타이어식 로더로 경사지를 내려갈 때에는 중립 상태로 주행하지 말고 반드시 저속 기어를 넣고 주행한다. 버킷을 지면에서 20~30cm 정도로 하고 운행하여 긴급 시에는 브레이크 역할을 할 수 있도록 한다.

58 로더 장비로 작업할 수 있는 가장 적합한 것은?

① 백호 작업
② 스노 플로우 작업
③ 훅 작업
④ 트럭과 호퍼에 토사 적재작업

해설
로더는 주로 각종 토사, 자갈, 골재 등을 퍼서 다른 곳으로 운반하거나 덤프(Dump) 트럭에 적재 및 굴착 작업과 송토 작업을 하는 장비이다.

59 기계식 스키드 로더로 덤프작업을 할 때 올바른 버킷 조종법은?

① 페달의 뒷부분을 누른다.
② 페달의 앞부분을 누른다.
③ 레버를 앞으로 민다.
④ 레버를 뒤로 당긴다.

해설
기계식 스키드 로더로 덤프 작업을 할 때에는 페달의 앞부분을 누른다.
조이스틱 H방식은 운전석에 앉아 좌측 레버는 앞으로 밀면 전진, 뒤로 당기면 후진, 9시 방향(바깥쪽)으로 밀면 좌회전, 3시 방향(안쪽)으로 당기면 우회전한다. 우측 레버는 앞으로 밀면 붐이 하강, 뒤로 당기면 붐이 상승, 9시 방향(안쪽)으로 당기면 버킷 오므림(성토), 3시 방향(바깥쪽)으로 밀면 버킷 벌림(배토)을 한다.

60 로더에서 허리꺾기 조향식의 설명으로 가장 거리가 먼 것은?

① 최근 많이 사용된다.
② 좁은 장소에서의 작업에 유리하다.
③ 유압 실린더를 사용하여 굴절하는 형식이다.
④ 후륜 조향식에 비해 선회 반경이 크다.

해설
허리꺾기 조향식 로더
① 앞 차체와 뒤 차체를 2등분으로 나누고 앞· 뒤 차체 사이를 핀과 조인트로 결합시켜 자유롭게 조향할 수 있다.
② 앞·뒤 차체 사이에 유압 실린더를 좌우에 1개씩 설치하고 조향 핸들을 작동하면 유압 실린더의 신축 작용으로 앞·뒤 차체 사이가 꺾여 조향 하는 방식이다.
③ 회전 반경이 작아 좁은 장소에서의 작업이 용이하다.
④ 작업 시간을 단축하여 작업 능률을 향상시킬 수 있다.
⑤ 작업할 때 안전성이 결여된다.
⑥ 핀과 조인트 부분의 고장이 빈번하다.

로더운전기능사
CBT 실전모의고사

수험번호:
수험자명:

제한시간: 60분
남은시간:

01 **열기관이란 어떤 에너지를 어떤 에너지로 바꾸어 유효한 일을 할 수 있도록 한 기계인가?**

① 열에너지를 기계적 에너지로
② 전기적 에너지를 기계적 에너지로
③ 위치 에너지를 기계적 에너지로
④ 기계적 에너지를 열에너지로

해설
열기관(엔진)이란 열에너지(연료의 연소)를 기계적 에너지(크랭크축의 회전)로 변환시켜주는 장치이다.

02 **냉각장치에 대하여 설명한 것 중 틀린 것은?**

① 냉각수 온도가 너무 낮으면 엔진의 운전 상태가 나빠진다.
② 각 장치 내부의 세척에는 가성소다를 섞은 물을 사용한다.
③ 엔진 과열의 원인은 서모스탯의 고장으로 냉각수 순환이 빠른 경우이다.
④ 각 장치 내부에 물때가 끼면 엔진 과열의 원인이 된다.

해설
엔진 과열의 원인은 서모스탯의 고장으로 냉각수 순환이 느린 경우이다.

03 **가솔린 기관과 비교하여 디젤 기관의 일반적인 특징으로 가장 거리가 먼 것은?**

① 소음이 크다.
② 회전수가 높다.
③ 마력 당 무게가 무겁다.
④ 진동이 크다.

해설
디젤 기관의 단점
① 운전 중 소음과 진동이 크다.
② 기관 각 부분의 구조가 튼튼해야 한다.
③ 마력 당 무게가 무겁다.
③ 가솔린 기관보다 최고 회전속도(rpm)가 낮다.

04 **디젤 엔진에 사용되는 과급기가 하는 역할로 가장 적합한 것은?**

① 출력의 증대
② 윤활성의 증대
③ 냉각효율의 증대
④ 배기의 정화

해설
과급기는 흡기관과 배기관 사이에 설치되며, 배기가스로 구동된다. 기능은 배기량이 일정한 상태에서 연소실에 강압적으로 많은 공기를 공급하여 흡입효율을 높이고 엔진의 출력과 토크를 증대시키기 위한 장치이다.

05 **기관의 동력을 전달하는 계통의 순서를 바르게 나타낸 것은?**

① 피스톤 → 커넥팅 로드 → 클러치 → 크랭크축
② 피스톤 → 클러치 → 크랭크축 → 커넥팅 로드
③ 피스톤 → 크랭크축 → 커넥팅 로드 → 클러치
④ 피스톤 → 커넥팅 로드 → 크랭크축 → 클러치

해설
실린더 내에서 연소 폭발이 일어나면 피스톤→커넥팅 로드→크랭크축→플라이휠(클러치) 순서로 전달된다.

06 **전자제어 디젤 엔진의 회전을 감지하여 분사순서와 분사시기를 결정하는 센서는?**

① 가속 페달 센서
② 냉각수 온도 센서
③ 엔진 오일 온도 센서
④ 크랭크축 센서

해설
크랭크축 센서(CPS, CKP)는 크랭크축과 일체로 되어 있는 센서 휠(sensor wheel)의 돌기를 검출하여 크랭크축의 각도 및 피스톤의 위치, 엔진 회전속도 등을 검출하여 분사시기와 분사순서를 결정한다.

07 교류 발전기에서 교류를 직류로 바꾸어주는 것은?

① 계자 ② 슬립링
③ 브러시 ④ 다이오드

해설
교류 발전기의 다이오드는 스테이터 코일에서 유기되는 교류를 직류로 정류하고, 배터리에서 교류 발전기로 역류하는 것을 방지한다.

08 축전지 내부의 충·방전작용으로 가장 알맞은 것은?

① 화학 작용 ② 탄성 작용
③ 물리 작용 ④ 기계 작용

해설
축전지 내부의 충·방전작용은 화학작용을 이용한다.

09 차량에 사용되는 계기의 장점으로 틀린 것은?

① 구조가 복잡할 것
② 소형이고 경량일 것
③ 지침을 읽기가 쉬울 것
④ 가격이 쌀 것

해설
계기 장치의 구비조건
① 구조가 간단하고 내구성 및 내진성이 있을 것
② 소형·경량일 것.
③ 지침을 읽기가 쉬울 것
④ 지시가 안정되어 있고 확실할 것.
⑤ 장식적인 면도 고려되어 있을 것.
⑥ 가격이 쌀 것

10 건설기계 운전면허의 효력정지 사유가 발생한 경우, 건설기계관리법상 효력정지 기간으로 옳은 것은?

① 1년 이내 ② 6월 이내
③ 5년 이내 ④ 3년 이내

해설
시장·군수 또는 구청장은 건설기계 조종사가 건설기계 운전면허의 효력정지 사유가 발생한 경우에는 국토교통부령으로 정하는 바에 따라 건설기계 조종사 면허를 1년 이내의 기간을 정하여 건설기계 조종사 면허의 효력을 정지시킬 수 있다.

11 예열장치의 고장원인이 아닌 것은?

① 가열시간이 너무 길면 자체 발열에 의해 단선된다.
② 접지가 불량하면 전류의 흐름이 적어 발열이 충분하지 못하다.
③ 규정 이상의 전류가 흐르면 단선되는 고장의 원인이 된다.
④ 예열 릴레이가 회로를 차단하면 예열 플러그가 단선된다.

해설
예열 릴레이는 예열시킬 때에는 예열 플러그로만 축전지 전류를 공급하고, 시동할 때에는 시동 전동기로만 전류를 공급하는 부품이다.

12 건설기계관리법령상 건설기계의 소유자가 건설기계 등록신청을 하고자 할 때 신청할 수 없는 단체장은?

① 산청군수
② 경기도지사
③ 부산광역시장
④ 제주특별자치도지사

해설
건설기계의 소유자가 건설기계를 등록을 할 때에는 특별시장·광역시장·특별자치시장·도지사 또는 특별자치도지사(이하 "시·도지사"라 한다)에게 건설기계 등록신청을 하여야 한다.

13 건설기계의 정비명령은 누구에게 하여야 하는가?

① 해당기계 운전자
② 해당기계 검사업자
③ 해당기계 정비업자
④ 해당기계 소유자

해설
시·도지사는 검사에 불합격된 건설기계에 대해서는 31일 이내의 기간을 정하여 해당 건설기계의 소유자에게 검사를 완료한 날(검사를 대행하게 한 경우에는 검사 결과를 보고받은 날)부터 10일 이내에 정비명령을 해야 한다. 다만, 건설기계 소유자의 주소 등을 통상적인 방법으로 확인할 수 없거나 통지가 불가능한 경우에는 해당 시·도의 공보 및 인터넷 홈페이지에 공고해야 한다.

14 건설기계관리법상 건설기계의 소유자는 건설기계를 취득한 날부터 얼마 이내에 건설기계 등록신청을 해야 하는가?

① 2개월 이내　② 3개월 이내
③ 6개월 이내　④ 1년 이내

해설

건설기계 등록신청은 건설기계를 취득한 날(판매를 목적으로 수입된 건설기계의 경우에는 판매한 날을 말한다)부터 2월 이내에 하여야 한다. 다만, 전시·사변 기타 이에 준하는 국가비상사태하에 있어서는 5일 이내에 신청하여야 한다.

15 건설기계의 검사를 연장 받을 수 있는 기간을 잘못 설명한 것은?

① 해외 임대를 위하여 일시 반출된 경우 : 반출기간 이내
② 압류된 건설기계의 경우 : 압류기간 이내
③ 건설기계 대여업을 휴지한 경우 : 사업의 개시 신고를 하는 때까지
④ 장기간 수리가 필요한 경우 : 소유자가 원하는 기간

해설

남북경제협력 등으로 북한지역의 건설공사에 사용되는 건설기계와 해외임대를 위하여 일시 반출되는 건설기계의 경우에는 반출기간, 압류된 건설기계의 경우에는 그 압류기간, 타워크레인 또는 천공기(터널 보링식 및 실드 굴진식으로 한정한다)가 해체된 경우에는 해체되어 있는 기간, 건설기계의 소유자가 해당 건설기계를 사용하는 사업을 영위하는 경우로서 해당 사업의 휴업을 신고한 경우에는 해당 사업의 개시신고를 하는 때까지 검사유효기간이 연장된 것으로 본다.

16 소유자의 신청이나 시·도지사의 직권으로 건설기계의 등록을 말소할 수 있는 경우가 아닌 것은?

① 건설기계를 수출하는 경우
② 건설기계를 도난당한 경우
③ 건설기계 정기검사에 불합격된 경우
④ 건설기계의 차대가 등록 시의 차대와 다른 경우

해설

건설기계 등록말소의 사유(시·도지사의 직권 말소 포함)

① 거짓이나 그 밖의 부정한 방법으로 등록을 한 경우
② 건설기계가 천재지변 또는 이에 준하는 사고 등으로 사용할 수 없게 되거나 멸실된 경우
③ 건설기계의 차대(車臺)가 등록 시의 차대와 다른 경우
④ 건설기계가 건설기계 안전기준에 적합하지 아니하게 된 경우
⑤ 정기검사 명령, 수시검사 명령 또는 정비 명령에 따르지 아니한 경우
⑥ 건설기계를 수출하는 경우
⑦ 건설기계를 도난당한 경우
⑧ 건설기계를 폐기한 경우
⑨ 건설기계 해체재활용업자에게 폐기를 요청한 경우
⑩ 구조적 제작 결함 등으로 건설기계를 제작자 또는 판매자에게 반품한 경우
⑪ 건설기계를 교육·연구 목적으로 사용하는 경우
⑫ 대통령령으로 정하는 내구연한을 초과한 건설기계. 다만, 정밀진단을 받아 연장된 경우는 그 연장기간을 초과한 건설기계
⑬ 건설기계를 횡령 또는 편취당한 경우

17 건설기계관리법령상 구조변경 검사를 받지 아니한 자에 대한 처벌은?

① 1년 이하의 징역 또는 1,000만 원 이하의 벌금
② 1년 이하의 징역 또는 1,500만 원 이하의 벌금
③ 1년 이하의 징역 또는 2,000만 원 이하의 벌금
④ 1년 이하의 징역 또는 2,500만 원 이하의 벌금

해설

1년 이하의 징역 또는 1,000만 원 이하의 벌금

① 거짓이나 그 밖의 부정한 방법으로 등록을 한 자
② 등록번호를 지워 없애거나 그 식별을 곤란하게 한 자
③ 구조변경검사 또는 수시검사를 받지 아니한 자
④ 정비명령을 이행하지 아니한 자
⑤ 사용·운행 중지 명령을 위반하여 사용·운행한 자
⑥ 사업 정지명령을 위반하여 사업 정지기간 중에 검사를 한 자
⑦ 형식승인, 형식변경 승인 또는 확인검사를 받지 아니하고 건설기계의 제작 등을 한 자
⑧ 사후관리에 관한 명령을 이행하지 아니한 자
⑨ 내구연한을 초과한 건설기계 또는 건설기계 장치 및 부품을 운행하거나 사용한 자

⑩ 내구연한을 초과한 건설기계 또는 건설기계 장치 및 부품의 운행 또는 사용을 알고도 말리지 아니하거나 운행 또는 사용을 지시한 고용주
⑪ 부품인증을 받지 아니한 건설기계 장치 및 부품을 사용한 자
⑫ 부품인증을 받지 아니한 건설기계 장치 및 부품을 건설기계에 사용하는 것을 알고도 말리지 아니하거나 사용을 지시한 고용주
⑬ 매매용 건설기계를 운행하거나 사용한 자
⑭ 폐기인수 사실을 증명하는 서류의 발급을 거부하거나 거짓으로 발급한 자
⑮ 폐기요청을 받은 건설기계를 폐기하지 아니하거나 등록번호표를 폐기하지 아니한 자
⑯ 건설기계 조종사 면허를 받지 아니하고 건설기계를 조종한 자
⑰ 건설기계 조종사 면허를 거짓이나 그 밖의 부정한 방법으로 받은 자
⑱ 소형 건설기계의 조종에 관한 교육과정의 이수에 관한 증빙서류를 거짓으로 발급한 자
⑲ 술에 취하거나 마약 등 약물을 투여한 상태에서 건설기계를 조종한 자와 그러한 자가 건설기계를 조종하는 것을 알고도 말리지 아니하거나 건설기계를 조종하도록 지시한 고용주
⑳ 건설기계 조종사 면허가 취소되거나 건설기계 조종사 면허의 효력정지 처분을 받은 후에도 건설기계를 계속하여 조종한 자
㉑ 건설기계를 도로나 타인의 토지에 버려둔 자

18 건설기계 조종사 면허가 취소되었을 경우 그 사유가 발생한 날 부터 며칠 이내에 면허증을 반납하여야 하는가?

① 7일 이내 ② 10일 이내
③ 14일 이내 ④ 30일 이내

해설
건설기계 조종사 면허가 취소된 경우, 면허의 효력이 정지된 경우, 면허증의 재교부를 받은 후 잃어버린 면허증이 발견한 경우에는 그 사유가 발생한 날부터 10일 이내에 시장·군수 또는 구청장에게 그 면허증을 반납해야 한다.

19 건설기계 등록사항 변경이 있을 때, 소유자는 건설기계 등록사항 변경신고서를 누구에게 제출하여야 하는가?

① 관할검사소장
② 고용노동부장관
③ 행정안전부장관
④ 시·도지사

해설
건설기계의 소유자는 건설기계 등록사항에 변경(주소지 또는 사용본거지가 변경된 경우를 제외한다)이 있는 때에는 그 변경이 있은 날부터 30일(상속의 경우에는 상속개시일부터 6개월)이내에 건설기계 등록사항 변경신고서(전자문서로 된 신고서를 포함한다)에 변경내용을 증명하는 서류, 건설기계등록증(자가용 건설기계 소유자의 주소지 또는 사용본거지가 변경된 경우는 제외한다), 건설기계검사증(자가용 건설기계 소유자의 주소지 또는 사용본거지가 변경된 경우는 제외한다)의 서류(전자문서를 포함한다)를 첨부하여 등록을 한 시·도지사에게 제출하여야 한다. 다만, 전시·사변 기타 이에 준하는 국가비상사태하에 있어서는 5일 이내에 하여야 한다.

20 시·도지사가 건설기계 등록을 말소할 때에 건설기계 등록원부 보존 연수는?

① 건설기계의 등록을 말소한 날부터 1년간
② 건설기계의 등록을 말소한 날부터 3년간
③ 건설기계의 등록을 말소한 날부터 5년간
④ 건설기계의 등록을 말소한 날부터 10년간

해설
시·도지사는 건설기계 등록원부를 건설기계의 등록을 말소한 날부터 10년간 보존하여야 한다.

21 축압기(어큐뮬레이터)의 기능과 관계가 없는 것은?

① 충격 압력 흡수
② 유압 에너지 축적
③ 릴리프 밸브 제어
④ 유압 펌프 맥동 흡수

해설
어큐뮬레이터(축압기)의 용도는 압력 보상, 체적 변화 보상, 유압 에너지 축적, 유압회로 보호, 맥동 감쇠, 충격 압력 흡수, 일정 압력 유지, 보조 동력원으로 사용 등이다.

22 유압장치에서 일일 점검사항이 아닌 것은?

① 필터의 오염여부 점검
② 탱크의 오일량 점검
③ 호스의 손상여부 점검
④ 이음부분의 누유 점검

해설
필터의 오염 점검은 작업 중 작동유 온도계가 적색 영역에 위치하고 있는 경우에 유압 펌프와 함께 정비 업체에 입고하여 점검할 사항이다.

23 유압유의 압력을 제어하는 밸브가 아닌 것은?

① 릴리프 밸브 ② 체크 밸브
③ 리듀싱 밸브 ④ 시퀀스 밸브

해설
압력 제어 밸브의 종류에는 릴리프 밸브, 리듀싱(감압) 밸브, 시퀀스(순차) 밸브, 언로드(무부하) 밸브, 카운터 밸런스 밸브 등이 있다. 체크 밸브는 방향 제어 밸브이다.

24 유압 실린더에서 숨 돌리기 현상이 생겼을 때 일어나는 현상이 아닌 것은?

① 작동지연 현상이 생긴다.
② 피스톤 동작이 정지된다.
③ 오일의 공급이 과대해진다.
④ 작동이 불안정하게 된다.

해설
유압 실린더에서 숨 돌리기(공동) 현상이 발생되면 오일의 공급 부족으로 인해 피스톤의 작동이 불안정하게 되고, 작동의 지연이 생기며, 서지 압력이 발생한다.

25 건설기계 유압회로에서 유압유 온도를 알맞게 유지하기 위해 오일을 냉각하는 부품은?

① 어큐뮬레이터
② 오일 쿨러
③ 방향 제어 밸브
④ 유압 밸브

해설
오일 쿨러(오일 냉각기)는 유압회로에서 유압유의 온도를 정상 작동 온도 범위인 40~80℃로 유지하기 위해 오일을 냉각하는 역할을 한다.

26 유압 탱크의 주요 구성요소가 아닌 것은?

① 유면계 ② 주입구
③ 유압계 ④ 격판(배플)

해설
유압 탱크는 유압 펌프로 흡입되는 유압유를 여과하는 스트레이너, 탱크 내의 오일량을 표시하는 유면계, 유압유의 출렁거림을 방지하고 기포 발생 방지 및 제거하는 배플 플레이트(격판) 유압유를 배출시킬 때 사용하는 드레인 플러그 등으로 구성되어 있다.

27 유압 오일의 온도가 상승할 때 나타날 수 있는 결과가 아닌 것은?

① 오일 누설 발생
② 펌프 효율 저하
③ 점도 상승
④ 유압 밸브의 기능 저하

해설
유압유 온도가 상승할 때 나타나는 현상
① 유압유의 산화작용(열화)을 촉진한다.
② 실린더의 작동 불량이 생긴다.
③ 기계적인 마모가 생긴다.
④ 유압기기가 열 변형되기 쉽다.
⑤ 중합이나 분해가 일어난다.
⑥ 고무 같은 물질이 생긴다.
⑦ 점도가 저하된다.
⑧ 유압 펌프의 효율이 저하한다.
⑨ 유압유 누출이 증대된다.
⑩ 밸브류의 기능이 저하된다.

28 난연성 작동유의 종류에 해당하지 않는 것은?

① 석유계 작동유
② 유중수형 작동유
③ 물-글리콜형 작동유
④ 인산 에스텔형 작동유

해설
난연성 작동유의 종류
① 난연성 작동유에는 비함수계(내화성을 갖는 합성물)와 함수계가 있다.
② 비함수계의 작동유는 인산에스테르와 폴리올 에스테르가 있다.
③ 함수계 작동유에는 수중유적형(O/W), 유중수적형(W/O), 물-글리콜계 등이 있다.

29 유압장치에서 배압을 유지하는 밸브는?

① 릴리프 밸브
② 카운터 밸런스 밸브
③ 유량 제어 밸브
④ 방향 제어 밸브

해설

카운트 밸런스 밸브는 유압 실린더 등이 중력 및 자체 중량에 의한 자유낙하를 방지하기 위해 배압을 유지한다.

30 유압 작동유를 교환하고자 할 때 선택 조건으로 가장 적합한 것은?

① 유명 정유회사 제품
② 가장 가격이 비싼 유압 작동유
③ 제작사에서 해당 장비에 추천하는 유압 작동유
④ 시중에서 쉽게 구입할 수 있는 유압 작동유

해설

유압 작동유를 교환할 때문 제작사에서 해당 장비에 추천하는 유압 작동유를 선택하여야 하며, 엔진 오일, 기어오일 등도 제작사에서 해당 장비에 추천하는 오일을 선택하여야 한다.

31 작업 시 보안경 착용에 대한 설명으로 틀린 것은?

① 가스용접을 할 때는 보안경을 착용해야 한다.
② 절단하거나 깎는 작업을 할 때는 보안경을 착용해서는 안 된다.
③ 아크용접을 할 때는 보안경을 착용해야 한다.
④ 특수용접을 할 때는 보안경을 착용해야 한다.

해설

보안경은 날아오는 물체로부터 눈을 보호하고 유해광선에 의한 시력 장해를 방지하기 위해 사용한다. 절단하거나 깎는 작업을 할 때는 고운 가루, 칩, 기타 비산물로부터 눈을 보호하기 위래 보안경을 착용하여야 한다.

32 안전수칙을 지킴으로 발생될 수 있는 효과로 가장 거리가 먼 것은?

① 기업의 신뢰도를 높여준다.
② 기업의 이직률이 감소된다.
③ 기업의 투자 경비가 늘어난다.
④ 상하 동료 간의 인간관계가 개선된다.

해설

안전을 지킴으로서 얻을 수 있는 이점

① 직장에서 발생할 수 있는 사고 및 재해를 예방할 수 있다.
② 기업의 불필요한 비용을 절감할 수 있다.
③ 기업의 생산성을 향상시킬 수 있다.
④ 기업의 신뢰도를 높여준다.
⑤ 기업의 이직률이 감소된다.
⑥ 사내 안전수칙이 준수되어 질서유지가 실현된다.
⑦ 직장 상·하 동료 간 인간관계 개선 효과도 기대된다.
⑧ 상·하 동료 간 협력을 촉진하여 화합과 효율성을 높일 수 있다.

33 사고를 일으킬 수 있는 직접적인 재해의 원인은?

① 기술적 원인
② 교육적 원인
③ 작업관리의 원인
④ 불안전한 행동의 원인

해설

재해 발생의 직접적인 원인에는 불안전 행동에 의한 것과 불안전한 상태에 의한 것이 있다.

34 크레인으로 물건을 운반할 때 주의사항으로 틀린 것은?

① 규정 무게보다 약간 초과할 수 있다.
② 적재물이 떨어지지 않도록 한다.
③ 로프 등의 안전여부를 항상 점검한다.
④ 선회작업 시 사람이 다치지 않도록 한다.

해설

크레인으로 물건 운반 시 주의 사항

① 제한 하중을 초과해서는 안 된다.
② 적재물이 떨어지지 않도록 하여야 한다.
③ 운반 중 사람이 다치지 않도록 하여야 한다.
④ 로프 등의 안전여부를 항상 점검하여야 한다.

35 금속나트륨이나 금속칼륨 화재의 소화재로서 가장 적합한 것은?

① 물
② 포소화기
③ 건조사
④ 이산화탄소 소화기

해설
금속나트륨, 금속칼륨 등의 D급 화재는 일반적으로 건조사를 이용한 질식효과로 소화를 한다.

36 다음 중 안전·보건표지의 구분에 해당하지 않는 것은?

① 금지 표지 ② 성능 표지
③ 지시 표지 ④ 안내 표지

해설
안전표지의 종류에는 금지 표지, 경고 표지, 지시 표지, 안내 표지가 있다.

37 다음 중 사용 구분에 따른 차광 보안경의 종류에 해당하지 않는 것은?

① 자외선용 ② 적외선용
③ 용접용 ④ 비산방지용

해설
차광 보안경의 종류
① **자외선용** : 자외선이 발생하는 장소에서 사용
② **적외선용** : 적외선이 발생하는 장소에서 사용
③ **복합용** : 자외선 및 적외선이 발생하는 장소에서 사용
④ **용접용** : 산소 용접 등과 같이 자외선, 적외선 및 강력한 가시광선이 발생하는 장소에서 사용

38 다음 중 산소 결핍의 우려가 있는 장소에서 착용하여야 하는 마스크의 종류는?

① 방독 마스크
② 방진 마스크
③ 송기 마스크
④ 가스 마스크

해설
송기 마스크(air supplied respirator)는 작업자가 가스, 증기, 공기 중에 부유하는 미립자상 물질 또는 산소 결핍의 공기를 흡입하므로 발생할 수 있는 건강장해 예방을 위해 사용하는 마스크

39 작업장에서 지켜야 할 준수사항이 아닌 것은?

① 불필요한 행동을 삼가 할 것
② 작업장에서는 급히 뛰지 말 것
③ 대기 중인 차량에는 고임목을 고여 둘 것
④ 공구를 전달할 경우 시간절약을 위해 가볍게 던질 것

해설
작업장에서 지켜야할 안전수칙
① 통로나 마룻바닥에 공구나 부품을 방치하지 않는다.
② 작업복과 안전장구는 반드시 착용한다.
③ 불필요한 행동을 삼가 할 것
④ 작업장에서는 급히 뛰지 말 것
⑤ 작업 중 입은 부상은 즉시 응급조치를 하고 보고한다.
⑥ 밀폐된 실내에서는 시동을 걸지 않는다.
⑦ 각종 기계를 불필요하게 공회전 시키지 않는다.
⑧ 기계의 청소나 손질은 운전을 정지시킨 후 실시한다.
⑨ 대기 중인 차량에는 고임목을 고여 둘 것

40 일반적으로 연삭기에 부착해야 하는 안전 방호장치는?

① 안전 덮개
② 급발진 장치
③ 양수 조작식 방호장치
④ 광전식 안전 방호장치

해설
위험 기계·기구의 방호 장치
① 아세틸렌 용접 장치 또는 가스 집합 용접 장치 : 안전기
② 교류 아크 용접기 : 자동 전격 방지기
③ 롤러기 : 급정지 장치
④ 연삭기 : 안전 덮개
⑤ 목재 가공용 둥근 톱 : 반발 예방장치와 날 접촉 예방장치
⑥ 동력식 수동 대패 : 칼날 접촉 방지 장치
⑦ 프레스 : 양수 조작식 방호 장치, 광전식 안전 방호장치, 급정지 장치

41 버킷을 조작하는 틸트 레버(tilt lever)의 3가지 위치가 아닌 것은?

① 유지 ② 가속
③ 전경 ④ 후경

해설
로더 버킷의 틸트 레버에는 전경, 후경, 유지의 3가지 위치가 있다.

42 로더를 경사지에서 주행할 때 주의해야 할 사항으로 틀린 것은?

① 방향 전환을 위해 급선회하지 않는다.
② 주행속도 스위치를 저속으로 하여 서행한다.
③ 불가피한 정차 시 버킷을 지면에 내리고 고임목을 받쳐 준다.
④ 경사지에서의 작업은 위험하므로 작업 허용 운전 경사각 30°를 초과하면 안 된다.

해설
로더를 경사지에서 주행할 때 주의해야 할 사항
① 10° 이상의 경사지에서는 작업하지 말아야 하며, 불가피하게 경사지에서 작업해야 하는 경우에는 지면을 평탄하게 한 후에 작업한다.
② 경사지에서 내려올 때 주 브레이크를 지나치게 자주 사용하면 브레이크가 과열되어 손상될 우려가 있으므로 변속 레버를 저속 위치로 하고 엔진 브레이크를 충분히 활용하여 주행해야 한다.
③ 변속 레버의 속도 단이 바르지 않을 때 토크 컨버터 윤활유가 과열될 수 있으므로 1단의 저속 기어로 변속하여 과열을 방지해야 한다.
④ 경사진 곳을 운행할 때에는 작업 장치를 내려 중심을 낮게 하고 경사지에서의 회전은 위험하므로 삼가야 한다.

43 타이어의 과마모를 일으키는 운전방법이 아닌 것은?

① 부하를 걸지 않은 주행
② 빈번한 급출발과 급제동
③ 과도한 브레이크를 사용
④ 도랑 등 홈이 파여진 곳에 타이어 측면이 닿은 상태로 작업

해설
타이어의 과마모를 일으키는 운전
① 과부하를 하중을 가해 주행
② 도랑 등 홈이 파여진 곳에 타이어 측면이 닿은 상태로 작업
③ 빈번한 급출발과 급제동 주행
④ 과도한 브레이크를 사용하는 주행

44 로더를 사용하는 작업으로 거리가 먼 것은?

① 적재 작업　② 굴착 작업
③ 송토 작업　④ 브레이커 작업

해설
로더는 주로 각종 토사, 자갈, 골재 등을 퍼서 다른 곳으로 운반하거나 덤프(Dump) 트럭에 적재 및 굴착 작업과 송토 작업을 하는 장비이다.

45 무한궤도식 로더의 장점이 아닌 것은?

① 강력한 견인력을 가지고 있다.
② 출력이 높아 장거리 이동성이 좋다.
③ 노면 상태가 험한 지형에서 이동이 용이하다.
④ 접지 면적이 넓어서 습지, 사지에서의 이동이 용이하다.

해설
무한궤도식 로더는 강력한 견인력을 가지고 있으며, 노면 상태가 험한 지형에서 이동이 용이하고, 접지면적이 넓어서 습지, 사지에서의 이동이 용이한 장점이 있으나 이동성이 낮은 단점이 있다.

46 타이어식 로더로 바위가 있는 현장에서 작업할 때 주의사항 중 틀린 것은?

① 슬립이 일어나지 않도록 한다.
② 타이어 공기 압력을 높여준다.
③ 컷 방지용 타이어를 사용한다.
④ 홈이 깊은 타이어를 사용한다.

해설
타이어식 로더로 바위가 있는 현장에서 작업할 때는 타이어의 공기 압력을 낮춰 접지력을 확보하여야 한다.

47 로더의 작업 시작 전 점검 및 준비사항이 아닌 것은?

① 운전자 매뉴얼의 숙지
② 공사의 내용 및 절차 파악
③ 엔진오일 교환 및 연료의 보충
④ 작동유 누유와 냉각수 누수 점검

해설
작업 시작 전 점검 및 준비 사항
① 운전자는 장비 시동 전에 장비 사용 설명서 내용을 숙지하여야 한다.
② 공사의 내용 및 절차를 파악한다.
③ 유압 장치에서 작동유의 누유가 있는지 점검한다.
④ 냉각수의 누수가 있는지 점검한다.
⑤ 일상 점검을 시행한다.

48 작업 장치에 투스를 부착하여 사용하는 건설기계는?

① 로더와 천공기
② 굴착기와 로더
③ 불도저와 지게차
④ 기중기와 모터그레이더

해설
투스(tooth)는 버킷 끝에 장착하여 심한 마멸에도 견딜 수 있도록 사용하며 이 투스가 마멸될 경우에는 이를 교환하여 사용한다. 굴착기 버킷과 로더 버킷에는 투스가 설치되어 있다.

49 로더의 치수(제원)에서 버킷을 최고 올림 상태에서 45° 앞으로 기울인 경우 지면에서 버킷 투스 끝단까지를 무엇이라고 하는가?

① 덤프 거리
② 덤핑 리치
③ 버킷 상승 전높이
④ 덤프 높이

해설
덤프 높이란 버킷을 최고 올림 상태에서 45° 앞으로 기울인 경우 지면에서 버킷 투스 끝단까지이다.

50 로더 작업 장치에 대한 설명으로 틀린 것은?

① 붐 실린더는 붐의 상승・하강 작용을 해 준다.
② 버킷 실린더는 버킷의 오므림・벌림 작용을 해준다.
③ 로더의 규격은 표준 버킷의 산적 용량(m^3)으로 표시한다.
④ 작업 장치를 작동하게 하는 실린더 형식은 주로 단동식이다.

해설
작업 장치를 작동시키는 유압 실린더는 복동식을 사용한다.

51 토크 컨버터의 오일의 흐름 방향을 바꾸어 주는 것은?

① 펌프 ② 터빈
③ 변속기축 ④ 스테이터

해설
토크 컨버터의 구조
① **펌프** : 크랭크축에 연결되어 엔진이 회전하면 유체 에너지를 발생한다.
② **터빈** : 변속기 입력축 스플라인에 접속되어 있으며, 유체 에너지에 의해 회전한다.
③ **스테이터** : 펌프와 터빈 사이에 설치되어 터빈에서 유출된 오일의 흐름 방향을 바꾸어 펌프에 유입되도록 한다.

52 유압식 브레이크 장치에서 제동 페달이 리턴 되지 않는 원인에 해당되는 것은?

① 진공 체크 밸브 불량
② 파이프 내의 공기의 침입
③ 브레이크 오일 점도가 낮기 때문
④ 마스터 실린더의 리턴 구멍 막힘

해설
마스터 실린더의 리턴 구멍이 막히면 각 바퀴의 휠 실린더에 공급된 브레이크 오일이 마스터 실린더로 리턴하지 못하여 제동이 풀리지 않는다.

53 로더의 동력 전달 순서로 맞는 것은?

① 엔진 → 토크 컨버터 → 유압 변속기 → 종감속장치 → 구동륜
② 엔진 → 유압 변속기 → 종감속장치 → 토크 컨버터 → 구동륜
③ 엔진 → 유압 변속기 → 토크 컨버터 → 종감속장치 → 구동륜
④ 엔진 → 토크 컨버터 → 종감속장치 → 유압 변속기 → 구동륜

54 로더에서 허리꺾기 조향식의 설명으로 가장 거리가 먼 것은?

① 해상 구조물 설치에 주로 사용된다.
② 좁은 장소에서의 작업에 유리하다.
③ 유압 실린더를 사용하여 굴절하는 형식이다.
④ 선회반경이 적다.

해설
허리꺾기 조향방식은 유압 실린더의 이용으로 굴절하여 조향하며, 선회반경이 작아 좁은 장소에서의 작업에 유리하다.

55 **다음 중 로더에서 그레이딩 작업이란?**

① 트럭에의 적재 작업
② 토사 깎아내기 작업
③ 지면 고르기 작업
④ 토사 굴착 작업

해설
로더의 작업에서 그레이딩 작업이란 지면 고르기 작업을 말한다.

56 **로더의 작업 방법으로 맞는 것은?**

① 굴삭 작업 시는 버킷을 올려 세우고 작업을 하며, 적재 시는 전경각 35도를 유지해야 한다.
② 굴삭 작업 시는 버킷을 수평 또는 약 5도 정도 앞으로 기울이는 것이 좋다.
③ 작업 시는 변속기의 단수를 높이면 작업 효율이 좋아진다.
④ 단단한 땅을 굴삭 시에는 그라인더로 버킷 끝을 날카롭게 만든 후 작업을 하며, 굴삭 시에는 후경각 45도를 유지해야 한다.

해설
로더의 굴착 작업 방법
① 로더의 무게가 버킷과 함께 작용되도록 한다.
② 특수 상황 외에는 항상 로더가 평행 되도록 한다.
③ 깎이는 깊이 조정은 붐을 약간 상승시키거나 버킷을 복귀시켜서 한다.
④ 버킷을 수평 또는 약 5° 정도 앞으로 기울이는 것이 좋다.

57 **타이어식 로더가 트럭에 적재할 때 덤핑 클리어런스를 올바르게 설명한 것은?**

① 덤핑 클리어런스가 있으면 안 된다.
② 후진시 덤핑 클리어런스가 필요한 것이다.
③ 덤핑 클리어런스는 적재함보다 높아야 한다.
④ 무조건 낮은 것이 좋다.

해설
로더에서 덤핑 클리어런스가 크면 버킷을 들어 올리는 높이가 높아지므로 적재함보다 높아야 한다.

58 **무한궤도식 로더로 진흙탕이나 수중작업을 할 때 관련된 사항으로 틀린 것은?**

① 작업 전에 기어 실과 클러치 실 등의 드레인 플러그 조임 상태를 확인한다.
② 습지용 슈를 사용했으면 주행 장치의 베어링에 주유하지 않는다.
③ 작업 후에는 세차를 하고 각 베어링에 주유를 한다.
④ 작업 후 기어실과 클러치실의 드레인 플러그를 열어 물의 침입을 확인한다.

해설
진흙탕이나 수중작업을 할 때는 습지용 슈를 사용하며, 작업이 완료되면 작업 장치의 베어링에 그리스를 주입하여야 한다.

59 **무한궤도식 로더에서 스프로킷이 한쪽으로만 마모되는 원인으로 가장 적합한 것은?**

① 트랙 장력이 늘어났다.
② 트랙 링크가 마모되었다.
③ 상부 롤러가 과다하게 마모되었다.
④ 스프로킷 및 아이들러가 직선배열이 아니다.

해설
스프로킷이 한쪽으로만 마모되는 원인은 스프로킷 및 아이들러가 직선 배열이 아니기 때문이다.

60 **로더의 버킷을 상승시켰을 때 버킷 투스 하단과 지면과의 거리를 무엇이라 하는가?**

① 덤핑 클리어런스
② 덤핑 리치
③ 전경각
④ 후경각

해설
덤핑 클리어런스란 버킷을 상승시켰을 때 버킷 투스 하단과 지면과의 거리이며, 덤핑 리치란 적재할 수 있는 길이를 말한다.

답

로더운전기능사

CBT 실전모의고사 정답

제 1 회

01.③	02.①	03.④	04.①	05.③
06.④	07.④	08.④	09.④	10.②
11.④	12.③	13.④	14.①	15.②
16.④	17.①	18.①	19.②	20.②
21.③	22.②	23.③	24.②	25.③
26.①	27.③	28.①	29.④	30.②
31.①	32.②	33.③	34.④	35.②
36.③	37.④	38.③	39.③	40.④
41.④	42.④	43.②	44.④	45.④
46.②	47.①	48.④	49.③	50.④
51.①	52.①	53.②	54.①	55.①
56.④	57.④	58.②	59.④	60.②

제 2 회

01.③	02.①	03.④	04.①	05.②
06.④	07.③	08.①	09.③	10.④
11.④	12.①	13.②	14.④	15.①
16.④	17.④	18.①	19.②	20.②
21.④	22.③	23.①	24.①	25.②
26.①	27.④	28.②	29.④	30.④
31.④	32.②	33.①	34.①	35.①
36.③	37.③	38.③	39.①	40.③
41.②	42.④	43.②	44.②	45.④
46.③	47.④	48.②	49.③	50.②
51.④	52.③	53.④	54.②	55.①
56.③	57.③	58.④	59.③	60.④

제 3 회

01.①	02.③	03.②	04.③	05.④
06.③	07.③	08.②	09.③	10.④
11.②	12.②	13.②	14.④	15.②
16.②	17.①	18.①	19.④	20.④
21.②	22.①	23.②	24.④	25.④
26.①	27.①	28.③	29.②	30.④
31.④	32.③	33.②	34.③	35.②
36.①	37.①	38.②	39.④	40.④
41.④	42.④	43.①	44.④	45.②
46.③	47.②	48.④	49.④	50.①
51.②	52.②	53.③	54.④	55.②
56.②	57.②	58.④	59.②	60.④

제 4 회

01.①	02.③	03.②	04.①	05.④
06.④	07.④	08.①	09.①	10.①
11.④	12.①	13.④	14.①	15.④
16.③	17.①	18.②	19.④	20.④
21.③	22.①	23.②	24.③	25.②
26.③	27.③	28.①	29.②	30.③
31.②	32.③	33.④	34.①	35.③
36.②	37.④	38.③	39.④	40.①
41.②	42.④	43.①	44.④	45.②
46.②	47.③	48.②	49.④	50.④
51.④	52.④	53.①	54.①	55.③
56.②	57.③	58.②	59.④	60.①

네이버 카페[도서출판 골든벨]

※ 이 책 내용에 관한 질문은 **카페[묻고 답하기]**로 문의해 주십시오.
질문요지는 이 책에 수록된 내용에 한합니다.
전화로 질문에 답할 수 없음을 양지하시기 바랍니다.

PASS 로더운전기능사 필기

초판 인쇄 | 2025년 2월 10일
초판 발행 | 2025년 2월 17일

지 은 이 | 전문교육기관협의회
발 행 인 | 김 길 현
발 행 처 | (주) 골든벨
등 록 | 제 1987－000018호
I S B N | 979-11-5806-757-1
가 격 | **15,000원**

이 책을 만든 사람들

편 집 및 디 자 인 | 조경미, 박은경, 권정숙
웹 매 니 지 먼 트 | 안재명, 양대모, 김경희
공 급 관 리 | 오민석, 정복순, 김봉식
제 작 진 행 | 최병석
오 프 마 케 팅 | 우병춘, 이대권, 이강연
회 계 관 리 | 김경아

㊝ 04316 **서울특별시 용산구 원효로** 245(**원효로1가** 53-1) **골든벨빌딩** 5~6F
• TEL : **도서 주문 및 발송** 02-713-4135 / **회계 경리** 02-713-4137
기획디자인본부 02-713-7452 / **해외 오퍼 및 광고** 02-713-7453
• FAX_ 02-718-5510 • **홈페이지_** www.gbbook.co.kr • E-mail_ 7134135@ naver.com